普通高等教育"十一五"国家级规划教材

传感器与传感器技术

（第四版）

何道清　张　禾　石明江　编著

U0249597

科学出版社

北　京

内 容 简 介

本书系统地介绍了传感器的基本知识和基本特性、传感器的标定和校准方法以及应用技术,重点阐述了各类传感器(电阻应变式、电感式、电容式、压电式、磁电式、热电式、光电式、数字式、磁敏、气体、湿度传感器等)的组成结构及其转换原理、特性分析及其设计方法、测量电路及其信号调理,以及在日常生活和生产过程中的典型应用技术,并对其他现代新型传感器作了简要介绍。每章后面附有相当数量的思考题与习题,书末附有全部计算题参考答案。随书配有内容丰富的电子课件供教学使用。

本书可作为高等院校测控技术与仪器、自动化、电气工程及其自动化、机械工程、过程装备与控制工程、物联网工程、电子科学与技术、电子信息工程、应用物理学等专业的教材,也可作为其他相近专业高年级本科生和硕士研究生的学习参考书,同时可供从事相关专业工程技术人员参考。

图书在版编目(CIP)数据

传感器与传感器技术/何道清,张禾,石明江编著.—4版.—北京:科学出版社,2020.3

(普通高等教育"十一五"国家级规划教材)

ISBN 978-7-03-063344-6

Ⅰ.①传… Ⅱ.①何…②张…③石… Ⅲ.①传感器-高等学校-教材 Ⅳ.①TP212

中国版本图书馆CIP数据核字(2019)第255356号

责任编辑:余 江 陈 琪 / 责任校对:郭瑞芝
责任印制:霍 兵 / 封面设计:迷底书装

科 学 出 版 社 出版
北京东黄城根北街16号
邮政编码:100717
http://www.sciencep.com

北京密东印刷有限公司 印刷
科学出版社发行 各地新华书店经销

*

2004年8月第一版 开本:787×1092 1/16
2008年6月第二版 印张:23
2014年1月第三版 字数:574 000
2020年3月第四版 2022年12月第23次印刷

定价:69.80元
(如有印装质量问题,我社负责调换)

第四版前言

本书自 2004 年出版以来，已再版两次，2008 年被评为普通高等教育"十一五"国家级规划教材。本书编写特色鲜明，教学实用性和工程应用性强，深受高校师生和工程技术人员的喜爱，使用面广，发行量大，使用效果好。

随着自动化技术、信息技术和传感器技术的发展和现代教学方法的改进，编者再次对本书作适当修订。在教材整体结构基本保持不变的情况下，对大多数内容进行了精细化处理，并进一步优化教材体系，更新教材内容，删除部分烦琐的理论分析推导过程和一些较陈旧内容，增加新技术，如变送器技术、无线传感器网络、多传感器数据融合、物联网应用技术、集成一体化技术等。对图表和文字编排进一步优化、规范，版面匀称、文字和图表协调。充分利用现代电子技术和信息技术，适应 MOOC、翻转课堂等现代教学方法改革的需要，设计制作了内容丰富多彩的富媒体课件，主要包括：每章内容提要及教学基本要求、主要知识点、详细严谨的理论推导过程、相关知识与技术的拓展、工程应用实例等，便于学生线上线下、课前课后扫二维码学习，培养创新能力，提高教材的教学实用性，使读者能深入地掌握传感器技术的基本原理及其实际应用的基本技能。本书配有课程教学相关文件和课程解题指导，可提供给任课教师。

书中加" * "的内容可根据不同的专业、层次或学时，供教师选讲或学生自学，不影响课程内容的基本结构体系和教学的基本要求。

教学参考学时为 48~64 学时，其中讲课 38~50 学时，实验 10~14 学时。

本书由何道清教授、张禾教授、石明江教授共同修订而成。

鉴于编者水平有限，书中难免存在疏漏和不妥之处，恳请读者批评指正。

编 者

2019 年 8 月

第一版前言

传感器(transducer/sensor)是获取信息的工具,它能感受规定的被测量,并按照一定规律转换成可用输出信号(一般为电信号);传感器技术是关于传感器的设计、制造及应用的综合技术。随着科学技术的发展,在现代工业生产尤其是自动化生产过程中,传感器是自动检测与自动控制系统的主要环节,对系统测控质量起决定作用。测控系统的自动化程度越高,对传感器的依赖性越大。随着 21 世纪信息化时代的到来,传感器与传感器技术的重要性更为突出。信息社会的特征是人类社会活动和生产活动的信息化。现代信息科学(技术)的三大支柱是信息的采集、传输与处理技术,即传感器技术、通信技术和计算机技术。传感器既是现代信息系统的源头或"感官",又是信息社会赖以存在和发展的物质与技术基础。如果没有高度保真和性能可靠的传感器,没有先进的传感器技术,那么信息的准确获取和精密检测就成了一句空话,通信技术和计算机技术也就成了无源之水、无本之木。因此,应用、研究和发展传感器与传感器技术是生产过程自动化和信息时代的必然要求。传感器与传感器技术正日益广泛地应用于航空航天、资源探测、石油化工、交通通信、灾害预报、安全防卫、环境保护、医疗卫生和日常生活等各个领域,从而促进现代科学技术的迅速发展。

本书系统地介绍了传感器的基本知识、标定和校准方法以及工程应用技术,重点阐述了各类传感器(电阻应变式、电感式、电容式、压电式、热电式、光电式、数字式、磁敏、光纤、气敏、湿敏传感器等)的转换原理、组成结构、基本特性、设计方法、信号调理技术及其在日常生活和生产过程中的典型应用,并对其他现代新型传感器作了简要介绍。本书主要作为高等院校测控技术与仪器、电子信息工程、自动化等专业的教材,也可作为其他相近专业高年级本科生或硕士研究生的学习参考用书,同时可供从事电子仪器及测控技术工作的工程技术人员参考。书中各章内容有一定的独立性,可根据不同学时、不同专业要求和特点,选用不同章节。

另外,本书有配套的教学支持包,内容包括电子课件、习题解题指导、传感器实验和动画等。如果需要,可与科学出版社联系,电子邮件:gk@mail. sciencep. com。

本书在编写过程中,力求做到取材广泛、概念清楚、通俗易懂、便于学习,并注重理论与工程实际相结合,尽可能反映传感器与传感器技术的发展水平。每章后面附有相当数量的思考题与习题供使用,以便加深理解、巩固知识。书末附有全部计算题参考答案。编写时参考了国内外有关传感器技术方面的书籍和资料,谨向其作者及译者表示感谢。张禾、蒲正刚绘制和处理了所有图稿,并提供部分习题,在此一并致谢。

由于编者水平有限,恳请读者对书中不妥之处给予批评指正。

编 者

2003 年 10 月

目　录

绪 论

课程基本要求

0.1.1 传感器与传感器技术的地位和作用

传感器是获取信息的工具。传感器技术是关于传感器设计、制造及应用的综合技术。它是信息技术(传感与控制技术、通信技术和计算机技术)的三大支柱之一。

产业革命以来,发明了各种各样的机器以代替人力劳动,人类的生产活动逐步进入工业社会时代。人们为了改善机器性能和提高机器的自动化程度,需要实时地测量反映机器工作状态的信息,并利用这些信息去控制机器,使之处于最佳工作状态。为了便于测量和控制,传感器就应运而生了,它能将各种被测控量(信息)检出并转换成便于传输、处理、记录、显示和控制的可用信号(一般为电信号)。传感器在现代工业生产尤其是自动化生产过程中的作用可用图 0-1 说明。

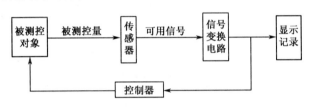

图 0-1 自动测控系统框图

由此可见,在自动检测与自动控制系统中,传感器位于系统之首,其作用相当于人的五官,直接感受外界信息。传感器能否正确感受信息并将其按相应规律转换为可用信号,对系统测控质量起决定作用,自动化程度越高,系统对传感器的依赖性就越大,传感器是系统的重要部件。所以,国内外都将传感器列为高技术,在美、日等发达国家传感器备受重视。

当今人类社会正由高度工业化社会向信息社会过渡,21 世纪是信息化时代,传感器与传感器技术的重要性更为突出。信息社会的特征是人类社会活动和生产活动的信息化。现代信息科学(技术)的三大支柱是信息的采集、传输与处理技术,即传感器技术、通信技术和计算机技术。传感器是信息采集系统的首要部件,可以认为,它既是现代信息技术系统的源头或"感官",又是信息社会赖以存在和发展的物质与技术基础。如果没有高度保真和性能可靠的传感器,没有先进的传感器技术,那么信息的准确获得和精密检测就成了一句空话,通信技术和计算机技术也就成了无源之水、无本之木,现代测量与自动化技术亦会变成水中月、镜中花。因此应用、研究和发展传感器与传感器技术是信息化时代的必然要求。

目前,传感器已广泛应用于各个学科领域,如现代化工农业生产、交通运输、航空航天技术、军事工程、资源探测、海洋开发、环境监控、安全保护、医疗诊断、生物工程、家用电器等,而且传感器的应用促进了上述各领域的发展。例如,"阿波罗 10 号"的运载火箭部分共用 2077个传感器,宇宙飞船部分共有各种传感器 1218 个,保证了宇宙飞船的精密测控。

当然,由于现代科学技术的发展也促进了传感器与传感器技术的发展。特别是微电子加工技术、微计算机技术、信息处理技术、材料科学与技术的发展,使传感器技术得到飞速发展,传感器的体积越来越小,精度越来越高,数字化、多功能化、智能化、集成化、网络化等已成趋势。

0.1.2 传感器

1. 传感器的定义和组成

传感器亦称为换能器、变换器、变送器、探测器等。根据中华人民共和国国家标准（GB 7665—87），传感器（transducer/sensor）的定义是：能感受规定的被测量并按照一定的规律转换成可用输出信号的器件或装置，通常由敏感元件和转换元件组成（见图0-2）。其中敏感元件（sensing element）是指传感器中能直接感受或响应被测量并输出与被测量成确定关系的其他量（一般为非电量）部分，如应变式压力传感器的弹性膜片就是敏感元件，它将被测压力转换成弹性膜片的变形；转换元件（transduction element）是指传感器中能将敏感元件感受或响应的被测量转换成适于传输或测量的可用输出信号（一般为电信号）部分，如应变式压力传感器中的应变片就是转换元件，它将弹性膜片在压力作用下的变形转换成应变片电阻值的变化。如果敏感元件直接输出电信号，则这种敏感元件同时兼为转换元件，如热电偶将温度变化直接转换成热电势输出。

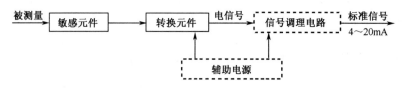

图 0-2　传感器组成框图

由于传感器输出的信号种类较多（如电阻、电容、电感、电流、电压、电荷、频率等）、信号微弱，而且还存在非线性和各种误差，为了便于信号的处理和应用，传感器还需配以适当的信号调理电路，将传感器的输出信号转换为便于传输、处理、显示、记录和控制的有用信号，常用的信号调理电路有电桥、放大器、振荡器、阻抗变换、补偿等。如果传感器信号经信号调理电路后输出信号为规定的标准信号（0～10mA，4～20mA；0～10V，1～5V；…）时，通常称为变送器，如热电偶温度变送器可将热电偶的热电势放大、线性校正和冷端补偿后输出需要的标准信号。由于集成电路技术的发展，信号调理电路常与传感器组合在一起，构成可直接输出标准信号的一体化传感器，这是目前传感器技术发展的主要趋势。特别是DDZ-Ⅲ型仪表二线制电流型变送器，以20mA电流信号为满刻度值，以满刻度值的20%即4mA表示零点，这种"活零点"安排不仅为变送器提供了静态工作电流，而且不与机械零点重合，有利于识别仪表断电、断线等故障，应用更为广泛。如果再增加无线收发系统，便构成无线传感器，结合无线通信技术便可组建无线传感器网络以及物联网工程。当然，传感器和变送器还需要辅助电源为其提供工作能量。

2. 传感器的分类

传感器的种类繁多、原理各异，检测对象几乎涉及各种参数，通常一种传感器可以检测多种参数，一种参数又可以用多种传感器测量。所以传感器的分类方法至今尚无统一规定，主要按工作原理、输入信息和应用范围来分类。

图 0-3　传感器的分类

（1）按工作原理分类。按传感器的工作原理不同，传感器大体上可分为物理型、化学型及生物型三大类（见图0-3）。

物理型传感器是利用某些变换元件的物理性质

以及某些功能材料的特殊物理性能制成的传感器,它又可以分为物性型传感器和结构型传感器。

物性型传感器是利用某些功能材料本身所具有的内在特性及效应将被测量直接转换为电量的传感器。例如,热电偶制成的温度传感器,就是利用金属导体材料的温差电动势效应和不同金属导体间的接触电动势效应实现对温度的测量;而利用压电晶体制成的压力传感器则是利用压电材料本身所具有的正压电效应而实现对压力的测量。这类传感器的"敏感体"就是材料本身,无所谓"结构变化",因而,通常具有响应速度快的特点,而且易于实现小型化、集成化和智能化。结构型传感器是以结构(如形状、尺寸等)为基础,在待测量作用下,其结构发生变化,利用某些物理规律,获得比例于待测非电量的电信号输出的传感器。例如石油天然气地震勘探中的检波器(磁电式传感器,见图 0-4)。当地面存在地震波

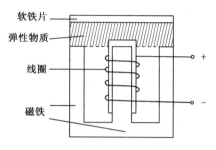

图 0-4 磁电式地震检波器

机械振动时,线圈相对于磁铁运动而切割磁力线,根据电磁感应定律,线圈中产生感生电动势,且感生电动势的大小与线圈和磁铁间相对运动速度成比例,线圈输出的电信号与地面机械振动的速度变化规律是一致的。这类传感器性能与其结构材料关系不大,仅与其"结构变化"有关。

化学型传感器是利用敏感材料与物质间的电化学反应原理,把无机和有机化学成分、浓度等转换成电信号的传感器,如气体传感器、湿度传感器和离子传感器等。

生物型传感器是利用材料的生物效应构成的传感器,如酶传感器、微生物传感器、生理量(血液成分、血压、心音、血蛋白、激素、筋肉强力等)传感器、组织传感器、免疫传感器等。

(2)按输入信息分类。传感器按输入量分类有位移传感器、速度传感器、加速度传感器、温度传感器、压力传感器、力传感器、色传感器、磁传感器等,以输入量(被测量)命名。这种分类对传感器的应用很方便。

(3)按应用范围分类。根据传感器的应用范围不同,通常可分为工业用、农用、民用、科研用、医用、军用、环保用和家电用传感器等。若按具体使用场合,还可分为汽车用、舰船用、飞机用、宇宙飞船用、防灾用传感器等。如果根据使用目的的不同,又可分为计测用、监视用、检查用、诊断用、控制用和分析用传感器等。

0.1.3 传感器技术

传感器技术是关于传感器的研究、设计、试制、生产、检测和应用的综合技术,它已逐渐形成一门相对独立的专门学科,并具有以下特点。

1. 内容的离散性

传感器技术所涉及和利用到的物理学、化学、生物学中的基本"效应"、"反应"和"机理",不仅为数甚多,而且往往彼此独立,甚至完全不相关。

2. 知识的密集性

传感器技术是以材料的力、热、声、光、电、磁等功能效应和功能形态变换原理为理论基础,并综合了物理学、微电子学、化学、生物工程、材料科学、精密机械、微细加工和试验测量等方面的知识和技术而形成的一门科学,因此具有突出的知识密集性和学科边缘性,所以它与许多基础学科和专业工程学关系极为密切。正因为如此,在上述领域中,一旦有新的发现,就有人迅速地应用

于传感器技术。如超导材料的约瑟夫森效应发现不久，以该效应作为工作原理的超导量子干涉器件(SQUID)测磁传感器就问世了，它具有极高的灵敏度，可测 10^{-9} Gs 的极弱磁场。

3. 技术(工艺)的复杂性

传感器的制造涉及许许多多的高新技术，如薄膜技术、集成技术、超导技术、键合技术、高密封技术、特种加工技术，以及多功能化、智能化技术等。传感器的制造工艺难度大、要求高，如微型传感器尺寸≤1mm；半导体硅片厚度有时＜1μm；温度传感器测量范围−196～1800℃；压力传感器的耐压范围 10^{-6} Pa～10^2 MPa 等。

4. 品种的多样化与用途的广泛性

传感器与传感器技术已广泛应用于科学研究、生产过程和日常生活各个领域，几乎无处不使用传感器，无处不需要传感器技术。传感器技术的广泛应用，则需要测量的量(待测量)很多，而且一种待测量往往可用多种传感器来检测(如线位移传感器，其品种近 20 种)。因此，传感器产品的品种极为复杂、繁多。而传感器作为一种商品，用户对其品种的要求通常很多，但对每一品种需求的数量往往甚少，品种多、数量少的矛盾不仅使传感器成为高价位商品，而且有碍传感器的快速发展。

正确认识传感器技术上述特点，才能有效地促进传感器的研究、开发和应用。

0.1.4 传感器与传感器技术的发展趋势

随着现代科学技术的发展，作为"五官"(感觉)的传感器远远赶不上作为"大脑"的计算机的发展速度，信息采集技术滞后于信息处理技术。特别是现代测控系统自动化、智能化的发展，要求传感器的准确度高、可靠性高、稳定性好，而且具有一定的数据处理能力和自检、自校、自补偿能力，有些场合还需要能同时测量多个参数的体积小的多功能传感器。传感器与传感器技术的发展水平已成为判断一个国家科学技术现代化程度与生产水平高低的重要依据，也是衡量一个国家综合实力的重要标志。传感器的研究、开发和应用技术受到各国政府和科技人员的高度重视。

目前，传感器与传感器技术的主要发展趋势：一是开展基础研究，探索新理论，发现新现象，开发传感器的新材料和新工艺；二是实现传感器的集成化、多功能化和智能化。

1. 发现新现象

传感器工作的基本原理就是各种物理现象、化学反应和生物效应，所以发现新现象与新效应是发展传感器技术、研制新型传感器的重要理论基础。例如，日本夏普公司利用超导技术研究成功高温超导磁传感器，是传感器技术的重大突破，其灵敏度比霍尔器件高，仅次于超导量子干涉器件(SQUID)，而其制造工艺远比超导量子干涉器件简单，它可用于磁成像技术，具有广泛的推广价值。

2. 开发新材料

新型传感器敏感元件材料是研制新型传感器的重要物质基础，因此必须开发新型的传感器敏感元件，特别是物性型敏感材料。例如，蓝宝石上外延生长单晶硅膜制作的井下数字压力传感器，可耐 180℃ 高温；半导体氧化物可以制造各种气体传感器；而陶瓷传感器工作温度远高于半导体；光导纤维的应用是传感器材料的重要突破，用它研制的传感器与传统的传感器相比较具有其突出特点；高分子聚合物材料作为传感器敏感材料的研究，已引起国内外学者极大兴趣。

3. 采用微细加工技术

半导体技术中的加工方法如氧化、光刻、扩散、沉积、平面电子工艺、各向异性腐蚀以及蒸镀、溅射薄膜工艺都可引进用于传感器制造，因而产生了各式各样新型传感器。例如，利用半导体技术制造出压阻式传感器；利用晶体外延生长工艺制造出硅-蓝宝石井下数字压力传感器；利用薄膜工艺制造出快速响应的气敏传感器；利用各向异性腐蚀技术进行高精度三维加工，在硅片上构成孔、沟、棱、锥、半球等各种形状研制出全硅谐振式压力传感器。

4. 智能传感器

智能传感器(intelligent sensor/smart sensor)是传统传感器与微处理器赋予智能的结合，兼有信息检测与信息处理功能的传感器(系统)。智能传感器充分利用微处理器的计算和存储功能，对传感器的数据进行处理并能对它的内部进行调节，使其采集的数据最佳。

智能传感器的结构可以是集成的，也可以是分离的，按结构可以分成集成式、混合式和模块式三种形式。集成智能传感器(integrated smart sensor)是将传感器与微处理器、信号调理电路做在同一芯片上所构成的，集成度高、体积小，这种传感器在目前技术水平上也能实现。混合集成式传感器(hybrid smart sensor)是将传感器的微处理器、信号调理电路作在不同芯片上构成的，目前这类结构的传感器较多。初级智能传感器也可以由许多相互独立的模块组成，如将微计算机、信号调理电路模块、输出电路模块、显示电路模块与传感器装配在同一壳体内，则组成模块式智能传感器。这种传感器虽集成度不高，体积大，但在目前技术条件下，仍不失为一种实用的结构形式。

5. 多功能传感器

多功能传感器能转换两种以上的不同物理量。例如，使用特殊陶瓷把温度和湿度敏感元件集成在一起，构成温湿度传感器；将检测 Na^+、K^+ 和 H^+ 的敏感元件集成在 2.5mm×0.5mm 的芯片上构成多离子传感器，可直接用导管送到心脏内检测血液中的钠、钾和氢离子浓度，对诊断心血管疾病有很大的意义；利用厚膜制造工艺将六种不同的敏感材料(ZnO、SnO_2、WO_3、WO_3(Pt)、SnO_2(Pd)、ZnO(Pt))制作在同一基板上，具有同时测量 H_2S、C_8H_{18}、$C_{10}H_{20}O$、NH_3 四种气体的多功能传感器，如果将六个敏感膜所输出的信息输入计算机，就是一种多功能智能传感器。

作为多功能传感器的智能传感器，最成功的典型产品是美国 Honeywell 公司研制的 ST-3000 型智能差压压力传感器，在 3mm×4mm×0.2mm 的一块基片上，采用半导体工艺，制作静压、差压、温度三种敏感元件和 CPU、EPROM，其精度高达 0.1%。工作温度范围 -40~110℃，压力量程 0~2.1×10⁷Pa，具有自诊断、自动选择量程、存贮补偿数据等功能。

6. 仿生传感器

大自然是生物传感器的优秀设计师和工艺师。它通过漫长的岁月，不仅造就了集多种感官于一身的人类，而且还构造了许多功能奇特、性能高超的生物感官。例如，狗的嗅觉(灵敏阈为人的 10^{-6})，鸟的视觉(视力为人的 8~50 倍)，蝙蝠、飞蛾、海豚的听觉(主动型生物雷达——超声波传感器)等。这些动物的感官功能超过了当今传感器技术所能实现的范围。研究它们的机理，开发仿生传感器，也是引人注目的方向。所谓仿生传感器，就是模拟人(或动物)的感觉器官的传感器，即视觉传感器、听觉传感器、嗅觉传感器、味觉传感器、触觉传感器等。仿生传感器在机器人技术向智能化高级机器人发展的今天尤为重要。

传感器与传感器技术是现代检测与控制系统的关键部件和技术，其应用已深入到国民经济和人们日常生活各个领域，传感器与传感器技术的研究和开发工作，具有广阔的前景。

第1章 传感器的一般特性

传感器测量系统的示意图如图1-1所示。传感器系统的基本特性是指系统的输出-输入关系特性,即系统输出信号$y(t)$与输入(被测物理量)信号$x(t)$之间的关系。从误差角度去分析输出-输入特性是测量技术研究的主要内容之一。输出-输入特性虽然是传感器的外部特性,但与其内部参数密切相关。对传感器系统的基本特性研究,主要用于两个方面:

图1-1 传感器系统

第一,用作为一个测量系统。这时必须已知传感器系统的基本特性,才能测量输出信号$y(t)$。这样可通过基本特性和输出来推断导致该输出的系统的输入信号$x(t)$。这就是未知被测物理量的测量过程。

第二,用于传感器系统本身的研究、设计与建立。这时必须观测系统的输入$x(t)$及与其相应的输出$y(t)$,才能推断、建立系统的特性。如果系统特性不满足要求,则应修改相应的内部参数,直至合格为止。

根据输入信号$x(t)$是随时间变化的还是不随时间变化,基本特性分为静态特性和动态特性,它们是系统对外呈现出的外部特性,但这类特性由其自身的内部参数决定。不同的传感器具有不同的内部参数,其基本特性也表现出不同的特点,对测量结果的影响也各不相同。一个高精度的传感器,必须具有良好的静态特性和动态特性,这样才能完成信号无失真的转换。

1.1 传感器的静态特性

传感器在稳态信号($x(t)=$常量)作用下,其输出-输入关系称为静态特性。衡量传感器静态特性的性能指标是线性度、灵敏度、分辨率、迟滞、重复性和量程等。

1.1.1 线性度(非线性误差)

传感器的线性度(linearity)是指传感器的输出与输入之间的线性程度。传感器的理想输出-输入线性特性,具有以下优点:

(1)可大大简化传感器的理论分析和设计计算;

(2)为传感器的标定和数据处理带来很大方便,只要知道线性输出-输入特性上的两点(一般为零点和满度值)就可以确定其余各点;

(3)可使仪表刻度盘均匀刻度,因而制作、安装、调试容易,提高测量精度;

(4)避免非线性补偿环节。

实际上许多传感器的输出-输入特性是非线性的,如果不考虑其迟滞和蠕变效应,传感器的静态特性可以由下列方程式表示为

$$y = a_0 + a_1 x + a_2 x^2 + a_3 x^3 + \cdots + a_n x^n \tag{1-1}$$

式中,x为被测物理量;y为输出量;a_0为零位输出;a_1为传感器线性灵敏度,常用K表示;a_2,a_3,$\cdots$,a_n为待定系数。

从式(1-1)可见,一般的静态特性由线性项(a_0+a_1x)和非线性项$(a_2x^2+a_3x^3+\cdots+a_nx^n)$所决定。当$a_0\neq0$时,表示即使在没有输入$(x=0)$的情况下,仍有输出$(y_0=a_0)$,通常称为零点偏移(零偏),零位值应从测量结果中设法消除。当$a_0=0$时,静态特性通过原点。在不考虑零位情况下,静态特性可分为以下四种典型情况:

(1) 理想线性特性。如图1-2(a)所示直线,其输出-输入特性方程式为

$$y=a_1x \tag{1-2}$$

测量系统的灵敏度为

$$S_n=y/x=a_1=常数$$

(2) 具有x偶次项的非线性。如图1-2(b)所示,其输出-输入特性方程为

$$y=a_1x+a_2x^2+a_4x^4+\cdots \tag{1-3}$$

由于没有对称性,所以其线性范围很窄。一般传感器设计很少采用这种特性。

(3) 具有x奇次项的非线性。如图1-2(c)所示,其输出-输入特性方程为

$$y=a_1x+a_3x^3+a_5x^5+\cdots \tag{1-4}$$

具有这种特性的传感器,在原点附近较大的范围内具有较宽的准线性。这是比较接近于理想直线的非线性特性,它相对于原点是对称的,即$y(x)=-y(-x)$,所以它具有相当宽的近似线性范围。

(4) 普遍情况。如图1-2(d)所示,其输出-输入特性方程为

$$y=a_1x+a_2x^2+a_3x^3+a_4x^4+\cdots \tag{1-5}$$

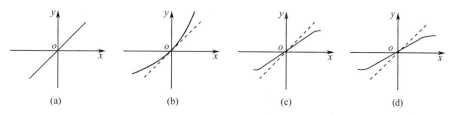

图1-2　传感器的静态特性

在实际使用非线性传感器时,如果非线性项的次数不高,则在输入量变化范围不大的条件下,可以用切线或割线等直线来近似地代替实际的静态特性曲线的某一段,使传感器的静态特性近于线性,如图1-3所示。这种方法称为传感器非线性特性的线性化,所采用的直线称为拟合直线。实际静态特性曲线与拟合直线之间的偏差称为传感器的非线性误差,如图1-3中所示的Δ值,取其中最大值与输出满度值之比作为评价非线性误差(或线性度)的指标,即

$$\delta_L=\pm\frac{\Delta_{max}}{y_{F\cdot S}}\times100\% \tag{1-6}$$

式中,δ_L为非线性误差(线性度);Δ_{max}为最大非线性绝对误差;$y_{F\cdot S}$为输出满量程。

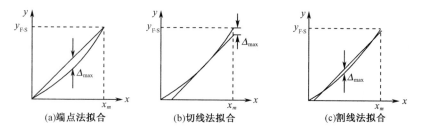

图1-3　传感器静态特性非线性的线性拟合

传感器的静态特性曲线是在静态标准条件下进行校准的。静态标准条件是没有加速度、振动、冲击(除非这些参数本身就是被测物理量);环境温度一般为室温($20\pm5℃$);相对湿度不大于85%;大气压力为$101.3\pm0.8kPa$。传感器的静态特性是在这种标准条件下,利用一定等级的标准设备,对传感器进行反复测试,得到的输出-输入数据所列成的表格或曲线。

拟合直线的选取方法很多,除端点法、切线法和割线法(见图1-3)外,一般是选取在标称输出范围中和标定曲线的各点偏差平方之和最小(即最小二乘法原理)的直线作为拟合直线(也称参考直线或理论直线),拓展学习可参见教学课件。

1.1.2 灵敏度

灵敏度(sensitivity)是指传感器在稳态下的输出变化对输入变化的比值,用 S_n 来表示,即

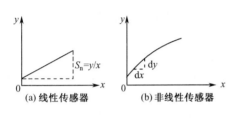

图 1-4 灵敏度定义

$$S_n = \frac{\text{输出量的变化量}}{\text{输入量的变化量}} = \frac{dy}{dx} \qquad (1\text{-}7)$$

对于线性传感器,它的灵敏度就是它的静态特性的斜率(或传递系数),即 $S_n = y/x = K$。非线性传感器的灵敏度为一变量,如图1-4所示。一般希望传感器的灵敏度高,在满量程范围内是恒定的,即传感器的输出-输入特性为直线。为此,对一般的非线性传感器,常通过一些校正网络,使其输出-输入之间具有线性关系,此时传感器的灵敏度就可写成 $K = y/x$。

1.1.3 分辨率和分辨力

分辨率和分辨力(resolution)都是用来表示传感器能够检测被测量的最小量值的性能指标。前者是以满量程的百分数来表示,是一个无量纲比率的量;后者是以最小量程的单位值来表示,是一个有量纲的量值。

1.1.4 迟滞(滞环)

迟滞(hysteresis)特性表明传感器的正向(输入量增大)和反向(输入量减小)行程输出-输入特性曲线不重合的程度,如图1-5所示。亦即对于同一大小的输入信号,传感器的正、反行程的输出信号大小不相等,这就是迟滞现象。迟滞大小一般由实验测定,以正、反向输出量的最大偏差对满量程输出 $y_{F\cdot S}$ 的百分数表示,即

$$\delta_H = \pm\frac{\Delta_{max}}{y_{F\cdot S}} \times 100\% \qquad (1\text{-}8)$$

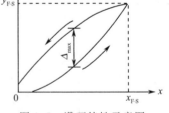

图 1-5 滞环特性示意图

1.1.5 重复性

重复性(repeatability)表示传感器在输入量按同一方向作全量程连续多次变动时所得特性曲线不一致的程度,如图1-6所示。多次重复测试特性曲线重复性好,误差就小。重复性指标(不重复性误差)一般采用输出最大不重复误差 Δ_{max} 与满量程输出 $y_{F\cdot S}$ 的百分数表示,即

$$\delta_R = \pm \frac{\Delta_{\max}}{y_{F \cdot S}} \times 100\% \qquad (1-9)$$

不重复性误差是属于随机误差性质的,按上述方法计算就不太合理了。校准数据的离散程度是与随机误差的精密度相关的,应根据标准偏差来计算重复性指标。因此重复性误差可按下式计算:

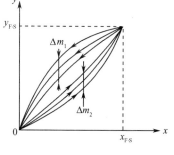

图 1-6 重复性

$$\delta_R = \pm \frac{(2 \sim 3)\sigma}{y_{F \cdot S}} \times 100\% \qquad (1-10)$$

式中,σ 为标准偏差。

误差服从正态分布,σ 前的置信系数取 2,则概率为 95%;置信系数取 3,概率为 99.73%。标准偏差可用贝塞尔(Bessel)公式计算:

$$\sigma = \sqrt{\frac{\sum_{i=1}^{n}(y_i - \bar{y})^2}{n-1}}$$

式中,y_i 为第 i 次的测量值;$\bar{y}$ 为测量值的算术平均值;n 为测量次数。

1.1.6 精度

传感器的精度(accuracy)是指测量结果的可靠程度,它以给定的准确度表示重复某个读数的能力,误差越小,则传感器的精度越高。

传感器的精度(δ)由其量程范围内的最大基本误差 Δ_m 与满量程 $y_{F \cdot S}$ 之比的百分数表示,它是对传感器在其测量范围内准确度的整体评价,而不是某一次具体测量的准确度。基本误差是传感器在规定的正常工作条件下所具有的测量误差,它由系统误差和随机误差两部分组成。迟滞与线性度所表示的误差为传感器的系统误差,重复性所表示的误差为随机误差。所以传感器的精度 δ 为

$$\delta = \frac{\Delta_m}{y_{F \cdot S}} \times 100\% = \delta_L + \delta_H + \delta_R \qquad (1-11)$$

工程技术中为简化传感器精度的表示方法,引用精度等级概念。精度等级(a)以一系列标准百分比数值分档表示,如压力传感器的精度等级 a 分别为 0.05、0.1、0.2、0.5、1.0、1.5、2.5 等,如 0.2 级仪表,表示其精度为 ±0.2%。传感器设计和出厂检验时,其精度等级 a 代表的误差指传感器测量的最大允许误差($\delta_允 = y_{F \cdot S} \times a\%$)。

如果传感器的工作条件偏离正常工作条件,还会带来附加误差,温度附加误差就是最主要的附加误差。

1.1.7 改善传感器性能的技术措施

1. 差动技术

在传感器的使用中,对传感器的性能要求较高,然而,通常由单一敏感元件与单一变送器组成的传感器,其输出-输入特性较差,很难满足检测要求。如果采用差动、对称结构(如差动电容)和差动电路(如电桥)相结合的差动技术,可以达到消除零位值、减小非线性、提高灵敏度、实现温度补偿和抵消共模误差干扰等的效果,改善传感器的技术性能。

本书在相关章节将具体介绍传感器性能改善的各种技术措施。

2. 累加平均技术

在传感器中采用平均技术可产生平均效应。其原理是利用若干个传感单元同时感受被测量,其输出则是这些单元输出的平均值,若将每个单元可能带来的误差 δ 均可看做随机误差且服从正态分布,根据误差理论,总的误差将减小为

$$\delta_{\mathrm{L}} = \pm \frac{\delta}{\sqrt{n}}$$

式中,n 为传感单元数。

例如 $n=10$ 时,误差减小为 31.6%;$n=500$ 时,误差减小为 4.5%。

可见,在传感器中利用累加平均技术不仅可使传感器误差减小,且可增大信号量,即增大传感器灵敏度。

光栅、磁栅、容栅、感应同步器、编码器等传感器,由于其本身的工作原理决定有多个传感单元参与工作,可取得明显的误差平均效应的效果。这也是这一类传感器固有的优点。另外,误差平均效应对某些工艺性缺陷造成的误差同样起到弥补作用。因此,设计时在结构允许情况下,适当增多传感单元数,可收到很好的效果。例如,圆光栅传感器,若让全部栅线都同时参与工作,设计成"全接收"形式,误差平均效应就可较充分地发挥出来。对于周期信号,以在周期相关时刻对信号采样累加就构成了相敏检波、同步积分等传感器信号调理电路。

3. 补偿与修正技术

补偿与修正技术在传感器中得到了广泛的应用。针对传感器本身特性,可以找出误差的变化规律,或者测出其大小和方向,采用适当的方法加以补偿或修正,改善传感器的工作范围或减小动态误差;针对传感器工作条件或外界环境进行误差补偿,也是提高传感器精度的有力技术措施。例如,不少传感器对温度敏感,由于温度变化引起的误差十分可观。为了解决这个问题,必要时可以控制温度,采用恒温装置,但往往费用太高,或使用现场不允许。而在传感器内引入温度误差补偿又常常是可行的。这时应找出温度对测量值影响的规律,然后引入温度补偿措施。在激光式传感器中,常把激光波长作为标准尺度,而波长受温度、气压、湿度的影响,在精度要求较高的情况下,就需要根据这些外界环境情况进行误差修正才能满足要求。

补偿与修正,可以利用电子电路(硬件)来解决,也可以采用微型计算机通过软件来实现。

4. 分段与细分技术

对于大尺寸、高精度的几何测量问题,需要采取分段测量的方案。首先确定被测量在哪个分段区间,然后在该段内进行局部细分。这项技术要求在工艺经济的条件下,尽量密地把标尺等分成若干段,这种分段的边界精度(或小范围平均精度)达到了总体最终精度要求。测量过程从零位开始,记录下所经段数,然后在段内用模拟方法细分。常用两只传感器完成段计数、模拟细分和分辨运动方向的功能,两只传感器之间的距离减去分段整倍数后相差 1/4 分段,即运动测量时两只传感器分别发出正弦和余弦信号。段内用模拟方法细分一般只有 1/10~1/100 精度。

在激光干涉测长、感应同步器、光栅、磁栅、容栅等传感器技术上采用了分段与细分技术,用 CCD 光敏阵列测量光点位置也属于这项共性技术。这项技术也可以认为是微差法的特殊应用。这项技术中,往往使用多只敏感元件,覆盖多个分段,用空间平均方法提高测量精度。

当测量两点之间的位移时,可以用某匀速移动的物质(或能量)到达两点的时差来度量。这种匀速移动的物质(或能量)可以是物体,或声场、电磁波、旋转磁场等。技术上用时间分段,即对周期性脉冲计数的方法测量时间。超声、雷达、激光等脉冲测距都是这种共性技术的应

用。当这种匀速移动的物质(或能量)被调制(幅度、相位或编码等)时还可以实现周期计数间的进一步的细分测量。

5. 屏蔽、隔离与干扰抑制

传感器大都要在现场工作,现场的条件往往是难以充分预料的,有时是极其恶劣的。各种外界因素要影响传感器的精度等性能。为了减小测量误差,保证其原有性能,就应设法削弱或消除外界因素对传感器的影响。其方法归纳起来有两种:一是减小传感器对影响因素的灵敏度;二是降低外界因素对传感器实际作用的程度。

对于电磁干扰,可以采用屏蔽、隔离措施,也可用滤波等方法抑制。对于如温度、湿度、机械振动、气压、声压、辐射甚至气流等,可采用相应的隔离措施,如隔热、密封、隔振等,或者在变换成为电量后对干扰信号进行分离或抑制,减小其影响。

6. 稳定性处理

传感器作为长期测量或反复使用的器件,其稳定性显得特别重要,其重要性甚至胜过精度指标,尤其是对那些很难或无法定期标定的场合。随着时间的推移和环境条件的变化,构成传感器的各种材料与元器件性能将发生变化,造成了传感器性能不稳定。

为了提高传感器性能的稳定性,应该对材料、元器件或传感器整体进行必要的稳定性处理。如永磁材料的时间老化、温度老化、机械老化及交流稳磁处理,电气元件的老化筛选等。

在使用传感器时,若测量要求较高,必要时也应对附加的调整元件、后续电路的关键元器件进行老化处理。

1.2 传感器的动态特性

动态特性是指传感器对于随时间变化的输入信号 $x(t)$ 的响应特性。它是传感器的输出值能够真实地再现随时间变化着的输入量能力的反映。理想的传感器,其输出量 $y(t)$ 与输入量 $x(t)$ 的时间函数表达式应该相同。但实际上二者只能在一定的频率范围内,在允许的动态误差条件下保持所谓的一致。动态特性用数学模型来描述,对于连续时间系统主要有三种形式:时域中的微分方程,复频域中的传递函数 $H(s)$,频率域中的频率特性 $H(j\omega)$。传感器的动态特性由其本身的固有属性所决定。

1.2.1 动态参数测试的特殊问题

静态信号测量时,线性传感器的输出-输入特性是一条直线,二者之间有一一对应关系;而且因为被测信号不随时间变化,测量和记录过程不受时间限制。而在实际测试工作中,大量的被测信号是动态信号,传感器对动态信号的测量任务不仅需要精确地测量信号幅值的大小,而且需要测量和记录动态信号随时间变化过程的波形,这就要求传感器能迅速准确地测出信号幅值的大小和无失真地再现被测信号随时间变化的波形。

传感器的动态特性是指传感器对激励(输入)的响应(输出)特性。一个动态特性好的传感器,其输出 $y(t)$ 随时间变化的规律(变化曲线),将能同时再现输入 $x(t)$ 随时间变化的规律(变化曲线),即 $y(t)$ 与 $x(t)$ 具有相同的时间函数。这就是动态测量中对传感器提出的新要求。但实际上除了理想的比例特性环节外,输出信号不会与输入信号具有完全相同的时间函数,这种输出与输入间的差异就是所谓的动态误差。

为了进一步说明动态参数测试中发生的特殊问题,下面讨论一个测量水温的实际过程。

用一个恒温水槽,使其中水温保持 T(℃)不变,而当地的环境温度为 T_0,设 $T>T_0$。把一支热电偶放于此环境中一定时间,那么热电偶反映出来的温度应为 T_0(不考虑其他因素造成的误差)。现将热电偶迅速插到恒温水槽的热水中(插入时间忽略不计),这时热电偶测量的温度参数发生一个突变,即从 T_0 突变到 T,我们马上看一下热电偶输出的指示值,它并没有从 T_0 立即上升到 T,而是从 T_0 逐步上升到 T 的。热电偶指示出来温度从 T_0 上升到 T,历经了时

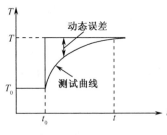

图 1-7 热电偶测温过程曲线

间从 t_0 到 t 的过渡过程,如图 1-7 所示。没有这样一个过程就不会得到正确的测量结果。从 $t_0 \to t$ 的过程中,测试曲线始终与温度从 T_0 跳变到 T 的实际阶跃波形存在差值,这个差值就称为动态误差,从记录波形看,测试具有一定失真。

究其测试失真和产生动态误差的原因,可以肯定:首先,如果被测温度不产生变化,不会产生上述现象;其次就应考查热电偶(传感器)对动态参数测试的适应性能,即它的动态特性怎样。热电偶测量热水温度时,水的热量需通过热电偶的壳体传递到热接点上,热接点又具有一定的热容量,它与水温的热平衡需要一个过程,所以热电偶不能在被测温度变化时立即产生相应的反映。这种由热容量所决定的性能称为热惯性,这种热惯性是热电偶固有的,它就决定了热电偶测量快速温度变化时会产生动态误差。

传感器动态特性研究,就是从测量误差角度分析传感器产生动态误差的原因(固有特性)及其改善措施。

1.2.2 研究传感器动态特性的方法及其指标

动态特性用数学模型来描述,对于连续时间系统,研究其动态特性,可以从时域中的微分方程、复频域中的传递函数 $H(s)$、频率域中的频率特性 $H(\text{j}\omega)$ 几方面采用瞬态响应法和频率响应法来分析。由于输入信号的时间函数形式是多种多样的,在时域内研究传感器的响应特性时,只能研究几种特定的输入时间函数如阶跃函数、脉冲函数和斜坡函数等的响应特性;在频域内研究动态特性一般采用正弦函数得到频率响应特性。动态特性好的传感器暂态响应时间很短或者频率响应范围很宽。这两种分析方法内部存在必然的联系,在不同场合,根据实际需要解决的问题不同而选择不同的方法。

在对传感器进行动态特性分析和动态标定时,为了便于比较和评价,常常采用正弦变化和阶跃变化的输入信号。

在采用阶跃输入信号研究传感器时域动态特性时,用其输出信号 $y(t)$ 的变化曲线来表示。表征动态特性的主要参数有上升时间 t_r,响应时间 t_s(过程时间),超调量 y_m(或 σ_p),衰减度 ψ 等,如图 1-8 所示。

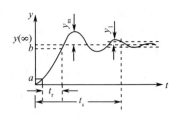

图 1-8 阶跃响应特性

上升时间 t_r 定义为传感器输出示值从最终稳定值的 5%(或 10%)变到最终稳定值的 95%(或 90%)所需要的时间。

响应时间 t_s 是指从输入量开始起作用到输出指示值进入最终稳定值所规定的范围内所需要的时间。最终稳定值的规定范围常取传感器的允许误差值 $\pm\gamma$,在写出响应时间时应同时注明误差值的范围,例如 $t_s=0.55\text{s}(\pm 5\%)$。

超调量 y_m 是指输出第一次达到稳定值 $y(\infty)$ 后又超出稳定值而出现的最大偏差,常用相对于最终稳定值的百分比 σ_p 来表示,即

$$\sigma_p = \frac{y_{max} - y(\infty)}{y(\infty)} \times 100\%$$ (1-12)

衰减度 ψ 用来描述瞬态过程中振荡幅值衰减的速度,定义为

$$\psi = \frac{y_m - y_1}{y_m}$$ (1-13)

式中,y_m 为输出变化的最大值;y_1 为出现 y_m 一个周期后的 $y(t)$ 的偏差。如果 $y_1 \ll y_m$,则 $\psi \approx$ 1,表示衰减很快,该系统很稳定,振荡很快停止。

在采用正弦输入信号研究传感器频域动态特性时,常用幅频特性和相频特性来描述传感器的动态特性,其重要指标是频带宽度,简称带宽。带宽是指增益变化不超过某一规定分贝值的频率范围。

1.2.3 传感器的数学模型(微分方程)

传感器实质上是一个信息(能量)转换和传递的通道,在静态测量情况下,其输出量(响应)与输入量(激励)的关系符合式(1-1),即输出量为输入量的函数。在动态测量情况下,如果输入量随时间变化时,输出量能立即随之无失真地变化的话,那么这样的传感器可以看作是理想的。但实际的传感器(或测试系统),总是存在着诸如弹性、惯性和阻尼等元件,此时,输出 y 不仅与输入 x 有关,而且还与输入的速度 dx/dt、加速度 d^2x/dt^2 等有关。

要精确地建立传感器(测试系统)的数学模型是很困难的。在工程上总是采取一些近似的方法,忽略一些影响不大的因素,给数学模型的确立和求解都带来很多方便。通常认为可以用线性定常(时不变)系统理论来描述传感器的动态特性。线性定常系统的数学模型为高阶常系数线性微分方程,即

$$a_n \frac{d^n y}{dt^n} + a_{n-1} \frac{d^{n-1} y}{dt^{n-1}} + \cdots + a_1 \frac{dy}{dt} + a_0 y$$

$$= b_m \frac{d^m x}{dt^m} + b_{m-1} \frac{d^{m-1} x}{dt^{m-1}} + \cdots + b_1 \frac{dx}{dt} + b_0 x$$ (1-14)

式中,x 为输入量;y 为输出量;t 为时间;$a_0, a_1, \cdots, a_n$ 和 $b_0, b_1, \cdots, b_m$ 为系数,一般由传感器的结构参数决定(后面的例题可以说明)。

线性定常系统有两个十分重要性质,即叠加性和频率保持性。根据叠加性质,当一个系统有 n 个激励同时作用时,其响应为这 n 个激励单独作用的响应之和,即

$$\sum_{i=1}^{n} x_i(t) \rightarrow \sum_{i=1}^{n} y_i(t)$$

也就是说,各个输入所引起的输出是互不影响的。这样在分析常系数线性系统时,总可以将一个复杂的激励信号分解成若干个简单信号的激励,如利用傅里叶变换,将复杂信号分解成一系列谐波或分解成若干个小的脉冲激励,然后求出这些分量激励的响应之和,便是总的激励的响应。频率保持性表明,当线性系统的输入为某一频率信号时,则系统的稳态响应也是同一频率的信号(但幅值和相位随频率有所变化),即

$$x(t) = A\sin\omega t \rightarrow y(t) = B(\omega)\sin[\omega t + \varphi(\omega)]$$

理论上讲,由式(1-14)可以计算出传感器的输出与输入的关系,但是对于一个复杂的系统和复杂的输入信号,若采用式(1-14)求解肯定不是一件容易的事情。因此,在信息论和工程控制中,通常采用一些足以反映系统动态特性的函数,将系统的输出与输入联系起来,这些函数有传递函数、频率响应函数和冲激响应函数,等等。

1.2.4 传递函数

传感器的输出-输入关系如图 1-9 所示。

图 1-9 传感器的输出-输入关系

在初始条件为零,即 $t \leqslant 0$ 时,$x(t)$ 和 $y(t)$ 以及它们的各阶时间导数的初始($t=0$)值为零,输出信号 $y(t)$ 的拉氏变换 $Y(s)$ 与输入信号 $x(t)$ 的拉氏变换 $X(s)$ 之比为传感器系统的传递函数,记为 $H(s)$,

$$H(s) = \frac{Y(s)}{X(s)} \tag{1-15}$$

式中,$Y(s) = L[y(t)] = \int_0^\infty y(t)\mathrm{e}^{-st}\,\mathrm{d}t$ 为 $y(t)$ 的拉氏变换;$X(s) = L[x(t)] = \int_0^\infty x(t)\mathrm{e}^{-st}\,\mathrm{d}t$ 为 $x(t)$ 的拉氏变换;$s = \beta + \mathrm{j}\omega$ 是复变量,且 $\beta > 0$。

传感器的一般方程式(1-14),当其初始值为零(即传感器系统原来处于静止状态),其拉氏变换式为

$$(a_n s^n + a_{n-1} s^{n-1} + \cdots + a_1 s + a_0)Y(s)$$
$$= (b_m s^m + b_{m-1} s^{m-1} + \cdots + b_1 s + b_0)X(s)$$

则传递函数 $H(s)$ 为

$$H(s) = \frac{Y(s)}{X(s)} = \frac{b_m s^m + b_{m-1} s^{m-1} + \cdots + b_1 s + b_0}{a_n s^n + a_{n-1} s^{n-1} + \cdots + a_1 s + a_0} \tag{1-16}$$

式(1-16)等号右边是一个与输入 $x(t)$ 无关的表达式,它只与传感器系统的结构参数有关,因而它是传感器特性(固有)的一种表达式。它联系了输入与输出的关系,是一个描述传感器传递信息特性的函数。而且,由式(1-16)可见,引入传递函数概念之后,$Y(s)$、$X(s)$ 和 $H(s)$ 三者之中,只要知道任意两个,第三个便可容易求得。从而为我们了解一个复杂系统传递信息特性创造了方便条件,这时不需要了解复杂系统的具体内容,只要给系统一个激励 $x(t)$,如简单的阶跃信号,得到系统对 $x(t)$ 的响应 $y(t)$,系统的特性就可以确定,即

$$H(s) = \frac{L[y(t)]}{L[x(t)]} = \frac{Y(s)}{X(s)} \tag{1-17}$$

一旦系统的传递特性 $H(s)$ 确定后,对于任意激励 $x(t) \rightarrow X(s) \rightarrow Y(s) = H(s)X(s) \rightarrow L^{-1}[Y(s)] = y(t)$。

1.2.5 频率响应函数(频率特性)

对于稳定的常系数线性系统,在初始条件为零的条件下,输出信号 $y(t)$ 的傅氏变换 $Y(\mathrm{j}\omega)$ 与输入信号 $x(t)$ 的傅氏变换 $X(\mathrm{j}\omega)$ 之比为传感器系统的频率响应函数(频率特性),记为 $H(\mathrm{j}\omega)$ 或 $H(\omega)$。

$$H(\mathrm{j}\omega) = \frac{Y(\mathrm{j}\omega)}{X(\mathrm{j}\omega)} \tag{1-18}$$

式中,$Y(j\omega) = \int_0^\infty y(t)e^{-j\omega t}\,dt$ 为 $y(t)$ 的傅氏变换;$X(j\omega) = \int_0^\infty x(t)e^{-j\omega t}\,dt$ 为 $x(t)$ 的傅氏变换。

现在我们比较式(1-15)和式(1-18)中的拉氏变换和傅氏变换之间的关系。可见,频率特性是实部 $\beta = 0$ 时的传递函数的一个特例。我们令 $s = j\omega$,直接由传递函数写出频率特性

$$H(j\omega) = \frac{Y(j\omega)}{X(j\omega)} = \frac{b_m(j\omega)^m + b_{m-1}(j\omega)^{m-1} + \cdots + b_1(j\omega) + b_0}{a_n(j\omega)^n + a_{n-1}(j\omega)^{n-1} + \cdots + a_1(j\omega) + a_0} \tag{1-19}$$

频率响应函数 $H(j\omega)$ 是一个复数函数,它可以用指数形式表示,即

$$H(j\omega) = A(\omega)e^{j\varphi(\omega)} \tag{1-20}$$

式中,$A(\omega)$ 为 $H(j\omega)$ 的模;$\varphi(\omega)$ 为 $H(j\omega)$ 的相角。

$$A(\omega) = |H(j\omega)| = \sqrt{[H_R(\omega)]^2 + [H_1(\omega)]^2} \tag{1-21}$$

称为传感器的幅频特性。式中,$H_R(\omega)$ 为 $H(j\omega)$ 的实部;$H_1(\omega)$ 为 $H(j\omega)$ 的虚部。

$$\varphi(\omega) = \arctan H(j\omega) = -\arctan\frac{H_1(\omega)}{H_R(\omega)} \tag{1-22}$$

称为传感器的相频特性。

由两个频率响应分别为 $H_1(j\omega)$ 和 $H_2(j\omega)$ 的常系数线性系统串接而成的总系统,如果后一系统对前一系统没有影响,那么,描述整个系统的频率响应 $H(j\omega)$ 和幅频特性 $A(\omega)$、相频特性 $\varphi(\omega)$ 为

$$\begin{cases} H(j\omega) = H_1(j\omega) \cdot H_2(j\omega) \\ A(\omega) = A_1(\omega) \cdot A_2(\omega) \\ \varphi(\omega) = \varphi_1(\omega) + \varphi_2(\omega) \end{cases}$$

常系数线性测量系统的频率响应 $H(j\omega)$ 只是频率的函数,与时间、输入量无关。如果系统为非线性的,则 $H(j\omega)$ 将与输入有关。若系统是非常系数的,则 $H(j\omega)$ 还与时间有关。

*1.2.6 冲激响应函数

由式(1-15)知,传感器的传递函数为 $H(s) = Y(s)/X(s)$,若选择一种激励 $x(t)$,使 $L[x(t)] = X(s) = 1$,就很理想了。这时自然会引入单位冲激函数,即 δ 函数。根据单位冲激函数的定义和 δ 函数的抽样性质,可以求出单位冲激函数的拉氏变换,即

$$\Delta(s) = L[\delta(t)] = \int_{-\infty}^\infty \delta(t)e^{-st}\,dt = e^{-st}\Big|_{t=0} = 1 \tag{1-23}$$

式中,$\delta(t) = \begin{cases} 0 & t \neq 0 \\ 1 & t = 0 \end{cases}$ 为 δ 函数。

由于 $\Delta(s) = 1$,将其代入式(1-15)得

$$H(s) = \frac{Y(s)}{\Delta(s)} = Y(s) \tag{1-24}$$

将式(1-24)取拉氏逆变换,且令 $L^{-1}[H(s)] = h(t)$,则有

$$h(t) = L^{-1}[H(s)] = L^{-1}[Y(s)] = y_\delta(t) \tag{1-25}$$

式(1-25)表明单位冲激函数的响应同样可以描述传感器(或测试系统)的动态特性,它同传递函数是等价的,不同的是一个在复频域($\beta + j\omega$),一个是在时间域。通常 $h(t)$ 称为冲激响应函数。

对于任意输入 $x(t)$ 所引起的响应 $y(t)$,可以利用两个函数的卷积关系,即系统的响应 $y(t)$ 等于冲激响应函数 $h(t)$ 同激励 $x(t)$ 的卷积,即

$$y(t) = h(t) * x(t) = \int_0^t h(\tau)x(t-\tau)\,d\tau = \int_0^t x(\tau)h(t-\tau)\,d\tau \tag{1-26}$$

1.3　传感器动态特性分析

传感器的种类和形式很多,但它们一般可以简化为一阶或二阶系统。这样,分析一阶和二阶系统的动态特性,就对各种传感器的动态特性有了基本了解,而不必一一分别研究。

1.3.1　传感器的频率响应

传感器系统(线性定常系统)在正弦激励 $x(t)=A\sin\omega t$ 的作用下,经暂态过程后,其响应 $y(t)=B(\omega)\sin[\omega t+\varphi(\omega)]$,仍为正弦信号,且频率保持不变。但其幅值和相位随频率 ω 发生了变化。因此,对正弦输入信号,传感器的动态特性一般用频域中的频率响应特性来评价。

1. 一阶传感器的频率响应

一阶传感器系统的微分方程为

$$a_1 \frac{\mathrm{d}y(t)}{\mathrm{d}t} + a_0 y(t) = b_0 x(t) \tag{1-27}$$

可改写为

$$\frac{a_1}{a_0} \frac{\mathrm{d}y(t)}{\mathrm{d}t} + y(t) = \frac{b_0}{a_0} x(t)$$

或写成一阶传感器微分方程通式

$$\tau \frac{\mathrm{d}y(t)}{\mathrm{d}t} + y(t) = Kx(t) \tag{1-27'}$$

式中,τ 为传感器的时间常数($\tau=a_1/a_0$),具有时间量纲;K 为传感器静态灵敏度($K=b_0/a_0$),具有输出/输入量纲。

由式(1-16)可得一阶系统的传递函数 $H(s)$ 为

$$H(s) = \frac{K}{1+\tau s} \tag{1-28}$$

而一阶系统的频率特性为

$$H(\mathrm{j}\omega) = \frac{K}{1+\mathrm{j}\omega\tau} \tag{1-29}$$

其幅频特性为

$$A(\omega) = |H(\mathrm{j}\omega)| = \frac{K}{\sqrt{1+(\omega\tau)^2}} \tag{1-30}$$

相频特性为

$$\varphi(\omega) = \arctan(-\omega\tau) = -\arctan(\omega\tau) \tag{1-31}$$

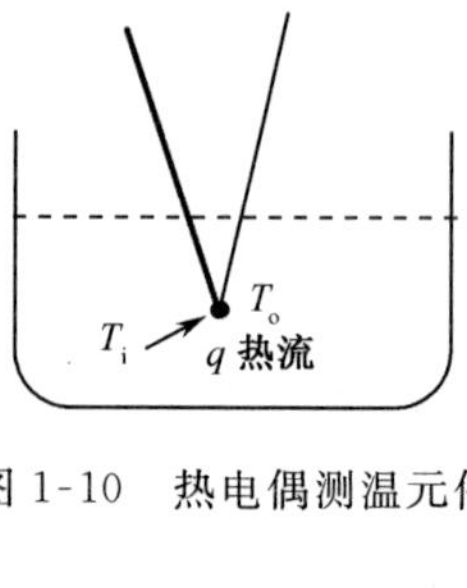

【例 1-1】 以热电偶测温元件为例,如图 1-10 所示。当热电偶接点温度 T_o 低于被测介质温度 T_i 时,$T_i > T_o$,则有热流 q 流入热偶结点,它与 T_i 和 T_o 的关系可表示为

$$q = \frac{T_i - T_o}{R} = C \frac{\mathrm{d}T_o}{\mathrm{d}t}$$

式中,R 为介质的热阻;C 为热偶的比热。

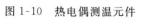
图 1-10　热电偶测温元件

若令 $\tau=RC$,上式可写为

$$\tau \frac{\mathrm{d}T_o}{\mathrm{d}t} + T_o = KT_i \tag{1-32}$$

式中，K 为放大倍数，此处 $K=1$。

式(1-32)为一阶传感器微分方程，T_i、T_o 分别表示输入量、输出量，相当于一般一阶传感器的 x 和 y。利用式(1-28)～式(1-31)可得其相应的传递函数和频率特性。

【例 1-2】 弹簧-阻尼器组成的机械系统如图 1-11 所示，也属于一阶传感器系统。其微分方程为

$$c \frac{\mathrm{d}y(t)}{\mathrm{d}t} + ky(t) = b_0 x(t) \tag{1-33}$$

式中，c 为阻尼系数；k 为弹簧刚度；$y(t)$ 为位移；$b_0 x(t)$ 为作用力。

式(1-33)可改写为下列形式

$$\tau \frac{\mathrm{d}y(t)}{\mathrm{d}t} + y(t) = Kx(t) \tag{1-34}$$

图 1-11 弹簧-阻尼系统

式中，τ 为时间常数（$\tau = c/k$）；K 为静态灵敏度（$K = b_0/k$）。

同样，利用式(1-28)～式(1-31)即可写出它的传递函数和频率特性等的表达式。

一阶传感器系统除以上两例外，还有 $R\text{-}C$、$L\text{-}R$ 电路和质量-阻尼系统等。

一阶传感器的频率响应特性曲线如图 1-12 所示。从式(1-30)、式(1-31)和图 1-12 看出，时间常数 τ 越小，频率响应特性越好，当 $\omega\tau \ll 1$ 时：

$A(\omega)/K \approx 1$，它表明传感器输出与输入为线性关系。

$\varphi(\omega)$ 很小，$\tan\varphi \approx \varphi$，$\varphi(\omega) \approx \omega\tau$，相位差与频率呈线性关系。

这时保证了测试是无失真的，输出 $y(t)$ 真实地反映输入 $x(t)$ 的变化规律。

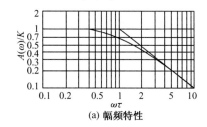
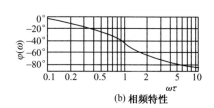

图 1-12 一阶传感器的频率特性

2. 二阶传感器的频率响应

二阶传感器系统的微分方程通式为

$$a_2 \frac{\mathrm{d}^2 y(t)}{\mathrm{d}t^2} + a_1 \frac{\mathrm{d}y(t)}{\mathrm{d}t} + a_0 y(t) = b_0 x(t) \tag{1-35}$$

可改写为

$$\frac{1}{\omega_n^2} \frac{\mathrm{d}^2 y(t)}{\mathrm{d}t^2} + \frac{2\zeta}{\omega_n} \frac{\mathrm{d}y(t)}{\mathrm{d}t} + y(t) = Kx(t) \tag{1-36}$$

式中，$\omega_n = \sqrt{a_0/a_2}$ 为传感器的固有角频率；$\zeta = a_1/2\sqrt{a_0 a_2}$ 为传感器的阻尼比；$K = b_0/a_0$ 为传感器的静态灵敏度。其传递函数为

$$H(s) = \frac{K}{\frac{1}{\omega_n^2} s^2 + \frac{2\zeta}{\omega_n} s + 1} \tag{1-37}$$

频率特性为

$$H(\mathrm{j}\omega) = \cfrac{K}{1 - \left(\cfrac{\omega}{\omega_\mathrm{n}}\right)^2 + 2\mathrm{j}\zeta\left(\cfrac{\omega}{\omega_\mathrm{n}}\right)} \tag{1-38}$$

幅频特性为

$$A(\omega) = |H(\mathrm{j}\omega)| = \cfrac{K}{\sqrt{[1 - (\omega/\omega_\mathrm{n})^2]^2 + 4\zeta^2(\omega/\omega_\mathrm{n})^2}} \tag{1-39}$$

相频特性为

$$\varphi(\omega) = -\arctan\cfrac{2\zeta(\omega/\omega_\mathrm{n})}{1 - (\omega/\omega_\mathrm{n})^2} \tag{1-40}$$

【例 1-3】 图 1-13 所示质量-弹簧-阻尼系统属于二阶传感器系统,其微分方程为

$$m\frac{\mathrm{d}^2 y(t)}{\mathrm{d}t^2} + c\frac{\mathrm{d}y(t)}{\mathrm{d}t} + ky(t) = F(t) \tag{1-41}$$

可改写为一般通式

$$\frac{1}{\omega_\mathrm{n}^2}\frac{\mathrm{d}^2 y(t)}{\mathrm{d}t^2} + \frac{2\zeta}{\omega_\mathrm{n}}\frac{\mathrm{d}y(t)}{\mathrm{d}t} + y(t) = KF(t) \tag{1-42}$$

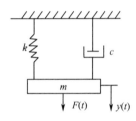

图 1-13 二阶传感器系统

式中,m 为运动质量;c 为阻尼系数;k 为弹簧刚度;$F(t)$ 为作用力;$y(t)$ 为位移;ω_n 为系统固有频率($\sqrt{k/m}$);ζ 为系统阻尼比($c/2\sqrt{km}$);K 为静态灵敏度($1/k$)。

加速度传感器一般属于这种二阶传感器系统。

图 1-14 为二阶传感器的频率响应特性曲线。从式(1-39)、式(1-40)和图1-14可见,二阶传感器频率响应特性好坏,主要取决于传感器的固有频率 ω_n 和阻尼比 ζ。

当 $\zeta < 1$,$\omega_\mathrm{n} \gg \omega$ 时:

$A(\omega)/K \approx 1$,频率特性平直,输出与输入为线性关系。

$\varphi(\omega)$ 很小,$\varphi(\omega)$ 与 ω 为线性关系。

此时,系统的输出 $y(t)$ 真实准确地再现输入 $x(t)$ 的波形,这是测试系统应有的性能。

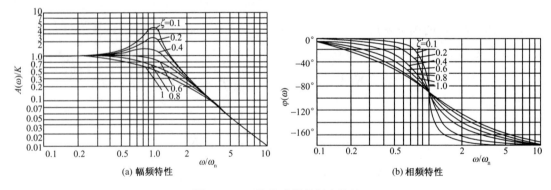

图 1-14 二阶传感器的频率特性

由上分析可知,为了使测试结果能精确地再现被测信号波形,在传感器设计时,必须使其阻尼比 $\zeta < 1$,固有频率 ω_n 至少应大于被测信号频率 ω 的(3~5)倍,即 $\omega_\mathrm{n} \geqslant (3\sim5)\omega$。

从图 1-14 中还可看出,当 ζ 趋于零时,幅值在系统固有振动频率($\omega/\omega_n=1$)附近变得很大。在这种场合下,激励使系统出现谐振。为了避免这种情况,可增加 ζ 值。当 ζ≥0.707 时,谐振就基本上被抑制了。

阻尼比 ζ 是传感器设计和选用时要考虑的另一个重要参数。ζ<1,为欠阻尼;ζ=1,为临界阻尼;ζ>1 为过阻尼。一般系统都工作于欠阻尼状态,综合考虑,设计传感器时,应使 ζ=0.6~0.8 为宜。

1.3.2 传感器的瞬态响应

传感器的动态特性除了用频域中的频率特性来评价外,也可以从时域中瞬态响应和过渡过程进行分析,阶跃信号、冲激信号和斜坡信号都是常用的激励信号。

下面着重讨论阶跃输入时的阶跃响应。

对传感器突然加载或突然卸载即属于阶跃输入,这种输入方式既简单易行,又能充分揭示传感器的动态特性,故常常被采用。

设单位阶跃信号为

$$x(t) = \begin{cases} 0 & t < 0 \\ 1 & t \geq 0 \end{cases}$$

如图 1-15(a)所示,则它的拉氏变换为

$$X(s) = L[x(t)] = \int_0^\infty x(t)\mathrm{e}^{-st}\mathrm{d}t = \frac{1}{s}$$

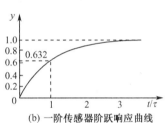

| (a) 单位阶跃信号 | (b) 一阶传感器阶跃响应曲线 |

图 1-15 一阶传感器的阶跃响应

1. 一阶传感器的阶跃响应

对于一阶传感器,其传递函数为(为讨论方便,令 $K=b_0/a_0=1$)

$$H(s) = \frac{Y(s)}{X(s)} = \frac{1}{1+\tau s}$$

则

$$Y(s) = H(s)X(s) = \frac{1}{1+\tau s}\frac{1}{s} = \frac{1}{s} - \frac{\tau}{\tau s+1} \qquad (1\text{-}43)$$

对式(1-43)进行拉氏逆变换得

$$y(t) = 1 - \mathrm{e}^{-t/\tau} \qquad (1\text{-}44)$$

式(1-44)的响应曲线如图 1-15(b)所示。可以看出,输出的初始值为零,随着时间推移,y 接近于稳态值 1,当 $t=\tau$ 时,$y=0.632$。τ 是系统的时间常数,传感器的时间常数越小,响应就越快。故时间常数 τ 是决定一阶传感器响应速度的重要参数。

2. 二阶传感器的阶跃响应

二阶传感器的传递函数为

$$H(s) = \frac{Y(s)}{X(s)} = \frac{K\omega_n^2}{s^2 + 2\zeta\omega_n s + \omega_n^2}$$

则

$$Y(s) = H(s)X(s) = \frac{K\omega_n^2}{s(s^2 + 2\zeta\omega_n s + \omega_n^2)} \tag{1-45}$$

(1) $0 < \zeta < 1$，衰减振荡情形。式(1-45)可分解成

$$Y(s) = K\left(\frac{1}{s} - \frac{s + 2\zeta\omega_n}{s^2 + 2\zeta\omega_n s + \omega_n^2}\right)$$

其第二项分母特征方程在 $0 < \zeta < 1$ 时的解为复数，即

$$Y(s) = K\left[\frac{1}{s} - \frac{s + 2\zeta\omega_n}{(s + \zeta\omega_n + j\omega_d)(s + \zeta\omega_n - j\omega_d)}\right]$$

其中，$\omega_d = \omega_n\sqrt{1-\zeta^2}$，称为阻尼振荡频率。这样上式可写成如下形式：

$$\begin{aligned} Y(s) &= K\left[\frac{1}{s} - \frac{s + 2\zeta\omega_n}{(s + \zeta\omega_n)^2 + \omega_d^2}\right] \\ &= K\left[\frac{1}{s} - \frac{s + \zeta\omega_n}{(s + \zeta\omega_n)^2 + \omega_d^2} - \frac{\zeta\omega_n}{(s + \zeta\omega_n)^2 + \omega_d^2}\right] \\ &= K\left[\frac{1}{s} - \frac{s + \zeta\omega_n}{(s + \zeta\omega_n)^2 + \omega_d^2} - \frac{\zeta}{\sqrt{1-\zeta^2}}\frac{\omega_d}{(s + \zeta\omega_n)^2 + \omega_d^2}\right] \end{aligned}$$

求上式的逆拉氏变换可得

$$y(t) = K\left[1 - \frac{e^{-\zeta\omega_n t}}{\sqrt{1-\zeta^2}}\sin\left(\omega_d t + \arctan\frac{\sqrt{1-\zeta^2}}{\zeta}\right)\right] \tag{1-46}$$

请读者自证上式结果，也可参见本章教学课件。

由式(1-46)知，在 $0 < \zeta < 1$ 的情形下，阶跃信号输入时的输出信号为衰减振荡，其振荡角频率(阻尼振荡角频率)为 ω_d；幅值按指数衰减，ζ 越大，即阻尼越大，衰减越快(见图1-16)。

(2) $\zeta = 0$，无阻尼，即临界振荡情形。将 $\zeta = 0$ 代入式(1-46)，得

$$y(t) = K[1 - \cos(\omega_n t)] \quad (t \geq 0) \tag{1-47}$$

这是一等幅振荡过程，其振荡频率就是系统的固有振荡角频率 ω_n(即 $\omega_d = \omega_n$)。实际上系统总有一定阻尼，故 ω_d 总小于 ω_n。

(3) $\zeta = 1$，临界阻尼情形。此时式(1-45)可写成

$$Y(s) = \frac{K\omega_n^2}{s(s + \omega_n)^2}$$

上式分母的特征方程的解为两个相等的实数，由拉氏逆变换可得

$$y(t) = K[1 - e^{-\omega_n t}(1 + \omega_n t)] \tag{1-48}$$

上式表明传感器系统既无超调也无振荡(见图1-16)。

(4) $\zeta > 1$，过阻尼情形。此时式(1-45)可写成

$$Y(s) = \frac{K\omega_n^2}{s(s + \zeta\omega_n + \omega_n\sqrt{\zeta^2-1})(s + \zeta\omega_n - \omega_n\sqrt{\zeta^2-1})}$$

其拉氏逆变换为

$$y(t) = K\left\{1 + \frac{1}{2(\zeta^2 - \zeta\sqrt{\zeta^2-1} - 1)}\exp\left[-(\zeta - \sqrt{\zeta^2-1})\omega_n t\right]\right.$$

$$+ \frac{1}{2(\zeta^2 + \zeta\sqrt{\zeta^2 - 1} - 1)} \exp\left[-\left(\zeta + \sqrt{\zeta^2 - 1}\right)\omega_n t\right]\right\} \tag{1-49}$$

它有两个衰减的指数项,当 $\zeta \gg 1$ 时,其中的后一个指数项比前一项衰减快得多,可忽略不计,这样就从二阶系统蜕化成一系统的惯性环节了。

对应于不同 ζ 值的二阶传感器系统的单位阶跃响应曲线如图 1-16 所示。由图可见,在一定的 ζ 值下,欠阻尼系统比临界阻尼系统更快地到达稳态值;过阻尼系统反应迟钝,动作缓慢。所以阻尼比是传感器设计和选用时应考虑的一个重要参数。一般传感器系统大都设计成欠阻尼系统,ζ 取值一般为 $0.6 \sim 0.8$。

二阶传感器在单位阶跃激励下的稳态输出误差为零。但是传感器的响应很大程度决定于阻尼比 ζ 和固有频率 ω_n。传感器的固有频率为其主要结构参数所决定,ω_n 越高,其响应越快。阻尼比直接影响超

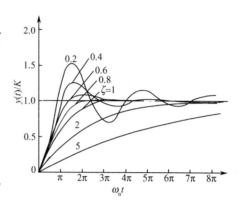

图 1-16　二阶系统的单位阶跃响应

调量和振荡次数。$\zeta = 0$ 时,超调量为 100%,且持续不停地振荡下去,达不到稳态。$\zeta > 1$,则传感器蜕化到等同于两个一阶环节的串联,此时虽然不产生振荡(即不发生超调),但也需经过较长时间才能达到稳态。如果阻尼比 ζ 选在 $0.6 \sim 0.8$,则最大超调量为 $2.5\% \sim 10\%$。若允许动态误差为 $2\% \sim 5\%$ 时,其调整时间也最短,为 $(3\sim4)/(\zeta\omega_n)$,这也是很多传感器(测试系统)在设计时常把阻尼比 ζ 选在此区间的理由之一。

传感器的动态特性常用单位阶跃信号的瞬态响应曲线来表征。对于其他典型信号的响应见表 1-1。

1.3.3　动态误差

在静态灵敏度 $K = 1$ 的情况下,传感器系统作为信号的测量和传递时,其输出正弦信号 $y(t) = y_m \sin(\omega t + \varphi)$ 的幅值 y_m,应该与输入正弦信号 $x(t) = x_m \sin\omega t$ 的幅值 x_m 相等,否则就存在动态幅值误差 γ。其定义式为

$$\gamma = \frac{|H(j\omega)| - |H(0)|}{|H(0)|} \times 100\% \tag{1-50}$$

式中,$|H(0)|$ 表示 $\omega = 0$ 时频率特性的模,也即静态放大倍数。

将式(1-30)、式(1-39)分别代入式(1-50),可得一阶、二阶系统动态幅值误差表达式如下:

一阶传感器系统

$$\gamma = \frac{1}{\sqrt{1 + (\omega\tau)^2}} - 1 \tag{1-51}$$

二阶传感器系统

$$\gamma = \frac{1}{\sqrt{[1 - (\omega/\omega_n)^2]^2 + 4\zeta^2(\omega/\omega_n)^2}} - 1 \tag{1-52}$$

式(1-51)、式(1-52)建立了特征参数 τ 或 ω_n、ζ 表征的系统动态特性与信号频率 ω 以及动态幅值误差 γ 的联系。

表 1-1   一阶和二阶系统对各种典型输入信号的响应

输　入		输　出	
		一阶系统 $H(s)=\dfrac{1}{\tau s+1}$	二阶系统 $H(s)=\dfrac{\omega_n^2}{s^2+2\zeta\omega_n s+\omega_n^2}$
单位阶跃	$X(s)=\dfrac{1}{s}$	$Y(s)=\dfrac{1}{s(\tau s+1)}$	$Y(s)=\dfrac{\omega_n^2}{s(s^2+2\zeta\omega_n s+\omega_n^2)}$
		$y(t)=1-\mathrm{e}^{-t/\tau}$	$*\ y(t)=1-(\mathrm{e}^{-\zeta\omega_n t}/\sqrt{1-\zeta^2})$ $\cdot\sin(\omega_d t+\varphi_2)$
	$x(t)=\begin{cases}0 & t<0\\ 1 & t\geqslant0\end{cases}$		
单位斜坡	$X(s)=\dfrac{1}{s^2}$	$Y(s)=\dfrac{1}{s^2(\tau s+1)}$	$Y(s)=\dfrac{\omega_n^2}{s^2(s^2+2\zeta\omega_n s+\omega_n^2)}$
		$y(t)=t-\tau(1-\mathrm{e}^{-t/\tau})$	$y(t)=t-\dfrac{2\zeta}{\omega_n}+(\mathrm{e}^{-\zeta\omega_n t/\omega_d})$ $\cdot\sin[\omega_d t+\arctan(2\zeta\sqrt{1-\zeta^2}/(\zeta^2-1))]$
	$x(t)=\begin{cases}0 & t<0\\ t & t\geqslant0\end{cases}$		
单位正弦	$X(s)=\dfrac{\omega}{s^2+\omega^2}$	$Y(s)=\dfrac{\omega}{(\tau s+1)(s^2+\omega^2)}$	$Y(s)=\dfrac{\omega\omega_n^2}{(s^2+\omega^2)(s^2+2\zeta\omega_n s+\omega_n^2)}$
		$*\ y(t)=\dfrac{1}{\sqrt{1+(\omega\tau)^2}}$ $\cdot[\sin(\omega t+\varphi_1)-\mathrm{e}^{-t/\tau}\cos\varphi_1]$	$*\ y(t)=A(\omega)\sin[\omega t+\varphi_2(\omega)]$ $-\mathrm{e}^{-\zeta\omega_n t}(K_1\cos\omega_d t+K_2\sin\omega_d t)$
	$x(t)=\sin\omega t\quad t>0$		

　　* 表中 $A(\omega)$ 和 $\varphi(\omega)$ 见式(1-39)和式(1-40)；$\omega_d=\omega_n\sqrt{1-\zeta^2}$，$\varphi_1=\arctan\omega\tau$；$K_1$ 和 K_2 都是取决于 ω_n 和 ζ 的系数；$\varphi_2=\arctan(\sqrt{1-\zeta^2}/\zeta)$。

由式(1-51)知,信号频率 ω 越高,其动态幅值误差越大,当 $\omega=\omega_\tau=1/\tau$(转折频率)时,$\gamma=-29.3\%$。为了保证一定幅值误差 γ 及相位差 φ 的要求,一阶系统的转折频率 $\omega_\tau=1/\tau$ 要足够大,即时间常数要足够小。同样道理,二阶系统的固有频率 ω_n 要足够大。传感器技术始终在为改善系统的动态性能,提高 ω_τ 即减小 τ 和增大 ω_n 的取值而不懈努力。由热偶的时间常数 $\tau=RC$ 可知,热偶接点体积减小则比热 C 的数值可以减小,从而可使时间常数 τ 的值减小。由二阶质量-弹簧-阻尼系统 $\omega_n=\sqrt{k/m}$ 可知,当等效质量块的质量 m 减小时,该系统的固有频率 ω_n 将会提高。采用微机械加工技术实现微米级尺寸后将大幅度改善系统的动态性能,使 ω_n 大大增加。例如,传统的应变式压力传感器的固有频率 f_0($=\omega_n/(2\pi)$)只有几十千赫兹,而集成化的压阻式压力传感器的固有频率可达 1MHz 以上。

1.4 传感器无失真测试条件

对于任何一个传感器系统,总是希望它们具有良好的响应特性,如精度高,灵敏度高,输出波形无失真地复现输入波形,但是要满足上面的要求是有条件的。

设传感器输出 $y(t)$ 和输入 $x(t)$ 满足下列关系

$$y(t) = A_0 x(t-\tau_0) \tag{1-53}$$

式中,A_0 和 τ_0 都是常数。式(1-53)说明该传感器的输出波形精确地与输入波形相似,只不过对应瞬时放大了 A_0 倍和滞后了 τ_0 时间,输出的频谱(幅值谱和相位谱)和输入的频谱完全相似。可见,满足式(1-53)才可能使输出的波形无失真地复现输入波形。

对式(1-53)取傅氏变换得

$$Y(\mathrm{j}\omega) = A_0 \mathrm{e}^{-\mathrm{j}\omega\tau_0} X(\mathrm{j}\omega) \tag{1-54}$$

可见,若输出波形要无失真地复现输入波形,则传感器的频率响应 $H(\mathrm{j}\omega)$ 应当满足

$$H(\mathrm{j}\omega) = \frac{Y(\mathrm{j}\omega)}{X(\mathrm{j}\omega)} = A_0 \mathrm{e}^{-\mathrm{j}\omega\tau_0} \tag{1-55}$$

即

$$A(\omega) = A_0 = 常数 \tag{1-56}$$

$$\varphi(\omega) = -\omega\tau_0 \tag{1-57}$$

这就是说,从精确地测定各频率分量的幅值和相对相位来说,理想的传感器的幅频特性应当是常数(即水平直线),相频特性应当是线性关系,否则就要产生失真。$A(\omega)$ 不等于常数所引起的失真称为幅值失真,$\varphi(\omega)$ 与 ω 不是线性关系所引起的失真称为相位失真。

满足式(1-56)、式(1-57)所示条件,传感器的输出仍滞后于输入一定时间 τ_0,如果测试的目的是精确地测出输入波形,那么上述条件完全可以满足要求;但在其他情况下,如测试结果要用为反馈控制信号,则上述条件是不充分的。因为输出对输入时间的滞后可能破坏系统的稳定性。这时 $\varphi(\omega)=0$ 才是理想的。

从实现测试波形不失真条件和传感器的其他工作性能来看,对一阶传感器,时间常数 τ 越小,则响应越快;对斜坡函数的响应,其时间滞后和稳定误差将越小;对正弦信号的响应幅度增大。因此传感器的时间常数 τ 原则上越小越好。

对二阶传感器,其特性曲线可分段讨论。一般而言,当 $\omega<0.3\omega_n$ 时,$\varphi(\omega)$ 数值较小,且 $\varphi(\omega)\sim\omega$ 特性接近直线;$A(\omega)$ 在该范围内的变化不超过 10%;因此这个范围是理想工作范围。在 $\omega>(2.5\sim3)\omega_n$ 范围内,$\varphi(\omega)$ 接近 $-180°$,且差值很小,如在实测或数据处理中减去固定相

位差值或把测试信号反相 180° 的方法,则也接近于可不失真地复现被测信号波形。若输入信号频率范围在上述两者之间时,则因为传感器的频率特性受阻尼比 ζ 的影响较大而需作具体分析。ζ 越小,传感器对斜坡输入信号响应的稳态误差 $2\zeta/\omega_n$ 越小;但对阶跃输入的响应,随着 ζ 的减小,瞬态振荡的次数增多,过调量增大,暂态过程增长。在 $\zeta=0.6\sim0.7$ 时,可以获得较为合适的综合特性。对于正弦输入响应,从图 1-14 可看出,当 $\zeta=0.6\sim0.7$ 时幅值比在比较宽的范围内保持不变,计算表明,当 $\zeta=0.7$ 时,在 $\omega=(0\sim0.58)\omega_n$ 的频率范围内,幅值特性 $A(\omega)$ 的变化不超过 5%,同时在一定程度下可以认为在 $\omega<\omega_n$ 的范围内,传感器的 $\varphi(\omega)$ 也接近于直线,因而产生的相位失真很小。

*1.5　机电模拟和变量分类

1.5.1　机电模拟

在非电量电测技术中,位移、速度、加速度、力等机械量占有很重要地位。为了测量这些机械量必须采用能将机械量转换为电量的传感器。这不仅需要研究机和电两个方面,而且要从机电耦合角度去研究传感器。这就是说不仅要研究传感器电系统的输出与机械系统的输入特性,而且还要研究机和电之间的变换特性。

在研究传感器的机械输入特性时,可以用一般的线性微分方程来描述,而在线性电路中,也用同样的数学方法。具有相同类型的微分方程的不同物理系统,尽管微分方程的解所代表的物理含义不同,但其解的数学形式并不依赖于方程所代表的物理系统。因此,任何物理系统对给定激励的响应,只要系统是用同一微分方程来描述,则它们对相同激励函数的响应特性也是相同的。能用同一类型的微分方程描述的不同系统称为相似系统。一个由阻尼器、质量、弹簧组成的机械系统与一个由电阻、电容、电感组成的电系统相似。因此,在研究机械系统时,可以充分利用相似特性进行机电模拟更为方便。首先,可以将复杂的机械系统变成与其相似的电系统,这样就可以利用等效电路来研究机械系统的谐振、频率特性、阻尼系数等特性;其次,可以利用成熟的电测技术,为机械系统模型的构成、试验提供很大方便。建立机械系统与电系统之间的相似性,对于处理电和机相互联系的机电系统更具有价值。

机电模拟是建立在所研究的机械系统的微分方程与其等效电路的微分方程相似的基础上的。在线性机械系统中,能与电系统变量相对应的模拟方案有多种,而目前常采用的机电模拟方法有两种形式:力-电压模拟和力-电流模拟。

1. 力-电压模拟

图 1-17 所示的质量-弹簧-阻尼二阶机械系统,根据力学原理,其运动方程为

$$m\frac{dv}{dt}+cv+k\int vdt=f \tag{1-58}$$

式中,m 为质量块质量;c 为阻尼器的阻尼系数;k 为弹簧的刚度;v 为质量块的速度;f 为作用在质量块上的激励力。

对于图 1-18 所示 RLC 串联电路,其电路微分方程为

$$L\frac{di}{dt}+Ri+\frac{1}{C}\int idt=u \tag{1-59}$$

式中,L 为电感;R 为电阻;C 为电容;i 为电流;u 为电源电压(激励电压)。

比较式(1-58)和式(1-59)两个微分方程,可以发现两者类型相同。这说明两个系统的物理性质虽然不同,但它们具有相同的数学模型,其运动规律是相似的。根据所列微分方程很容易得出机-电模拟系统中的参量对应关系,如表 1-2 所示。

因为这种模拟方法是以机械系统的激励力 f 与电路的激励电压 u 相似为基础的,所以称为力-电压模拟。

表 1-2 力-电压模拟参量对应关系

机械系统	力 f	速度 v	位移 x	质量 m	阻尼系数 c	弹性系数 $1/k$
电系统	电压 u	电流 i	电荷 Q	电感 L	电阻 R	电容 C

2. 力-电流模拟

对于图 1-19 所示 RLC 并联电路,其电路微分方程为

$$C \frac{\mathrm{d}u}{\mathrm{d}t} + Gu + \frac{1}{L} \int u \mathrm{d}t = i \qquad (1\text{-}60)$$

式中,C 为电容;G 为电导$(1/R)$;L 为电感;u 为电压;i 为激励电流。

比较式(1-60)与式(1-58)两个微分方程,仍具有相同类型,因此,对图 1-17 所示机械系统,也可以用电流激励的 RLC 并联电路模拟。

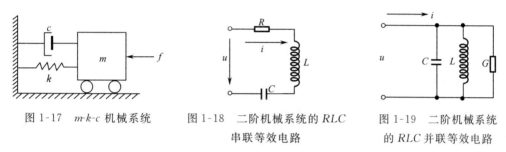

图 1-17 $m\text{-}k\text{-}c$ 机械系统　　图 1-18 二阶机械系统的 RLC　　图 1-19 二阶机械系统
　　　　　　　　　　　　　　　　　　　串联等效电路　　　　　　　　的 RLC 并联等效电路

此模拟方法是以机械系统的激励力 f 与模拟电路的激励电流 i 相似为基础的,所以称为力-电流模拟。在这种模拟方法中,两个系统的对应相似参量如表 1-3 所示。

表 1-3 力-电流模拟参量对应关系

机械系统	力 f	速度 v	位移 x	质量 m	阻尼系数 c	弹性系数 $1/k$
电系统	电流 i	电压 u	磁链 ψ	电容 C	电导 G	电感 L

力-电压模拟的特点:

(1) 机械系统的一个质点用一个串联电回路去模拟;

(2) 机械系统质点上的激励力和串联电路的激励电压相模拟,所有与机械系统一个质点连接的机械元件$(m$、c、$k)$与串联回路中的各电气元件$(L$、R、$C)$相模拟;

(3) 力-电压模拟适合于力与电压之间有亲和性的系统,例如压电式传感器。

力-电压模拟的缺点是机械系统的并联结构在电气系统中用一个串联结构来代替,它破坏了结构的一致性。

力-电流模拟的特点:

(1) 机械系统的一个质点与模拟电路中的一个结点相对应;

(2) 机械系统质点上的激励力与流入并联电路结点的激励电流相模拟,与质点相连接的机械元件$(c$、k、$m)$与电路相应结点连接的电气元件$(G$、L、$C)$相模拟;

(3) 力-电流模拟适合于速度与电压之间有亲和性的系统,例如磁电式传感器。

力-电流模拟中,它们的结构形式是一致的,其缺点是:机械系统质量的频率特性和电磁系统的电容的频率特性是相逆的,它与习惯的频率特性不一致。

3. 电阻抗和机械阻抗

在电学系统中,电阻抗 Z_e 是表明电路中电压 U 与电流 I 的关系,用公式表示为

$$Z_e = U/I \qquad (1\text{-}61)$$

对图 1-18 所示的 RLC 串联电路, 其电阻抗为

$$Z_\mathrm{e} = R + \mathrm{j}\omega L + \frac{1}{\mathrm{j}\omega C} = R + \mathrm{j}\left(\omega L - \frac{1}{\omega C}\right) \tag{1-62}$$

在机械系统中, 对应于电路系统中电阻抗的概念, 引入机械阻抗的概念。机械阻抗 Z_m 的定义是: 机械振动系统中某一点的运动响应(位移、速度或加速度)与作用力 F 之间的关系, 用公式表示为

$$Z_\mathrm{m} = F/v \tag{1-63}$$

式中, v 为速度。

根据力-电压模拟的对应关系, 很容易写出图 1-17 的二阶振动系统的机械阻抗为

$$Z_\mathrm{m} = c + \mathrm{j}\omega m + \frac{k}{\mathrm{j}\omega} = c + \mathrm{j}(\omega m - k/\omega) \tag{1-64}$$

它是由阻尼、质量和刚度三个部分组成。

在电路系统中, 图 1-18 所示电路的谐振频率 $\omega_\mathrm{n} = 1/\sqrt{LC}$。根据力-电压模拟, 我们可以立即写出图 1-17 所示二阶振动系统的固有振动频率为 $\omega_\mathrm{n} = \sqrt{k/m}$。

由此可见, 利用机电模拟将机械系统等效为电路系统, 这在非电量电测技术中进行理论分析时是十分有用的。

1.5.2 变量分类

在非电量电测技术中, 被测变量包括各类基本物理量, 它将非电物理量转换成电磁量然后进行测量。因此, 研究不同物理量之间的共同规律, 特别是与电磁量之间的模拟关系, 对非电量电测技术的发展有着重要意义。通常的变量分类是按物理特性区分为机械量、热学量、电磁量、光学量等。这种分类方法只便于区分变量的物理属性, 看不出不同种类的物理量所表现出来的共同特性。因此, 对于机电模拟法研究不同种类变量间的相似特性, 须对变量进行重新分类。

从能量流的观点出发, 根据各类基本物理量在"路"中表现的形式分为通过变量和跨越变量。

只由空间或路上一个点来确定的变量称为通过变量, 如力、电流、电荷等。必须由空间或路上的两个点来确定(其中一个点作为基准点或参考点)的变量称为跨越变量, 如位移、电压、温度等。时间在这里是一个与空间无关的独立变量(不考虑接近光速的相对论效应)。

根据变量与时间的关系, 各类变量还可以分为状态变量和速率变量。状态变量是与时间无关的变量, 它可以用空间或路上的一点或两点的状态来说明, 如电荷、位移等。速率变量是指状态变量对时间的变化率表示的变量, 如速度 v、电流 i 等。

根据以上分类方法, 机械系统和电系统各变量的分类如表 1-4 所示。

表 1-4 基本物理量变量分类

变量 / 系统	通 过 变 量		跨 越 变 量	
	状态变量	速率变量	状态变量	速率变量
基本关系	y	$\dot{y} = \mathrm{d}y/\mathrm{d}t$	x	$\dot{x} = \mathrm{d}x/\mathrm{d}t$
力学系统(平移)	动量 P	力 F	位移 x	速度 $v = \mathrm{d}x/\mathrm{d}t$
力学系统(转动)	角动量 P_t	转矩 M	角位移 θ	角速度 $\omega = \mathrm{d}\theta/\mathrm{d}t$
电学系统	电荷 Q	电流 $i = \mathrm{d}Q/\mathrm{d}t$	磁链 ψ	电势 $e = \mathrm{d}\psi/\mathrm{d}t$
流体系统	容量 V	流量 q	压力冲量 Pt	压差 P
热学系统	热量 Q	热流量 ϕ		温度 T

1-1 什么叫传感器？它由哪几部分组成？它们的作用与相互关系怎样？

1-2 何为传感器的基本特性？

1-3 传感器的静态特性是如何定义的？其主要技术指标有哪些？如何测出它们的数据？

1-4 传感器的动态特性是如何定义的？如何研究传感器的动态特性？

1-5 某传感器给定精度为2%F·S，满度值为50mV，零位值为10mV，求可能出现的最大误差 δ（以 mV 计）。当传感器使用在满量程的1/2和1/8时，计算可能产生的测量百分误差。由你的计算结果能得出什么结论？

1-6 有两个传感器测量系统，其动态特性可以分别用下面两个微分方程描述，试求这两个系统的时间常数 τ 和静态灵敏度 K。

（1）
$$30\frac{\mathrm{d}y}{\mathrm{d}t}+3y=1.5\times10^{-5}\,T$$

式中，y 为输出电压（V）；T 为输入温度（℃）。

（2）
$$1.4\frac{\mathrm{d}y}{\mathrm{d}t}+4.2y=9.6x$$

式中，y 为输出电压（μV）；x 为输入压力（Pa）。

1-7 设用一个时间常数 $\tau=0.1\text{s}$ 的一阶传感器检测系统测量输入为 $x(t)=\sin4t+0.2\sin40t$ 的信号，试求其输出 $y(t)$ 的表达式。设静态灵敏度 $K=1$。

1-8 试分析 $A\dfrac{\mathrm{d}y(t)}{\mathrm{d}t}+By(t)=Cx(t)$ 传感器系统的频率响应特性。

1-9 已知一热电偶的时间常数 $\tau=10\text{s}$，如果用它来测量一台炉子的温度，炉内温度在 $500\sim540\text{℃}$ 之间接近正弦曲线波动，周期为80s，静态灵敏度 $K=1$。试求该热电偶输出的最大值和最小值，以及输入与输出之间的相位差和滞后时间。

1-10 一压电式加速度传感器的动态特性可以用如下的微分方程来描述，即
$$\frac{\mathrm{d}^2y}{\mathrm{d}t^2}+3.0\times10^3\frac{\mathrm{d}y}{\mathrm{d}t}+2.25\times10^{10}y=11.0\times10^{10}x$$

式中，y 为输出电荷量（pC）；x 为输入加速度（m/s²）。试求其固有振荡频率 ω_n 和阻尼比 ζ。

1-11 某压力传感器的校准数据如表1-5所示，试分别用端点连线法和最小二乘法求非线性误差；计算迟滞和重复性误差；写出最小二乘法拟合直线方程。

表1-5 校准数据列表

压力/MPa	输出值/mV					
	第 一 次 循 环		第 二 次 循 环		第 三 次 循 环	
	正 行 程	反 行 程	正 行 程	反 行 程	正 行 程	反 行 程
0	−2.73	−2.71	−2.71	−2.68	−2.68	−2.69
0.02	0.56	0.66	0.61	0.68	0.64	0.69
0.04	3.96	4.06	3.99	4.09	4.03	4.11
0.06	7.40	7.49	7.43	7.53	7.45	7.52
0.08	10.88	10.95	10.89	10.93	10.94	10.99
0.10	14.42	14.42	14.47	14.47	14.46	14.46

1-12 用一个一阶传感器系统测量100Hz的正弦信号时，如幅值误差限制在5%以内，其时间常数应取多少？若用该系统测试50Hz的正弦信号，问此时的幅值误差和相位差为多少？

1-13　一只二阶力传感器系统,已知其固有频率 $f_0 = 800\text{Hz}$,阻尼比 $\zeta = 0.14$,现用它做工作频率 $f = 400\text{Hz}$ 的正弦变化的外力测试时,其幅值比 $A(\omega)$ 和相位角 $\varphi(\omega)$ 各为多少? 若该传感器的阻尼比 $\zeta = 0.7$ 时,其 $A(\omega)$ 和角 $\varphi(\omega)$ 又将如何变化?

1-14　用一只时间常数 $\tau = 0.318\text{s}$ 的一阶传感器去测量周期分别为 1s、2s 和 3s 的正弦信号,问幅值相对误差为多少?

1-15　已知某二阶传感器系统的固有频率 $f_0 = 10\text{kHz}$,阻尼比 $\zeta = 0.1$,若要求传感器的输出幅值误差小于 3%,试确定该传感器的工作频率范围。

1-16　设有两只力传感器均可作为二阶系统来处理,其固有振荡频率分别为 800Hz 和 1.2kHz,阻尼比均为 0.4。今欲测量频率为 400Hz 正弦变化的外力,应选用哪一只? 并计算将产生多少幅度相对误差和相位差?

1-17　机电模拟的基本思想是什么? 其意义何在?

第 2 章　电阻应变式传感器

电阻应变式传感器的基本原理是将被测非电量转换成与之有确定对应关系的电阻值,再通过测量此电阻值达到测量非电量的目的(被测量→应变→电阻→电压或电流)。这类传感器的种类很多,在几何量和机械量测量领域中应用广泛,常用来测量力、压力、位移、应变、扭矩、加速度等非电量。

电阻应变式传感器应用历史悠久,但目前仍是一种主要的测量手段,因为它具有以下独特的优点:

(1) 结构简单,使用方便,性能稳定、可靠;

(2) 易于实现测试过程自动化和多点同步测量、远距离测量和遥测;

(3) 灵敏度高,测量速度快,适合于静态、动态测量;

(4) 可以测量多种物理量,应用广泛。

2.1　金属电阻应变式传感器

金属电阻应变式传感器是一种利用金属电阻应变片将应变转换成电阻变化的传感器。

2.1.1　金属电阻应变片

2.1.1.1　工作原理

1. 电阻-应变效应

电阻应变片的工作原理是基于金属导体的电阻-应变效应,即当金属导体在外力作用下发生机械变形时,其电阻值将相应地发生变化(图 2-1)。金属导体的电阻-应变效应用应变灵敏系数 K 描述,它决定于导体电阻的相对变化 $\Delta R/R$ 与其长度相对变化 $\Delta l/l$ 之比值:

$$K = \frac{\Delta R/R}{\Delta l/l} = \frac{\Delta R/R}{\varepsilon} \tag{2-1}$$

式中,$\varepsilon = \Delta l/l$ 为轴向应变。

一根长为 l、截面积为 S、电阻率为 ρ 的金属电阻丝,在其未受力时,原始电阻为

$$R = \rho \frac{l}{S} \tag{2-2}$$

当电阻丝受到拉力 F 作用时,将伸长 Δl,横截面积相应减小 ΔS,电阻率则因晶格发生变形等因素的影响而改变 $\Delta \rho$,故引起电阻值变化 ΔR。将式(2-2)全微分,并用相对变化量来表示,则有

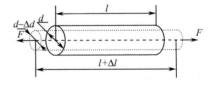

图 2-1　金属电阻应变效应

$$\frac{\Delta R}{R} = \frac{\Delta l}{l} - \frac{\Delta S}{S} + \frac{\Delta \rho}{\rho} \tag{2-3}$$

式中，$(\Delta l/l) = \varepsilon$ 为电阻丝的轴向应变，常用单位 $\mu\varepsilon(1\mu\varepsilon = 1\times 10^{-6}\,\mathrm{mm/mm})$。由于 $S = \pi d^2/4$，则 $\Delta S/S = 2\Delta d/d$，其中，$\Delta d/d$ 为径向应变，由材料力学可知 $\Delta d/d = -\mu(\Delta l/l) = -\mu\varepsilon$，式中，$\mu$ 为电阻丝材料的泊松比。将前面关系代入式(2-3)，可得

$$\Delta R/R = (1+2\mu)\varepsilon + \Delta\rho/\rho \tag{2-4}$$

其应变灵敏系数为

$$K = \frac{\Delta R/R}{\varepsilon} = (1+2\mu) + \frac{\Delta\rho/\rho}{\varepsilon} \tag{2-5}$$

从式(2-5)看出，应变灵敏系数 K 受两个因素的影响：一是受力后由于材料的几何尺寸变化而引起的，即 $(1+2\mu)$ 项；另一因素是受力作用后由于材料的电阻率 ρ 发生变化而引起的，即 $(\Delta\rho/\rho)/\varepsilon$。对于金属材料来说，$(\Delta\rho/\rho)/\varepsilon$ 项比 $(1+2\mu)$ 项小得多，而对于半导体材料的 $(\Delta\rho/\rho)/\varepsilon$ 项比 $(1+2\mu)$ 项大得多，甚至可认为 $K = (\Delta\rho/\rho)/\varepsilon$。

金属材料在弹性变形范围内，泊松比 $\mu = 0.2 \sim 0.4$，在塑性变形范围内 $\mu \approx 0.5$。所以 $1+2\mu = 1.4 \sim 1.8$（弹性区）或 $1+2\mu \approx 2$（塑性区）。但是根据对各种金属材料的灵敏系数进行的实测表明，一般都超过 2.0，这说明 $(\Delta\rho/\rho)/\varepsilon$ 项对金属材料的灵敏系数还是有影响的。但大量实验证明，在应变极限内，金属材料电阻的相对变化与应变成正比，即

$$\frac{\Delta R}{R} = K\varepsilon \tag{2-6}$$

2. 应变片测试原理

使用应变片测量应变或应力时，是将应变片牢固地粘贴在被测弹性试件上，当试件受力变形时，应变片的金属敏感栅随之相应变形，从而引起应变片电阻的变化。如果应用测量电路和仪器测出应变片的电阻值变化 ΔR，则根据式(2-6)，可得到被测试件的应变值 ε，而根据应力-应变关系

$$\sigma = E\varepsilon \tag{2-7}$$

式中，E 为试件材料弹性模量；σ 为试件的应力；ε 为试件的应变。计算可得应力值 σ。

通过弹性敏感元件的作用，将位移、力、力矩、压力、加速度等参数转换为应变，因此可以将应变片由测量应变扩展到测量上述能引起应变的各种参量，从而形成各种电阻应变式传感器。

2.1.1.2 应变片的结构、材料和类型

金属电阻应变片（简称应变片或应变计）的基本结构如图 2-2 所示。它由敏感栅、基底、盖片（覆盖层）、引线和黏结剂组成。这些部分所选用的材料将直接影响应变片的性能。因此，应根据使用条件和要求合理地加以选择。

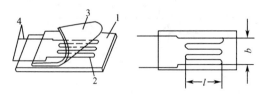

图 2-2 电阻应变片的基本结构
1—基底；2—敏感栅；3—覆盖层；4—引线

1. 敏感栅

敏感栅是应变片最重要的组成部分，根据敏感栅材料形状和制造工艺的不同，应变片的结构形式有丝式、箔式和薄膜式三种类型。

（1）金属丝式应变片

金属丝式应变片的敏感栅由某种金属细丝绕成栅状，分回线式和短接式两种，如图 2-3 所示。敏感栅栅丝直径一般为 $0.012 \sim 0.05\,\mathrm{mm}$，以 $0.025\,\mathrm{mm}$ 最常用。栅长 l 依用途不同有 0.2、0.5、1.0、100、$200\,\mathrm{mm}$。回线式敏感栅其回线的半径 r 为 $0.1 \sim 0.3\,\mathrm{mm}$。短接式应变片的

敏感栅是平行排列的,两端用直径比栅丝直径大5～10倍的镀银丝短接而构成。其优点是克服了同丝式应变片的横向效应。但由于焊点多,在冲击、振动试验条件下,易在焊点处出现疲劳破坏,制造工艺要求高。又因为有更优越的箔式应变片,而使用较少。

图 2-3　丝式应变片　　　　　　　　　　图 2-4　箔式应变片

（2）箔式应变片

金属箔式应变片的敏感栅如图 2-4 所示。它利用照相制版或光刻腐蚀技术将厚度为 0.003～0.01mm 的金属箔片制成所需的各种图形的敏感栅,亦称为应变花。这种敏感栅具有很多优点而在实际测试中得到广泛应用。其主要优点:

① 制造技术能保证敏感栅尺寸准确、线条均匀和适应各种不同测量要求的形状,其栅长可做到 0.2mm;

② 敏感栅薄而宽,与被测试件粘贴面积大,黏结牢靠,传递试件应变性能好;

③ 散热条件好,允许通过较大的工作电流,从而提高了输出灵敏度;

④ 横向效应小;

⑤ 蠕变和机械滞后小,疲劳寿命长。

（3）金属薄膜应变片

金属薄膜应变片是薄膜技术发展的产物,它采用真空蒸发或真空沉积等方法,将金属电阻材料在绝缘基底上制成各种形状的薄膜敏感栅,薄膜厚度在 0.1μm 以下。这种应变片的应变灵敏系数高,允许工作电流密度大,工作温度范围宽,可达 −197～317℃。采用耐腐的高温金属材料镀膜,可制成耐高温的应变片。如采用铂或铬等材料沉积在蓝宝石薄片或覆有陶瓷绝缘层的钼条上,膜层上再覆盖上一层一氧化硅的保护膜。基底为钼条的薄膜应变片最高工作温度为 600℃,基底为蓝宝石薄片的应变片工作温度可达 800℃以上。目前实际使用中的主要问题是难于控制其电阻对温度和时间的关系,不能很好地保证膜层性能的一致。实际应用中,较多地将膜层直接制作在弹性元件上,使用效果较好。

（4）对制作敏感栅的材料的要求

① 应变灵敏系数较大,且在所测应变范围内保持常数;

② 电阻率高而稳定,便于制造小栅长的应变片;

③ 电阻温度系数要小,电阻−温度间的线性关系和重复性好;

④ 机械强度高,辗压及焊接性能好,与其他金属之间的接触电势小;

⑤ 抗氧化、耐腐蚀性能强,无明显机械滞后。

制作敏感栅常用材料有康铜、镍铬合金、卡玛、伊文、钛铬铝合金以及铂等贵金属。

2. 基底和盖片

基底用于保持敏感栅和引线的几何形状和相对位置,还具有绝缘作用;盖片除固定敏感栅和引线外,还可以保护敏感栅。基底和盖片的材料有纸和聚合物两大类,纸基逐渐被胶基(有机聚合物)取代,因为胶基各方面性能都优于纸基。胶基是由环氧树脂、酚醛树脂和聚酰亚胺等制成的胶膜,厚度约 0.02~0.05mm。对基底材料的要求:机械强度好,挠性好;粘贴性能好;电绝缘性能好;热稳定性和抗湿性好;无滞后和蠕变。

3. 引线

应变片的引线用以和外接导线相连。康铜丝敏感栅应变片的引线采用直径为 0.05~0.1mm 的银铜线,采用点焊焊接。其他类型的敏感栅,多采用直径与前相同的镍铬、卡玛、铁铬铝金属丝或扁带作为引线,与敏感栅点焊相接。

4. 黏结剂

用于将敏感栅固定于基底片上,并将盖片与基底黏结在一起。使用金属电阻应变片时,也需用黏结剂将应变片粘贴在试件表面某个方向和位置上,以便将试件受力后的表面应变传递给应变片的基底和敏感栅。

常用的黏结剂分为有机和无机两大类。有机黏结剂用于低温、常温和中温,常用的有聚丙烯酸酯、酚醛树脂、有机硅树脂、聚酰亚胺等。无机黏结剂用于高温,常用的有磷酸盐、硅酸盐、硼酸盐等。粘贴时应根据应变片的工作条件、工作温度、潮湿程度,有无化学腐蚀、稳定性能要求、加温加压、固化的可能性、粘贴时间长短要求等因素,并考虑黏结剂是否与应变片基底材料相适应,选择合适的黏结剂,并采用正确的粘贴工艺,保证粘贴质量,提高测试精度和稳定性。

粘贴工艺包括被测试件粘贴表面处理、贴片位置的确定、贴片干燥固化、贴片质量检查、引线的焊接与固定,以及防护与屏蔽等。

2.1.1.3 金属电阻应变片的主要特性

为了正确选用电阻应变片,应该对其工作特性和主要参数进行了解。

1. 应变片电阻值

指未安装的应变片,在不受外力作用的自由状态下,于室温条件测定的电阻值(原始电阻值),单位以 Ω 计。应变片电阻值(R_0)已趋标准化,有 60Ω、120Ω、350Ω、600Ω 和 1000Ω 各种阻值,其中 120Ω 为最常使用。

2. 绝缘电阻

指敏感栅与基底之间的电阻值,一般应大于 $10^{10}\Omega$。

3. 灵敏系数

电阻应变片的电阻-应变特性与金属单丝时不同,须用实验方法对应变片的灵敏系数(K)重新测定。测定时将应变片安装于试件(泊松比 $\mu=0.285$ 的钢材)表面,在其轴线方向的单向应力作用下,且保证应变片轴向与主应力轴向一致条件下,应变片的阻值相对变化与试件表面上安装应变片区域的轴向应变之比,即 $K=(\Delta R/R)/(\Delta l/l)$,而且一批产品只能进行抽样(5%)测定,取平均 K 值及允许公差值为应变片的灵敏系数,有时称"标称灵敏系数"。K 值的准确性将直接影响测量精度,其误差大小是衡量应变片质量优劣的主要标志,同时要求 K 值尽量大而稳定。

实验表明,电阻应变片的灵敏系数 K 值小于电阻丝的灵敏系数,其原因除了黏结层传递变形失真外,还存在有横向效应影响。

4. 允许电流

允许电流是指不因电流产生热量影响测量精度,应变片允许通过的最大电流。它与应变片本身、试件、黏结剂和环境等有关,要根据应变片的阻值和结合电路具体情况计算。为了保证测量精度,在静态测量时,允许电流一般为 25mA;在动态测量时,允许电流可达 75~100mA。箔式应变片散热条件好,允许电流较大。

5. 横向效应与横向灵敏系数

直线金属丝受单向力拉伸时,在其任一微段上所感受的应变都是相同的,而且每段都是伸长的,因而每一段电阻都将增加,金属丝的总电阻的增加为各微段电阻增加的总和。但是将同样长的金属丝绕成敏感栅做成应变片之后,将其粘贴在受单向拉伸应力的试件上,这时敏感栅各直线段上的金属丝只感受沿其纵向的拉应变 ε_x,故其各微段电阻都将增加。但在敏感栅的横栅段(圆弧或直线)上,沿各微段纵向(即微段圆弧的切向)的应变却并非 ε_x(见图 2-5)。因此与直线段上同样长度的微段所产

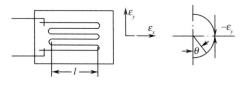

图 2-5　横向效应

生的电阻变化就不相同。最显著的是 $\theta=\pi/2$ 微圆弧段处,由于单向拉伸时,除了沿纵向产生拉应变外,按泊松关系,同时在横向产生负的压应变 ε_y,因此,该微段上的电阻不仅不增加,反而是减少的。而在圆弧的其他各微段上,其纵向感受的应变是由 $+\varepsilon_x$ 变化到 $-\varepsilon_y$ 的,因此,圆弧段横栅部分的电阻变化显然将小于其同样长度沿轴向安放的金属丝的电阻变化。由此可见,将直金属丝绕成敏感栅后,虽然长度相同,但应变状态不同,应变片敏感栅的电阻变化较直的金属丝小,因此灵敏系数有所降低,这种现象称为应变片的横向效应(其定量分析过程见教学课件)。

应当指出,制造厂商在标定应变片的灵敏系数 K 时,是按规定的特定应变场(单向应力场,$\mu=0.285$)下进行的,标定出的 K 值实际上已将横向效应的影响包括在内,只要应变片在实际使用时粘贴在单向应力场的主应力方向,并且受力试件材料的泊松比 μ 为 0.285 时,横向灵敏度并不引起误差。只有当应变片用于测量平面应力状态,或者受力试件材料的泊松比与 0.285 相差较多时,才可能引起较大的横向效应误差,需要进行修正。

6. 机械滞后

应变片安装在试件上以后,在一定温度下,应变片的指示应变 ε_i 与试件的机械应变 ε_m 之间应当是一个确定的关系。然而试验表明,在加载和卸载过程中,对于同一机械应变量 ε_j,应变片卸载时的指示应变高于加载时的指示应变,这种现象称为应变片的机械滞后,见图 2-6 所示加载和卸载的特性曲线,其特性曲线之间的最大差值 $\Delta\varepsilon_m$ 称为应变片的机械滞后值。

机械滞后产生的原因主要是敏感栅、基底和黏结剂在承受机械应变 ε_m 之后所留下的残余变形所致。

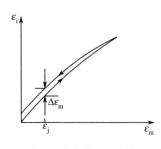

图 2-6　应变片的机械滞后

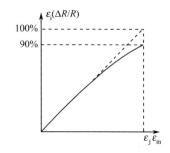

图 2-7　应变极限

7. 应变极限

对于已粘贴好的应变片,其应变极限是指在一定温度下,指示应变 ε_i 与受力试件的真实应变 ε_m 的相对误差达规定值(一般为 10%)时的真实应变值 ε_j(图 2-7)。为提高 ε_j 值,应选用抗剪强度较高的黏结剂和基底材料,基底和黏结剂的厚度不宜太大,并经适当的固化处理。

8. 零漂和蠕变

粘贴在试件上的应变片,温度保持恒定,在试件不受力(即无机械应变)的情况下,其电阻值(即指示应变)随时间变化的特性称为应变片的零漂。如果温度恒定,应变片承受恒定机械应变(1000$\mu\varepsilon$内)长时间作用,其指示应变随时间变化的特性称为应变片的蠕变。实际上,应变片工作时,零漂和蠕变是同时存在的,在蠕变中包含着同一时间内的零漂值。零漂和蠕变都是用来衡量应变片特性对时间的稳定性的,在长时间测量时其意义尤为重要。

9. 动态特性

应变测试中,应变片指示的应变是敏感栅覆盖面积下的纵向平均应变,在静态或变化缓慢的应变测量中,应变片能正确反映它所处受力试件内各点的应变。当被测应变的变化频率较高时,受力试件内各点的应变在某一瞬间有较大的差别,而应变是以应变波的形式沿敏感栅长度方向传播,因而应变片反映的平均应变和瞬变有差异,亦即应变片敏感栅线长度将对动态测量产生影响。

如果受力试件内的应变波为阶跃变化时(如图 2-8(a)),由于只有在应变波通过敏感栅全长后,才能达到最大值,即应变片所反映的应变波形有一定的时间延迟。应变片的理论响应特性如图 2-8(b)所示,而实际波形如图 2-8(c)所示。如以输出从 10% 上升到 90% 的最大值这段时间作为上升时间 t_r,则

$$t_r = 0.8l/v \tag{2-8}$$

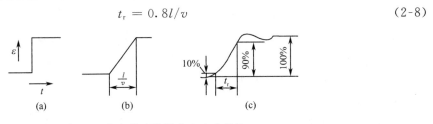

图 2-8 应变片对阶跃应变响应特性

实际上,t_r 值亦是很小的。例如应变片基长 $l=20\text{mm}$,应变波的传播速度与声波相同,对于钢材,$v=5000\text{m/s}$,则 $t_r=3.2\times10^{-6}\text{s}$。

如果受力试件内的应变波按正弦规律变化时,由于应变片反映出来的应变波形是应变片敏感栅线长度内所感受应变量的平均值,因此应变片反映的应变波幅将低于真实应变波,从而带来一定的误差。显然,这种误差将随应变片基长的增加而增加,图 2-9 表示应变波传播过程中应变片正处于应变波达到最大幅值的瞬间的情况。设应变波波长为 λ,应变片的基长为 l_0,应变片两端点的坐标为 $x_1=(\lambda/4)-(l_0/2)$ 和 $x_2=(\lambda/4)+(l_0/2)$。于是应变片沿基长 l_0 内测得的平均应变 ε_p 达到最大值,其值为

$$\varepsilon_p = \frac{\int_{x_1}^{x_2}\varepsilon_0\sin\left(\frac{2\pi x}{\lambda}\right)\mathrm{d}x}{x_2-x_1} = -\frac{\lambda}{2\pi l_0}\varepsilon_0\left[\cos\left(\frac{2\pi x_2}{\lambda}\right)-\cos\left(\frac{2\pi x_1}{\lambda}\right)\right]$$

$$= \frac{\lambda}{\pi l_0}\varepsilon_0\sin\frac{\pi l_0}{\lambda} \tag{2-9}$$

因而应变波幅值测量的相对误差 δ 为

$$\delta = \frac{\varepsilon_p-\varepsilon_0}{\varepsilon_0} = \frac{\lambda}{\pi l_0}\sin\frac{\pi l_0}{\lambda}-1 \tag{2-10}$$

由上式可知,测量误差 δ 与应变波波长对基长的相对比值 $n=\lambda/l_0$ 有关,其关系曲线如图 2-9(b)所示。λ/l_0 越大,误差 δ 越小。一般可取 $\lambda/l_0=10\sim20$,其误差 δ 小于 $1.6\%\sim0.4\%$。

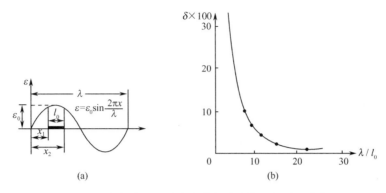

图 2-9　应变片对正弦应变波的响应特性与误差曲线

利用频率 f、波长 λ 和波速 v 的关系 $\lambda=v/f$ 和 $n=\lambda/l_0$,可以得到应变波的频率与应变片基长的关系

$$f = v/(nl_0) \tag{2-11}$$

当要求误差 $\delta<2\%$ 时,上式可写成

$$f = \left(\frac{1}{10}\sim\frac{1}{20}\right)\frac{v}{l_0} \tag{2-12}$$

应变波在钢材内的传播速度 $v=5000\text{m/s}$,若取 $n=20$,则利用式(2-12)可算出不同基长应变片的最高工作频率,如表 2-1 所示。

表 2-1　不同基长应变片的最高工作频率

应变片栅基长 l_0/mm	0.2	0.5	1	2	3	5	10	15	20
最高工作频率 f/kHz	1250	500	250	125	83.3	50	25	16.6	12.5

2.1.1.4　温度误差及其补偿

1. 温度误差

应变片测量过程中,我们希望其电阻只随应变而变,而不受其他因素影响。但实际上由于环境温度变化,也会引起电阻的变化而产生附加应变,造成一定的温度误差。引起温度误差的主要因素有两个:

(1)环境温度变化 Δt,由于敏感栅材料的电阻温度系数的存在,引起应变片电阻的相对变化,记为 $\Delta R_{t\alpha}/R$。因为

$$R_t = R(1+\alpha\Delta t) = R+R\alpha\Delta t = R+\Delta R_{t\alpha}$$

所以

$$\Delta R_{t\alpha}/R = \alpha\Delta t \tag{2-13}$$

式中,R_t 为温度为 t 时的电阻值;R 为温度为 t_0 时的电阻值;$\Delta t=t-t_0$ 为温度变化值;α 为敏感栅材料的电阻温度系数;$\Delta R_{t\alpha}$ 为温度变化 Δt 时,敏感栅由于电阻温度系数产生的电阻变化。

将温度变化 Δt 时,由于电阻率的温度变化所引起的电阻变化($\Delta R_{t\alpha}$)折合成附加应变为

$$\varepsilon_{t\alpha} = \frac{\Delta R_{t\alpha}/R}{K} \tag{2-14}$$

例如,康铜的 $\alpha = 20 \times 10^{-6}/℃$,当 $\Delta t = 1℃$ 时,

$$\Delta R_{t\alpha}/R = \alpha\Delta t = 20 \times 10^{-6}$$

若应变片的灵敏系数 $K = 2$ 时,其折合附加应变(应变误差)为

$$\varepsilon_{t\alpha} = \frac{\Delta R_{t\alpha}/R}{K} = \frac{\alpha\Delta t}{K} = 10 \times 10^{-6}$$

(2) 环境温度变化 Δt 时,由于敏感栅材料与试件材料的线膨胀系数不同,应变片产生附加的拉伸(或压缩)变形,引起电阻的相对变化,记为 $\Delta R_{t\beta}/R$。

设粘贴在试件上的应变片的敏感栅长度为 l,当环境温度变化 Δt 时,敏感栅受热膨胀至 l_{ts},而敏感栅长 l 下的试件受热膨胀为 l_{tm}。

$$l_{ts} = l(1 + \beta_s\Delta t) = l + l\beta_s\Delta t = l + \Delta l_{ts} \tag{2-15}$$

$$l_{tm} = l(1 + \beta_m\Delta t) = l + l\beta_m\Delta t = l + \Delta l_{tm} \tag{2-16}$$

若 β_s 与 β_m 不相等,则 Δl_{ts} 与 Δl_{tm} 也就不相等,但敏感栅与试件是黏结在一起的,若 $\beta_s < \beta_m$,则敏感栅被迫从 Δl_{ts} 拉长至 Δl_{tm},这就使应变片产生附加变形 $\Delta l_{t\beta}$,即

$$\Delta l_{t\beta} = \Delta l_{tm} - \Delta l_{ts} = l(\beta_m - \beta_s)\Delta t \tag{2-17}$$

其附加应变为

$$\varepsilon_{t\beta} = \Delta l_{t\beta}/l = (\beta_m - \beta_s)\Delta t \tag{2-18}$$

将此附加应变折合成电阻变化为

$$\Delta R_{t\beta}/R = K\varepsilon_{t\beta} = K(\beta_m - \beta_s)\Delta t \tag{2-19}$$

式(2-15)~式(2-19)中,l 为温度为 t_0 时应变片敏感栅长度;l_{ts} 为温度为 t 时敏感丝长度;l_{tm} 为温度为 t 时敏感丝下试件长度;β_s、β_m 为敏感栅和试件材料的线胀系数;Δl_{ts}、Δl_{tm} 为温度变化 $\Delta t = t - t_0$ 时敏感栅和试件的膨胀量;$\Delta R_{t\beta}$ 为温度变化 Δt 时,由于敏感栅和试件材料的热胀系数不同引起的附加电阻变化。

例如试件为钢材,敏感栅为康铜丝,$\beta_s = 15 \times 10^{-6}/℃$,$\beta_m = 11 \times 10^{-6}/℃$,在 $\Delta t = 1℃$ 和 $K = 2$ 时,

$$\Delta R_{t\beta}/R = 2(11 - 15) \times 10^{-6} \times 1 = -8 \times 10^{-6}$$

其附加应变(应变误差)为

$$\varepsilon_{t\beta} = \frac{\Delta R_{t\beta}/R}{K} = -8 \times 10^{-6}/2 = -4 \times 10^{-6}$$

将以上两种情况综合考虑,因温度改变引起的总的电阻相对变化为

$$\frac{\Delta R_t}{R} = \frac{\Delta R_{t\alpha}}{R} + \frac{\Delta R_{t\beta}}{R} = [\alpha + K(\beta_m - \beta_s)]\Delta t \tag{2-20}$$

当 $\Delta t = 1℃$ 时,

$$\frac{\Delta R_t}{R} = \alpha + K(\beta_m - \beta_s) \tag{2-21}$$

相应的附加应变(虚假应变或应变误差)为

$$\varepsilon_t = \varepsilon_{t\alpha} + \varepsilon_{t\beta} = \frac{\alpha\Delta t}{K} + (\beta_m - \beta_s)\Delta t \tag{2-22}$$

对于贴在钢件上的康铜丝应变片,在温度变化 $1℃$ 时引起的应力误差 σ_t 为

$$\sigma_t = E\varepsilon_t = \frac{E}{K}[\alpha + K(\beta_m - \beta_s)] \tag{2-23}$$

由此可见，当电阻应变片的测量范围为 $100\sim120N/mm^2$ 时，如果温度变化1℃，将造成1‰以上的温度误差。因此，要消除此项温度误差，必须采取温度补偿措施。

2. 温度补偿

温度补偿的方法通常有两种：应变片温度自补偿法和电路补偿法（或补偿片法）。

（1）应变片温度自补偿法

温度自补偿法应变片是粘贴在被测试件上的一种特殊应变片，当温度变化时，产生的附加应变为零或相互抵消，这种特殊的应变片称为温度自补偿应变片，利用温度自补偿应变片来实现温度补偿的方法称为应变片自补偿法。下面介绍两种温度自补偿应变片。

① 单丝自补偿应变片（选择式自补偿应变片）。由式（2-22）可知，实现温度自补偿的条件为

$$\varepsilon_t = \frac{\alpha\Delta t}{K} + (\beta_m - \beta_s)\Delta t = 0$$

即

$$\alpha = -K(\beta_m - \beta_s) \tag{2-24}$$

亦即如果被测试件材料确定后，就可以选择合适的应变片敏感栅材料的电阻温度系数 α 和线胀系数 β_s 满足式（2-24），达到温度自补偿。这种方法的缺点是一种应变片只能在特定的试件材料上使用，不同试件材料必须用不同的应变片，其局限性很大。

② 双金属敏感栅自补偿应变片。这种应变片也称组合式自补偿应变片。它是利用两种电阻丝材料的电阻温度系数不同（一种为正，一种为负）的特性，将二者串联绕制成敏感栅，如图 2-10（a）所示。若两段敏感栅 R_a 和 R_b 由于温度变化而产生的电阻变化 ΔR_{at} 和 ΔR_{bt} 大小相等、符号相反，即 $\Delta R_{at} = -\Delta R_{bt}$，就可以实现温度补偿。两段敏感栅电阻 R_a 和 R_b 可由下式决定：

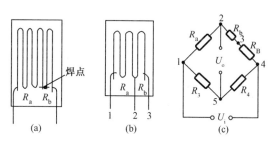

图 2-10 双金属线补偿法

$$\frac{R_a}{R_b} = -\frac{\Delta R_{bt}/R_b}{\Delta R_{at}/R_a} = -\frac{\alpha_b + K_b(\beta_m - \beta_b)}{\alpha_a + K_a(\beta_m - \beta_a)} \tag{2-25}$$

这种补偿方法的优点是通过调节两种敏感栅的长度比以便在某一定的受力件材料上于一定的温度范围内获得较好的温度自补偿，补偿效果可达$\pm0.14\mu\varepsilon/℃$。

若双金属线栅的两种材料的电阻温度系数符号相同，即都为正或负，而在两种材料 R_a 和 R_b 的连接处再焊接一引线2，把它们构成电桥线路的相邻两臂，如图 2-10（b）、（c）所示。R_a 是工作臂，R_b 与串联外接电阻 R_B 组成补偿臂，适当调节它们之间的长度比和外接电阻 R_B 的数值，就可以使两臂由于温度变化而引起的电阻变化相等或接近，使应变片实现温度自补偿，即

$$\Delta R_{at}/R_a = \Delta R_{bt}/(R_b + R_B) \tag{2-26}$$

由此可求得

$$R_B = R_a \frac{\Delta R_{bt}}{\Delta R_{at}} - R_b \tag{2-27}$$

补偿栅 R_b 材料通常选用电阻温度系数大且电阻率小的铂或铂合金，这样只要几欧姆的铂电阻就能达到温度补偿。并且，只要适当调节外接电阻 R_B，这种应变片就可以在不同线胀系数

材料的试件上实现温度自补偿,通用性好,补偿精度可达±0.1με/℃。

（2）电路补偿法

这种方法是利用应变片测量电路（电桥）的特点来进行补偿,如图 2-11 所示。R_1 为工作应变片,粘贴在试件上;R_2 为补偿应变片,粘贴在材料、温度与试件相同的补偿块上;R_3、R_4 为固定电阻。

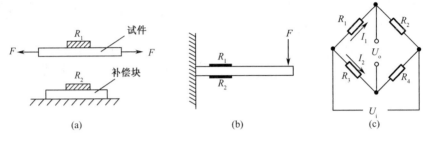

图 2-11　电路补偿法

补偿片 R_2 与工作片 R_1 是完全相同的。因此,当温度变化时,两应变片的电阻变化 ΔR_1 和 ΔR_2 的符号相同,数值相等,桥路仍然满足平衡条件 $R_1 R_4 = R_2 R_3$,电桥无输出。工作时,只有工作片 R_1 感受应变,补偿片 R_2 不感受应变,因此电桥输出就只与被测试件的应变有关,而与温度无关。

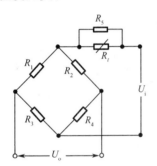

图 2-12　热敏电阻温度补偿法

在实际应用中,有些试件结构可以巧妙地安装应变片而不需补偿块并兼得灵敏度的提高。如图 2-11（b）所示的弹性悬臂梁,在力 F 的作用下,上、下两片对称粘贴的应变片 1 和应变片 2 分别得到大小相等符号相反的应变,把这两片应变片接到测量桥路相邻桥臂,既达到了温度补偿的目的,同时提高了测量灵敏度。

此外,也可采用热敏电阻进行电路补偿,如图 2-12 所示。热敏电阻 R_t 与应变片处在相同的温度下,当应变片的灵敏度随温度升高而下降时,热敏电阻 R_t 的阻值下降（负温度系数热敏电阻）,使电桥的输入电压随温度升高而增加,从而提高电桥的输出电压。选择分流电阻 R_5 的值,可以使应变片灵敏度下降对电桥输出的影响得到很好的补偿。

2.1.2　测量电路

应变片将被测试件的应变 ε 转换成电阻相对变化 $\Delta R/R$,还须一定的测量电路将其电阻变化进一步转换成电压或电流信号才能用电测仪表进行测量或用计算机进行数据采集实现自动检测。通常采用的测量电路是电桥电路。本章主要介绍直流电桥,交流电桥在第 3 章介绍。

1. 直流电桥的主要特性

图 2-13 即为直流电桥测量电路。设电桥各桥臂电阻分别为 R_1、R_2、R_3、R_4,它们可以全部或部分是应变片,R_L 为电桥的输出负载。

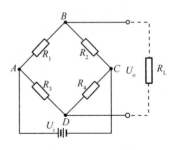

图 2-13　直流电桥

根据基尔霍夫定律,电桥输出负载电流为

$$I_o = \frac{U_i(R_1R_4 - R_2R_3)}{R_L(R_1 + R_2)(R_3 + R_4) + R_1R_2(R_3 + R_4) + R_3R_4(R_1 + R_2)} \qquad (2\text{-}28)$$

若

$$R_1R_4 = R_2R_3 \qquad (2\text{-}29)$$

则 $I_o = 0$,称为电桥的平衡状态,电桥无输出。式(2-29)称为电桥平衡条件。

电桥的输出电压为

$$U_o = I_oR_L = \frac{U_i(R_1R_4 - R_2R_3)}{(R_1 + R_2)(R_3 + R_4) + \frac{1}{R_L}[R_1R_2(R_3 + R_4) + R_3R_4(R_1 + R_2)]} \qquad (2\text{-}30)$$

若电桥的负载电阻 R_L 为无限大,则上式可简化为

$$U_o = U_i \frac{R_1R_4 - R_2R_3}{(R_1 + R_2)(R_3 + R_4)} \qquad (2\text{-}31)$$

当电桥各臂均有相应的电阻变化 ΔR_1、ΔR_2、ΔR_3、ΔR_4 时,由式(2-31)得到

$$U_o = U_i \frac{(R_1 + \Delta R_1)(R_4 + \Delta R_4) - (R_2 + \Delta R_2)(R_3 + \Delta R_3)}{(R_1 + \Delta R_1 + R_2 + \Delta R_2)(R_3 + \Delta R_3 + R_4 + \Delta R_4)} \qquad (2\text{-}32)$$

实际应用往往采用等臂电桥,即 $R_1 = R_2 = R_3 = R_4 = R$,此时式(2-32)可写为

$$U_o = U_i \frac{R(\Delta R_1 - \Delta R_2 - \Delta R_3 + \Delta R_4) + \Delta R_1\Delta R_4 - \Delta R_2\Delta R_3}{(2R + \Delta R_1 + \Delta R_2)(2R + \Delta R_3 + \Delta R_4)} \qquad (2\text{-}33)$$

当 $R \gg \Delta R_i (i=1,2,3,4)$时,略去上式中的高阶微量,可写为

$$U_o = \frac{U_i}{4}\left(\frac{\Delta R_1}{R} - \frac{\Delta R_2}{R} - \frac{\Delta R_3}{R} + \frac{\Delta R_4}{R}\right) \qquad (2\text{-}34)$$

利用式(2-6),上式可写为

$$U_o = \frac{U_i}{4}K(\varepsilon_1 - \varepsilon_2 - \varepsilon_3 + \varepsilon_4) = \frac{U_i}{4}K\varepsilon_o \qquad (2\text{-}35)$$

式中,ε_o为测量电桥的总应变。式(2-34)、式(2-35)很重要,它表明:

(1) 当 $R \gg \Delta R_i$ 时,电桥的输出电压与应变成线性关系。

(2) 若相邻两桥臂的应变极性一致,即同为拉应变或压应变时,输出电压为两者之差;若相邻两桥臂的应变极性不一致时,则输出电压为两者之和。

(3) 若相对两桥臂的应变极性一致时,输出电压为两者之和;反之为两者之差。

合理地利用上述特性来粘贴应变片,可以提高传感器的测量灵敏度和获得温度补偿等。

这种电桥输出信号 U_o 经相应的信号调理电路处理后,可转换为 4~20mA 或 1~5V 的标准信号输出,构成一体化传感变送器,应用于生产自动化过程中。

2. 单臂工作电桥的非线性误差及差动电桥

当单臂工作时,设 $\Delta R_1 = \Delta R$,$\Delta R_2 = \Delta R_3 = \Delta R_4 = 0$,则由式(2-33)得到

$$U_o = \frac{U_i\Delta R}{4R + 2\Delta R} = \frac{U_i}{4}\frac{\Delta R}{R}\left(1 + \frac{1}{2}\frac{\Delta R}{R}\right)^{-1} = \frac{U_i}{4}K\varepsilon\left(1 + \frac{1}{2}K\varepsilon\right)^{-1} \qquad (2\text{-}36)$$

通常 $K\varepsilon \ll 1$,则上式中的括号按二项式定理展开后为

$$U_o = \frac{U_i}{4}K\varepsilon\left[1 - \frac{1}{2}K\varepsilon + \frac{1}{4}(K\varepsilon)^2 - \frac{1}{8}(K\varepsilon)^3 + \cdots\right] \qquad (2\text{-}37)$$

电桥的相对非线性误差为

$$\delta = \frac{1}{2}K\varepsilon - \frac{1}{4}(K\varepsilon)^2 + \frac{1}{8}(K\varepsilon)^3 - \cdots \approx \frac{1}{2}K\varepsilon \qquad (2\text{-}38)$$

【例 2-1】 已知金属应变片的灵敏系数 $K=2.5$，允许测试的最大应变 $\varepsilon=5000\mu\varepsilon$，接成全等臂单臂工作电桥（$\Delta R_1\neq0,\Delta R_2=\Delta R_3=\Delta R_4=0,R_1=R_2=R_3=R_4=R$），求非线性误差。

解 按式(2-38)，得最大非线性误差

$$\delta=\frac{1}{2}K\varepsilon=\frac{1}{2}\times2.5\times5000\times10^{-6}=0.6\%$$

一般金属应变片的灵敏系数：康铜丝应变片，$K=1.9\sim2.1$；铁铬铝合金丝应变片，$K=2.4\sim2.6$。因此，δ 在 $0.48\%\sim0.65\%$ 范围内。

若采用半导体应变片，设 $K=120$，其他条件相同时，则

$$\delta=\frac{1}{2}\times120\times5000\times10^{-6}=30\%$$

由此可见，采用金属应变片，在一般应用范围内，其非线性误差 $\delta<1\%$；若采用半导体应变片时，由于非线性误差随 K 增大而增大，故必须采取补偿措施。

在实际应用中，常采用两臂差动工作或四臂差动工作电桥，如图 2-14 所示，以改善非线误差和提高输出灵敏度。对图 2-14(a)所示两臂差动（半桥差动）工作电桥，如果考虑到 $|\Delta R_1|=|-\Delta R_2|=\Delta R$，则由式(2-34)得到

$$U_o=\frac{U_i}{2}\frac{\Delta R}{R}=\frac{U_i}{2}K\varepsilon \tag{2-39}$$

由上式可见，两臂差动工作电桥的输出灵敏度提高一倍，并且能消除非线性误差。对图 2-14(b)所示四臂差动（全桥差动）工作电桥，同样考虑 $|\Delta R_1|=|-\Delta R_2|=|-\Delta R_3|=|\Delta R_4|=\Delta R$，则由式(2-34)得到

$$U_o=U_i\frac{\Delta R}{R}=U_iK\varepsilon \tag{2-40}$$

其电桥输出灵敏度提高到四倍。

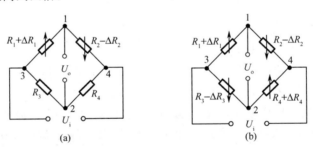

图 2-14 差动电桥电路

差动工作电桥还能起到温度补偿作用。

3. 应变片的串联与并联工作接线法

在应变测量电桥线路中，也可以将应变片串联或并联起来接入测量桥臂，如图 2-15 所示的半桥线路，也可以接成全桥线路。

对于图 2-15(a)所示的串联半桥线路，设在 AB 桥臂串接 n 个阻值为 R 的应变片，则桥臂总电阻为 $R_1=nR$，当每个应变片的电阻变化分别为 $\Delta R_1',\Delta R_2',\Delta R_3',\cdots,\Delta R_n'$ 时，则

$$\varepsilon_1=\frac{1}{K}\frac{\Delta R_1}{R_1}=\frac{1}{K}\frac{\Delta R_1'+\Delta R_2'+\cdots+\Delta R_n'}{nR}=\frac{1}{n}(\varepsilon_1'+\varepsilon_2'+\cdots+\varepsilon_n') \tag{2-41}$$

应变片串联后桥臂所反映的应变为各个应变片应变值的算术平均值，它不会增加电桥的输

出。但是,应变片串联后电桥的输出反映了 n 片应变片的平均应变,这对正确测量受力试件的应变是有利的;应变片串联后还使桥臂电阻增大,在应变片限定电流下,可以提高桥臂两端的电压,相应地使指示应变增大。

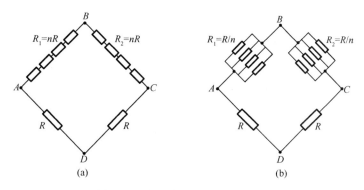

图 2-15　串联式和并联式半桥线路

图 2-15(b)所示半桥并联接法,设在 AB 臂上并联 n 个阻值为 R 的应变片,则总电阻为 $R_1 = R/n$,各应变片的电阻变化量分别为 $\Delta R'_1, \Delta R'_2, \Delta R'_3, \cdots, \Delta R'_n$ 时,则桥臂电阻的变化量 ΔR_1 为

$$\Delta R_1 = 1 \left/ \left(\frac{1}{\Delta R'_1} + \frac{1}{\Delta R'_2} + \cdots + \frac{1}{\Delta R'_n} \right) \right.$$

其应变为

$$\varepsilon_1 = \frac{1}{K} \frac{\Delta R_1}{R_1} = \frac{1}{K} \left/ \left(\frac{1}{\Delta R'_1} + \frac{1}{\Delta R'_2} + \cdots + \frac{1}{\Delta R'_n} \right) \frac{R}{n} \right.$$

当 $\Delta R'_1 = \Delta R'_2 = \cdots = \Delta R'_n = \Delta R'$ 时,上式变为

$$\varepsilon_1 = \frac{1}{K} \left(\frac{\Delta R'}{R} \right) = \varepsilon' \tag{2-42}$$

可见应变片并联后也不能提高电桥输出电压,但是在通过应变片的电流不超过最大工作电流的条件下,电桥的输出电流相应地提高了 n 倍。

在电桥测量电路中,由于应变片的阻值总有偏差,因此还需要有预调平衡电路。此外,实际应用中可以采用直流电桥,也可以采用交流电桥。直流电桥调平衡容易,但信号后处理较复杂;交流电桥调平衡较复杂,信号后处理却相对容易一些。随着电子技术的发展,信号处理技术也在不断变化。

4. 电阻应变仪

利用电阻应变片作为敏感元件来测量应变的专用仪器称为电阻应变仪。其原理框图如图 2-16 所示。

电阻应变仪的主要任务是将测量电桥的微小输出电压放大到能用普通检流计指示或用示波器记录的程度。其测量过程如下。

振荡器产生一定频率和振幅的正弦波,作为测量电桥和读数电桥的电源电压。在测量动态应变时,如接在测量电桥桥臂上的工作应变片 R 感受应变信号,其波形如图 2-16(a)所示,则在测量电桥的输出端产生一个如图 2-16(b)所示的调幅波。调幅波的载频(一般为被测应变信号变化频率的 8~10 倍)为振荡器产生的供桥电压频率,其包络线形状与被测应变信号的波形一致,相位则按应变极性的改变而反相。调幅波经放大后得到与图 2-16(b)相似的波形(c),再经相敏检波器解调得波形(d),最后经滤波器将信号中的剩余载波及高次谐波滤掉,即可得到与应变信号波形相似的放大了的波形(e),此信号可用普通电测仪表进行显示和记录。以上为测量动态应变的工作过程,这种方法称为偏转法(偏差法或差值法),其测量精度较低。

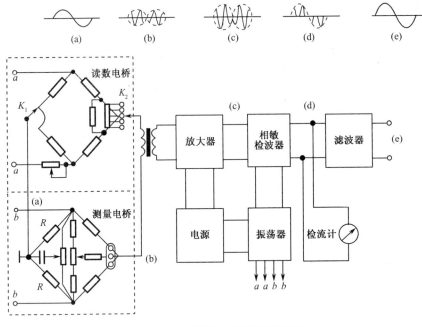

图 2-16 电阻应变仪原理方框图

测量静态应变时,不是将相敏检波后的信号直接用普通电表指示,而是另外采用一个读数电桥测量应变,读数电桥和测量电桥由同一振荡器供电,它们的输出端反向串接,接到放大器的输入变压器初极。当测量电桥感受应变,电桥失去平衡而有一输出电压 $\dot{E}_1$ 时,检流计偏转;调节读数电桥桥臂电阻值,使之也失去平衡,而输出一个与测量电桥输出电压大小相等、相位相反的电压 $\dot{E}_2$,即 $\dot{E}_2 - \dot{E}_1 = 0$,此时检流计指零,则读数电桥的刻度值即为被测应变值(读数电桥刻度按应变刻度)。这种方法在测量上叫零读法(零值法),其优点是测量精度主要取决于读数电桥的精度,不受电桥供电电压和放大器放大倍数等波动的影响,因此测量精度高。但由于需要进行手动调平衡,故一般用于静态测量。

2.1.3 电阻应变式传感器

电阻应变片可直接粘贴在被测量的受力构件上,测量应力、应变。然而要测量其他被测量(如力、压力、加速度等),就需要先将这些被测量转换成应变,然后再用应变片进行测量,比直接测量多了一个转换过程,完成这种转换的元件称为弹性敏感元件。由弹性敏感元件和应变片,以及一些附件(补偿元件、壳体等)便组成各种电阻应变式传感器。

弹性敏感元件是应变式传感器的关键部件。弹性元件的设计主要考虑:如何使粘贴应变片的部位有较大的应变,以满足传感器的灵敏度要求;在要求的量限内有足够的刚度、较高的固有振动频率、线性度等。应变式传感器的性能很大程度上取决于弹性元件的设计,弹性元件的结构根据测量对象不同而不同。

2.1.3.1 电阻应变式力传感器

力传感器是测量荷重、拉(压)力的传感器。目前大多采用应变式传感器,其测力范围

$10^{-3} \sim 10^{6}\,\mathrm{N}$,精度优于 0.03% F·S,最高可达 0.005% F·S。力传感器主要用作各种电子秤和材料试验机的测力元件,或用于测力机的推力测试,以及水坝坝体承载状况的监测等。应变式力传感器的弹性元件常做成柱形、筒形、梁形及环形等。

1. 柱(筒)式力传感器

图 2-17 为柱(筒)式力传感器,弹性元件为实心或空心的柱体(截面积为 S,材料弹性模量为 E),当柱体轴向受拉(压)力 F 作用时,在弹性范围内,应力 σ 与轴向应变 ε 成正比关系

$$\varepsilon = \frac{\Delta l}{l} = \frac{\sigma}{E} = \frac{F}{SE} \tag{2-43}$$

应变片粘贴在弹性体外壁应力分布均匀的中间部分,对称地粘贴多片,连接电桥时考虑尽量减小由于 F 不可能正好通过柱体中心轴线而造成的载荷偏心(横向力)和变矩的影响。贴片在柱面上的展开位置及其在桥路中的连接如图 2-17(d)和(e)所示。R_1、R_3 串接,R_2、R_4 串接并置于相对臂;R_5、R_7 串接,R_6、R_8 串接并置于另一相对臂,以减小弯矩影响。横向贴片作温度补偿用。

图 2-17 中作用力 F 所产生的轴向拉力在各应变片上的应变分别为

$$\varepsilon_1 = \varepsilon + \varepsilon_t = \varepsilon_2 = \varepsilon_3 = \varepsilon_4$$

$$\varepsilon_5 = -\mu\varepsilon + \varepsilon_t = \varepsilon_6 = \varepsilon_7 = \varepsilon_8$$

式中,μ 为柱体材料的泊松比;ε_t 为温度 t 所引起的附加应变;ε 为柱体在 F 作用下的轴向应变($\varepsilon = F/SE$)。

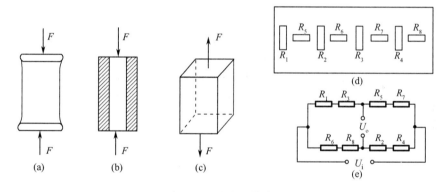

图 2-17 柱式力传感器

由式(2-35)可得全桥接法的总的应变值 ε_o 为

$$\varepsilon_o = 2(1 + \mu)\varepsilon \tag{2-44}$$

F 所产生的横向力不论它的方向如何,由于应变片的对称分布,一组受压而另一组受拉,应力(及其产生的应变)大小相等,故相互抵消。在扭转力矩作用下,利用应变片的纵向和横向贴片,使应变作用互相抵消。最后,仅得到式(2-44)的全桥总应变值,提高了传感器的灵敏度和温度稳定性。

电桥的输出电压 U_o 为

$$U_o = \frac{U_i}{4}K\varepsilon_o = \frac{U_i}{2}K(1+\mu)\varepsilon = \frac{U_i}{2}K(1+\mu)\frac{F}{SE}$$

从而得到被测量力 F 为

$$F = \frac{2ES}{K(1+\mu)U_i}U_o \tag{2-45}$$

2. 悬臂梁式力传感器

悬臂梁式弹性元件的特点是结构简单、加工比较容易,应变片粘贴方便,灵敏度较高,用于制作小量限测力传感器。这种弹性元件有两种基本形式。

(1) 等截面悬臂梁。结构如图 2-18(a)所示,弹性元件为一端固定的悬臂梁,力作用在自由端,在梁固定端附近上、下表面各粘贴两片应变片,此时 R_1、R_4 若受拉,则 R_2、R_3 受压,两者发生极性相反的等量应变,若把它们接成如图 2-18(b)所示的全桥线路,则电桥的灵敏度为单臂工作时的四倍。粘贴应变片处的应变为

$$\varepsilon_x = \frac{\sigma}{E} = \frac{6Fl_x}{bh^2E} \tag{2-46}$$

同样可以通过测量电桥的输出电压$U_。$来确定被测量力 F 的大小,$F = \dfrac{bh^2E}{6KU_il_x}U_。$,请读者自证。

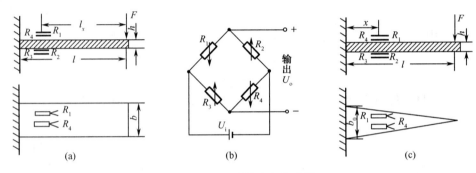

图 2-18　悬臂梁式力传感器

(2) 等强度悬臂梁。结构如图 2-18(c)所示,距固定端 x 处上、下表面对称地粘贴四片电阻应变片,同样接成图 2-18(b)所示的全桥差动电路。贴应变片处梁的宽度为

$$b_x = b_0(1 - x/l)$$

截面抗弯模数为

$$W_x = \frac{h^2}{6}b_0\left(1 - \frac{x}{l}\right)$$

截面上的弯矩为

$$M_x = F(l - x)$$

截面上 x 处的应力为

$$\sigma_x = \frac{M_x}{W_x} = \frac{6Fl}{h^2b_0} \tag{2-47}$$

即截面上的应力与 x 无关,任何截面上的应力都相等,故称为等强度梁。因此,应变片沿纵向的粘贴位置要求不严格,但上、下片对应位置仍要求严格。x 处的应变为

$$\varepsilon_x = \frac{\sigma_x}{E} = \frac{6Fl}{h^2b_0E} \tag{2-48}$$

此外,还有几种改进后的悬臂梁式弹性元件。如图 2-19(a)所示的双孔梁,多用于小量程工业电子秤和商业电子秤;图 2-19(b)为单孔梁力式弹性元件;图 2-19(c)、(d)为 S 形弹性元件,适于较小载荷。

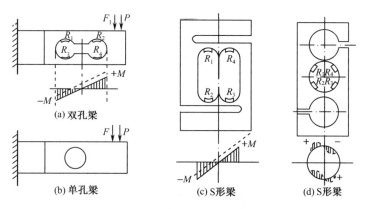

图 2-19 特殊梁式力传感器

3. 薄壁圆环式力传感器

结构如图 2-20 所示。其特点是在外力作用下,各点的应力差别较大。设图示薄壁圆环的厚度为 h,外径为 R,宽度为 b,应变片 R_1、R_4 贴在外表面,R_2、R_3 贴在内表面,仍接成全桥差动式线路测量应变以达到测力的目的。贴片处的应变量为

$$\varepsilon = \pm \frac{3F(R - h/2)}{bh^2 E}\left(1 - \frac{2}{\pi}\right) \qquad (2-49)$$

其线性误差可达 0.2%,滞后误差达 0.1%,但上下受力点必须是线接触。全桥差动的总应变 $\varepsilon_o = 4|\varepsilon|$。

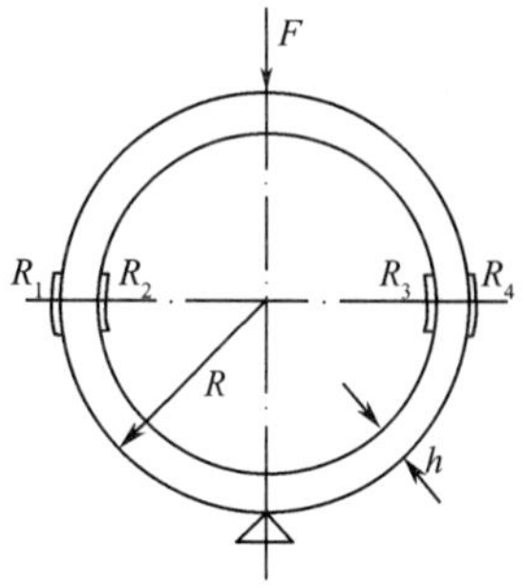

4. 轮辐式力传感器

图 2-21 为轮辐式力传感器示意图。这种形式的弹性元件的特点是刚性比较大,同时利用它的对称性,能够比较好地防止横向力的影响。每根轮辐可简化为图 2-21(b) 的计算图。在距离中间加力位置为 l_x 的截面上的弯矩为

图 2-20 薄壁圆环式力传感器示意图

$$M = \frac{1}{8}F(l - 2l_x)$$

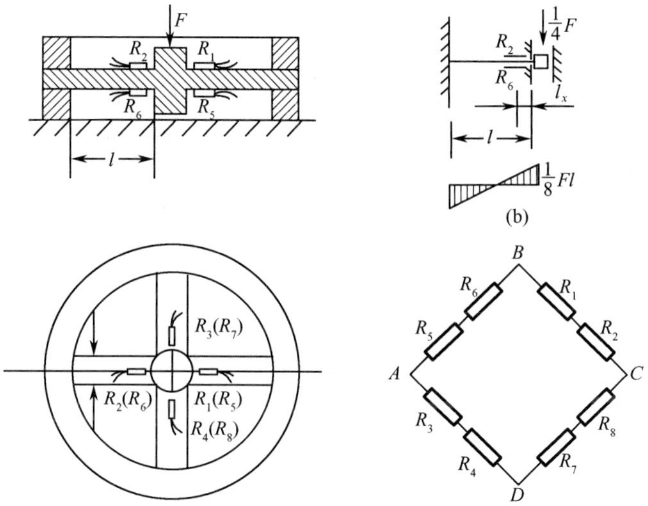

图 2-21 轮辐式力传感器示意图

l_x 截面处的上、下表面的应变为

$$\varepsilon = \frac{M}{Ebh^2/6} = \frac{3(l-2l_x)}{4Ebh^2}F \tag{2-50}$$

如果在四个轮辐的 l_x 截面上、下表面都贴上应变片,并接成图 2-21(c)的全桥差动线路,则电桥输出中指示的应变 ε_o 与外力 F 的关系为

$$\varepsilon_o = 4\varepsilon = \frac{3(l-2l_x)}{Ebh^2}F \tag{2-51}$$

5. 轴剪切力传感器

轴弹性元件式剪切力传感器的布片形式和测量电桥连接电路如图 2-22 所示。当弹性梁受如图所示剪切力作用时,R_1、R_3 应变片受拉应力;R_2、R_4 受压应力。其应变为

$$\varepsilon = \frac{5(1+\mu)}{ED^3}M \qquad (\text{实心}) \tag{2-52}$$

$$\varepsilon = \frac{16(1+\mu)D}{\pi E(D^4-d^4)}M \qquad (\text{空心}) \tag{2-53}$$

式中,D 为轴外径(mm);d 为轴内径(mm);M 为扭矩(N·m);μ 为轴材料泊松比;E 为轴材料弹性模量。

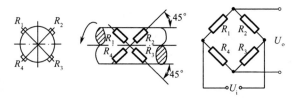

图 2-22 轴弹性元件式测力传感器

当电桥的供桥电压为 U_i 时,其输出电压 U_o 为

$$U_o = U_i K\varepsilon \tag{2-54}$$

式中,K 为应变片的灵敏系数。这种力传感器主要用于扭矩的测量。

2.1.3.2 电阻应变式压力传感器

1. 筒式压力传感器

如图 2-23 所示,弹性元件为一具有盲孔的圆筒。当被测流体压力 p 作用于筒体内壁时,圆筒部分发生变形,其外表面上的切向应变(沿着圆周线)为

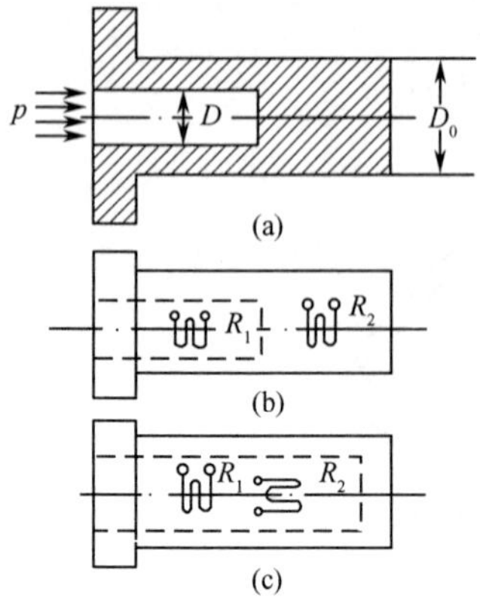

$$\varepsilon = \frac{p(2-\mu)}{E(n^2-1)} \tag{2-55}$$

式中,$n=D_0/D$,为筒外径与内径之比。

对于薄壁筒,可用下式计算

$$\varepsilon = \frac{pD}{2hE}(1-0.5\mu) \tag{2-56}$$

式中,$h=(D_0-D)/2$,为筒外径与内径之差,即壁厚。

由式(2-56)知,应变与壁厚成反比。实际上,对于孔径为 12mm 的圆筒,壁厚大概最小为 0.2mm。如用钢制成($E=20\times10^6$ N/cm²,$\mu=0.3$),设工作应变为 1000 $\mu\varepsilon$,则用式(2-56)计算得可测压力约为 780N/cm²。如果用 E 值较小的材料如

图 2-23 筒式压力传感器

硬铝制作圆筒,则可测较低的压力。这种弹性元件结构简单,制造方便,可测压力的上限值可达 14 000N/cm² 或更高。在设计用于测量高压的圆筒时,要进行强度计算,并注意连接处的密封问题。这种传感器可用来测量枪炮膛内压力。

应变片的布片方式如图 2-23 所示,工作片贴于圆筒部分沿圆周方向,产生正应变,补偿片贴于圆筒的实心底部外表面(不产生应变)或沿圆筒轴向,起温度补偿作用。

2. 膜片式压力传感器

这种传感器具有结构简单、使用可靠等特点,尤其是圆形箔式应变片可做成小尺寸高精度的压力传感器。传感器中的平膜片是一个周边固定的圆形金属膜片,如图 2-24 所示。在压力 p 的作用下膜片将产生弯曲变形,设径向应变为 ε_r,切向应变为 ε_t,则任意半径 r 处的应变为

$$\begin{cases} \varepsilon_r = \dfrac{3p}{8h^2E}(1-\mu^2)(R^2-3r^2) \\ \varepsilon_t = \dfrac{3p}{8h^2E}(1-\mu^2)(R^2-r^2) \end{cases} \tag{2-57}$$

式中,p 为压力;h,R 为膜片的厚度和半径;E,μ 为膜片材料的弹性模量和泊松比。

ε_r 和 ε_t 沿 r 的变化规律如图 2-24 所示,在膜片中心($r=0$)处,ε_r 和 ε_t 达到正最大值

$$\varepsilon_{rmax} = \varepsilon_{tmax} = \frac{3pR^2}{8h^2E}(1-\mu^2) \tag{2-58}$$

当 $r=r_c=R/\sqrt{3}\approx0.58R$ 时,$\varepsilon_r=0$;当 $r>0.58R$ 时,ε_r 变负;当 $r=R$时,$\varepsilon_t=0$,而 ε_r 达到负的最大值。

$$\varepsilon_r = -\frac{3pR^2}{4h^2E}(1-\mu^2) \tag{2-59}$$

若用小栅长应变片,在膜片正应变区中心处沿切向贴两片(如图 2-24 中的 R_2、R_3),在膜片负应变区边缘处沿径向贴两片($r>r_c$,如图中的 R_1、R_4),并接成全桥差动线路,则电桥输出指示中的应变

$$\varepsilon_o = \varepsilon_1 - \varepsilon_2 - \varepsilon_3 + \varepsilon_4 = 2(|\varepsilon_r|+\varepsilon_{tmax})$$

由此得到 ε_o 与压力 p 之间的关系为

$$\varepsilon_o = \frac{3(1-\mu^2)}{4h^2E}(R^2+|R^2-3r^2|)p \tag{2-60}$$

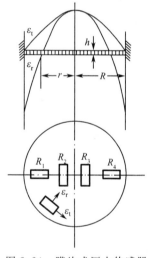

图 2-24 膜片式压力传感器

特制的箔式压力应变片能够最大限度地利用膜片的应变状态,如图 2-25 所示。它以 $r_c=0.58R$ 为界,r_c 以内呈圆形丝栅,测量切向正应变;r_c 以外呈径向丝栅,测量径向负应变。各转折均加粗,以减小变形的影响,引出线尽量接近 0.58R 处,丝栅要平直,圆形缺损不大于丝栅宽度的 30%,尖形缺损不大于丝栅宽度的 10%。

图 2-25 圆箔式应变片

以上计算是以周边固定为前提,实际当压力增加时,周边因素不可忽略,当压力达到一定程度时,非线性变形相当严重。根据研究定义载荷因素 $Q=(R/h)^4p/E$,当 $Q<3.5$ 时,非线性小于 3%。

在设计这种平膜片弹性元件时,可计算出 $Q=3.5$ 时的

(R/h)值为

$$(R/h)_{Q=3.5} = \sqrt[4]{3.5E/p} \qquad (2\text{-}61)$$

这就是在特定的 E、p 下,保持非线性小于 3‰情况下(R/h)值的最大值。因此,只能选用

$$(R/h) \leqslant (R/h)_{Q=3.5} = \sqrt[4]{3.5E/p}$$

根据这个条件,利用公式(2-58)计算应变值,选取适当的(R/h)值,使应变足够大。

这种平膜片弹性元件的固有频率 f_0 可按下式计算:

$$f_0 = \frac{2.56h}{\pi R^2} \sqrt{\frac{E}{3\rho(1-\mu^2)}} \qquad (2\text{-}62)$$

式中,ρ 为膜片材料的密度;μ 为膜片材料的泊松比。

当 $\mu = 0.3$ 时,固有频率 f_0 为

$$f_0 = \frac{0.492h}{R^2} \sqrt{E/\rho}$$

这种压力传感器一般制成一体化压力变送器,广泛应用于工程实际中。

3. 组合式压力传感器

这种传感器中的应变片不直接粘贴在压力感受元件上,而是由某种压力传递机构(如膜片或膜盒、波纹管、弹簧管等)将压力敏感元件感受压力产生的位移传递到贴有应变片的其他弹性元件上,如图 2-26 所示。图 2-26(a)中感压元件为膜片,由压力产生的位移被传递给贴有应变片的悬臂梁;图 2-26(b)中的感压元件为波纹管,位移传给双端梁;图 2-26(c)的感压元件为双重曲线膜片,其位移使薄壁圆筒变形,筒外壁上绕有应变丝(或贴应变片)。

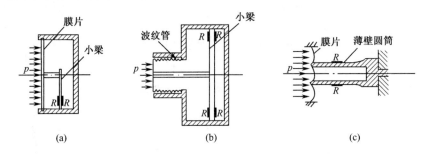

图 2-26 组合式压力传感器

2.1.3.3 电阻应变式加速度传感器

图 2-27(a)所示为应变式加速度传感器的结构图,主要由惯性质量块 1、支承质量的弹簧应变梁(一端固定在基座上)2 以及阻尼器组成。弹簧梁的上下表面粘贴应变片,传感器壳体内填充硅油,以产生必要的阻尼。测量时,将传感器壳体与被测对象刚性连接。当有加速度作用在壳体上时,质量块由于惯性将产生与加速度成正比的惯性力,惯性力作用在弹性梁上使其变形,梁上粘贴的应变片可以测出梁的应变大小,从而测出惯性力的大小,最终达到测作用在壳体上的加速度的目的。限位块 11 使传感器过载时不被破坏。这种传感器在低频振动测量中得到广泛应用。

这种应变式加速度传感器可以抽象成图 2-27(b)所示的一般二阶系统模型。图中 m 为质量块的质量,k 为弹簧梁的刚度,c 为阻尼,壳体的位移(即被测体的振动位移)用 x_1 表示,质量块的绝对位移(相对于地的位移)用 x_2 表示,测量加速度过程中壳体与质量块之间的相对位

移为

$$x = x_2 - x_1$$

使弹簧变形而产生弹性力 kx，相对运动还将产生阻尼力 $c\dot{x}$。于是可得质量块的运动方程为

$$m\ddot{x}_2 + c\dot{x} + kx = 0 \tag{2-63}$$

若壳体作简谐运动，即

$$x_1 = x_{1m}\sin\omega t$$

又

$$x_2 = x + x_1$$

得

$$\ddot{x}_2 = \ddot{x} - \omega^2 x_{1m}\sin\omega t$$

代入式（2-63）得

$$m\ddot{x} + c\dot{x} + kx = F_m\sin\omega t \tag{2-64}$$

式中，$F_m = m\omega^2 x_{1m}$ 为壳体惯性力的幅值；$\dot{x} = \mathrm{d}x/\mathrm{d}t$；$\ddot{x} = \mathrm{d}^2 x/\mathrm{d}t^2$；$\ddot{x}_2 = \mathrm{d}^2 x_2/\mathrm{d}t^2$。

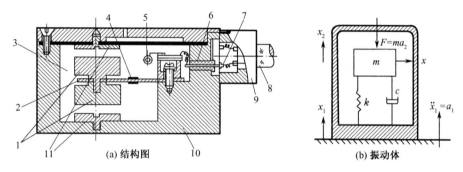

图 2-27 应变式加速度传感器

1—质量块；2—应变梁；3—硅油阻尼液；4—应变片；5—温度补偿电阻；6—绝缘套管；
7—接线柱；8—电缆；9—压线板；10—壳体；11—保护块

式（2-64）等效为正弦策动力（$F_m\sin\omega t$）作用下的二阶振动系统的方程式，在稳态时，其相对位移 x 也作同频率的正弦振动（$x = x_m\sin(\omega t + \varphi)$）。系统的幅频特性为

$$|H(\mathrm{j}\omega)| = \frac{x_m}{F_m} = \frac{K}{\sqrt{[1-(\omega/\omega_n)^2]^2 + 4\zeta^2(\omega/\omega_n)^2}} \tag{2-65}$$

相频特性为

$$\varphi(\omega) = -\arctan\frac{2\zeta(\omega/\omega_n)}{1-(\omega/\omega_n)^2} \tag{2-66}$$

式中，$\omega_n = \sqrt{k/m}$ 为系统固有频率；$\zeta = c/2\sqrt{km}$ 为系统阻尼比；$K = 1/k$ 为静态灵敏度。若令

$$M = \frac{1}{\sqrt{[1-(\omega/\omega_n)^2]^2 + 4\zeta^2(\omega/\omega_n)^2}}$$

则

$$x_m = MKF_m = M\frac{1}{k}m\omega^2 x_{1m} = M\frac{a_{1m}}{\omega_n^2} \tag{2-67}$$

式中，$a_{1m} = \omega^2 x_{1m}$ 为壳体加速度 a_1 的幅值；x_m 为质量块与壳体间相对位移 x 的幅值。

从以上二阶系统频率特性可知，当 $\zeta = 0.6 \sim 0.7$，$\omega \ll \omega_n$（实际设计时，取 $\omega/\omega_n = 0.8 \sim 0.4$）时，$M \approx 1$，于是式（2-67）变为

$$x_m = \frac{a_{1m}}{\omega_n^2} \tag{2-68}$$

这就是质量块相对位移与壳体(被测物体)加速度的线性关系,测出质量块的相对位移 x,即可得到被测体加速度($a_1 = \omega_n^2 x$)。应变式加速度传感器不是直接测量质量块的位移,而是测量与位移成正比的应变值。从式(2-68)还可知:固有频率 ω_n 越高,传感器的灵敏度越低;而另一方面,固有振动频率越高,测量的频率范围越宽;两者是互相矛盾的。设计传感器时,应考虑频率范围许可条件下减小固有频率,用以提高灵敏度。

通常情况下,支承质量的弹簧是一等截面或等强度悬臂梁,在其上、下两面粘贴应变片,所以又称应变梁。惯性质量由一定形状密度大的金属块组成,最常用的材料是黄铜,在特别小型加速度传感器中使用一种由 90% 的钨与镍和铜组成合金(相对密度 16.3～17)的所谓"重合金"。因为这种合金在给定尺寸下能得到两倍于铜的质量,所以具有较大的优越性,这种重合金能用一般的加工方法加工。传感器壳体中充满有机硅油作阻尼之用,也可使悬臂梁和壳体之间保持一定的间隙,与阻尼油配合达到需要的阻尼度。

2.1.4　电阻应变式传感器应用示例

1. 基本应用——平面膜片式压力计

平面膜片式压力传感器(如图 2-24)的应变片连接成全桥电路,且 $R_1 = R_2 = R_3 = R_4 = R$,$\Delta R_1 = \Delta R_3 = \Delta R$,$\Delta R_2 = \Delta R_4 = -\Delta R$,如图 2-28 所示。应变片的 $K = 2.0$,膜片允许测试的最大应变 $\varepsilon = 800\mu\varepsilon$,对应的压力为 100kPa,电桥的供桥电压 $U = 5V$,试求最大应变时,测量电路输出端电压为多少? 当输出端电压为 3.2V 时,所测压力为多少? A_4 的作用是什么?

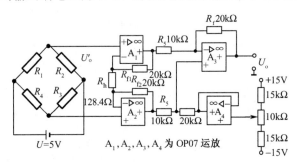

图 2-28　压力应变计

该例为恒压源供电,且为全桥等臂,则电桥输出电压为

$$U_o' = \frac{\Delta R}{R}U = K\varepsilon U$$

则电桥输出电压灵敏度为

$$K_u = U_o'/U = K\varepsilon = 2.0 \times 800 \times 10^{-6} = 1.6(\text{mV/V})$$

该输出电压灵敏度意味着标准压力(100kPa)时,每 1V 供桥电压 U 的输出电压 U_o' 为 1.6mV。故电桥输出电压

$$U_o' = 1.6\text{mV/V} \times 5\text{V} = 8\text{mV}$$

电路中 A_1、A_2、A_3 运放组成同相输入并串联差动放大器(仪用放大器),放大倍数

$$A_u = \left(1 + \frac{R_{f1} + R_{f2}}{R_h}\right)\frac{R_f}{R_5} = \left[1 + \frac{(20+20) \times 1000}{128.4}\right] \times \frac{20}{10} = 625$$

则最大应变时电路输出端输出电压为

$$U_o = 8\text{mV} \times 625 = 5000\text{mV} = 5\text{V}$$

又因 $0\sim100\text{kPa}$ 压力对应输出电压 $0\sim5\text{V}$，则当输出端电压为 3.2V 时，所对应的被测压力为

$$p = \frac{3.2}{5} \times 100 = 64(\text{kPa})$$

从电路图可知，A_4 构成为电压跟随器，通过调整正输入端电位器，从而调整 A_4 输出端电压，与 A_2 的输出相加，使压力传感器压力为零时，电路输出端电压也为零，即对电路进行调零。

2. 手提电子秤

手提式电子秤成本低，称重精度高，携带方便，适于购物时用。称重传感器采用准 S 型双孔弹性体，如图 2-29 所示，重力 P 作用在中心线上。弹性体双孔位置贴四片箔式电阻应变片。双孔弹性体可简化为一端受一力偶 M，其大小与 P 及双孔弹性体长度有关。

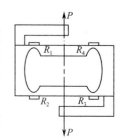

电子秤测量电路如图 2-30 所示。主要由测量电桥、差动电压放大电路、A/D 转换及数显块等组成。

测量电桥：电阻应变片组成全桥测量电路。当传感器的弹性元件受到被称重物的重力作用时引起弹性体的变形，使得粘贴在弹性体上的电

图 2-29　准 S 型
称重传感器

阻应变片 $R_1\sim R_4$ 的阻值发生变化。不加载荷时电桥处于平衡状态；加载时，电桥将产生不平衡输出。选择 $R_1\sim R_4$ 为特性相同的应变片，其输出为

$$U_o = \frac{E}{4}\left(\frac{\Delta R_1}{R} - \frac{\Delta R_2}{R} + \frac{\Delta R_3}{R} - \frac{\Delta R_4}{R}\right)$$

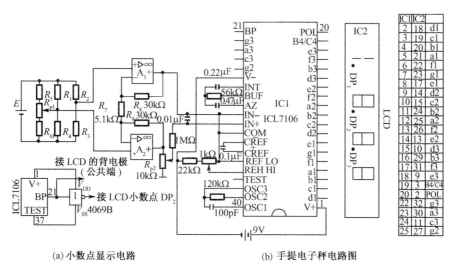

(a) 小数点显示电路　　　　　(b) 手提电子秤电路图

图 2-30　手提电子秤测量电路

由于 R_1、R_3 受拉，R_2、R_4 受压，故 $\Delta R_1 = \Delta R_3 = \Delta R$，$\Delta R_2 = \Delta R_4 = -\Delta R$，故电桥输出为

$$U_o = 4 \times \frac{E}{4} \times \frac{\Delta R}{R} = EK\varepsilon$$

差动电压放大电路：由 A_1 和 A_2 组成一个电桥差动电压放大电路，其放大倍数为

$$A_u = 1 + \frac{R_8 + R_9}{R_7} = 1 + \frac{30k + 30k}{5.1k} = 13$$

A/D 转换及数字显示：A/D 转换器选用 3 $\frac{1}{2}$ 位 A/D 转换器 ICL7106，其接线如图 2-30(b)
所示。本手提电子秤的称重量程为 5kg，测量电桥的输出电压为 4.6mV。因此，用量程为
200mV 的数字电压表电路测量显示重量较为合适。小数点选择百分位，即用 DP$_2$，小数点的
显示电路如图 2-30(a)所示。

液晶显示器的驱动电源不宜使用直流，若用直流驱动显示，液晶介质易被极化，使用寿命
大大缩短，因此，驱动液晶显示器的电源均用交流电。本电路使用交流方波电源。7106 的 BP
端(21 脚)输出一系列方波。液晶显示的笔段电极和背电极(公共电极)加上两个反相的方波
电压时，该笔段显示。如图 2-30(a)所示，4069 的一个反相器将 BP 方波反相加到小数点 DP$_2$，
这样 DP$_2$ 即显示。4069B 的 V_{ss} 端接 7106 的数字地为 TEST(37 脚)。

电路中 R_{p1} 调零用，R_{p2} 调节运放的输出幅度。A/D 转换器电路中的 1kΩ 电位器可调节电
子秤的满度，当电子秤称准确的 5kg 重物时，调节 1kΩ 电位器，使液晶显示为 5.00(kg)即可。

2.2 压阻式传感器

2.2.1 半导体材料的压阻效应

半导体应变片的工作原理是基于半导体晶体材料的电阻率随作用应力而变化的所谓"压
阻效应"。所有材料在某种程度上都呈现压阻效应，但半导体材料的这种效应特别显著，能直
接反映出微小的应变。半导体压阻效应现象可解释为：由应变引起能带变形，从而使能带中的
载流子迁移率及浓度也相应地发生相对变化，因此导致电阻率变化，进而引起电阻变化。

对一条形半导体压阻元件而言，仍可应用与金属电阻应变丝在外力作用下电阻变化相同
的方程来描述，即 $\Delta R/R = (1+2\mu)\varepsilon + \Delta\rho/\rho$。其中由压阻效应引起的第二项比由材料几何变
形引起的第一项要大得多，故半导体电阻的变化率主要由 $\Delta\rho/\rho$ 这一项所决定，即

$$\frac{\Delta R}{R} = (1+2\mu)\varepsilon + \frac{\Delta\rho}{\rho} \approx \frac{\Delta\rho}{\rho} \tag{2-69}$$

由半导体理论知，立方晶系的硅和锗的纵向电阻率的相对变化为

$$\frac{\Delta\rho}{\rho} = \pi_L E\varepsilon = \pi_L \sigma \tag{2-70}$$

式中，π_L 为半导体单晶的纵向压阻系数(与晶向有关)；E 为半导体单晶的弹性模量(与晶向有
关)。因此，半导体单晶的应变灵敏系数为

$$K_B = \frac{\Delta R/R}{\varepsilon} = (1+2\mu) + \pi_L E \approx \pi_L E \tag{2-71}$$

半导体应变片的应变灵敏系数比金属应变片要大数十倍，如半导体硅，$\pi_L = (40\sim80)\times$
10^{-11} m^2/N，$E = 1.67\times10^{11}$ N/m^2，则 $K_B = \pi_L E = (50\sim100)$。最常用的半导体材料有硅和锗，
掺入杂质可形成 P 型或 N 型半导体。由于半导体是各向异性材料，因此它的压阻效应乃至应
变灵敏系数不仅与掺杂浓度、温度和材料类型有关，还与晶向有关。

为了便于描述晶向，常用图 2-31 所示的米勒指数法，将晶向表示成三位由 0 或 1 组成的
数字，并加方括号表示。

如果说硅片的切割方式是其法线顺[1 1̄ 0]方向,则意味着自晶片的圆心作直角坐标,其一轴若顺[001]方向,另一轴必然顺[110]方向,其间作45°线顺[111]方向。通常制造压阻式传感器的硅或锗片,就是这样切割的。

把硅和锗在上述切割方式下,按不同晶向得到的 π_L、E、K_B 可查相关资料。

金属丝电阻应变片的灵敏系数 K 不过 2 左右,而采用 P[111]或 N[100]的硅,或采用 N[111]或 P[111]的锗半导体应变片,K_B 要比 K 增大几十倍。

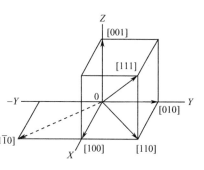

图 2-31 晶体物质的晶向

金属材料的应变片的 K 都是正值,而 N 型半导体的 π_L 及 K_B 是负值。

半导体应变片有两种制作方法:如将原材料按所需晶向切割成片或条,粘贴在弹性元件上,制成单根状敏感栅使用,称作"体型半导体应变片",如图 2-32 所示;如将 P 型杂质扩散到 N 型硅片,形成极薄的导电 P 型层,焊上引线即成应变片,称作"扩散硅应变片"。后者已经和弹性元件(即其 N 型硅基底)结合在一起,用不着粘贴,所以应用尤为普遍。又因为这种硅片边缘有一个很厚的环形,中间部分很薄,略具杯形,故也称作"硅杯",如图 2-34 所示,在硅杯膜片上共扩散四个电阻,接成电桥使用。

当半导体材料同时存在纵向及横向应力时,电阻变化与给定点的应力关系为

$$\Delta R/R = \pi_L \sigma_L + \pi_T \sigma_T \tag{2-72}$$

式中,π_L 为纵向压阻系数(电流方向与应力方向相同);π_T 为横向压阻系数(电流方向与应力方向垂直);σ_L、σ_T 分别为纵向应力和横向应力。

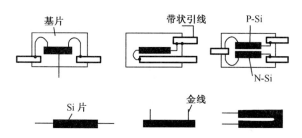

图 2-32 体型半导体应变片的结构形状

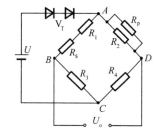

图 2-33 温漂补偿电路

半导体应变片的优点是:尺寸、横向效应和机械滞后都很小;灵敏系数很大,因而输出信号也大,可以不需放大器直接与记录仪器连接,使得测量系统简化;分辨率高,可测微小应变。主要缺点是:温度稳定性差,须采用补偿措施,如图 2-33 所示的温漂补偿电路;测量较大应变时非线性严重;灵敏系数随拉伸和压缩而变,且分散度较大,一般在 3%～5% 之间,因而使测量结果有 ±(3～5)% 的误差。

2.2.2 压阻式传感器

压阻式传感器仍然是基于半导体材料的压阻效应,在半导体材料(一般为 N 型硅单晶)基片上选择一定的晶向位置,利用集成电路工艺制成扩散电阻,作为测量传感元件,基片直接作为测量敏感元件(甚至有的可包括某些信号调节电路),亦称为扩散型压阻式传感器或固态压阻式传感器。扩散电阻在基片上组成测量电桥,当基片受应力作用产生变形时,各扩散电阻臂阻值发生变化,电桥产生相应的不平衡输出。

压阻式传感器主要用于测量压力和加速度。

1. 压阻式压力变送器

目前常用的压阻式压力变送器有扩散硅式压力变送器、厚膜陶瓷压力变送器两种。该种变送器由压力传感器和表头(转换电路)两部分组成。压力传感器一般做成 M20 压力表接头的形式,通过螺纹连接到设备或管道上。表头部分用于安装转换电路、显示器及输出信号接线端子。

(1)扩散硅式压力变送器

扩散硅压阻式压力传感器的结构如图 2-34(a)所示,其核心部件是一圆形的 N 型硅膜片,在膜片上扩散四个阻值相等的 P 型电阻,构成平衡电桥。四个电阻的配置位置按膜片上径向应力和切向应力的分布情况确定(见图 2-34(c))。硅膜片周边用硅环固定,其下部是与被测系统相连的高压腔,上部为低压腔,通常与大气相通(见图 2-34(b))。在被测压力 p 作用下,膜片产生应力和应变,扩散电阻由于压阻效应其电阻值发生相对变化。

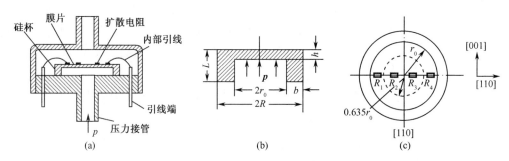

图 2-34　压阻式压力传感器

受均匀压力 p 的圆形硅膜片上各点的径向应力 σ_r 和切向应力 σ_t 分别为

$$\begin{cases} \sigma_r = \dfrac{3p}{8h^2}[(1+\mu)r_0^2 - (3+\mu)r^2] \\ \sigma_t = \dfrac{3p}{8h^2}[(1+\mu)r_0^2 - (1+3\mu)r^2] \end{cases} \tag{2-73}$$

式中,μ 为硅材料的泊松比,$\mu = 0.35$;r_0、r、h 分别为硅膜片的有效半径、计算点半径、厚度。

相应的变形 ε_r 和 ε_t 见式(2-57),其中的 R 为 r_0。由式(2-73)可得出应力分布情况:

当 $r = 0.635r_0$ 时,$\sigma_r = 0$;$r < 0.635r_0$ 时,$\sigma_r > 0$;$r > 0.635r_0$ 时,$\sigma_r < 0$。同样当 $r = 0.812r_0$ 时,$\sigma_t = 0$,仅存在 σ_r,且 $\sigma_r < 0$。

结合图 2-34(c)来讨论在压力作用下的电阻相对变化情况。在圆形硅膜片上,沿[110]晶向,在 $0.635r_0$ 半径的内外各扩散两个电阻。由于[110]晶向的横向为[001],因此 π_L 和 π_T 分别为

$$\pi_L = \pi_{44}/2, \quad \pi_T = 0$$

故每个电阻的相对变化为

$$\Delta R/R = \pi_L \sigma_r = \pi_{44}\sigma_r/2$$

内、外电阻的相对变化为

$$(\Delta R/R)_i = \pi_{44}\bar{\sigma}_{ri}/2$$

$$(\Delta R/R)_o = -\pi_{44}\bar{\sigma}_{ro}/2$$

式中,$\bar{\sigma}_{ri}$、$\bar{\sigma}_{ro}$ 分别为内、外电阻上所受的径向应力的平均值;$(\Delta R/R)_i$、$(\Delta R/R)_o$ 分别为内、外电阻的相对变化。

设计时,适当安排扩散电阻的位置,使得 $\bar{\sigma}_{ri}=-\bar{\sigma}_{ro}$,于是有

$$(\Delta R/R)_i =- (\Delta R/R)_o = \Delta R/R_o$$

即可组成差动电桥,电桥输出

$$U_o = U_i \frac{\Delta R}{R} = U_i \frac{\pi_{44}}{2} \bar{\sigma}_r = \frac{\pi_{44}}{2} U_i \frac{3p}{8h^2}[(1+\mu)r_0{}^2 - (3+\mu)r^2] \propto p \tag{2-74}$$

可见电桥输出电压与膜片所受压力 p 成线性对应关系,由此可以测出压力 p 的变化。

为了保证较好的测量线性度,常控制膜片边缘处径向应变 $\varepsilon_{ro} < 400\mu\varepsilon$,而膜片厚度为

$$h \geqslant r_0 \sqrt{\frac{3p(1-\mu^2)}{4E\varepsilon_{ro}}} \tag{2-75}$$

式中,ε_{ro} 为膜片边缘允许的最大径向应变。

通常硅环 $h=50\sim500\mu m$,(h/r_0) 为 0.01~0.30,且 $r_0=1.8\sim10mm$。

图 2-35 是扩散硅压力变送器的测量电路原理图。由应变桥路、恒流源、输出放大及电压-电流(V/I)转换电路等组成,构成两线制差压变送器。测量电路由 24V 直流电源供电,其电源电流 I_o 就是输出信号,$I_o=4\sim20mA$。

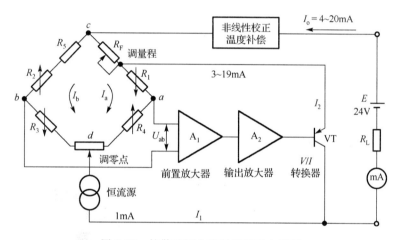

图 2-35　扩散硅压力变送器测量电路图

电桥由电流 I_1 为 1mA 的恒流源供电。硅杯未承受负荷时,$p=0$,$R_1=R_2=R_3=R_4$,$I_a=I_b=0.5mA$。此时,流过 VT 的零点电流 $I_{20}=3mA$,适当选择 R_F、R_5,使 a、b 两点电位相等,即 $U_{cb}=U_{ca}$,集成运算放大器输入电压 $U_{ab}=0$,电桥处于平衡状态。

$$I_b(R_2 + R_5) = I_a(R_1 + R_F) + I_{20}R_F \tag{2-76}$$

硅杯受压 p 时,R_2 增大,R_1 减小,U_{ca} 减小,U_{cb} 增大。$U_{ab}=U_{cb}-U_{ca}>0$。经两级放大器、VT 放大,I_2 增大。R_F 上反馈电压 U_F 增加,导致 U_{ca} 增加,直至 $U_{ac} \approx U_{bc}$(由于两级放大器放大倍数很大,U_{ab} 极小,接近于零),如果各扩散电阻的变化 ΔR 相同,则

$$I_a(R_1 - \Delta R + R_F) + I_2R_F = I_b(R_2 + \Delta R + R_5) \tag{2-77}$$

$$I_2 = \frac{\Delta R}{R_F}I_1 + 3 \tag{2-78}$$

由式(2-78)可见,I_2 随应变电阻的改变线性正比变化。在被测压差量程范围内,$I_2=3\sim19mA$。总的输出电流 $I_o=I_1+I_2$,在 4~20mA 范围内变化。

(2)厚膜陶瓷压力变送器

厚膜陶瓷压力变送器芯体如图 2-36 所示。采用氧化铝陶瓷膜片作为敏感元件,粘接在陶

瓷基片上,利用厚膜微电子技术将一种特殊的压阻材料印刷烧结在陶瓷膜片上组成电桥。敏感芯片组成一个刚性固态压阻传感器。

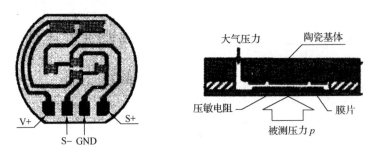

图 2-36　厚膜陶瓷压力传感器芯体示意图

　　被测介质的压力作用于陶瓷膜片上,使膜片产生与介质压力成正比的微小位移,利用厚膜电阻的压阻效应,陶瓷膜片上的压敏电阻发生变化(见本书 9.2 节),经电子线路检测这一变化后,转换成对应的标准信号(4～20mA)输出。

　　厚膜电阻由激光补偿修正,内置微处理器按预定程序自动测试,并保证了其零位、满度和温度特性。厚膜陶瓷压力传感器采用特种陶瓷膜片,具有高弹性、耐腐蚀、抗冲击、抗振动、热膨胀微小的优异特性,不需填充油,受温度影响小。

　　转换部分电路及原理与扩散硅压力变送器相同。

　　(3)压阻式压力变送器特点与主要性能指标

　　① 特点。

　　压阻式压力传感器实现了压力感测、压力传递、电转换与信号调理由同一元件(膜片)实现,无中间转换环节、无机械磨损、无疲劳、无老化,平均无故障时间长、性能稳定、可靠性高、寿命长,安装位置不影响零点。这种弹性敏感元件与变换元件一体化结构,尺寸小,其固有频率很高,可测量频率范围很宽的脉动压力。固有频率可按下式计算

$$f_0 = \frac{2.56h}{\pi r_0^2}\sqrt{\frac{E}{3(1-\mu^2)\rho}}\tag{2-79}$$

式中,ρ 为硅片的密度(kg/m³);其他符号见前述。

　　由于硅、陶瓷膜片形变小、线性好,扩散电阻感压灵敏度高、信号输出大,变送器灵敏度高、精度高,重复性和迟滞误差很小。

　　现代压阻式压力传感器采用激光调阻、补偿技术,实现满量程温度自补偿。这使变送器的零位和满度温漂达到了较高的水准,拓宽了使用温区。在 –20℃～70℃ 范围内,变化量小于 ±0.02%/℃。

　　压阻式压力变送器具有低电流、低电压、低功耗的特点,属于本质安全防爆型产品,适合于危险易爆的领域和场所使用。

　　转换电路一般有防雷击、抗干扰、抗过载、反极性保护等保护手段,具有高可靠性与抗干扰性能,完全能满足一般工业现场测量和控制的需要。

　　② 主要性能指标。

　　测量范围:–0.1～60MPa;允许过载:额定工作压力的 1.5～2 倍。

　　基本误差:一般为 0.1%～0.5%F·S;灵敏限:0.02%F·S;稳定性≤±0.1%F·S/年。

　　二线制电源:24V DC(允许 12～40V DC);输出 4～20mA DC。

允许负载电阻:0~750 Ω。

工作温度:−20~85℃;环境湿度:0%~100%RH。

测量介质:液体、气体或蒸汽。

(4)压力变送器接线

接线时,拧下后盖,将引线电缆从接线孔、橡胶密封件中穿过后,将电缆线芯剥去绝缘皮、刮去氧化铜锈、压上线鼻后,用端子螺钉压紧到标注有"OUT"或"24V"侧的"＋"、"–"两个端子上,见图2-37。另外两个标注"TEST"的端子用于连接测试用的指示表,其上的电流和信号端子上的电流一样,都是 4~20mA DC。

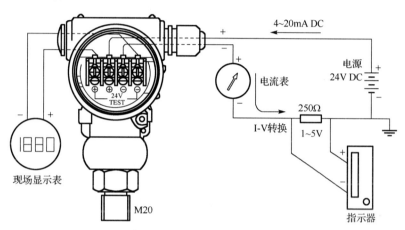

图 2-37　压力变送器接线

接线时不要将电源信号线接到测试端子,否则电源会烧坏连接在测试端子的二极管。如果二极管被烧坏,需换上二极管或短接两测试端子,变送器便可正常工作。

(5)调校

变送器出厂前根据用户需求,量程、精度均已调到最佳状态,无须重新调整。变送器在安装投产之前或装置检修时都要对变送器进行校验。在存放期超过一年或长时间运行后,出现大于精度范围的误差时,都要进行调校。

压力变送器校验时需要 24V DC 稳压电源、$4\frac{1}{2}$ 位数字电压(电流)表、250 Ω标准电阻、压力校验仪(标准活塞压力计、高精度数字压力计)等标准仪器。

连接压力变送器与压力校验仪,连接稳压电源、电流表与压力变送器信号输出端子,接通电源,稳定 5min 即可通压测试。

用压力校验仪给变送器输入零位时的压力信号,若变送器零位压力为零(表压),则把变送器直接与大气相通。此时变送器输出电流为 4.00mA,若不等于此值,可通过调整零位电位器改变。

用压力校验仪给变送器输入满量程压力信号,变送器输出 20.00mA,若不等于此值,可改变量程电位器调整。零点和量程调整会有相互影响,需要反复调整零点、满量程多次,才能达到要求。

调零电位器和调量程电位器的位置对于各厂家的压力变送器有所不同,一般位于电路板上,有的延伸到表外,不用开盖即可调整。

(6)应用

压阻式压力传感器广泛应用于流体压力、差压、液位测量,特别是它可以微型化,已有直径为0.8mm的压力传感器,在生物医学上可以测量血管内压、颅内压等参数。随着半导体材料和集成电路工艺的发展,压阻式压力传感器在耐腐蚀、耐高温、高精度、智能化等方面发展很快,例如用多晶硅、尖晶石、蓝宝石等作基底制成的应变片,其工作温度可提高至300℃左右,包括压敏电桥、温度补偿电路、差分放大及感温元件在内的集成式压力传感变送器早已问世。石油天然气开发中的PPS系列井下电子压力计,采用硅-蓝宝石传感器,工作温度可达近200℃,且具有温度测量、数据采集和存储功能。

利用现代集成技术、微加工技术,半导体压阻式传感器很容易制作成小型化、集成化、多功能化的无线传感器,广泛应用于无线传感器网络和物流网工程中。

2. 压阻式加速度传感器

压阻式加速度传感器的结构简图如图2-38,它直接用单晶硅作为悬臂梁3,梁的根部扩散四个电阻1构成测量电桥,自由端装有惯性质量13,就构成了微小的整体型加速度传感器。在结构上玻璃—硅片—玻璃三层结构。中间一层是该传感器的核心部件,它是一片很薄的硅片悬臂梁,四周由厚的(约200μm)凸缘边框围绕着,边框刚性地支承着悬臂。上、下两片玻璃的安装面平行于梁表面,每片上都蚀刻出凹坑,以构成梁和惯性质量运动所需的空间。惯性质量可以是高密度的物质如金等,也可以是硅梁本身。

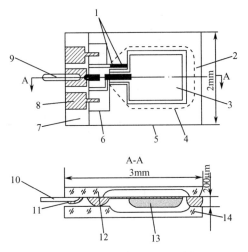

图2-38 压阻式加速度传感器结构简图

当传感器受到图示方向加速度a时,质量块m的惯性力作用在梁上,产生弯矩和应力,四个扩散电阻的阻值发生变化。应力与加速度成正比,所以电阻相对变化与加速度成正比。将这四只电阻接成差动电桥,即可测出加速度a。为保证输出线性度,悬臂梁根部的应变不要超过$400\sim500\mu\varepsilon$,并由下式计算

$$\varepsilon = \frac{6ml}{Ebh^2}a \qquad (2-80)$$

悬臂梁的固有频率f_0可表示为

$$f_0 = \frac{1}{2\pi}\sqrt{\frac{Ebh^2}{4ml^2}} \qquad (2-81)$$

因此,可以恰当地选择传感器尺寸及阻尼比,用以测量低频加速度和直线加速度。

2.2.3 应用示例

固态压阻式传感器应用最多的是扩散硅型压力敏感芯片,广泛应用于石油、化工、矿山冶金、航空航天、机械制造、水文地质、船舶、医疗等科研及工程领域。其应用示例如下。

1. 恒流工作测压电路

图2-39是压力传感器实用电路。传感器采用扩散硅绝对压力传感器,恒流驱动,电流为1.5mA,灵敏度为$6\sim8mA/(N/cm^2)$,额定压力范围为$0\sim9.8N/cm^2$。

电路中 D_{z1} 采用 LM385,其稳定电压为 2.5V,作为传感器提供 1.5mA 恒流的基准电压。因为电源电压为 +15V,所以电阻 R_1 压降为 12.5V。则流过 R_1 及 D_{z1} 的电流为 $125\mu A$。

电阻 R_2 上的电压与 D_{z1} 电压相同,也为 2.5V,所以恒流源传感器的运放 A_1 的输出电流为 $2.5V/1.67k\Omega \approx 1.5mA$。

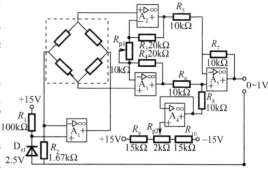

图 2-39 固态压阻式传感器恒流工作电路

压力传感器的应变电阻为桥式连接,从传感器输出端取出的电流要变换为差动电压输出。因此,要采用输入阻抗高、放大倍数大的差动电压放大电路(A_2 和 A_3)。但传感器输出电压很低,为 $60\sim180mV$,因此,如果要求测量精度很高时,必须选用失调电压极小的运放。

因为压力传感器输出为 $60\sim180mV$,如果要求放大电路输出电压为 1V,则要求放大电路的增益为 $5.5\sim17$ 倍可调。此电路增益 A_u 可表示为

$$A_u = \left(1 + \frac{R_3 + R_4}{R_{p1}}\right)\frac{R_7}{R_5}$$

可以算出 A_u 满足要求。

A_5 为差动输入、单端输出的放大电路,把电压差信号变换成对地输出信号。此处 A_5 的放大倍数为 1。

当压力为 0 时,传感器输出应为 0。但实际上,压力为 0 时,传感器桥路不平衡,有约 $\pm5mV$ 电压,如果 A_2 和 A_3 差动放大器的增益为 5 时,则输出就有 $\pm25mV$ 的电压,因此要进行补偿。

为补偿传感器桥路不平衡所产生的电压,将电位器 R_{p2} 所形成的电压经 A_4 进行阻抗变换,再通过 R_8 加到 A_5 的同相输入端,就可起到补偿作用。A_4 接成电压跟随器,用流经 R_8 的电流转换成电压对桥路不平衡电压进行补偿。

2. 恒压工作测压电路

图 2-40 所示为恒压源压力传感器应用电路,所用压力传感器的量程为 $0\sim20kPa$,测量电桥满量程输出为 100mV,电源电压为 7.5V,要求输出为 $0\sim5V$。

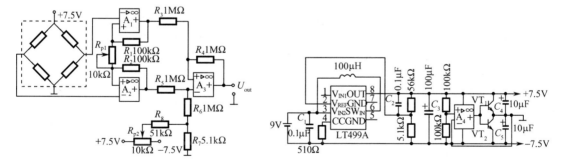

图 2-40 固态压阻式传感器恒压工作电路

电源采用 9V 电池,用 TL499A 将 9V 电压升到 15V,再经运放 A_1 变为 $\pm7.5V$,+7.5V 作为电桥恒压源;$\pm7.5V$ 并为 R_{p2} 供电。

若满量程输出为 5V，则放大倍数为 5V/0.100V＝50，可以看出 $A_u = \left(1 + \dfrac{R_1 + R_2}{R_{p1}}\right)\dfrac{R_4}{R_3}$，最小为 $\left(1 + \dfrac{100 + 100}{10}\right) \times \dfrac{1}{1} = 21$。若 $R_{p1} = 1k\Omega$，则为 $\left(1 + \dfrac{200}{1}\right) \times \dfrac{1}{1} = 201$ 倍。

故只要适当调整 R_{p1}，可使 0～20kPa 压力时，输出为 0～5V。失调电压可用 R_{p2} 调整。

3. 压力控制电路

若有一数控铣床，其主轴箱的重力由液压柱塞缸平衡。柱塞缸由液压站供油，要求供给柱塞缸的液压油压力在 4.0～5.0MPa 范围内，当超出此范围时，给出报警信号，从而使进给运动停止，并停止液压站工作，其原理如图 2-41 所示。

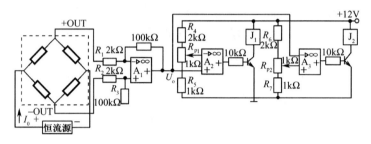

图 2-41　压力控制原理图

图中的压力传感器可选择量程为 0～6MPa 的压力传感器，满量程输出为 100mV，装在液压站主回路中，A_1 为差动放大器，放大倍数为 50，把 0～100mV 放大到 0～5V 输出。

可以算出，当压力为 4.0MPa 时，A_1 的输出为 3.33V，当压力为 5.0MPa 时，A_1 的输出为 4.17V，这样 4.0～5.0MPa 对应的输出为 3.33～4.17V。

A_2、A_3 为电平比较器，对 A_2 来说，当 $U_o > 3.33V$ 时，A_2 输出为高电平；当 $U_o < 3.33V$ 时，A_2 输出为低电平。对 A_3 来说，当 $U_o < 4.17V$ 时，A_3 输出为高电平；当 $U_o > 4.17V$ 时，A_3 输出为低电平。

故只有 A_2、A_3 输出都为高电平，油压才正常；A_2、A_3 有一个输出为低电平，油压均不正常，从而驱动继电器 J_1、J_2 动作去完成控制。

*2.3　电位计式传感器

电位器是一种常用的机电元件，由电阻元件和电刷等零件组成，广泛应用于电气和电子设备中，它也可以作为一种传感元件，把机械位移转换成与之成一定函数关系的电阻或电压输出。电位器可以做成各种各样的电位计式传感器，用来测量线位移和角位移、压力、加速度等物理量，也可以作为反馈元件，用于伺服计算仪表中。

电位计式传感器结构简单，价格低廉，性能稳定，对环境条件要求不高，输出信号大，并易实现函数关系的转换。其主要缺点：由于存在摩擦和分辨率有限，一般精度不够高，动态响应较差，适合于测量变化比较缓慢的物理量。

电位计式传感器的种类很多：按其特性函数（输出-输入关系）可分为线性电位计和非线性电位计两种类型；按其结构形式可以分为线绕式、薄膜式、光电式等；线绕电位计又可分为单圈和多圈两种，目前常用的以单圈为多。

2.3.1　线绕电位计

线绕电位计的结构如图 2-42 所示，是按分压器线路连接的变阻器。变阻器由绕于骨架上的线圈和沿着电阻器移动的电刷组成,当电源电压 U_i 确定后,由于电刷沿着电阻器移动 x,输出电压 U_o 就产生相应变化,U_o 为 x 的函数,即

$$U_o = f(x) \tag{2-82}$$

这样电位计就将输入的位移量转换成相应的电压 U_o 输出。

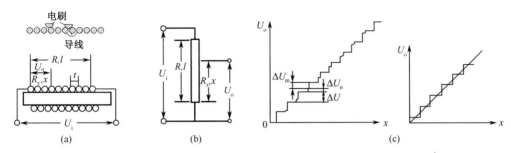

图 2-42　线绕电位计

线绕电位计的主要特性有:

1. 阶梯特性、分辨率和阶梯误差

从理论上讲,电位器的特性曲线是位移 x 的连续函数。但对线绕电位器而言,电刷的直线位移 x 的变化是不连续的,所以得到的电阻变化也是不连续的,或输出电压 U_o 的变化是一个阶梯形的曲线,如图 2-42(c)所示。这种跳跃式的变化是由于导线长度被分割成有限匝数造成的,电刷每移过一匝线圈,输出电压 U_o 便产生一次阶跃变化,其阶跃值为 $\Delta U = U_i/N$。图中的小的跳跃是因相邻两匝短路引起的。

通常以没有小跳跃的理想阶梯特性来定义电位器的分辨率,它等于 $(1/N)\%$,式中 N 为导线的匝数。它所产生的误差是以阶梯特性曲线与理论直线的最大偏差的百分数来表示,它等于 $\pm(1/N)\%$。

2. 负载特性及负载误差

电位器的输出端接有负载后,就相当于负载电阻 R_L 与一部分电位器的电阻 R_x 相并联(图 2-43(a)),从而改变了电位器的空载特性曲线。以具有线性空载特性的电位器为例,如图 2-42(c)所示。负载后的输出电压 U_{oL} 为

$$U_{oL} = \cfrac{U_i}{\cfrac{R_x R_L}{R_x + R_L} + (R - R_x)}\cfrac{R_x R_L}{R_x + R_L} = \frac{U_i R_x R_L}{RR_L + RR_x - R_x^2} \tag{2-83}$$

设 $m = R/R_L$, $X = R_x/R = x/l$,则

$$U_{oL} = U_i \frac{X}{1 + mX(1 - X)} \tag{2-84}$$

而空载时的输出电压 $U_o = U_i R_x/R = U_i x/l = U_i X$,于是接负载 R_L 后所引起的相对非线性误差 δ_L 为

$$\delta_L = \frac{U_o - U_{oL}}{U_o} \times 100\% = \left[1 - \frac{1}{1 + mX(1 - X)} \right] \times 100\% \tag{2-85}$$

电位器的负载特性及其误差曲线见图 2-43。

从负载误差曲线知,不论 m 为何值,$\delta_{L\max}$ 均发生在 $X \approx 1/2$ 处。对于线性电位器还可以说 $\delta_{L\max}$ 发生在电刷相对行程 $X = 2/3$ 处,而且 $\delta_{L\max} \approx 15m$,为了减小负载误差 δ_L,首先要尽量减小 m,通常希望 $m < 0.1$。

因此,要获得线性的输出特性:一是将输出接至高输入阻抗的放大器,然后再接负载;第二种方法是根据负载把电位器设计成一个非线性电位器。这可以用求式(2-84)的反函数的方法来求得它的非线性函数式。

非线性电位器有多种形式(图 2-44),使其输出与电刷机械位移之间具有我们所需要的非线性函数关系,$R_x = f(x)$。

图 2-44(a)为用曲线骨架绕制的非线性变阻器,骨架的曲线形状表示所要求的函数关系。

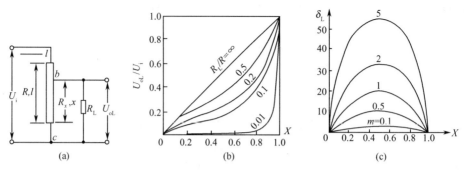

图 2-43 电位器的负载特性及其误差曲线族

图 2-44(b)为三角函数变阻器结构,其输出与输入之间具有正弦函数关系,由图可知

$$l = \frac{D}{2}\sin\alpha, \qquad \frac{U_o}{U_i/2} = \frac{l}{D/2}$$

所以

$$U_o = \frac{U_i}{2}\sin\alpha \qquad\qquad (2\text{-}86)$$

图 2-44(c)为用分段法绕制的非线性变阻器,由于变阻器各段的高度不同,在电刷位移过程中单位长度的电阻值不一样,因而形成电阻变化率不一样。这种电位器的特点是用折线代替平滑曲线。如果电阻器各段用不同直径的电阻丝绕制或缠绕的疏密不同,也能制成所需的非线性变阻器。还可采用并联电阻法绕制非线性电位器。

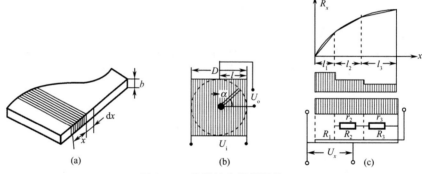

图 2-44 非线性变阻器结构

2.3.2 非线绕电位计

线绕电位计的优点是:精度高,性能稳定,易达到较高的线性度和实现各种非线性特性。其缺点主要是:存在阶梯误差,分辨率低,耐磨性差,寿命较短等。因此研制出各种非线绕电位计。从原理上,非线绕电位计没有阶梯特性,有无限的分辨率,实际上它的分辨率也比线绕电位计高得多。此外,还具有尺寸小,重量轻等特点。但是,在精确度和稳定性方面都不如线绕电位计。非线绕电位计有金属膜电位器、导电塑料电位器、光电电位器等。光电电位器还具有非接触式的特点。

1. 金属膜电位器

它是在绝缘基体上用真空蒸发的方法或电镀的方法涂覆一层金属膜或复合金属膜,如铂铜、铂铑、铑锗、铂铑金、铂铑锰等。这种电位器的温度系数小(可达 $0.5\% \sim 1.5\% \times 10^{-4}/℃$)、耐高温(可达 150℃以上),但阻值较低($1 \sim 2k\Omega$)。

2. 导电塑料电位器

这种电位器的电阻体是由塑料粉与导电材料粉(炭黑、超细金属粉等)经压制而成。其特点是:耐磨(可达千万次以上),寿命长,线性好,阻值范围大,能承受较大功率;但其阻值易受温度和湿度影响,接触电阻大,精度不高。

3. 光电电位器

这是一种无接触式电位器,以光束代替常规的电刷,光电电位器的结构如图 2-45 所示。它在氧化铝基体 2 上蒸发一条金属膜电阻带 3 和一条高导电率(铬金或银)的集电极 5,在电阻带与导电带之间的窄间隙上沉积一层光电导层(硫化镉等)1。如图所示,窄光束 4 在光电导层上扫描时,就使电阻带与集电极在该处形成一导电通路,如同电刷移动一样。光电电位器的阻值范围宽($500\Omega \sim 15 M\Omega$),无摩擦和磨损,寿命长,分辨率也较高。其缺点是有滞后($0.1 \sim 1s$),工作温度范围窄,因输出阻抗高而需阻抗匹配,线性度也不高。

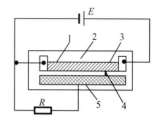

图 2-45 光电电位器原理图

思考题与习题

2-1 何为金属的电阻应变效应?怎样利用这种效应制成应变片?

2-2 什么是应变片的灵敏系数?它与电阻丝的灵敏系数有何不同?为什么?

2-3 对于箔式应变片,为什么增加两端各自电阻条的横截面积便能减小横向灵敏度?

2-4 用应变片测量时,为什么必须采取温度补偿措施?有哪几种温度补偿方法?

2-5 一应变片的电阻 $R_0 = 120\Omega$,$K = 2.05$,用作应变为 $800\mu m/m$ 的传感元件。

(1) 求 ΔR 与 $\Delta R/R$;

(2) 若电源电压 $U_i = 3V$,求其惠斯通测量电桥的非平衡输出电压 U_o。

2-6 一试件的轴向应变 $\varepsilon_x = 0.0015$,表示多大的微应变($\mu\varepsilon$)?该试件的轴向相对伸长率为百分之几?

2-7 假设惠斯通直流电桥的桥臂 1 是一个 120Ω 的金属电阻应变片($K = 2.00$,检测用),桥臂 1 的相邻桥臂 3 是用于补偿的同型号批次的应变片,桥臂 2 和桥臂 4 是 120Ω 的固定电阻。流过应变片的最大电流为 30mA。

(1)画出该电桥电路,并计算最大直流供桥电压。

(2)若检测应变片粘贴在钢梁(弹性模量 $E = 2.1 \times 10^{11} N/m^2$)上,而电桥由 5V 电源供电,试问当外加负荷 $\sigma = 70 kg/cm^2$ 时,电桥的输出电压是多少?

(3)假定校准电阻与桥臂 1 上未加负荷的应变片并联,试计算为了产生与钢梁加载相同输出电压所需的校准电阻值。

2-8 如果将 120Ω 的应变片贴在柱形弹性试件上,该试件的截面积 $S = 0.5 \times 10^{-4} m^2$,材料弹性模量 $E = 2 \times 10^{11} N/m^2$。若由 $5 \times 10^4 N$ 的拉力引起应变片电阻变化为 1.2Ω,求该应变片的灵敏系数 K。

2-9 某典型应变片的技术指标如下:

(1)应变片电阻值 $119.5 \pm 0.4\Omega$;

(2)灵敏系数 $2.03 \pm 1.5\%$;

(3)疲劳寿命 10^7 次;

(4)横向灵敏系数 0.3%;

(5)零漂在最高工作温度的 0.7 倍时为 $10\mu\varepsilon/h$。

试解释上述各指标的含义。

2-10 以阻值 $R = 120\Omega$,灵敏系数 $K = 2.0$ 的电阻应变片与阻值 120Ω 的固定电阻组成电桥,供桥电压为 3V,并假定负载电阻为无穷大,当应变片的应变为 $2\mu\varepsilon$ 和 $2000\mu\varepsilon$ 时,分别求出单臂、双臂差动电桥的输出电压,并比较两种情况下的灵敏度。

2-11 在材料为钢的实心圆柱形试件上,沿轴线和圆周方向各贴一片电阻为 120Ω 的金属应变片 R_1 和 R_2,把这两应变片接入差动电桥(参看图 2-14)。若钢的泊松比 $\mu = 0.285$,应变片的灵敏系数 $K = 2$,电桥的电

源电压 $U_i = 2V$,当试件受轴向拉伸时,测得应变片 R_1 的电阻变化值 $\Delta R_1 = 0.48\Omega$,试求电桥的输出电压 U_o;若柱体直径 $d = 10mm$,材料的弹性模量 $E = 2 \times 10^{11} N/m^2$,求其所受拉力大小。

2-12 若用一 $R = 350\Omega$ 的应变片($K = 2.1$)粘贴在铝支柱(支柱的外径 $D = 50mm$,内径 $d = 47.5mm$,弹性模量 $E = 7.3 \times 10^{11} N/m^2$)上。为了获得较大的输出信号,应变片应如何粘贴?并计算当支柱承受 1000kg 负荷时应变片阻值的相应变化。

2-13 一台采用等强度梁的电子秤,在梁的上下两面各贴有两片电阻应变片,做成称重传感器,如图 2-18 所示。已知 $l = 100mm, b_0 = 11mm, h = 3mm, E = 2.1 \times 10^4 N/mm^2, K = 2$,接入直流四臂差动电桥,供桥电压 6V,求其电压灵敏度($K_u = U_o/F$)。当称重 0.5kg 时,电桥的输出电压 U_o 为多大?

2-14 现有基长为 10mm 与 20mm 的两种丝式应变片,欲测钢构件频率为 10kHz 的动态应力,若要求应变波幅测量的相对误差小于 0.5%,试问应选用哪一种?为什么?

2-15 有四个性能完全相同的应变片($K = 2.0$),将其贴在图 2-24 所示的压力传感器圆板形感压膜片上。已知膜片的半径 $R = 20mm$,厚度 $h = 0.3mm$,材料的泊松比 $\mu = 0.285$,弹性模量 $E = 2.0 \times 10^{11} N/m^2$。现将四个应变片组成全桥测量电路,供桥电压 $U_i = 6V$。求:

(1)确定应变片在感压膜片上的位置,并画出位置示意图;

(2)画出相应的全桥测量电路图;

(3)当被测压力为 0.1MPa 时,求各应变片的应变值及测量桥路输出电压 U_o;

(4)该压力传感器是否具有温度补偿作用?为什么?

(5)桥路输出电压与被测压力之间是否存在线性关系?

2-16 金属应变片与半导体应变片在工作原理上有何不同?

2-17 如图 2-34 所示的压阻式压力传感器,其几何结构参数为 $r_0 = 1200\mu m, h = 20\mu m$;硅材料的弹性模量 $E = 1.3 \times 10^{11} Pa$,泊松比 $\mu = 0.18$。当最大正应变 ε_{rmax} 取为 4×10^{-4} 时,试估算该压力传感器的测量范围。

2-18 试分析电位式传感器的负载特性,什么是负载误差?如何减小负载误差?

2-19 线绕电位器式传感器线圈电阻为 10kΩ,电刷最大行程 4mm,若允许最大消耗功率为 40mW,传感器所用激励电压为允许的最大激励电压。试求当输入位移量为 1.2mm 时,输出电压是多少?

2-20 一测量线位移的电位器式传感器,测量范围为 $0 \sim 10mm$,分辨力为 0.05mm,灵敏度为 2.7V/mm,电位器绕线骨架外径 $d = 5mm$,电阻丝材料为铂铱合金,其电阻率为 $\rho = 3.25 \times 10^{-4} \Omega \cdot mm$。当负载电阻 $R_L = 10k\Omega$ 时,求传感器的最大负载误差。

第3章 电感式传感器

电感式传感器是基于电磁感应原理,利用线圈自感或互感的变化来实现非电量电测(被测量→ΔL 或 ΔM)的一种装置。利用这种转换原理,可以测量位移、振动、压力、应变、流量、密度等参数。

电感式传感器具有以下优点:

(1) 结构简单,工作可靠;

(2) 灵敏,分辨率高(位移变化可达 $0.01\mu m$);

(3) 零点稳定,漂移最小可达 $0.1\mu m$;

(4) 测量精度高,线性好(非线性误差可达 $0.05\% \sim 0.1\%$);

(5) 输出功率大,即使不用放大器,一般也有 $(0.1 \sim 5)V/mm$ 的输出值,且性能稳定。

电感式传感器的主要缺点:频率响应较低,不宜用于快速动态信号的测量;分辨率和示值误差与测量范围有关,测量范围越大,分辨率和示值精度相应降低;存在交流零位信号。

电感式传感器的种类很多,通常所说的电感式传感器是基于自感原理的自感式传感器;而采用互感原理的互感式传感器有差动变压器式传感器(利用变压器原理,且往往做成差动形式)和电涡流式传感器。

3.1 电感式传感器

电感式传感器常见的有气隙型和螺管型两种结构,本节将逐一讨论。

3.1.1 气隙型电感式传感器

1. 工作原理

气隙型传感器结构如图 3-1 所示。对于图 3-1(a)变隙式电感传感器,主要由线圈 3、衔铁 1 和铁心 2 等组成。图中的点画线表示磁路,磁路中空气隙厚度为 δ,工作时衔铁与被测体相连,被测体使衔铁运动产生位移,导致气隙厚度 δ 变化引起气隙磁阻的变化,从而使线圈电感值变化。当传感器线圈接入测量电路后,电感的变化进一步转换成电压、电流或频率的变化,实现非电量到电量的转换。

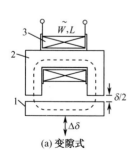
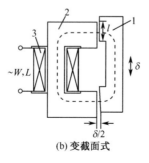
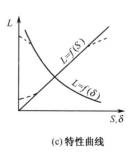

| (a)变隙式 | (b)变截面式 | (c)特性曲线 |

图 3-1 气隙型电感式传感器

由磁路基本知识知,线圈电感 L 为

$$L = W^2/R_m \qquad (3\text{-}1)$$

式中,W 为线圈匝数;R_m 为磁路总磁阻。

对于变隙式电感传感器,因为气隙较小(一般为 $0.1 \sim 1\text{mm}$),所以可认为气隙磁场是均匀的。若忽略磁路铁损,则磁路总磁阻为

$$R_m = \frac{l_1}{\mu_1 S_1} + \frac{l_2}{\mu_2 S_2} + \frac{\delta}{\mu_0 S} \qquad (3\text{-}2)$$

式中,l_1、l_2 分别为铁心、衔铁磁路长度;μ_1、μ_2 分别为铁心、衔铁的磁导率;S_1、S_2 分别为铁心、衔铁的横截面积;δ 为空气隙总长度;μ_0 为真空磁导率,$\mu_0 = 4\pi \times 10^{-7}\,\text{H/m}$;$S$ 为气隙横截面积。

因此

$$L = \frac{W^2}{R_m} = W^2 \Big/ \left(\frac{l_1}{\mu_1 S_1} + \frac{l_2}{\mu_2 S_2} + \frac{\delta}{\mu_0 S} \right) \qquad (3\text{-}3)$$

由于电感式传感器的铁心和衔铁为铁磁材料,且一般工作于非饱和状态,其磁导率 μ 远大于空气的磁导率 μ_0,因此铁心磁阻远小于气隙磁阻,所以式(3-3)可简写成:

$$L = \frac{W^2 \mu_0 S}{\delta} \qquad (3\text{-}4)$$

由式(3-4)知,电感式传感器的电感量 L 是气隙长度 δ 和截面积 S 的函数,即 $L = f(\delta, S)$。如果 S 保持不变,则 L 是 δ 的单值函数,据此可构成变隙式传感器;若保持 δ 不变,使 S 随位移变化,则可构成变截面式电感传感器,其结构如图 3-1(b)。气隙型电感传感器的特性曲线如图 3-1(c)所示,变隙式传感器的特性(L-δ 关系曲线)为非线性,而变截面式传感器特性(L-S 关系曲线)为线性,若考虑铁心部分磁阻,特性曲线为图中虚线。

2. 特性分析

变隙式电感传感器的主要特性是灵敏度和线性度。当铁心和衔铁采用同一种导磁材料且截面积相同时,由于气隙 δ 一般较小,故可认为气隙磁通截面与铁心截面相等,设磁路总长为 l,当 $\mu_1 = \mu_2 = \mu_r \mu_0$,$S_1 = S_2 = S$ 时,式(3-2)可写成:

$$R_m = \frac{1}{\mu_0 S} \left(\frac{l - \delta}{\mu_r} + \delta \right) = \frac{1}{\mu_0 S} \frac{l + \delta(\mu_r - 1)}{\mu_r} \qquad (3\text{-}5)$$

一般 $\mu_r \gg 1$,则

$$R_m \approx \frac{1}{\mu_0 S} \frac{l + \delta \mu_r}{\mu_r} = \frac{l}{\mu_0 \mu_e S} \qquad (3\text{-}6)$$

$$L = \frac{W^2}{R_m} = \frac{\mu_0 S W^2}{\delta + l/\mu_r} = K \frac{1}{\delta + l/\mu_r} \qquad (3\text{-}7)$$

式中,μ_r 为导磁材料相对磁导率;μ_e 为传感器磁路等效相对磁导率,$\mu_e = l \mu_r / (l + \delta \mu_r)$;$K$ 为常数,$K = \mu_0 W^2 S$。

传感器工作时,若衔铁移动使气隙总长度减少 $\Delta \delta$($\delta \rightarrow \delta - \Delta \delta$),则电感增加 ΔL_1($L \rightarrow L + \Delta L_1$),由式(3-7)得

$$L + \Delta L_1 = K \frac{1}{\delta - \Delta \delta + l/\mu_r} \qquad (3\text{-}8)$$

$$\Delta L_1 = K \left(\frac{1}{\delta - \Delta \delta + l/\mu_r} - \frac{1}{\delta + l/\mu_r} \right) = K \frac{\Delta \delta}{(\delta - \Delta \delta + l/\mu_r)(\delta + l/\mu_r)}$$

$$\frac{\Delta L_1}{L} = K \frac{\Delta\delta}{(\delta - \Delta\delta + l/\mu_r)(\delta + l/\mu_r)} \frac{\delta + l/\mu_r}{K}$$

$$= \frac{\Delta\delta}{\delta - \Delta\delta + l/\mu_r} = \frac{\Delta\delta}{\delta} \frac{1}{1 + l/(\delta\mu_r) - \Delta\delta/\delta}$$

$$= \frac{\Delta\delta}{\delta} \cdot \frac{1}{1 + l/(\delta\mu_r)} \frac{1}{1 - \frac{\Delta\delta}{\delta}\left(\frac{1}{1 + l/(\delta\mu_r)}\right)} \tag{3-9}$$

因为 $\left|\dfrac{\Delta\delta}{\delta} \dfrac{1}{1 + l/(\delta\mu_r)}\right| < 1$，所以上式可展成级数形式，即

$$\frac{\Delta L_1}{L} = \frac{\Delta\delta}{\delta} \frac{1}{1 + l/(\delta\mu_r)}\left[1 + \frac{\Delta\delta}{\delta} \frac{1}{1 + l/(\delta\mu_r)} + \left(\frac{\Delta\delta}{\delta} \frac{1}{1 + l/(\delta\mu_r)}\right)^2 + \cdots\right] \tag{3-10}$$

同理，当总气隙长度增加 $\Delta\delta(\delta \to \delta + \Delta\delta)$ 时，电感减小 $\Delta L_2(L \to L - \Delta L_2)$，

$$\frac{\Delta L_2}{L} = -\frac{\Delta\delta}{\delta + \Delta\delta + l/\mu_r}$$

$$= -\frac{\Delta\delta}{\delta} \frac{1}{1 + l/(\delta\mu_r)}\left[1 - \frac{\Delta\delta}{\delta} \frac{1}{1 + l/(\delta\mu_r)} + \left(\frac{\Delta\delta}{\delta} \frac{1}{1 + l/(\delta\mu_r)}\right)^2 - \cdots\right] \tag{3-11}$$

若忽略高次项，则电感变化灵敏度为

$$K_L = \frac{\Delta L}{\Delta\delta} = \frac{L}{\delta} \frac{1}{1 + l/(\delta\mu_r)} \tag{3-12}$$

若考虑一次非线性项时，其线性度为

$$\delta_L = \frac{\Delta\delta}{\delta} \frac{1}{1 + l/(\delta\mu_r)} \times 100\% \tag{3-13}$$

单线圈变气隙电感传感器特性如图 3-2 所示，可以看出：

（1）当气隙 δ 发生变化时，电感的变化与气隙变化呈非线性关系，其非线性程度随气隙相对变化 $\Delta\delta/\delta$ 的增大而增加；

（2）气隙减小 $\Delta\delta$ 所引起的电感变化 ΔL_1 与气隙增加同样 $\Delta\delta$ 所引起的电感变化 ΔL_2 并不相等，$\Delta L_1 > \Delta L_2$，其差值随 $\Delta\delta/\delta$ 的增加而增大。

由于转换原理的非线性和衔铁正、反方向移动时电感值变化的不对称性，因此为了保证一定的线性精度，变隙式电感传感器（包括下面谈到的差动式结构）都只能工作在很小的区域，即只能用于微小位移的测量。

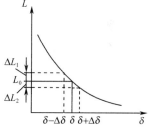

图 3-2　电感式传感器的 L-δ 特性

为了改善电感式传感器的灵敏度和线性度，往往采用差动式结构。图 3-3 为差动变隙式电感传感器的结构示意图，它由两个相同的线圈和磁路组成，当衔铁 3 移动时，一个线圈的电感增加，而另一个线圈的电感减小，形成差动形式。若将这两个差动线圈分别接入测量电桥的相邻桥臂，而两个差动线圈的磁路和电气参数也完全相同时，则当磁路气隙改变 $\Delta\delta$ 时，其电感相对变化为

$$\frac{\Delta L}{L} = \frac{\Delta L_1 - \Delta L_2}{L} = 2 \frac{\Delta\delta}{\delta} \frac{1}{1 + l/(\delta\mu_r)}\left[1 + \left(\frac{\Delta\delta}{\delta} \frac{1}{1 + l/(\delta\mu_r)}\right)^2 + \cdots\right] \tag{3-14}$$

电感变化灵敏度为

$$K_L = \frac{\Delta L}{\Delta\delta} = 2 \frac{L}{\delta} \frac{1}{1 + l/(\delta\mu_r)} \tag{3-15}$$

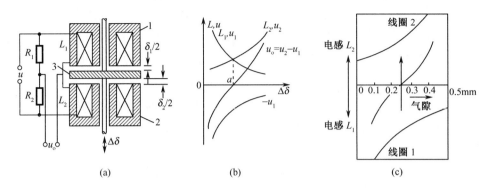

图 3-3　差动变隙式电感传感器及其特性

线性度为

$$\delta_{\mathrm{L}} = \left(\frac{\Delta\delta}{\delta} \frac{1}{1 + l/(\delta\mu_{\mathrm{r}})} \right)^2 \times 100\% \qquad (3\text{-}16)$$

由式(3-14)~式(3-16)可以看出：

(1) 差动式电感传感器的灵敏度比前面单线圈电感传感器提高一倍；

(2) 差动式电感传感器非线性失真小，若 $\Delta\delta/\delta = 10\%$ 时，由计算得到，单线圈的非线误差 $\delta_{\mathrm{L}} < 10\%$，差动式线圈的 $\delta_{\mathrm{L}} < 1\%$。

差动变隙式电感传感器的电压输出特性如图 3-3(b)所示。图中 a 点对应于气隙 $\delta_1 = \delta_2$，也就是衔铁的初始位置，在该处 $L_1 = L_2$，$u_1 = u_2$，电桥的输出 $u_{\mathrm{o}} = 0$，电桥处于平衡状态。在 a 点两侧，u_{o} 与 δ 的特性对称，而且线性较好。该特性曲线在 a 点附近的斜率比 L_1 或 L_2 单独工作时的特性曲线斜率大，也就是说，差动电感对位移 δ 有更高的灵敏度。对变隙式传感器，$\Delta\delta/\delta = 0.1 \sim 0.2$ 时，可使传感器的线性度 $< 4\%$。

差动式电感传感器的工作行程也很小，若取 $\delta = 2\mathrm{mm}$，则行程为 $0.2 \sim 0.4\mathrm{mm}$；较大行程的位移测量常常利用螺管式电感传感器。

3.1.2　螺管式电感传感器

螺管式电感传感器也有单线圈和差动式两种结构形式，如图 3-4 所示。

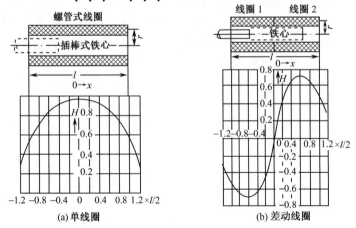

图 3-4　螺管式电感传感器结构及其磁场沿轴向分布曲线

单线圈螺管式电感传感器结构很简单,主要元件为一只螺管线圈和一根圆柱形铁心,传感器工作时,铁心在线圈中插入长度的变化,引起螺管线圈电感值的变化,当用恒流源激励时,则线圈的输出电压与铁心的位移量有关。

对于一个有限长单线圈空心螺管,如图 3-5(a)所示。线圈长度为 $l(\mathrm{m})$,线圈平均半径为 $r(\mathrm{m})$,线圈匝数为 W,线圈的平均激励电流为 $I(\mathrm{A})$,则沿线圈轴向的磁场强度

$$H = \frac{WI}{2l}(\cos\theta_1 - \cos\theta_2) = \frac{WI}{2l}\left[\frac{l+2x}{\sqrt{4r^2 + (l+2x)^2}} + \frac{l-2x}{\sqrt{4r^2 + (l-2x)^2}}\right] \quad (3\text{-}17)$$

磁场分布曲线如图 3-5(b)所示。轴向的磁感强度

$$B = \mu_0 H \quad (3\text{-}18)$$

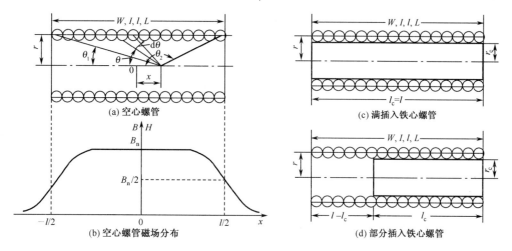

图 3-5　螺管线圈轴向磁场分布计算

当螺管无限长($r \ll l$)时,可认为轴向 B 均匀,与其中部磁感强度相等,即为

$$B_{\mathrm{n}} = \mu_0 H_{\mathrm{n}} = \mu_0 \frac{WI}{l} \quad (3\text{-}19)$$

此时线圈的磁通

$$\Phi = B_{\mathrm{n}}S = \frac{\mu_0 WI}{l}\pi r^2 \quad (3\text{-}20)$$

按自感的定义,空心螺管的自感

$$L_0 = \frac{\Psi}{I} = \frac{W\Phi}{I} = \frac{\mu_0 W^2}{l}\pi r^2 \quad (3\text{-}21)$$

若在螺管中插入一铁心,如图 3-5(c)所示,其长度与螺管长度相同($l_{\mathrm{c}} = l$),半径为 r_{c},磁导率为 $\mu_0\mu_{\mathrm{r}}$,则铁心被螺管轴向磁场 H_{n} 磁化,其磁感强度为

$$B_{\mathrm{c}} = \mu_{\mathrm{r}}\mu_0 H_{\mathrm{n}} = \mu_{\mathrm{r}}\mu_0 WI/l \quad (3\text{-}22)$$

B_{c} 可等效为长 l,电流为 $\mu_{\mathrm{r}}I$,线圈匝数为 W 的空心螺管线圈产生的磁场,所以其等效磁通匝链数

$$\Psi_{\mathrm{c}} = W\Phi_{\mathrm{c}} = WB_{\mathrm{c}}S_{\mathrm{c}} = \frac{\mu_{\mathrm{r}}\mu_0 W^2 I}{l}\pi r_{\mathrm{c}}^2 \quad (3\text{-}23)$$

其附加电感

$$L_{\mathrm{c}} = \frac{\Psi_{\mathrm{c}}}{I} = \frac{\mu_0 \mu_{\mathrm{r}} W^2}{l}\pi r_{\mathrm{c}}^2 \quad (3\text{-}24)$$

则线圈的总电感

$$L = L_0 + L_c = \frac{\mu_0 \pi W^2}{l}(r^2 + \mu_r r_c^2) \tag{3-25}$$

若铁心长度 l_c 小于螺管线圈长度 l，如图 3-5(d)所示(可视为两段线圈)，则线圈的电感为

$$L = \frac{\mu_0 \pi}{l_c}\left(\frac{l_c}{l}W\right)^2(r^2 + \mu_r r_c^2) + \frac{\mu_0 \pi}{l - l_c}\left(\frac{l - l_c}{l}W\right)^2 r^2$$

$$= \frac{\mu_0 \pi W^2}{l^2}(l r^2 + \mu_r l_c r_c^2) \tag{3-26}$$

当铁心长度 l_c 增加 Δl_c 时，线圈电感增加 ΔL，即

$$L + \Delta L = \frac{\mu_0 \pi W^2}{l^2}\left[l r^2 + \mu_r r_c^2(l_c + \Delta l_c)\right] \tag{3-27}$$

电感的变化量为

$$\Delta L = \frac{\mu_0 \pi W^2}{l^2}\mu_r r_c^2 \Delta l_c \tag{3-28}$$

其相对变化量

$$\frac{\Delta L}{L} = \frac{\Delta l_c}{l_c} \frac{1}{1 + (l/l_c)(r/r_c)^2/\mu_r} \tag{3-29}$$

这种传感器的电感灵敏度为

$$K_L = \frac{\Delta L}{\Delta l_c} = \frac{\mu_0 \pi W^2}{l^2}\mu_r r_c^2 \tag{3-30}$$

由式(3-30)可知，欲提高传感器的灵敏度可采取下列措施：增加 W(可用细导线绕制或增加线圈层数)；增加铁心半径 r_c(考虑线圈框架内壁与衔铁外径在工作时不被卡住)；增大 μ_r(采用高磁导率材料)。

若被测量与 Δl_c 成正比，则 ΔL 与被测量也成正比。实际上由于磁场强度分布不均匀，输入量与输出量之间的关系是非线性的。

为了提高灵敏度与线性度，常采用差动螺管式电感传感器(图 3-4(b))，沿轴向的磁场强度分布由下式给出

$$H = \frac{IW}{2l}\left[\frac{l - 2x}{\sqrt{4r^2 + (l - 2x)^2}} - \frac{l + 2x}{\sqrt{4r^2 + (l + 2x)^2}} + \frac{2x}{\sqrt{r^2 + x^2}}\right] \tag{3-31}$$

图 3-4(b)中 $H = f(x)$ 曲线表明：为了获得较好的线性关系，取铁心长度 $l_c = 0.6l$ 时，则铁心工作在 $H \sim x$ 曲线拐弯处，此时 H 变化小。当铁心向线圈 2 移动 Δl_c 时，线圈 2 的电感增加 ΔL_2，由式(3-28)表示；线圈 1 中的铁心长度则减小 Δl_c，其电感变化 ΔL_1 与 ΔL_2 大小相等，符号相反。所以差动输出

$$\frac{\Delta L}{L} = \frac{\Delta L_1 - \Delta L_2}{L} = 2\frac{\Delta l_c}{l_c} \frac{1}{1 + (l/l_c)(r/r_c)^2/\mu_r} \tag{3-32}$$

由式(3-32)可见，$\Delta L/L$ 与铁心长度相对变化 $\Delta l_c/l_c$ 成正比，比单个螺管式电感传感器灵敏度提高一倍。这种传感器(如 DWZ 型差动螺管式电感传感器)的测量范围为 $5 \sim 50\text{mm}$，非线性误差在 $\pm 0.5\%$ 左右。差动螺管式电感传感器的两个差动线圈通常作为交流电桥的两个相邻桥臂。

综上所述，螺管式电感传感器的特点：

(1) 结构简单，制造装配容易；

（2）由于空气隙大，磁路的磁阻大，因此灵敏度较低，易受外部磁场干扰，但线性范围大；

（3）由于磁阻大，为了达到一定电感量，需要的线圈匝数多，因而线圈的分布电容大，同时线圈的铜损耗电阻也大，温度稳定性较差；

（4）插棒式差动电感的铁心通常比较细，一般情况下用软钢制成，在特殊情况下也用铁淦氧磁性材料，因此这种铁心的损耗较大，线圈的 Q 值较低。

3.1.3 电感线圈的等效电路

前面分析电感式传感器的工作原理时，把电感线圈视为一个理想的纯电感。实际上线圈中不仅存在着铜耗电阻 R_c，传感器中的铁磁材料在交变磁场中，一方面被磁化，另一方面还以各种方式消耗能量，这种损耗分别用涡流损耗电阻 R_e 和磁滞损耗电阻 R_h 表示，此外还存在线圈的匝间电容和电缆线分布电容 C，它对电感线圈特性影响较大。因此电感线圈的等效电路应该如图 3-6(a) 所示。

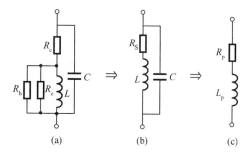

图 3-6　电感线圈等效电路

当不考虑并联寄生电容 C 时，线圈可等效为 R_S 与 L 的串联回路（见图 3-6(b)），R_S 为包括线圈及铁心中所有损耗的串联等效电阻。此时线圈的阻抗为

$$Z = R_S + j\omega L \tag{3-33}$$

线圈的品质因数为

$$Q = \omega L / R_S \tag{3-34}$$

当考虑实际存在的并联电容 C 时，其阻抗将为

$$
\begin{aligned}
Z_p &= \frac{(R_S + j\omega L)/(j\omega C)}{R_S + j\omega L + 1/(j\omega C)} \\
&= \frac{R_S}{(1-\omega^2 LC)^2 + (\omega^2 LC/Q)^2} + j\frac{\omega L[(1-\omega^2 LC) - \omega^2 LC/Q^2]}{(1-\omega^2 LC)^2 + (\omega^2 LC/Q)^2}
\end{aligned}
\tag{3-35}
$$

一般情况下，品质因数 $Q \gg 1$，则 $1/Q^2$ 项可以忽略，上式可简化为

$$Z_p = R_S/(1-\omega^2 LC)^2 + j\omega L/(1-\omega^2 LC) = R_p + j\omega L_p \tag{3-36}$$

由上式可知，并联电容 C 的存在，增加了有效损耗电阻和有效电感，而有效品质因数 Q_p 为

$$Q_p = \omega L_p / R_p = (1-\omega^2 LC)Q \tag{3-37}$$

则减小了。其有效电感的相对变化为

$$\frac{\Delta L_p}{L_p} = \frac{\Delta L}{L} \frac{1}{1-\omega^2 LC} \tag{3-38}$$

得到了提高。

根据以上分析，可以看到并联电容 C 的存在，会引起传感器性能的一系列变化，因此在实际测量中若根据需要更换了连接电缆线长度，在高精度测量时则应对传感器的灵敏度重新进行校正。

3.1.4 测量电路

交流电桥是电感式传感器和电容式传感器的主要测量电路，它的作用是将传感器线圈电感或传感器电容的变化转换为桥路的电压或电流输出。由于交流电桥的输出可以直接与无零漂的交流放大器相接,因此在电阻的测量中也常使用。此外,交流电桥由交流电源供电,电源频率约为传感器位移变化(即电感变化)频率的十倍,这样能满足对传感器动态响应的频率要求。供桥电源频率高一些,还可以减少温度变化对传感器的影响,并可以提高传感器输出灵敏度。但也增加了由于铁心损耗和寄生电容带来的影响。

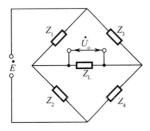

图 3-7 交流电桥

交流电桥的桥臂可以是电阻或阻抗元件,图 3-7 是其一般形式。仿照直流电桥,分析其输出特性和平衡条件,可以理解交流电桥的基本特点。

图 3-7 所示的交流电桥输出电压表达式为

$$\dot{U}_{\mathrm{o}} = \frac{Z_{\mathrm{L}}(Z_1 Z_4 - Z_2 Z_3)\dot{E}}{Z_{\mathrm{L}}(Z_1 + Z_2)(Z_3 + Z_4) + Z_1 Z_2(Z_3 + Z_4) + Z_3 Z_4(Z_1 + Z_2)} \tag{3-39}$$

当电桥平衡时,即 $Z_1 Z_4 = Z_2 Z_3$,电桥的输出电压为零,即 $\dot{U}_{\mathrm{o}} = 0$。若桥臂阻抗的相对变化量分别为 $\Delta Z_1/Z_1$、$\Delta Z_2/Z_2$、$\Delta Z_3/Z_3$、$\Delta Z_4/Z_4$,且 $\Delta Z_i \ll Z_i (i = 1, 2, 3, 4)$,负载阻抗 Z_{L} 为无穷大(一般情况下成立)时,输出电压可近似表达为 $\dot{U}_{\mathrm{o}} \propto \varepsilon_Z$,而

$$\varepsilon_Z = \frac{\Delta Z_1}{Z_1} - \frac{\Delta Z_2}{Z_2} - \frac{\Delta Z_3}{Z_3} + \frac{\Delta Z_4}{Z_4} \tag{3-40}$$

3.1.4.1 电桥的输出特性

1. 单臂工作

设工作臂为 Z_1,变化量为 ΔZ_1,且 $\Delta Z_1 \ll Z_1$,当负载阻抗 Z_{L} 为无穷大时,电桥输出电压可简化为

$$\dot{U}_{\mathrm{o}} = \frac{(\Delta Z_1/Z_1)(Z_4/Z_3)}{(1 + Z_2/Z_1)(1 + Z_4/Z_3)}\dot{E} = \frac{m}{(1 + m)^2}\varepsilon_{Z1}\dot{E} \tag{3-41}$$

式中,ε_{Z1} 为桥臂阻抗 Z_1 的相对变化,$\varepsilon_{Z1} = \Delta Z_1/Z_1$;$m$ 为电桥同一支路的阻抗比,$m = Z_2/Z_1 = Z_4/Z_3$。

由式(3-41)可见,电桥的输出电压不仅与桥臂阻抗的相对变化 ε_{Z1} 有关,还与电桥的阻抗比 m 有关。下面分别讨论它们的影响。

(1)桥臂阻抗变化 ε_{Z1} 的影响。一般情况下,桥臂阻抗可写成

$$Z_1 = R_1 + \mathrm{j}X_1 = |Z_1| \mathrm{e}^{\mathrm{j}\theta_1}$$

式中,θ_1 为阻抗 Z_1 的相角,$\theta_1 = \arctan(X_1/R_1)$;$|Z_1|$ 为阻抗 Z_1 的模,$|Z_1| = \sqrt{R_1^2 + X_1^2}$。

若电桥用于测量纯电阻变化,则 $\Delta Z_1 = \Delta R_1$,故

$$\varepsilon_{Z1} = \frac{\Delta R_1}{R_1 + \mathrm{j}X_1} = \frac{\Delta R_1}{|Z_1| \mathrm{e}^{\mathrm{j}\theta_1}} = \frac{\Delta R_1}{R_1}\frac{R_1}{|Z_1|} \mathrm{e}^{-\mathrm{j}\theta_1} = \varepsilon_{R1}\cos\theta_1 \mathrm{e}^{-\mathrm{j}\theta_1} \tag{3-42}$$

式中,ε_{R1} 为电阻 R_1 的相对变化,$\varepsilon_{R1} = \Delta R_1/R_1$。

同理可得纯电抗变化时的阻抗相对变化为

$$\varepsilon_{Z1} = \varepsilon_{X1}\sin\theta_1 \mathrm{e}^{\mathrm{j}\left(\frac{\pi}{2} - \theta_1\right)} \tag{3-43}$$

式中,ε_{X1} 为电抗 X_1 的相对变化,$\varepsilon_{X1} = \Delta X_1/X_1$。

从式(3-42)和式(3-43)看出,桥臂阻抗相对变化 ε_{Z1} 不仅正比于电阻的相对变化 ε_{R1} 或电抗的相对变化 ε_{X1},同时还与桥臂阻抗的相角 θ_1 有关。在纯电阻变化时,要求 $\theta_1 = 0$,桥臂阻抗

为纯电阻;在纯电抗变化时,要求$\theta_1=\pi/2$,桥臂阻抗为纯电抗。传感器阻抗是纯电阻(电阻式传感器)或纯电抗(电感式传感器和电容式传感器),电桥的输出最大。

(2)电桥阻抗比m的影响。由式(3-41)可知,要使输出电压$U_\circ$为最大,另一个要求是使$m/(1+m)^2=K$有极大值。而

$$m=Z_2/Z_1=ae^{j(\theta_2-\theta_1)}=a(\cos\theta+j\sin\theta)$$

式中,a为电桥同一支路两阻抗的幅值比,$a=|Z_2|/|Z_1|$;θ为电桥同一支路两阻抗的相角差,$\theta=\theta_2-\theta_1$。

由此可得

$$K=\frac{ae^{j\theta}}{(1+a\cos\theta+ja\sin\theta)^2}=|K|e^{j\theta} \tag{3-44}$$

式中,$|K|=\dfrac{a}{1+2a\cos\theta+a^2}$,$a=1$(桥臂阻抗模相等)时,$|K|$有极大值$\dfrac{1}{2+2\cos\theta}$。

由式(3-44)知,交流电桥可比直流电桥有更高的电压灵敏度,增大相角差$\theta=\theta_2-\theta_1$,可以提高灵敏度。$\theta=0$时,$|K|=1/4$;$\theta=\pi/2$时,$|K|=1/2$;且$\dot{U}$与$\dot{E}$同相位。

2. 双臂工作(差动形式)

如前所述,传感器接成差动形式可以提高灵敏度,改善线性度。因此,通常都将传感器作为电桥的两个工作臂。电桥的平衡臂可以是纯电阻,或者是变压器的副边和紧耦合电感线圈,如图3-8所示。

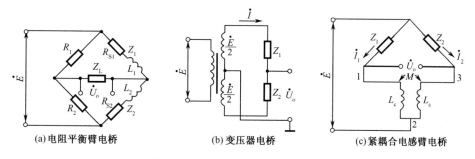

图 3-8 交流差动电桥的几种形式

(1)电阻平衡臂电桥。如图3-8(a)所示,Z_1、Z_2为差动工作臂,R_1、R_2为电阻平衡臂,$R_1=R_2=R$;$Z_1=Z_2=Z=R_s+j\omega L$。差动工作时,若$Z_1=Z-\Delta Z$,则$Z_2=Z+\Delta Z$,当$Z_L\to\infty$时,有

$$\dot{U}_\circ=\frac{\dot{E}}{2}\frac{\Delta Z}{Z}=\frac{\dot{E}}{2}\frac{\Delta R_s+j\omega\Delta L}{R_s+j\omega L} \tag{3-45}$$

其输出电压幅值为

$$U_\circ=\frac{\sqrt{\omega^2\Delta L^2+\Delta R_s^2}}{2\sqrt{R_s^2+(\omega L)^2}}E\approx\frac{\omega\Delta L}{2\sqrt{R_s^2+(\omega L)^2}}E \tag{3-46}$$

输出阻抗为

$$Z_\circ=\frac{\sqrt{(R+R_s)^2+(\omega L)^2}}{2} \tag{3-47}$$

式(3-45)经变换和整理后可写成

$$\dot{U}_\circ = \frac{\dot{E}}{2} \frac{1}{1+1/Q^2}\left[\frac{1}{Q^2}\frac{\Delta R_S}{R_S} + \frac{\Delta L}{L} + j\frac{1}{Q}\left(\frac{\Delta L}{L} - \frac{\Delta R_S}{R_S}\right)\right] \qquad (3\text{-}48)$$

式中,$Q = \omega L/R_S$ 为电感线圈的品质因数。

由上式可以看出:

①桥路输出电压 $\dot{U}_\circ$ 包含着与电源 $\dot{E}$ 同相和正交两个分量,在实际测量中,我们希望只有同相分量。从式中看出,如能使 $\Delta L/L = \Delta R_S/R_S$,或 Q 值比较大,均能达此目的,但实际工作时,由于 $\Delta R_S/R_S$ 一般均很小,$\Delta R_S/R_S \neq \Delta L/L$,所以要求线圈的品质因数高。当 Q 值很高时

$$\dot{U}_\circ = \frac{\dot{E}}{2} \cdot \frac{\Delta L}{L} \qquad (3\text{-}49)$$

②当 Q 值很低时,电感线圈的电感相对于电阻来说就很小,这时电感线圈就相当于纯电阻的情况($\Delta Z = \Delta R_S$),交流电桥就蜕变为电阻电桥,例如应变测量就是如此。此时输出电压为

$$U_\circ = \frac{E}{2}\frac{\Delta R_S}{R_S} \qquad (3\text{-}50)$$

电阻平衡臂电桥结构简单,它的两个电阻 R_1、R_2 可用两个电阻和一个电位器组成,调零方便。

(2)变压器电桥。如图 3-8(b)所示,它的平衡臂为变压器的两个二次绕组。传感器差动工作时,若衔铁向一边移动,$Z_1 = Z - \Delta Z$,则 $Z_2 = Z + \Delta Z$,当负载阻抗为无穷大时,可得

$$\dot{U}_\circ = \frac{\dot{E}}{2}\frac{\Delta Z}{Z} \qquad (3\text{-}51)$$

当衔铁向另一边移动时,$Z_1 = Z + \Delta Z, Z_2 = Z - \Delta Z$,则

$$\dot{U}_\circ = -\frac{\dot{E}}{2}\frac{\Delta Z}{Z} \qquad (3\text{-}52)$$

由上两式可知,当衔铁向两个方向的位移相同时,电桥输出电压 $\dot{U}_\circ$ 的大小相等位相相反。即它们之间相位差 $180°$,反映出衔铁移动的极性。由于 $\dot{E}$ 是交流电压,所以输出电压 $\dot{U}_\circ$ 在输入到指示器前必须先进行整流、滤波。当使用无相位鉴别的整流器(半波或全波),输出电压特性曲线如图 3-9(a)所示(图中残余电压是由两线圈损耗电阻 R_S 的不平衡所引起的,由于 R_S 与频率有关,因此输入电压中包含有谐波时,往往在输出端出现残余电压)。从图可以看出,对正负极性信号所得到的电压极性是相同的,因此这种电路不能辨别位移的方向。若采用检波电路,其输出特性如图 3-9(b)所示,可判别输出交流信号 $\dot{U}_\circ$ 的极性,从而辨别位移的方向。

变压器电桥输出电压的幅值为

$$U_\circ = \frac{\omega\Delta L}{2\sqrt{R_S^2 + (\omega L)^2}}E \qquad (3\text{-}53)$$

它的输出阻抗(略去变压器副边阻抗,通常它远小于传感器的阻抗)为

$$Z_\circ = \sqrt{R_S^2 + (\omega L)^2}\Big/2 \qquad (3\text{-}54)$$

变压器电桥与电阻平衡臂电桥相比,使用元件少,输出阻抗小,负载为开路时,桥路呈线性。

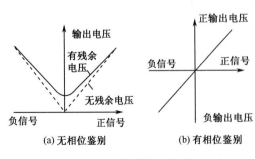

(a) 无相位鉴别　　　(b) 有相位鉴别

图 3-9　整流器输出特性

（3）紧耦合电感臂电桥。它可用于电感式传感器,更适合于电容式传感器,其结构如图 3-8(c)所示,它由差动工作的两个传感器阻抗 Z_1、Z_2 和两个固定的紧耦合的电感线圈 L_c 组成。

设 K 为两耦合电感线圈之间的耦合系数:

$$K = \pm M/L_c \tag{3-55}$$

式中,L_c 为线圈自感;M 为两个线圈间的互感。紧耦合时,$K = \pm 1$;不耦合时,$K = 0$。

对于耦合线圈可以等效为一个 T 型网络解耦,如图 3-10(b)所示。其相应关系为

$$Z_{12} = Z_s + Z_p = j\omega L_c \tag{3-56}$$
$$Z_p = j\omega M = j\omega K L_c = K Z_{12}$$
$$Z_s = Z_{12} - Z_p = j\omega(1-K)L_c = (1-K)Z_{12}$$
$$Z_{13} = 2Z_s = j\omega 2(1-K)L_c = 2(1-K)Z_{12} \tag{3-57}$$

因此,耦合电感臂电桥可以等效为图 3-10(c)。它是由传感器的线圈阻抗 Z_1、Z_2 和两个 Z_s 组成的电桥,平衡时 $Z_1 = Z_2 = Z$,输出电压 $\dot{U}_o = 0$;差动工作时,$Z_1 = Z + \Delta Z$,$Z_2 = Z - \Delta Z$,电桥不平衡,其输出电压为

$$\dot{U}_o = \frac{\Delta Z}{Z} \frac{\dot{U}'}{1 + \frac{1}{2}\left(\frac{Z_s}{Z} + \frac{Z}{Z_s}\right) + \frac{Z + Z_s}{Z_L}} \tag{3-58}$$

式中,$\dot{U}'$ 为 4、5 两端的电压。

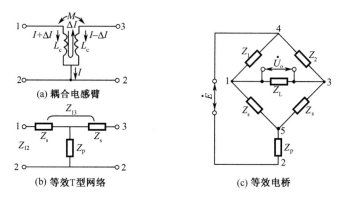

图 3-10　耦合电感臂电桥及其等效电路

由图 3-10(c)可得 $\dot{U}'$ 与电源 $\dot{E}$ 的关系为

$$\dot{U}' = \frac{Z_B}{Z_p + Z_B}\dot{E} \tag{3-59}$$

式中,$Z_B = (Z + Z_s)/2$ 为 4、5 端阻抗。

将式(3-59)和 Z_p、Z_s 的值代入式(3-58),可求得耦合臂电桥输出电压的表达式为

$$\dot{U}_o = \frac{\Delta Z}{Z} \frac{\left[1 + \frac{(1-K)Z_{12}}{Z}\right]\Big/\left[1 + \frac{(1+K)Z_{12}}{Z}\right]}{1 + \frac{1}{2}\left[\frac{(1-K)Z_{12}}{Z} + \frac{Z}{(1-K)Z_{12}}\right] + \frac{Z + (1-K)Z_{12}}{Z_L}}\dot{E} \tag{3-60}$$

对于紧耦合电感臂电桥,在初始平衡($\dot{U}_o=0$)时,Z_1、Z_2支路电流$I_1=I_2=I$,这时在耦合线圈中流过的电流大小相等,而且都流向节点2。绕制线圈时使此线圈的耦合系数$K=+1$,则由式(3-57)可得

$$Z_{13} = 2(1-K)Z_{12} = 0$$

电桥的输出阻抗等于零,意味着输出端存在的并联寄生电容对输出没有影响,使电桥的零输出十分稳定,相当于是一种简化而良好的屏蔽和接地。

差动工作时,$Z_1 \neq Z_2$,$I_1 \neq I_2$,并令$Z_L \to \infty$,这意味着在耦合线圈中除了有电流I,还有一个ΔI的电流环绕耦合线圈流动,如图3-10(a)所示。ΔI在两个线圈中的流动方向相反,从而使线圈的耦合系数$K=-1$。将$K=-1$代入式(3-60),其输出电压

$$\dot{U}_o = \frac{\Delta Z}{Z} \frac{1+2Z_{12}/Z}{1+\frac{1}{2}\left(\frac{2Z_{12}}{Z} + \frac{Z}{2Z_{12}}\right)} \dot{E} = \frac{\Delta Z}{Z} \frac{4Z_{12}/Z}{1+2Z_{12}/Z} \dot{E} \qquad (3-61)$$

将$Z = j\omega L$和$Z_{12} = j\omega L_c$代入上式,即可得电感式传感器差动工作时紧耦合电感臂电桥的输出电压

$$\dot{U}_o = \frac{\Delta L}{L} \frac{4L_c/L}{1+2L_c/L} \dot{E} \qquad (3-62)$$

电桥灵敏度为

$$K_B = \frac{\dot{U}_o}{(\Delta L/L)\dot{E}} = \frac{4L_c/L}{1+2L_c/L} \qquad (3-63)$$

为了比较性能,由式(3-60)可得不耦合($K=0$)电感臂电桥的输出电压和其电桥灵敏度分别为

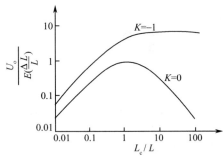

图3-11 紧耦合和不耦合
电感臂电桥灵敏度曲线

$$\left. \begin{array}{l} \dot{U}_o = \dfrac{\Delta L}{L} \dfrac{2L_c/L}{(1+L_c/L)^2} \dot{E} \\[3mm] K_B = \dfrac{2L_c/L}{(1+L_c/L)^2} \end{array} \right\} \qquad (3-64)$$

图3-11表示出紧耦合和不耦合电感臂电桥的灵敏度曲线。由此曲线和以上分析可知,紧耦合电感臂电桥有如下特点:

① 灵敏度高,当L_c/L较大时灵敏度为常数,灵敏度与频率和耦合臂电感变化无关;

② 电桥零点稳定。

3.1.4.2 交流电桥的平衡

交流电桥要完全平衡,必须同时满足两个条件,即输出电压的实部和虚部均为零。

图3-12示出几种常用的电阻-电容调平衡的桥路形式。由图可见,调节电位器R_W的触点或可调电容C_1和C_2,将改变相应的桥臂阻抗,从而达到电桥电路的实部和虚部完全平衡的目的。以图3-12(a)为例,移动电位器R_W的触点,就改变了桥臂上R_1和R_2的并联容抗值,使它与L_1和L_2相平衡。平衡调节范围与C_0有关,C_0越大,平衡调节范围越大。

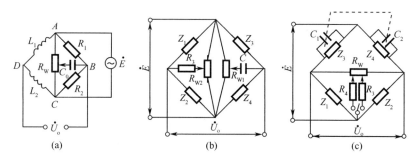

图 3-12 电阻-电容调平衡电桥电路

*3.1.5 电感式传感器的设计原则

电感式传感器设计时应考虑给定的技术指标,如量程、准确度、灵敏度和使用环境等。

传感器的灵敏度实际上常用单位位移所引起的输出电压变化来衡量,因此这是传感器和测量电路的综合灵敏度,这样在确定设计方案时必须综合考虑传感器和测量电路。

传感器的量程是指其输出信号与位移量之间呈线性关系(允许有一定误差)的位移范围。它是确定传感器结构形式的重要依据。如前所述,单线圈螺管式用于特大量程,一般常用差动螺管式。具体尺寸的确定,需配以必要的实验。传感器线圈的长度是根据量程来选择的,如 DWZ 系列电感式位移传感器在非线性误差不超过 $\pm0.5\%$ 的范围内,位移范围有 $\pm5\text{mm}$、$\pm10\text{mm}$、$\pm50\text{mm}$ 几种规格。图 3-13 所示为差动式电感传感器结构图,l_c 为铁心长,l 为线圈总长。对 DWZ-05 型传感器:$l_c=54\text{mm}$,$l=72\text{mm}$,量程为 $\pm5\text{mm}$;对 DWZ-10 型传感器:$l_c=160\text{mm}$,$l=294\text{mm}$;量程为 $\pm10\text{mm}$。

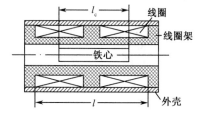

图 3-13 差动螺管式传感器结构简图

为了满足当铁心移动时线圈内部磁通变化的均匀性,保持输出电压与铁心位移量之间的线性关系,传感器必须满足三个要求:铁心的加工精度;线圈架的加工精度;线圈绕制的均匀性。

对一个尺寸已经确定的传感器,如果在其余参数不变的情况下,仅仅改变铁心的长度或线圈匝数,也可以改变它的线性范围。

对于改变铁心长度的传感器的输出特性如图 3-14 所示。从图中可以看出,当铁心 l_c 增大时,输出灵敏度减小。考虑到线性关系,铁心长度有一个最佳值,此值一般用实验方法求得。

对于改变线圈匝数的传感器的输出特性如图 3-15 所示。从图中可以看出,线圈匝数 W 增加时,输出灵敏度相应增加,考虑到线性关系以及线圈散热和磁路饱和条件的限制对线圈安匝数 WI 的要求,线圈匝数也有一个最佳值,此值也可以用实验方法求得。

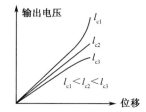

图3-14 改变铁心长度时传感器的输出特性

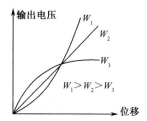

图 3-15 改变线圈匝数时传感器的输出特性

因此,在传感器的设计时,首先估算一下线圈的长度 l,定下传感器的大概尺寸,铁心的长度选择在 $l_c \geqslant l-2x$(x 为铁心的位移量),线圈的匝数选择在 $W \geqslant 3000$ 匝左右,然后做传感器的输出特性试验,逐步地缩短铁心长度和降低线圈匝数(两者可以交替进行),使传感器的线性关系达到最佳值,最后定下铁心长度和线圈匝数。如果设计出的传感器线性范围不够大,则需要把传感器的尺寸适当放大。

线圈的电感量取决于线圈的匝数和磁路的磁导率大小。电感量大,输出灵敏度也高。用增加线圈匝数来增大电感量不是一个好办法,因为随着匝数的增加,线圈电阻就增大,线圈电阻受温度影响也较大,使传感器的温度特性变差。因此,为了增大电感量,应尽量考虑增大磁路的磁导率。实际选用磁路材料(铁心和衔铁)时要求磁导率高,损耗要低,磁化曲线的饱和磁感应强度要大,剩磁和矫顽力要小。此外还要求导磁体电阻率大,居里温度高,磁性能稳定,便于加工等。常用的磁路材料有硅钢片、纯铁、坡莫合金和铁淦氧等。为了增大电感量,还应使铁心外径接近于线圈架内径,导磁体外壳的内径小一些。

传感器测量电桥激励电源频率 f 增加可使输出电压增加,为了工作稳定,电源频率应远大于输入信号频率,且远离机械系统的自振频率。频率过高会使线圈损耗增加,铁心涡流损耗也会增加。一般配合实验选择合适的电源频率,其频率范围通常在 $400\mathrm{Hz}\sim10\mathrm{kHz}$。特大位移电感传感器因线圈的电感 L 和 C 较大,电源频率取 $1\mathrm{kHz}$,差动式取 $3\sim10\mathrm{kHz}$。

3.1.6 电感式传感器的应用

电感式传感器一般用于接触测量,可用于静态和动态测量。它主要用于位移测量(称为位移型传感器),也可以用于振动、压力、荷重、流量、液位等参数测量。图 3-16(a)为电感测微仪典型框图,除螺管式电感传感器外,还包括测量电桥、交流放大器、相敏检波器、振荡器、稳压电源及显示器等,它主要用于精密微小位移测量。图 3-16(b)为变气隙差动式电感压力传感器结构图。

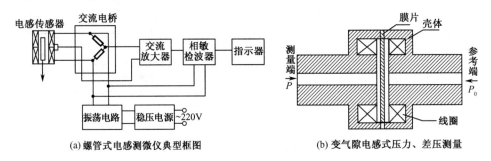

(a)螺管式电感测微仪典型框图   (b)变气隙电感式压力、差压测量

图 3-16   电感传感器应用

图 3-17 为电感式圆度仪原理图。传感器 3 与精密主轴 2 一起回转,主轴 2 精度很高,在理想情况下可认为它回转运动的轨迹是"真圆"。当被测件 1 有圆度误差时,必定相对于"真圆"产生径向偏差,该偏差值被传感器感受并转换成电信号。载有被测件半径偏差信息的电信号,经放大、相敏检波、滤波、A/D 转换后送入计算机处理,最后数字显示出圆度误差;或用记录仪器记录下被测件的轮廓图形(径向偏差)。

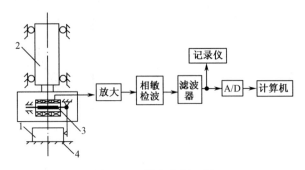

图 3-17   圆度仪原理图

1—被测工件;2—精密主轴;3—传感器;4—工作台

3.2 差动变压器

3.2.1 结构和工作原理

差动变压器式传感器的结构主要为螺管型,如图 3-18 所示。线圈由初级线圈(激励线圈,相当于变压器原边)P 和次级线圈(相当于变压器的副边)S_1、S_2 组成;线圈中心插入圆柱形铁心(衔铁)b。其中,图 3-18(a)为三段式差动变压器,图 3-18(b)为两段式差动变压器。

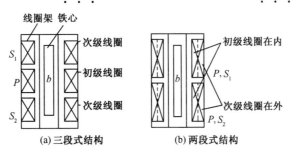

图 3-18 差动变压器结构示意图

差动变压器的两个次级线圈反相串接,其电气连接如图 3-19 所示。当初级线圈中加上一定的交变电压 $\dot{E}_P$ 时,在两个次级线圈中分别产生相应的感应电压 $\dot{E}_{S1}$ 和 $\dot{E}_{S2}$,其大小与铁心在螺管中所处位置有关。由于 $\dot{E}_{S1}$ 与 $\dot{E}_{S2}$ 反相串接,其输出电压 $\dot{E}_S = \dot{E}_{S1} - \dot{E}_{S2}$。当铁心处于中心位置时,$\dot{E}_{S1} = \dot{E}_{S2}$,则输出电压 $\dot{E}_S = 0$;当铁心向上运动时,$\dot{E}_{S1} > \dot{E}_{S2}$,当铁心向下运动时,$\dot{E}_{S1} < \dot{E}_{S2}$,这两种情况下 $\dot{E}_S$ 都不等于零,而且随着铁心偏离中心位置,$\dot{E}_S$ 逐渐增加。差动变压器工作原理与一般变压器的原理是一致的,所不同之处在于:一般变压器是闭合磁路,而差动变压器是开磁路;一般变压器原、副绕组之间的互感是常数,而差动变压器原、副边之间的互感随铁心移动而变动。差动变压器式传感器的工作原理正是建立在互感变化的基础上。

铁心位置从中心向上或向下移动时,输出电压 $\dot{E}_S$ 的相位变化 180°,如图 3-20(b)所示。实际的差动变压器,当铁心处于中心位置时,输出电压不是零而是 E_0,E_0 称为零点残余电压,因此实际差动变压器输出特性如图 3-20(a)中的虚线所示。E_0 产生的原因很多:差动变压器本身制作上的问题(材料、工艺差异);导磁体靠近的安装位移;铁心长度;激磁频率的高低等。零点残余电压的基波相位与 E_S 差 90°,另外,零点残余电压还有以二次、三次为主的谐波成分。

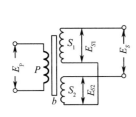

图 3-19 差动变压器的电气连接线路图

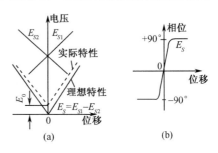

图 3-20 差动变压器的输出特性曲线

3.2.2 基本特性

3.2.2.1 等效电路

在理想情况下(忽略线圈寄生电容及铁心损耗),差动变压器的等效电路如图3-21(a)所示。由等效电路图可以得到

$$\left.\begin{array}{l} \dot{I}_P = \dot{E}_P/(R_P + j\omega L_P) \\[6pt] \dot{E}_{S1} = -j\omega M_1 \dot{I}_P \\[6pt] \dot{E}_{S2} = -j\omega M_2 \dot{I}_P \\[6pt] \dot{E}_S = \dfrac{-j\omega(M_1 - M_2)\dot{E}_P}{R_P + j\omega L_P} \end{array}\right\} \tag{3-65}$$

式中,L_P、R_P 分别为初级线圈的电感与有效电阻;M_1、M_2 分别为初级线圈与两个次级线圈间互感;E_P、I_P 分别为初级线圈激励电压与电流;E_{S1}、E_{S2} 分别为两个次级线圈感应电压;ω 为初级线圈激励电压的频率。

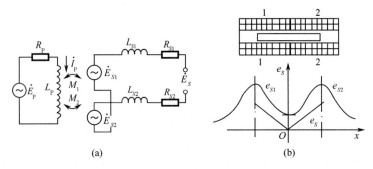

图 3-21 差动变压器的等效电路及其输出特性

下面分三种情况进行讨论:

(1)铁心处于中心平衡位置时,互感 $M_1 = M_2 = M$,则 $E_S = 0$;

(2)铁心上升时,$M_1 = M + \Delta M$,$M_2 = M - \Delta M$,则

$$E_S = 2\omega \Delta M E_P \Big/ \sqrt{R_P^2 + (\omega L_P)^2},\ 与 \dot{E}_{S1}\ 同相;$$

(3)铁心下降时,$M_1 = M - \Delta M$,$M_2 = M + \Delta M$,则

$$E_S = -2\omega \Delta M E_P \Big/ \sqrt{R_P^2 + (\omega L_P)^2},\ 与 \dot{E}_{S2}\ 同相。$$

输出电压还可统一写成

$$E_S = \frac{2\omega M E_P}{\sqrt{R_P^2 + (\omega L_P)^2}} \frac{\Delta M}{M} = 2E_{S0}\frac{\Delta M}{M}$$

式中,E_{S0} 为铁心处于中心平衡位置时单个次级线圈的感应电压,差动变压器设计制作成型后,它为一个定值。因此,差动变压器的输出电压与互感量的相对变化成正比。

差动变压器输出电压 E_S 与铁心位移 x 的关系如图 3-21(b)所示,其中,x 表示衔铁偏离中心位置的距离。

3.2.2.2 基本特性

1. 灵敏度

差动变压器的灵敏度是指差动变压器在单位电压激磁下、铁心移动单位距离时所产生的

输出电压的变化,其单位为 mV/(mm·V),一般差动变压器的灵敏度大于 5mV/mm·V。要提高差动变压器的灵敏度可以通过以下几种途径:

(1) 提高线圈的 Q 值,为此可增大差动变压器的尺寸,一般线圈长度为直径的 1.5~2.0 倍为宜;

(2) 选择较高的激磁电压频率;

(3) 增大铁心直径,使其接近于线圈框架内径,但不触及线圈框架;两段形差动变压器铁心长度为全长的 60%~80%;铁心采用磁导率高、铁损小、涡流损耗小的材料;

(4) 在保证初级线圈不过热的条件下,尽量提高激磁电源电压。

2. 频率特性

差动变压器的激磁频率一般以 50Hz~10kHz 较为适当。频率太低时差动变压器的灵敏度显著降低,温度误差和频率误差增加。但频率太高,前述的理想差动变压器的假定条件不能成立,因为随着频率的增加,铁损和耦合电容等的影响也增加了。因此具体应用时,在 400Hz 到 5kHz 的范围内选择。

激磁频率与输出电压有很大的关系。频率的增加引起与次级绕组相联系的磁通量的增加,使差动变压器的输出电压增加。另外,频率的增加使初级线圈的电抗也增加,从而使输出信号又有减小的趋势。

由差动变压器的等效电路可求得差动变压器次级的感应电压 $\dot{E}_S$ 为

$$\dot{E}_S = j\omega(M_2 - M_1)\dot{E}_P/(R_P + j\omega L_P) \tag{3-66}$$

当负载电阻 R_L 与次级线圈连接,感应电势 $\dot{E}_S$ 在 R_L 上产生的输出电压 $\dot{U}_o$ 为

$$\dot{U}_o = \frac{R_L}{R_L + R_S + j\omega L_S} \dot{E}_S \tag{3-67}$$

式中,$R_S = R_{S1} + R_{S2}$ 为两次级线圈总电阻;$L_S = L_{S1} + L_{S2}$ 为两次级线圈总电感。

把式(3-66)代入式(3-67)得

$$\dot{U}_o = \frac{R_L}{R_L + R_S + j\omega L_S} \frac{j\omega(M_2 - M_1)}{R_P + j\omega L_P} \dot{E}_P \tag{3-68}$$

则

$$U_o = |\dot{U}_o| = \frac{R_L}{\sqrt{(R_L + R_S)^2 + (\omega L_S)^2}} \frac{\omega(M_2 - M_1)}{\sqrt{R_P^2 + (\omega L_P)^2}} E_P \tag{3-69}$$

$$\varphi = \arctan\frac{R_P}{\omega L_P} - \arctan\frac{\omega L_S}{R_L + R_S} \tag{3-70}$$

输出电压的频率特性如图 3-22(a)所示,若激磁频率为 f_0,那么选择 $f_1 < f_0 < f_h$ 可使灵敏度最大,同时由于频率变动的影响也小。输出电压相位与激磁电压相位基本上一致。

当负载阻抗与差动变压器内阻相比较很大时,

$$f_e = \frac{(1 + n^2)R_P}{2\pi L_P} \tag{3-71}$$

式中,n 为初级线圈与次级线圈的匝数比。

一般选择 $f_0 = (1\sim1.4)f_e$ 较好。

差动变压器的频率特性也随负载阻抗而变化,如图 3-22(b)所示。其中,初级激磁电压保持一定。

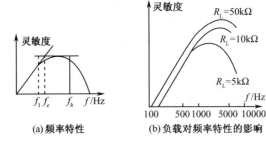

图 3-22 差动变压器的频率特性曲线

随着频率的变化,实际上不只是灵敏度而且线性度也要受到影响。如果希望有良好的线性度,对某一激磁频率,必须相应选择适当的铁心长度。

3. 相位

差动变压器的次级电压对初级电压通常导前几度到几十度的相角。其差异程度随差动变压器结构和激磁频率的不同而不同。小型、低频差动变压器导前角大,大型、高频差动变压器导前角小。

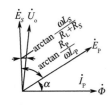

图 3-23 相位图

差动变压器电压和电流的相位如图 3-23 所示。初级线圈由于是感抗性的,所以初级电流 $\dot{I}_P$ 相对初级电压 $\dot{E}_P$ 滞后 α 角。如果略去变压器的铁心损耗并考虑到磁通 $\dot{\Phi}$ 与初级电流 $\dot{I}_P$ 同相,则次级感应电势 $\dot{E}_S$ 超前 $\dot{\Phi}$ 的相角为 $90°$,因此 $\dot{E}_S$ 比 $\dot{E}_P$ 超前$(90°-\alpha)$相角。

在负载 R_L 上取出电压 $\dot{U}_o$,它又滞后于 $\dot{E}_S$ 几度。$\dot{U}_o$ 的相角可用式(3-70)求得。相角的大小与激磁频率和负载电阻有关。

实际的差动变压器不能忽略铁损。特别是由于涡流损耗的存在,次级电压要比用式(3-70)计算的结果小些。

初级电压与次级电压相位一致(即 $\varphi=0$)时的激磁频率应满足

$$f_0 = \frac{1}{2\pi}\sqrt{\frac{R_P(R_L+R_S)}{L_P L_S}} \tag{3-72}$$

或者

$$R_{L0} = \frac{4\pi^2 f_0^2 L_P L_S}{R_P} - R_S \tag{3-73}$$

式中,f_0 为使初级电压与次级电压相位一致所使用的激磁频率;R_{L0} 为同上目的的使用的负载电阻。

铁心通过零点时,在零点两侧次级电压相位角发生 $180°$ 变化,实际相位特性如图 3-24 中虚线所示。铁心位移的变化也会引起次级电压相位的变化。在应用交流自动平衡电路对差动变压器输出电压进行测量时,必须选择随铁心位移相位变化较小的差动变压器。从这一点来说,用两段形差动变压器比用三段形差动变压器更为有利。

4. 线性范围

理想的差动变压器次级输出电压与铁心位移呈线性关系。

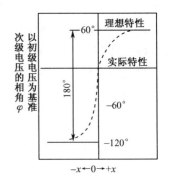

图 3-24 零点附近的
电压相位角变化

实际上,由于铁心的直径、长度、材料的不同和线圈骨架的形状、大小的不同等,均对线性关系有直接影响,所以,一般差动变压器的线性范围约为线圈骨架长度的 $1/10 \sim 1/4$。

差动变压器的线性度不仅是指铁心位移与次级电压的关系,还要求次级电压的相位角为一定值。后一点往往比较难以满足,考虑到此因素,差动变压器的线性范围约为线圈骨架全长的 $1/10$ 左右。另外,线性度好坏与激磁频率、负载电阻等都有关系。获得最佳线性度的激磁频率随铁心长度而异。

如果将差动变压器的交流输出电压用差动整流电路进行整流,能使输出电压线性度得到改善。也可以利用测量电路来改善差动变压器的线性度和扩展线性范围。

5. 温度特性

环境温度的变化,首先是使差动变压器机械部分热胀冷缩,其对测量精度的影响可达几微米到十微米左右。如果要把这种影响限制在 $1\mu m$ 以内,则需要把差动变压器在使用环境中放 24 小时后才可使用。

在造成温度误差的各项原因中,影响最大的是初级线圈的电阻温度系数。当温度变化时,初级线圈的电阻变化引起初级激磁电流变化,从而造成次级电压随温度而变化。一般铜导线的电阻温度系数为 $\pm 0.4\%/℃$,对于小型差动变压器且在低频下使用时,其初级线圈阻抗中,线圈电阻所占比例较大,此时差动变压器的温度系数约为 $-0.3\%/℃$;对于大型差动变压器且使用频率较高时,其温度系数较小,一般约为 $(-0.1\% \sim 0.05\%)/℃$。

如果初级线圈的 $Q = \omega L_P / R_P$ 高,则由于温度变化所引起的次级感应电势 E_S 的变化就小。由于温度变化,次级线圈的电阻也会变化,从而引起 E_S 变化,但这种影响较小,可以忽略不计。通常铁心的磁特性、磁导率、铁损、涡流损耗等也随温度一起变化,但与初级线圈电阻所受温度的影响相比也可忽略不计。

对于差动变压器的温度误差,可以采用恒流源激励代替恒压源激励、适当提高线圈品质因素和选择特殊的测量电路等措施克服或减少温度影响。

差动变压器的使用温度通常为 $80℃$,特别制造的高温型可达 $150℃$。

3.2.3 测量电路

差动变压器的测量电路基本上可分成两大类:不平衡测量电路和平衡测量电路。

3.2.3.1 不平衡测量电路

1. 交流电压测量

这类测量方法包括电压表、示波器等仪器仪表来直接测量差动变压器的输出电压。该测量方法只能反映位移的大小而不能反映位移的方向。

2. 相敏检波电路

图 3-25 为二极管相敏检波电路。这种电路容易做到输出平衡,而且便于阻抗匹配。图中调制电压 e_r 和 e_s 同频,经过移相器使 e_r 和 e_s 保持同相或反相,且满足 $e_r \gg e_s$,调节电位器 R 可调平衡。图中电阻 $R_1 = R_2 = R_0$,电容 $C_1 = C_2 = C_0$,输出电压为 U_{CD}。

电路工作原理如下:当差动变压器铁心在中间位置时,$e_s = 0$,只有 e_r 起作用。设此时 e_r 为正半周,即 A 为"$+$",B 为"$-$",则 D_1、D_2 导通,D_3、D_4 截止,流过 R_1、R_2 上的电流分别为 i_1、i_2,其电压降 U_{CB} 及 U_{DB} 大小相等方向相反,故输出电压 $U_{CD} = 0$。当 e_r 为负半周时,A 为"$-$",B 为"$+$",此时 D_3、D_4 导通,D_1、D_2 截止,流过 R_1、R_2 上的电流分别为 i_3、i_4,其电压降

U_{BC} 与 U_{BD} 大小相等方向相反,故输出电压 $U_{CD}=0$。

若铁心上移,$e_s \neq 0$,设 e_s 和 e_r 同位相,由于 $e_r \gg e_s$,故 e_r 正半周时 D_1、D_2 仍导通,D_3、D_4 截止,但 D_1 回路内总电势为 $e_r + e_s/2$,而 D_2 回路为 $e_r - e_s/2$,故回路电流 $i_1 > i_2$,输出电压 $U_{CD} = R_0(i_1 - i_2) > 0$。当 e_r 为负半周时,D_3、D_4 导通,D_1、D_2 截止,此时 D_3 回路内总电势为 $e_r - e_s/2$,D_4 回路内总电势为 $e_r + e_s/2$,所以回路电流 $i_4 > i_3$,故输出电压 $U_{CD} = R_0(i_4 - i_3) > 0$。因此,铁心上移时,输出电压 $U_{CD} > 0$。

当铁心下移时,e_s 和 e_r 相位相反。同理可得 $U_{CD} < 0$。

由此可见,该电路能判别铁心移动方向,而且,移动位移的大小决定输出电压 U_{CD} 的高低。相敏检波电路还能消除零点残余电压中的高次谐波成分,反行程时的特性曲线由 1 变到 2,其输出特性如图 3-26 所示。

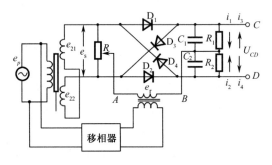
图 3-25 二极管相敏检波电路图

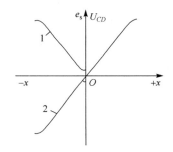
图 3-26 采用相敏检波后的输出特性

3. 差动整流电路

这是一种最常用的测量电路形式。把差动变压器两个次级电压分别整流后,以它们的差作为输出,这样次级电压的相位和零点残余电压都不必考虑。图 3-27 示出几种典型差动整流电路,其中图 3-27(a)、(b)用在连接高阻抗负载(如数字电压表)的场合,是电压输出型整流电路;图 3-27(c)、(d)用在连接低阻抗负载(如动圈式电流表)的场合,是电流输出型整流电路。

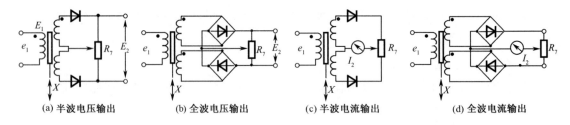

(a) 半波电压输出　　(b) 全波电压输出　　(c) 半波电流输出　　(d) 全波电流输出

图 3-27 差动整流电路

差动整流后输出电压的线性度与不经整流的次级输出电压的线性度相比有些变化。当次级线圈阻抗高、负载电阻小、接入电容器滤波时,其输出线性度的变化倾向是铁心位移大,线性度增加。利用这一特性能使差动变压器的线性范围得到扩展。

4. 动态位移测量

在应用差动变压器测量振动及过渡过程时,铁心的动作速度较快,所以测量电路必须满足快速测量的要求。一般激磁电流频率为测量频率的 10 倍以上,以减小调制误差。

另外有时也利用直流电流激励的差动变压器来进行动态位移测量。这种差动变压器测量的信号不是位移而是速度。速度信号积分后就得到位移信号。用这种测量方法进行测量时，不需要滤波，也没有相位滞后，高频响应好。这种测量方法的缺点是不能进行静态标定。

3.2.3.2 平衡测量电路

1. 自动平衡电路

差动变压器与自动平衡电路的组合比较困难。这是因为由相位变化引起的残余电压的补偿较为困难。自动平衡电路由电源、振荡、放大器组成，其构成原理如图3-28所示。由于铁心移动，使差动变压器 D 输出感应电压，此电压经放大器放大后，使可逆电机 M 带动电位器 R 旋转，M 的旋转方向是使放大器输出电压趋于零，从而使电路达到新的平衡。

这种电路一般用在需要大型指示器的场合。

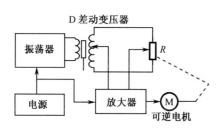

图 3-28 自动平衡测量电路

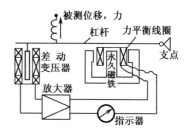

图 3-29 力平衡电路

2. 力平衡电路

力平衡电路的结构原理如图3-29所示。杠杆通常处在某一平衡位置上。差动变压器的线圈固定，铁心处在零位。当杠杆受力或位移作用时就绕支点偏转，使差动变压器铁心产生位移，于是差动变压器输出一信号电压。此电压经放大器放大后，再经整流便产生一相应电流。该电流流过力平衡线圈，使力平衡线圈在永久磁铁产生的磁场中受到一作用力。此作用力矩与被测力矩相等时，杠杆稳定在新的平衡位置上。这时流过力平衡线圈的电流与被测力（或位移）成正比。

* 3.2.4 差动变压器设计

差动变压器的设计很难用理论公式进行计算，因此在设计中经常采用一些经验公式。差动变压器的结构如图3-30所示。铁心材料选用磁导率良好的工业纯铁（电源频率 500Hz 以下）或坡莫合金、铁氧体制成。线圈骨架采用热膨胀系数小的非金属材料，如酚醛塑料、陶瓷或聚四氟乙烯制成。激励电源频率和幅值的选择可以采用与电感式传感器相同的原则。下面讨论结构尺寸的设计。

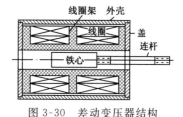

图 3-30 差动变压器结构

3.2.4.1 小量程差动变压器设计

小量程一般指 0～±5mm 范围。

1. 线圈尺寸的选择

在量程小时，因为激励磁场分布曲线两侧的线性段可以满足量程要求，因此多用三段式结构。图3-31画出激励线圈长度 $l_1 = 4mm$、线圈平均直径 $d = 12mm$，14mm，16mm 时的三条轴向磁场分布曲线。

若要求量程为 ±3mm，从图3-31 中由 $d = 14mm$ 曲线除去激励线圈 0～2mm 及线圈间隔 1mm，尚有 3～6mm 一段仍在直线范围可放置二次线圈。因此，我们定一次和二次线圈的长度分别为 4mm 和 3mm。平均

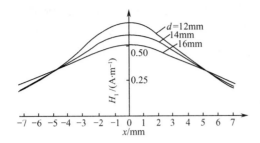

图 3-31　$l_1=4$mm 时不同 d 的磁场分布曲线

直径 d 值选取,高精度要求时可取较大 d 值,因为 d 大时侧向磁场线性度较高。若量程增为 $\pm 4 \sim \pm 5$mm,则图 3-31 曲线已满足不了要求,此时可采用 $l_1=10$mm。线圈内、外径分配保证有足够窗口面积,框架尺寸可取内径 $8 \sim 10$mm,壁厚 1mm,外径由线圈的平均直径确定。

2. 衔铁尺寸

衔铁外径与线圈框架内径有关,一般使两者之间隙能保证衔铁运动时不被卡住。衔铁长度,以前通常选取框架全长的 70% 左右;目前的设计趋向于使铁心略长于一、二次线圈总长(包括线圈之间的间隔),这样有利于磁场分布的直线化,也有利于一次线圈阻抗值的稳定。由经验公式,最佳衔铁长度为

$$l_c = l + \sqrt{l} + d/l_1$$

式中,l 为线圈总长度;l_1 为激励线圈长度;d 为线圈平均直径。

具体确定 l_c 时可结合实验稍作修改。

3.2.4.2　大量程差动变压器设计

大量程差动变压器一般采用两段式结构。初级绕组平绕在整个骨架上,次级绕组对称地分布在左右两边。其工作区域是磁场中间的平坦部分。由电感式传感器中对线圈磁场分析知道:线圈的长径比越大,线圈磁场中间平坦部分越大,因此两段式螺管线圈宜采用细长结构。图 3-32 是 $d=10$mm、$l_1=120$mm 和 240mm 时的 $H \sim x$ 曲线。

1. 线圈尺寸确定

设所需量程为 $\pm l_i$,由图 3-32 知,为获得线性输出,线圈激励磁场的平坦部分需 $\pm 2l_i$,两端磁场下降部分设为 l_p,对细长螺线管一般 $l_p=4d$,因此

$$l_1 = 4l_i + 2l_p = 4l_i + 8d \tag{3-74}$$

例如,若要求 $l_i=\pm 10$mm,取 $d=10$mm,则 $l_1=120$mm。根据平均直径 $d=10$mm,取外径 $d_2=12$mm,内径 $d_1=8$mm,次级线圈长度 l_2 则为 60mm。

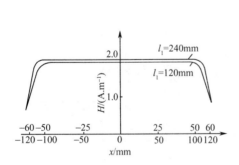

图 3-32　$d=10$mm 时螺线管磁场轴向分布

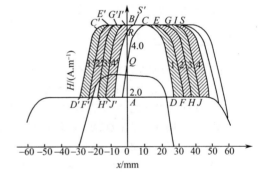

图 3-33　两段式线圈磁场在衔铁移动时的变化

2. 衔铁尺寸确定

两段式衔铁的长度应略大于量程,故取 $l_c=22$mm,取衔铁外径 $d_c=5$mm。

3. 线性范围扩展

从上面计算可以看出,这种结构线性范围较窄,大约是线圈长度的 10% ~ 12%。线性变坏的原因是当衔铁移动一定位置时,两次级线圈所包围的磁场面积的变化不相等。在图 3-33 中,当衔铁移动较小时,两个二次磁场面积变化 $1'=1,2'=2,3'=3$。而当衔铁继续移动时,面积 $4' \neq 4$,左边少了一块面积 $BRS'B$,而右边线圈所增

加的面积 4 仍按前面比例增加,因此线性变差。为了扩大线性范围需要提高输出电压。由于次级线圈输出电压与次级线圈匝数有关,因此在衔铁移动到某一位置线性开始变坏时,可用增加线圈匝数的办法弥补,对于图 3-33 可在 J 点以后的位置分阶增加匝数。这样可获得与三段式类似的情况,满足两个次级线圈电压之和为常数这一条件。按此法设计的差动变压器虽然可扩大线性范围,但灵敏度较低。为了提高灵敏度和扩大线性范围,次级线圈在整个绕线部分分阶排列(见图 3-34)。

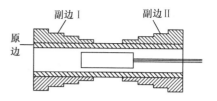

图 3-34　差动变压器次级台阶绕法

图 3-34 所示结构 $l_1 = 120\text{mm}$,外径 $d_2 = 12\text{mm}$,内径 $d_1 = 8\text{mm}$,$d = 10\text{mm}$。磁场均匀部分为 $-50 \sim +50\text{mm}$,l_c 应略大于 50mm,可保证线性范围 $\pm 25\text{mm}$,线性精度为 0.1%。

3.2.5　差动变压器的应用

1. 位移测量

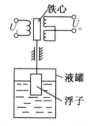

图 3-35　液位测量

差动变压器仍以位移测量为其主要用途。它可以作为精密测量仪的主要部件,对零件进行多种精密测量工作,如内径、外径、不平行度、粗糙度、不垂直度、振摆、偏心和椭圆度等;作为轴承滚动自动分选机的主要测量部件,可以分选大、小钢球、圆柱、圆锥等;用于测量各种零件膨胀、伸长、应变等。

图 3-35 为测量液位的原理图。当某一设定液位使铁心处于中心位置时,差动变压器输出信号 $U_o = 0$;当液位上升或下降时,$U_o \neq 0$,通过相应的测量电路便能确定液位的高低。

2. 振动和加速度测量

利用差动变压器加上悬臂梁弹性支承可构成加速度计。为了满足测量精度,加速度计的固有频率($\omega_n = \sqrt{k/m}$)应比被测频率上限大 3~5 倍。由于运动系统质量 m 不可能太小,而增加弹性片刚度 k 又使加速度计灵敏度受到影响,因此系统固有频率不可能很高。所以,能测量的振动频率上限就受到限制,一般在 150Hz 以下。图 3-36 就是这种形式的加速度计的结构和测量电路示意图。高频时加速度测量用压电式传感器。

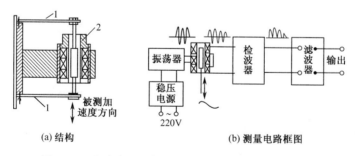

(a) 结构　　　　　　　　(b) 测量电路框图

图 3-36　差动变压器加速度计结构及其测量电路框图

1—弹性支承;2—差动变压器

3. 压力测量

差动变压器和弹性敏感元件组合,可以组成开环压力传感器。由于差动变压器输出是标准信号,常称为变送器。图 3-37 是微压力变送器结构示意图及测量电路框图。

这种微压力变送器,经分档可测 $(-4 \sim +6) \times 10^4 \text{N/m}^2$ 的压力,输出信号电压为 $0 \sim 50\text{mV}$,精度 1 级、1.5 级。

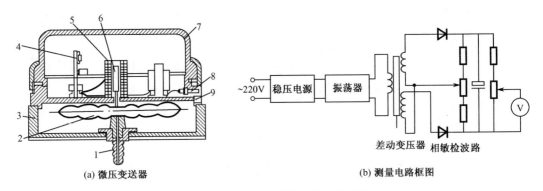

(a) 微压变送器   (b) 测量电路框图

图 3-37　微压变送器及测量电路框图

1—接头；2—膜盒；3—底座；4—线路板；5—差动变压器线圈；6—衔铁；7—罩壳；8—插头；9—通孔

4. 差动变压器测速

差动变压器测速的工作原理如图 3-38 所示。差动变压器的原边励磁电流由交、直流同时供给，故励磁电流

$$i(t) = I_0 + I_m \sin\omega t \tag{3-75}$$

式中，I_0 为直流电流；I_m 为交流电流幅值。

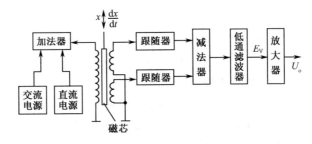

图 3-38　差动变压器测速装置原理框图

若差动变压器磁心以一定速度 $v = \mathrm{d}x/\mathrm{d}t$ 移动，则差动变压器副边感应电势为

$$e = -\frac{\mathrm{d}\big[M(x)i(t)\big]}{\mathrm{d}t} \tag{3-76}$$

式中，$M(x)$ 是原、副边互感系数。两个次级线圈与原边的互感系数分别为

$$\begin{cases} M_1(x) = M_0 - \Delta M(x) \\ M_2(x) = M_0 + \Delta M(x) \end{cases} \tag{3-77}$$

式中，M_0 为磁心处于差动变压器中间位置（$x=0$）时的互感系数；$\Delta M(x)$ 为互感系数增量，随磁心位移量 x 的增加而变化，$\Delta M(x) = kx$，其中 k 是比例系数。

将 $\Delta M(x) = kx$ 代入式(3-77)，则

$$\begin{cases} M_1(x) = M_0 - kx \\ M_2(x) = M_0 + kx \end{cases} \tag{3-78}$$

将式(3-78)中的 $M_1(x)$、$M_2(x)$ 分别代入式(3-76)，则分别获得两个副边线圈的感应电动势为

$$\begin{cases} e_1 = kI_0 \dfrac{\mathrm{d}x}{\mathrm{d}t} + kI_m \dfrac{\mathrm{d}x}{\mathrm{d}t}\sin\omega t - (M_0 - kx)I_m\omega\cos\omega t \\ e_2 = -kI_0 \dfrac{\mathrm{d}x}{\mathrm{d}t} - kI_m \dfrac{\mathrm{d}x}{\mathrm{d}t}\sin\omega t - (M_0 + kx)I_m\omega\cos\omega t \end{cases} \tag{3-79}$$

将以上两式相减可得

$$\Delta e = e_1 - e_2 = 2kI_0\frac{\mathrm{d}x}{\mathrm{d}t} + 2kI_\mathrm{m}\frac{\mathrm{d}x}{\mathrm{d}t}\sin\omega t + 2k\omega I_\mathrm{m}x\cos\omega t \tag{3-80}$$

式中,ω 是励磁的高频角频率。若用低通滤波器滤除上式中的 ω 成分,则可得到相应于速度的电压值为

$$E_\mathrm{V} = 2kI_0\frac{\mathrm{d}x}{\mathrm{d}t} \tag{3-81}$$

上式说明,E_V 与速度 $\mathrm{d}x/\mathrm{d}t$ 成正比,检出 E_V 即可确定速度。

图 3-38 中,差动变压器的副边由电压跟随器获得电流增益后,用减法器获得 Δe,然后用低通滤波器滤除 ω 成分,即得到 E_V,将 E_V 放大后,最终得以输出电压 U_0。

在原边,励磁交流电源频率为 $5\sim10\mathrm{kHz}$。为了有好的线性度,交流电源应稳频稳幅。

3.3 电涡流式传感器

成块的金属导体置于变化着的磁场中时,金属导体内就要产生感应电流,这种电流的流线在金属导体内自动闭合,通常称为电涡流。电涡流式传感器(线圈-金属导体系统,见图 3-39(a))就是一种基于电涡流效应原理的传感器。电涡流的大小与金属导体的电阻率 ρ、磁导率 μ、厚度 t 以及线圈与金属之间的距离 x、线圈的激磁电流角频率 ω 等参数有关。若保持其中若干参数恒定,就能按电涡流大小对线圈的作用的差异来测量另外某一参数。

电涡流传感器结构简单、频率响应宽、灵敏度高、抗干扰能力强、测量线性范围大,而且又具有非接触测量的优点,因此广泛应用于工业生产和科学研究的各个领域。电涡流传感器可以测量位移、振动、厚度、转速、温度等参数,并且还可以进行无损探伤和制作接近开关。

电涡流传感器主要有两种类型:高频反射式和低频透射式,其中高频反射式电涡流传感器应用较为广泛。

3.3.1 高频反射式电涡流传感器

3.3.1.1 基本原理

如图 3-39(a)所示,若有一块电导率为 σ、磁导率为 μ、厚度为 t、温度为 T 的金属导体板,邻近金属板一侧 x 处有一半径为 r 的线圈,当线圈中通以交变电流 i_1 时,线圈轴向周围空间就产生交变磁场 $\boldsymbol{H}_1$。此时,置于此磁场中的金属板中将产生感应电动势,从而形成电涡流 i_2,此电涡流又将产生一个磁场 $\boldsymbol{H}_2$。由于 $\boldsymbol{H}_2$ 对线圈的反作用(减弱线圈原磁场),从而导致线圈的电感量、阻抗和品质因数发生变化。

显然,传感器线圈的阻抗、电感和品质因数的变化与电涡流效应及静磁学效应有关。即与金属导体的电导率、磁导率、几何形状,以及线圈的几何参数、激励电流的大小和频率、线圈与金属导体之间的距离等参数有关。线圈的阻抗 Z 可以用一个函数表达式来描述:

$$Z = F(\sigma, \mu, t, r, x, I, \omega) \tag{3-82}$$

式中,各参数如前所述。

电涡流传感器实质是一个线圈-导体系统。系统中,线圈的阻抗是一个多元函数。若激励线圈和金属导体材料确定后,可使 σ, μ, t, r, I 及 ω 等参数不变,则此时线圈的阻抗 Z 就成为距离 x 的单值函数,即

$$Z = f(x) \tag{3-83}$$

这就是电涡流传感器测位移的原理。

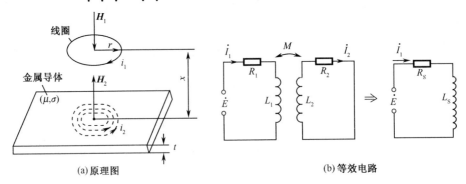

(a)原理图　　　　　　　　　　　(b)等效电路

图 3-39　电涡流传感器

3.3.1.2　等效电路分析

由线圈-金属导体系统构成的电涡流传感器可以用图 3-39(b)所示的等效电路来分析。线圈回路的电阻为 R_1,电感为 L_1,激励电流为 $\dot{I}_1$,激励电压为 $\dot{E}$;金属导体中的电涡流等效为一个短路线圈构成另一回路,涡流电阻为 R_2,涡流环路电感为 L_2,电涡流为 $\dot{I}_2$;线圈和导体之间的互感系数为 M,互感系数 M 受线圈与导体之间距离的影响。由图 3-39(b)所示的等效电路,根据基尔霍夫定律,可以列出电路方程组为

$$\begin{cases} R_1 \dot{I}_1 + j\omega L_1 \dot{I}_1 - j\omega M \dot{I}_2 = \dot{E} \\ -j\omega M \dot{I}_1 + R_2 \dot{I}_2 + j\omega L_2 \dot{I}_2 = 0 \end{cases} \tag{3-84}$$

两式联立解得

$$\begin{cases} \dot{I}_1 = \dfrac{\dot{E}}{R_1 + \dfrac{\omega^2 M^2 R_2}{R_2^2 + (\omega L_2)^2} + j\omega \left[L_1 - \dfrac{\omega^2 M^2 L_2}{R_2^2 + (\omega L_2)^2} \right]} = \dfrac{\dot{E}}{Z} \\ \dot{I}_2 = j\omega \dfrac{M \dot{I}_1}{R_2 + j\omega L_2} = \dfrac{M\omega^2 L_2 \dot{I}_1 + j\omega M R_2 \dot{I}_1}{R_2^2 + (\omega L_2)^2} \end{cases} \tag{3-85}$$

由此可得传感器线圈由于受金属导体中电涡流效应影响的复阻抗为

$$Z = R_1 + \frac{\omega^2 M^2 R_2}{R_2^2 + (\omega L_2)^2} + j\omega \left[L_1 - \frac{\omega^2 M^2 L_2}{R_2^2 + (\omega L_2)^2} \right] = R_S + j\omega L_S \tag{3-86}$$

从而可得出线圈的等效电阻和等效电感分别为

$$\begin{cases} R_S = R_1 + \dfrac{\omega^2 M^2}{R_2^2 + (\omega L_2)^2} R_2 = R_1 + R_2' \\ L_S = L_1 - \dfrac{\omega^2 M^2}{R_2^2 + (\omega L_2)^2} L_2 = L_1 - L_2' \end{cases} \tag{3-87}$$

式中,R_S 为考虑电涡流效应后,传感器线圈的等效电阻;L_S 为考虑电涡流效应后,传感器线圈的等效电感;R_2' 为电涡流环路电阻 R_2 反射到线圈内的等效电阻;L_2' 为电涡流环路电感 L_2 反射到线圈内的等效电感。

讨论:

(1) 线圈等效电阻 $R_S = R_1 + R_2'$。无论金属导体为何种材料,只要有电涡流产生就有 R_2',同

时随着导体与线圈之间距离的减小(M 增大），R_2' 会增大，因此 $R_S > R_1$。

（2）线圈的等效电感 $L_S = L_1 - L_2'$。第一项 L_1 与静磁学效应有关，由于线圈与金属导体构成一个磁路，线圈自身的电感 L_1 要受该磁路"有效磁导率"的影响，若金属导体为磁性材料时，磁路的有效磁导率随距离的减小而增大，L_1 也就增大；若金属导体为非磁性材料，磁路的有效磁导率不会随距离而变，因此 L_1 不变。第二项 L_2' 与电涡流效应有关，电涡流产生一与原磁场方向相反的磁场并由此减小线圈电感，线圈与导体间距离越小（M 越大），L_2' 越大，电感量的减小程度越大，故从总的结果来看 $L_S < L_1$。

（3）线圈原有的品质因数 $Q_0 = \omega L_1/R_1$，当产生电涡流效应后，线圈的品质因数 $Q = \omega L_S/R_S$，显然 $Q < Q_0$。

3.3.1.3 电涡流的形成范围

为了得到线圈-金属导体系统的输出特性，必须知道金属导体上的电涡流的分布情况。电涡流的分布是不均匀的，电涡流密度 j 不仅是距离 x 的函数，而且电涡流只能在金属导体的表面薄层（<1mm）内形成，在半径方向上也只能在有限的范围内形成电涡流。通过分析，电涡流密度与 x、r 的关系曲线如图 3-40 所示，其中 r_{os} 为传感器线圈外半径，r 为电涡流环半径。由图 3-40 可知：

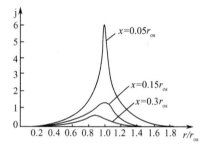

为了能产生较强的电涡流效应，应使线圈与金属导体间距离 $x/r_{os} < 1$，一般取 $x/r_{os} = 0.05 \sim 0.15$。

在径向距离 $r = r_{os}$ 处，电涡流密度最大；在 $r = 1.8r_{os}$ 处，电涡流密度衰减到最大值的 5%；在 $r < 0.4r_{os}$ 时，电涡流趋于零。

图 3-40 电涡流密度与 x、r 的关系曲线

3.3.1.4 电涡流式传感器的基本结构

电涡流式传感器的基本结构如图 3-41 所示。线圈 1 绕制在用聚四氟乙烯做成的线圈骨

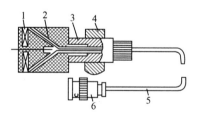

图 3-41 电涡流传感器结构

架 2 内，线圈用多股漆包线或银线绕制成扁平盘状。使用时，通过骨架衬套 3 将整个传感器安装在支架 4 上，5、6 是电缆和插头。传感器的一些主要技术参数如下：线圈外径分别为 $\Phi7\text{mm}$、$\Phi15\text{mm}$、$\Phi28\text{mm}$ 时，线性范围分别为 1mm、3mm、5mm，分辨力分别为 $1\mu\text{m}$、$3\mu\text{m}$、$5\mu\text{m}$；非线性误差约为 3%；使用温度范围为 $-15 \sim +80^\circ\text{C}$。

3.3.1.5 测量电路

根据电涡流传感器的原理，被测参量可以由传感器转换为传感器线圈的阻抗 Z、电感 L 和品质因数 Q 等三个电参数。究竟利用哪个参数并将其最后变换为电压或电流信号输出，这要由测量电路决定。电涡流传感器作测量时，为了提高灵敏度，用已知电容 C 与传感器线圈并联（一般在传感器内）组成 LC 并联谐振回路。传感器线圈等效电感的变化使并联谐振回路的谐振频率发生变化，将其被测量变换为电压或电流信号输出。并联谐振回路的谐振频率为

$$f = \frac{1}{2\pi \sqrt{LC}} \tag{3-88}$$

目前,电涡流传感器所配用的谐振式测量电路有调幅式和调频式两类,以及交流电桥测量电路。

1. 调幅式测量电路

调幅式测量电路如图 3-42(a)所示,图中电感线圈 L 和电容 C 是构成传感器的基本电路元件。稳频稳幅正弦波振荡器的输出信号由电阻 R 加到传感器上。先使传感器远离被测物,则 $L=L_\infty$(即 x 趋于 ∞ 时的电感值),调振荡器的频率到 $f_0-1/(2\pi\sqrt{L_\infty C})$,得出最大输出电压 u_∞。然后保持振荡器的频率 f_0 和幅值不变,当被测物与传感器线圈接近时,由于电涡流效应,使线圈的电感量 L 变化,并使回路失谐,从而使输出电压 u 降低,由 u 的下降程度判断距离 x 的大小。按照图示原理线路,将 $L \sim x$ 的关系转换成 $u \sim x$ 的关系,可得图 3-42(b)所示输出特性曲线。位移型电涡流传感器的线性范围大约为 1/5 线圈外径,而且线性程度较差,非线性误差约为 3%。

如果保持正弦波振荡器的幅值不变,改变振荡器的频率,使传感器线圈处于不同状态时电路都产生谐振,则可得如图 3-43 所示的传感器回路的并联谐振曲线,即 $u \sim f$ 曲线。当传感器线圈处于空气中不与任何导体靠近(即 $x \to \infty$,$L=L_\infty$)时,谐振频率为 f_0,谐振曲线峰值最高;当线圈与铁磁性导体材料靠近(距离 x 减小)时,线圈的等效电感增大,谐振频率减小为 f_1、f_2 等,谐振曲线左移,峰值降低,底部变宽;若线圈与非铁磁性材料靠近时,线圈的等效电感减小,谐振频率增大为 f_1'、f_2' 等,谐振曲线右移,峰值也是降低,底部变宽。

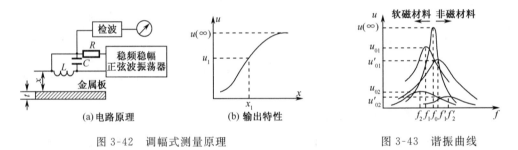

图 3-42　调幅式测量原理　　　　　　图 3-43　谐振曲线

2. 调频式测量电路

所谓调频就是指用被测量的变化去改变(调制)激励信号的工作频率,使激励信号的工作频率随被测量的变化而变化。调频谐振电路的特点,即电涡流传感器的电感线圈就是激励振荡器的一个振荡元件。所以线圈电感量的变化可以直接使振荡器的振荡频率发生变化,从而实现频率调制。然后通过鉴频器及附加电路将频率的变化再变成电压输出。其原理如图 3-44(a)所示。

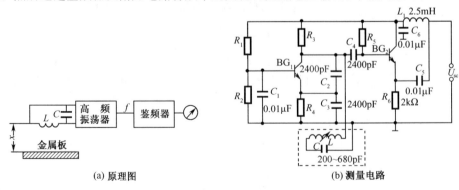

图 3-44　调频式测量电路

图 3-44(b)是一简单调频电路。它由两部分组成:晶体管 BG_1 与电容 C_2、C_3 传感器构成一个电容三点式振荡器,其振荡频率 f 随传感器电感 $L(x)$ 的变化而变化;晶体管 BG_2 与射极电阻 R_6 等元件构成一个射极输出器,起阻抗匹配作用;最终将频率变为电压输出。

3. 电桥测量电路

如图 3-45 所示,图中 Z_1、Z_2 为差动式传感器的两个线圈,或者一个是传感器线圈,一个是固定平衡线圈。桥路输出电压幅值随传感器线圈阻抗变化而变化。

图 3-45　电涡流式传感器测量电桥

3.3.2　低频透射式电涡流传感器

金属导体内电涡流的贯穿深度 δ 与传感器线圈激励电流的频率 f 有关($\delta = \sqrt{\rho/(\pi\mu f)}$,其中 ρ、μ 分别为金属导体材料的电阻率和磁导率),频率越低,贯穿深度越厚。因此,采用低频电流激励时,可以测量金属导体的厚度。图 3-46(a) 是低频透射式电涡流测厚仪的原理图。图中发射线圈 L_1 和接收线圈 L_2 分别处于被测金属材料 M 的两边。由振荡器产生的音频电压 u_1 加到 L_1 的两端后,线圈中即流过一个同频率的交流电流,并在其周围产生一交变磁场。如果两线圈间不存在被测材料 M,L_1 的磁场就能直接贯穿 L_2,于是 L_2 的两端会产生一交变感应电动势 u_2。当 L_1 与 L_2 之间放置一金属板 M 后,L_1 产生的交变磁场在 M 中会产生涡流 i,这个涡流损耗了 L_1 的部分磁场能量,使其贯穿 M 后耦合到 L_2 的磁通量减少,从而引起感应电势 u_2 的下降。当激励频率 f,L_1 和 L_2 的结构、线圈匝数以及它们之间的相对位置一定时,线圈 L_2 中的感应电动势 u_2 的大小就与被测材料的厚度 t 成反比,如图 3-46(b) 所示。这就是其测厚的原理。

实际上,M 中电涡流 i 的大小,除了与材料的厚度 t 有关外,还与材料的电阻率 ρ 有关。而金属材料的 ρ 值与材料的化学成分和物理状态(如温度)有关。因此,为了获得正确的测量结果,可采用标准样块进行校正,并保持被测材料温度的恒定。

理论分析和实验证明:u_2 与 $e^{-t/\delta}$ 成正比,其中 t 为 M 的厚度,δ 为电涡流 i 的渗透深度,δ 又与 $\sqrt{\rho/f}$ 成正比,其中 ρ 为被测

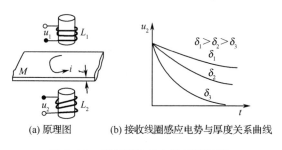

(a) 原理图　　(b) 接收线圈感应电势与厚度关系曲线

图 3-46　低频透射式电涡流测厚仪

材料电阻率,f 为交变激励电磁场频率。所以,接收线圈的电压 u_2 随被测材料的厚度 t 按负指数幂的规律减小。图 3-46(b) 示出不同的 δ 下,$u_2\sim t$ 的变化曲线。对于确定的被测材料,其电阻率 ρ 为定值,电涡流的渗透深度 δ 就只随交变电磁场的频率 f 而变。当频率 f 确定即 δ 确定后,u_2 仅与厚度 t 有关,对应图中任一条曲线;当选用不同频率 f(即不同的 δ)时,对应图中不同的曲线。由图可见:δ 较小(即 f 较高)时,线性不好;反之,δ 较大时,线性改善。因此,为使仪器有较宽的测量范围,应选用较低的激励频率 f,通常为 1kHz 左右。厚度 t 较小时,δ_3(即 f 较高)有较高的灵敏度;而在 t 较大的情况下,δ_1 的灵敏度大于 δ_2 和 δ_3。由此可以根据被测材料的厚度要求来选择激励频率 f。

此外,对于一定的激励频率 f,当被测材料的电阻率 ρ 不同时,渗透深度 δ 的值也不同,于是又引起 $u_2 = f(t)$ 曲线的变化。为使测量不同 ρ 值的材料时所得到的曲线形状相近,就需在

ρ 变化时保持 δ 不变,这时应该相应地改变 f,即测 ρ 较小的材料(如紫铜)时,选用较低的频率 $f(500\mathrm{Hz})$,而测 ρ 较大的材料(如黄铜、铝)时,则选用频率较高的 $f(2\mathrm{kHz})$,从而保证传感器在测量不同材料时的线性度和灵敏度。

3.3.3 电涡流式传感器的应用

1. 位移测量

电涡流传感器可以用来测量各种形状试件的位移量。例如,汽轮机主轴的轴向位移(图 3-47(a));磨床换向阀、先导阀的位移(图 3-47(b));金属试件的热膨胀系数(图 3-47(c))等。

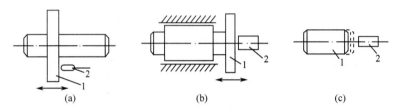

图 3-47　电涡流位移计

1—被测试件;2—电涡流传感器

测量位移的范围可从 $0\sim1\mathrm{mm}$ 到 $0\sim30\mathrm{mm}$,国外个别产品已达 $80\mathrm{mm}$,一般的分辨率为满量程的 0.1%,也有分辨力达 $0.05\mu\mathrm{m}$ 的(其满量程为 $0\sim15\mu\mathrm{m}$)。凡是可变换成位移量的参数,都可以用电涡流式传感器来测量,如钢水液位、纱线的张力、流体压力等。我国有实验表明,用电涡流传感器测 $600\mathrm{mm}$ 以上的炉衬厚度(即炉内钢水和传感器的距离)也是可行的。

2. 振幅测量

电涡流式传感器可以对各种振动的幅值进行无接触测量。在汽轮机、空气压缩机中常用电涡流式传感器来监控主轴的径向振动(图 3-48(a)),也可测量涡轮叶片的振幅(图 3-48(b))。在研究轴的振动时,需要了解轴的振动形式,绘出轴的振形图,为此,可用多个传感器并排地安装在轴的附近(图 3-48(c)),用多通道指示仪输出并记录,或用计算机进行多通道数据采集,便可以获得主轴上各个位置的瞬时振幅及轴振形图。

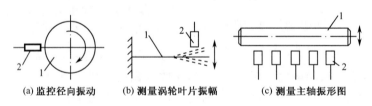

(a) 监控径向振动　　(b) 测量涡轮叶片振幅　　(c) 测量主轴振形图

图 3-48　电涡流振幅测量

1—被测试件;2—电涡流传感器

3. 电涡流转速计

电涡流转速计的工作原理如图 3-49 所示,在转轴(或飞轮)上开一键槽,靠近轴表面安装电涡流传感器,轴转动时便能检出传感器与轴表面的间隙变化,从而得到相对于键槽的脉冲信号,经放大、整形后,获得相对于键槽的脉冲方波信号,然后可由频率计计数并指示频率值即转速(其脉冲信号频率与轴的转速成正比)。为了提高转速测量的分辨率,可采用细分方法,在轴圆周上增加键槽数。开一个键槽，转一周输出一个脉冲；开四个键槽，转一周可输出四个脉冲，以此类推。

用同样的方法可将电涡流传感器安装在金属产品输送线上，对产品进行计数，如图 3-50 所示。

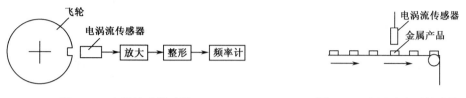

图 3-49　电涡流式转速计　　　　　　　　图 3-50　电涡流式零件计数器

4. 尺寸测量

电涡流传感器可以测量试件的几何尺寸，如图 3-51(a)所示，被测工件通过传送线时，几何尺寸不合格(过大或小)的工件通过电涡流传感器时，传感器会输出不同的信号；图 3-51(b)是工件表面粗糙度测量，当表面不平整时，传感器输出信号有波动。

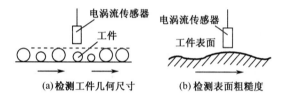

(a)检测工件几何尺寸　　　　　(b)检测表面粗糙度

图 3-51　几何尺寸测量电涡流传感器

5. 电涡流温度测量

一般情况下，金属导体的电阻率 ρ 与温度 t 的关系是较复杂的，但在较小的温度范围内可以用下式表示：

$$\rho_t = \rho_o(1 + \alpha \Delta t) \tag{3-89}$$

式中，ρ_o、ρ_t 分别为温度为 t_0、t 时材料的电阻率；α 为材料的电阻温度系数；Δt 为温度变化 ($\Delta t = t - t_0$)。

由式(3-89)知，若能测出导体的电阻率随温度变化的值，就可求得相应的温度变化值。而在利用电涡流传感器测量温度时，我们可以设法保持传感器线圈与导体间距离、导体的磁导率、线圈的结构和几何参数以及激励电流频率等不变，从而使电涡流传感器的输出只随导体电阻率 ρ 的变化而变化，即只随导体的温度变化而变化。

(1)表面温度的测量

图 3-52(a)是电涡流温度计的结构示意图。使电涡流传感器线圈靠近被测金属导体表面，把它和电容 C 组成谐振回路，由计数器测量振荡器输出振荡信号的频率，便可测出导体表面温度的高低。

(2)介质温度的测量

图 3-52(b)是电涡流传感器测量液态或气态介质温度的结构原理图。它用金属或半导体作为温度敏感元件，传感器的测量线圈靠近温度敏感元件，补偿线圈远离温度敏感元件。测量时，把传感器端部放入被测介质中，温度敏感元件由于周围温度变化引起它的电阻率变化，从而导致测量线圈的等效阻抗(或电感)变化，用测量电路测出传感器线圈的参数，就可以确定传感器所在介质的温度。

电涡流传感器测温的最大优点是能够快速测量。其他温度计往往有热惯性问题，时间常

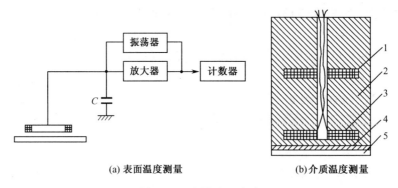

(a) 表面温度测量   (b)介质温度测量

图 3-52   电涡流温度计

1—补偿线圈;2—骨架;3—测量线圈;4—绝缘衬套;5—温度敏感元件

数为几秒甚至更长,而用厚度为 0.0015mm 的铅板作为热敏元件所组成的电涡流式温度计,其热惯性为 0.001s。

6. 涡流探伤仪

涡流探伤仪是一种无损检测装置,用于探测金属导体材料表面或近表面裂纹、热处理裂纹以及焊缝裂纹等缺陷。测试时,传感器与被测物体距离保持不变,遇有裂纹时,金属的电阻率、磁导率发生变化,裂缝处也有位移量的改变,结果使传感器的输出信号也发生变化。

教学课件

思考题与习题

3-1 试述变隙式电感传感器的结构、工作原理和输出特性。差动变隙式传感器有哪些优点?

3-2 为什么螺管式电感传感器比变隙式电感传感器有更大的位移范围?

3-3 如何提高螺管式电感传感器的线性度和灵敏度?

3-4 电感式传感器和差动变压器传感器的零点残余误差是怎样产生的? 如何消除?

3-5 差动螺管式电感传感器与差动变压器传感器有哪些主要区别?

3-6 电感式传感器和差动变压器式传感器测量电路的主要任务是什么? 变压器式电桥和带相敏检波的交流电桥,谁能更好地完成这一任务? 为什么?

3-7 电感传感器测量的基本量是什么? 请说明差动变压器加速度传感器和电感式压力传感器的基本原理。

3-8 差动变压器传感器的激励电压与频率应如何选择?

3-9 什么叫电涡流效应? 什么叫线圈-导体系统?

3-10 概述高频反射式电涡流传感器的基本结构和工作原理,并说明为什么电涡流传感器也属于电感式传感器。

3-11 使用电涡流传感器测量位移或振幅时,对被测物体要考虑哪些因素? 为什么?

3-12 电涡流的形成范围包括哪些内容? 它们的主要特点是什么?

3-13 被测物体对电涡流传感器的灵敏度有何影响?

3-14 简述电涡流传感器三种测量电路(恒频调幅式、变频调幅式和调频式)的工作原理。

3-15 某差动螺管式电感传感器(参见图 3-4)的结构参数为单个线圈匝数 $W = 800$ 匝,$l = 10$mm,$l_c = 6$mm,$r = 5$mm,$r_c = 1$mm,设实际应用中铁心的相对磁导率 $\mu_r = 3000$,试求:

(1)在平衡状态下单个线圈的电感量 L_o,电感灵敏度 K_L;

(2)若将其接入变压器电桥,电源频率为 1000Hz,电压 $E = 1.8$V,设电感线圈有效电阻可忽略,求该传感

器灵敏度 K;

(3)若要控制理论线性度在 1% 以内,最大量程为多少?

3-16 有一只差动电感位移传感器,已知电源电压 $U_{sr} = 4V$,$f = 400Hz$,传感器线圈铜电阻与电感量分别为 $R = 40\Omega$,$L = 30mH$,用两只匹配电阻设计成四臂等阻抗电桥,如习题 3-16 图所示,试求:

(1)匹配电阻 R_3 和 R_4 的值;

(2)当 $\Delta Z = 10\Omega$ 时,分别接成单臂和差动电桥后的输出电压值;

(3)用相量图表明输出电压 $\dot{U}_{sc}$ 与输入电压 $\dot{U}_{sr}$ 之间的相位差。

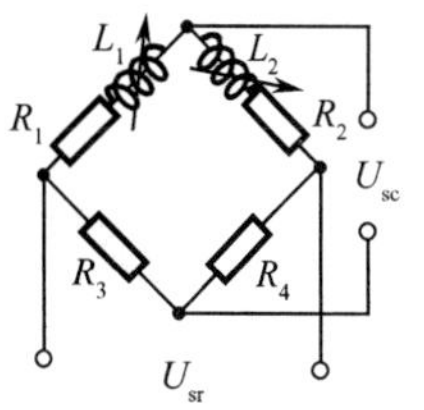

习题 3-16 图

3-17 如图 3-1(a)所示气隙型电感传感器,衔铁截面积 $S = 4 \times 4mm^2$,气隙总长度 $\delta = 0.8mm$,衔铁最大位移 $\Delta\delta = \pm 0.08mm$,激励线圈匝数 $W = 2500$ 匝,导线直径 $d = 0.06mm$,电阻率 $\rho = 1.75 \times 10^{-6} \Omega \cdot cm$,当激励电源频率 $f = 4000Hz$ 时,忽略漏磁及铁损,求:

(1)线圈电感值;

(2)电感的最大变化量;

(3)线圈的直流电阻值;

(4)线圈的品质因数;

(5)当线圈存在 200pF 分布电容与之并联后其等效电感值。

3-18 如图 3-4(b)所示差动螺管式电感传感器,其结构参数如下:$l = 160mm$,$r = 4mm$,$r_c = 2.5mm$,$l_c = 96mm$,导线直径 $d = 0.25mm$,电阻率 $\rho = 1.75 \times 10^{-6} \Omega \cdot cm$,线圈匝数 $W_1 = W_2 = 3000$ 匝,铁心相对磁导率 $\mu_r = 30$,激励电源频率 $f = 3000Hz$。要求:

(1)估算单个线圈的电感值 L,直流电阻 R,品质因数 Q;

(2)当铁心移动 $\pm 5mm$ 时,线圈的电感的变化量 ΔL;

(3)当采用交流电桥检测时,其桥路电源电压有效值 $E = 6V$,要求设计电路具有最大输出电压值,画出相应桥路原理图,并求输出电压值。

3-19 某线性差动变压器式传感器用频率为 1kHz,峰-峰值为 6V 的电源激励,设衔铁的运动为 100Hz 的正弦运动,其位移幅值为 $\pm 2mm$,已知传感器的灵敏度为 2V/mm,试画出激励电压、输入位移和输出电压的波形。

教学要求

第4章 电容式传感器

电容式传感器是以各种类型的电容器作为传感元件,将被测量的变化转换成电容量变化的一种传感器(被测量→ΔC)。它广泛应用于位移、振动、加速度、角度、压力、液位、成分含量等的测量。电容式传感器的特点是:结构简单,零漂小,动态响应快,灵敏度高,易实现非接触测量等;但寄生电容影响较大,易受干扰,需采取屏蔽措施;输出阻抗高,负载能力差;变间隙式测量时具有非线性输出。随着电子技术的发展,其缺点正在逐步被克服。

4.1 电容式传感器的工作原理及结构类型

4.1.1 工作原理

以平板电容器为例来说明电容式传感器的工作原理。对图4-1所示平板电容器,当忽略电容器边缘效应时,其电容量为

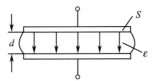

图4-1 平板电容器

$$C = \frac{\varepsilon S}{d} = \frac{\varepsilon_r \varepsilon_0 S}{d} \qquad (4-1)$$

式中,C 为电容量;S 为极板面积;d 为极板间的距离;ε 为极板间介质的介电常数,$\varepsilon = \varepsilon_r \varepsilon_0$;$\varepsilon_0$ 为真空介电常数,$\varepsilon_0 = 8.85 \times 10^{-12} \mathrm{F \cdot m^{-1}}$;$\varepsilon_r$ 为极板间介质的相对介电常数。

由式(4-1)知,当 d、S 和 ε(或 ε_r)任一参数变化时,电容量 C 也随之变化,从而使其测量电路输出电压或电流发生相应变化。

4.1.2 结构类型

电容式传感器在实际应用中有三种基本类型,即变极距(d)(或称变间隙)型、变面积(S)型和变介电常数(ε)型。它们的电极形状有平板形、圆柱形和球形(少用)三种。

图4-2示出一些电容式传感器的原理结构形式。其中图4-2(a)和(b)为变间隙式;图4-2(c)~

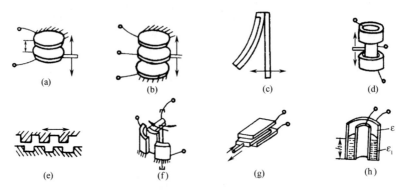

图4-2 几种不同的电容式传感器的原理结构图

(f)为变面积式;图 4-2(g)和(h)为变介电常数式。变间隙式一般用来测量微小位移($0.01\sim10^2\mu m$);变面积式一般用于测量角位移($1°\sim100°$)或较大线位移;变介电常数常用于物位测量及介质温度、密度、组分测量等。其他物理量须转换成电容器的 d、S 或 ε 的变化再进行测量。

4.2 电容式传感器的静态特性

4.2.1 变间隙式电容传感器

1. 空气介质的变间隙式电容传感器

图 4-3(a)是这种类型传感器的结构原理图。图中 2 为静止极板(定极板),而极板 1 为与被测体相连的动极板。当极板 1 因被测量改变而引起移动时,就改变了两极板间的距离 d,从而改变了两极板间的电容量 C。从式(4-1)知,C 与 d 的关系曲线为一双曲线,如图 4-3(b)所示。被测量→动极板移动→极板间距 d 变化 Δd→电容量 C 变化 ΔC。

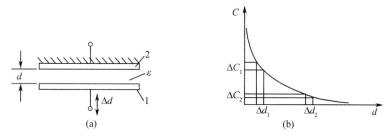

图 4-3 变间隙式电容传感器原理结构及 C-d 特性曲线

设极板面积为 S,初始距离为 d_0,以空气为介质($\varepsilon=\varepsilon_0$)的电容器的电容值为

$$C_0 = \frac{\varepsilon_0 S}{d_0} \tag{4-2}$$

当间隙 d_0 减小 Δd 时,且 $\Delta d \ll d_0$,则电容增加 ΔC,即

$$C_0 + \Delta C = \frac{\varepsilon_0 S}{d_0 - \Delta d} = \frac{\varepsilon_0 S}{d_0} \frac{1}{1 - \Delta d/d_0} = C_0 \frac{1}{1 - \Delta d/d_0} \tag{4-3}$$

由于 $\Delta d/d_0 < 1$,则

$$C_0 + \Delta C = C_0 \left[1 + \frac{\Delta d}{d_0} + \left(\frac{\Delta d}{d_0}\right)^2 + \left(\frac{\Delta d}{d_0}\right)^3 + \cdots \right]$$

$$\frac{\Delta C}{C_0} = \frac{\Delta d}{d_0} \left[1 + \frac{\Delta d}{d_0} + \left(\frac{\Delta d}{d_0}\right)^2 + \cdots \right] \tag{4-4}$$

由式(4-4)可知,输出电容的相对变化 $\Delta C/C_0$ 与输入位移 Δd 之间的关系是非线性的,当 $\Delta d/d_0 \ll 1$ 时,可略去其高次项,得到近似线性关系式

$$\frac{\Delta C}{C_0} \approx \frac{\Delta d}{d_0} \tag{4-5}$$

电容传感器的静态灵敏度为

$$K = \frac{\Delta C/C_0}{\Delta d} = \frac{1}{d_0} \tag{4-6}$$

它说明了单位输入位移所引起的输出电容相对变化的大小。

如果考虑式(4-4)中的线性项和二次项,则得

$$\frac{\Delta C}{C_0} = \frac{\Delta d}{d_0}\left(1 + \frac{\Delta d}{d_0}\right) \tag{4-7}$$

由此得到其相对非线性误差 δ_L 为

$$\delta_L = \frac{\left|(\Delta d/d_0)^2\right|}{\left|\Delta d/d_0\right|} \times 100\% = \left|\Delta d/d_0\right| \times 100\% \tag{4-8}$$

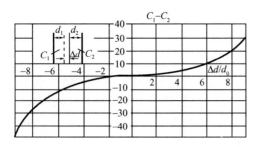

图 4-4 差动式电容传感器的 $\Delta C \sim \Delta d/d_0$ 曲线

从式(4-6)可以看出,要提高灵敏度,应减小起始间距 d_0;但 d_0 的减小受到电容器击穿电压的限制,同时对加工精度的要求也提高了;而式(4-8)表明非线性误差随着相对位移的增加而增加,减小 d_0,相应地增大了非线性。

在实际应用中,为了提高灵敏度,减小非线性,大都采用差动式结构,如图 4-4 所示。在差动式电容传感器中,当动极板位移 Δd 时,电容器 C_1 的间隙 d_1 变为 $d_0 - \Delta d$,电容器 C_2 的间隙 d_2 变为 $d_0 + \Delta d$,它们的特性方程分别为

$$C_1 = C_0\left[1 + \frac{\Delta d}{d_0} + \left(\frac{\Delta d}{d_0}\right)^2 + \left(\frac{\Delta d}{d_0}\right)^3 + \cdots\right]$$

$$C_2 = C_0\left[1 - \frac{\Delta d}{d_0} + \left(\frac{\Delta d}{d_0}\right)^2 - \left(\frac{\Delta d}{d_0}\right)^3 + \cdots\right]$$

电容值总的变化为

$$\Delta C = C_1 - C_2 = C_0\left[2\frac{\Delta d}{d_0} + 2\left(\frac{\Delta d}{d_0}\right)^3 + \cdots\right]$$

电容的相对变化为

$$\frac{\Delta C}{C_0} = 2\frac{\Delta d}{d_0}\left[1 + \left(\frac{\Delta d}{d_0}\right)^2 + \left(\frac{\Delta d}{d_0}\right)^4 + \cdots\right] \tag{4-9}$$

当 $\Delta d/d_0 \ll 1$ 时,略去高次项,得

$$\frac{\Delta C}{C_0} = 2\frac{\Delta d}{d_0} \tag{4-10}$$

可见 $\Delta C/C_0$ 与 $\Delta d/d_0$ 近似呈线性关系。传感器的灵敏度 K' 为

$$K' = \frac{\Delta C/C_0}{\Delta d} = \frac{2}{d_0} \tag{4-11}$$

只考虑式(4-9)中的线性项和三次项,则差动式电容传感器的相对非线性误差 δ'_L 近似为

$$\delta'_L = \frac{\left|2(\Delta d/d_0)^3\right|}{\left|2(\Delta d/d_0)\right|} \times 100\% = \left(\frac{\Delta d}{d_0}\right)^2 \times 100\% \tag{4-12}$$

比较式(4-6)与式(4-11)及式(4-8)与式(4-12)可见,电容式传感器做成差动式结构后,非线性误差大大降低了,而灵敏度则提高了一倍。与此同时,差动式电容传感器还能减小静电引力给测量带来的影响,并有效地改善了由于环境影响所造成的误差。

差动式电容传感器的 $\Delta C \sim \Delta d/d_0$ 曲线画出在图 4-4 中。

2. 具有固体介质的变间隙式电容传感器

从上述分析可知,减小极板间距离可以提高灵敏度,但又容易引起击穿。为此,经常在两

极板间加一层云母或塑料膜来改善电容器的耐压性能,如图 4-5 所示,这就构成了平行极板间具有固体介质可变空气隙的电容式传感器。

设极板的面积为 S,空气隙为 d_1,介电常为 $\varepsilon_1=\varepsilon_0$,固体介质厚度为 d_2,介电常数为 $\varepsilon_2=\varepsilon_{r2}\varepsilon_0$,则电容器的初始电容为

$$C = \frac{\varepsilon_0 S}{d_1 + d_2/\varepsilon_{r2}} \qquad (4-13)$$

式中,ε_{r2} 为固体介质的相对介电常数。如果空气隙 d_1 减小 Δd_1,电容器的电容 C 将增大 ΔC,变为

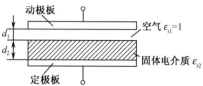

图 4-5　具有固体介质的
变隙式电容传感器

$$C + \Delta C = \frac{\varepsilon_0 S}{d_1 - \Delta d_1 + d_2/\varepsilon_{r2}}$$

电容值的相对变化为(推导见教学课件)

$$\frac{\Delta C}{C} = \frac{\Delta d_1}{d_1 + d_2} N_1 \frac{1}{1 - N_1 \Delta d_1/(d_1 + d_2)} \qquad (4-14)$$

式中

$$N_1 = \frac{d_1 + d_2}{d_1 + d_2/\varepsilon_{r2}} = \frac{1 + d_2/d_1}{1 + d_2/d_1\varepsilon_{r2}} \qquad (4-15)$$

当 $N_1 \Delta d_1/(d_1 + d_2) < 1$,即位移 Δd_1 很小时,可得

$$\frac{\Delta C}{C} = \frac{\Delta d_1}{d_1 + d_2} N_1 \left[1 + N_1 \frac{\Delta d_1}{d_1 + d_2} + \left(N_1 \frac{\Delta d_1}{d_1 + d_2} \right)^2 + \cdots \right] \qquad (4-16)$$

略去高次项可得到近似关系式

$$\frac{\Delta C}{C} \approx N_1 \frac{\Delta d_1}{d_1 + d_2} \qquad (4-17)$$

式(4-16)和式(4-17)表明,N_1 既是灵敏度因子,又是非线性因子。N_1 的值取决于电介质层的厚度比 d_2/d_1 和固体介质的相对介电常数 ε_{r2}。增大 N_1,提高了灵敏度,但非线性误差也随着增大了。

图 4-6 是以 ε_{r2} 为参变量画出的 $N_1 \sim d_2/d_1$ 的曲线族。它表明,当 $\varepsilon_{r2}=1$ 时,$N_1=1$,即极板间隙全部为空气隙,蜕变为空气隙平板电容器。当 $\varepsilon_{r2}>1$ 时,$N_1>1$,并随 d_2/d_1 的增加而增加,当 d_2/d_1 很大时(空气隙很小,亦即电容器近似为固体介质电容器)所得 N_1 的极限值为 ε_{r2}。此外,在相同的 d_2/d_1 值下,N_1 随 ε_{r2} 增加而增加。

若采用如上节所述的差动结构时,式(4-16)中的偶次项被抵消,灵敏度和非线性就得到了改善。

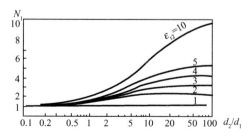

图 4-6　对于不同的 ε_{r2} 的 $N_1 \sim d_2/d_1$ 关系曲线

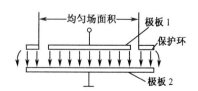

图 4-7　带有保护环的平板电容器

以上分析是在忽略电容器的极板边缘效应下得到的。为了消除边缘效应的影响,可以采用设置保护环的方法,如图4-7所示。保护环与极板1具有同一电位,于是将极板间的边缘效应移到保护环与极板2的边缘,从而在极板1和极板2之间得到均匀的场强分布。

4.2.2 变面积式电容传感器

图4-8(a)为一直线位移式电容传感器原理图。当动极板移动 Δx 后,面积 S 就改变了,电容值也就随之改变。在忽略边缘效应时,电容值为

$$C_x = \frac{\varepsilon b(a - \Delta x)}{d} = \frac{\varepsilon ba - \varepsilon b \Delta x}{d} = C_0 - \frac{\varepsilon b}{d} \Delta x$$

$$\Delta C = C_x - C_0 = -\frac{\varepsilon b}{d} \Delta x \qquad (4\text{-}18)$$

式中,ε 为电容器极板间介质的介电常数;C_0 为电容器初始电容,$C_0 = \varepsilon ab/d$。

灵敏度 K 为

$$K = -\frac{\Delta C}{\Delta x} = \frac{\varepsilon b}{d} \qquad (4\text{-}19)$$

由式(4-18)、式(4-19)可知,在忽略边缘效应的条件下,变面积式电容传感器的输出特性是线性的,灵敏度 K 为一常数。增大极板边长 b,减小间距 d 都可以提高灵敏度。但极板宽度 a 不宜过小,否则会因为边缘效应的增加影响其线性特性。

对于图4-2(e)所示的电容传感器,它是图4-8(a)的一种变形。采用齿形极板的目的是为了增加遮盖面积,提高分辨率和灵敏度。当极板的齿数为 n 时,移动 Δx 后电容为

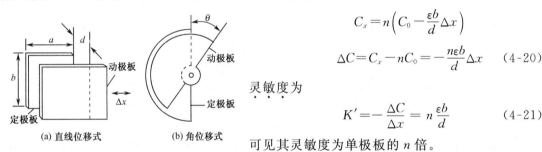

$$C_x = n\left(C_0 - \frac{\varepsilon b}{d} \Delta x\right)$$

$$\Delta C = C_x - nC_0 = -\frac{n\varepsilon b}{d} \Delta x \qquad (4\text{-}20)$$

灵敏度为

$$K' = -\frac{\Delta C}{\Delta x} = n\frac{\varepsilon b}{d} \qquad (4\text{-}21)$$

可见其灵敏度为单极板的 n 倍。

(a) 直线位移式　(b) 角位移式

图4-8 变面积式电容传感器

图4-8(b)是角位移电容传感器原理图。当动片有一角位移 θ 时,两极板间覆盖面积 S 就改变,从而改变了两极板间的电容量。

当 $\theta = 0$ 时,

$$C_0 = \frac{\varepsilon S}{d}$$

当 $\theta \neq 0$ 时,

$$C_\theta = \frac{\varepsilon S(1 - \theta/\pi)}{d} = C_0(1 - \theta/\pi)$$

$$\Delta C = C_\theta - C_0 = -C_0 \frac{\theta}{\pi} \qquad (4\text{-}22)$$

灵敏度 K_θ 为

$$K_\theta = -\frac{\Delta C}{\theta} = \frac{C_0}{\pi} \qquad (4\text{-}23)$$

由式(4-22)、式(4-23)知,角位移式电容传感器的输出特性是线性的,灵敏度 K_θ 为常数。

4.2.3　变介电常数式电容传感器

变介电常数式电容传感器的结构形式有很多种,在图 4-2(h)所示的是在液位计中经常使用的电容式传感器的形式。图 4-9 示出另一种测量介质介电常数变化的电容式传感器结构。

设电容器极板面积为 S,间隙为 a,当有一厚度为 d、相对介电常数为 ε_r 的固体介质通过极板间隙时,电容器的电容值为

$$C = \frac{\varepsilon_0 S}{a - d + d/\varepsilon_r} \qquad (4\text{-}24)$$

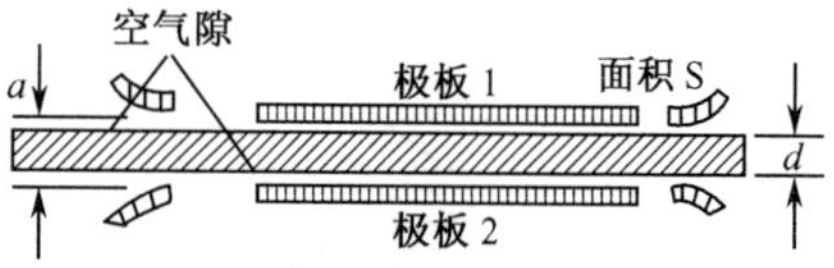

图 4-9　变介电常数式电容传感器

若固体介质的相对介电常数增加 $\Delta\varepsilon_r$(例如湿度增高)时,电容值也将相应增加 ΔC,于是有

$$C + \Delta C = \frac{\varepsilon_0 S}{a - d + d/(\varepsilon_r + \Delta\varepsilon_r)}$$

电容量的相对变化为(推导见教学课件)

$$\frac{\Delta C}{C} = \frac{\Delta\varepsilon_r}{\varepsilon_r} N_2 \frac{1}{1 + N_3(\Delta\varepsilon_r/\varepsilon_r)} \qquad (4\text{-}25)$$

式中

$$N_2 = \frac{1}{1 + [\varepsilon_r(a-d)/d]} \qquad (4\text{-}26)$$

$$N_3 = \frac{1}{1 + [d/\varepsilon_r(a-d)]} \qquad (4\text{-}27)$$

在 $N_3(\Delta\varepsilon_r/\varepsilon_r) < 1$ 时,式(4-25)可写成

$$\frac{\Delta C}{C} = \frac{\Delta\varepsilon_r}{\varepsilon_r} N_2 \left[1 - \left(N_3 \frac{\Delta\varepsilon_r}{\varepsilon_r} \right) + \left(N_3 \frac{\Delta\varepsilon_r}{\varepsilon_r} \right)^2 - \left(N_3 \frac{\Delta\varepsilon_r}{\varepsilon_r} \right)^3 + \cdots \right] \qquad (4\text{-}28)$$

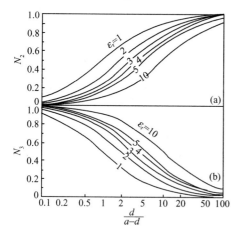

图 4-10　N_2 和 N_3 与间隙比 $d/(a-d)$ 的关系曲线

由上式可见,N_2 为灵敏度因子,N_3 为非线性因子。间隙比 $d/(a-d)$ 越大,则灵敏度越高,非线性越小。同时,它又与固体介质的介电常数有关,介电常数小的材料可以得到较高的灵敏度和较低的非线性。图 4-10 画出了 N_2 和 N_3 与间隙比 $d/(a-d)$ 的关系曲线,曲线以 ε_r 为参变量。

图 4-9 所示电容传感器也可以用来测量介电材料厚度的变化。在这种情况下,介电材料的相对介电常数 ε_r 为常数,而厚度 d 则是自变量。此时电容值在厚度变化 Δd 时的相对变化为(推导见教学课件)

$$\frac{\Delta C}{C} = \frac{\Delta d}{d} N_4 \frac{1}{1 - N_4(\Delta d/d)} \qquad (4\text{-}29)$$

式中

$$N_4 = \frac{\varepsilon_r - 1}{1 + \varepsilon_r(a-d)/d} \qquad (4\text{-}30)$$

在 $N_4(\Delta d/d) < 1$ 的情况下,式(4-29)可写成

$$\frac{\Delta C}{C} = \frac{\Delta d}{d_0} N_4 \left[1 + N_4 \frac{\Delta d}{d} + \left(N_4 \frac{\Delta d}{d} \right)^2 + \left(N_4 \frac{\Delta d}{d} \right)^3 + \cdots \right] \tag{4-31}$$

式(4-31)与式(4-16)具有相似的形式和特性,即 N_4 既是灵敏度因子,又是非线性因子。可

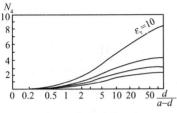

图 4-11　N_4 与间隙比 $d/(a-d)$ 的关系曲线

以作出 $N_4 \sim d/(a-d)$ 关系曲线,如图4-11所示。仿照对图4-6的讨论方法得到类似结论。

若被测介质充满两极板间,即 $d=a$,则其电容量为 $C = \varepsilon_r \varepsilon_0 S/d$,当介质的介电常数 ε_r 变化为 $\Delta \varepsilon_r$ 时,其电容量变化为 $\Delta C = \Delta \varepsilon_r \varepsilon_0 S/d$,与 $\Delta \varepsilon_r$ 呈线性关系。测量原油含水率的平板电容传感器就是根据此原理制成的,原油从电容器极板间流过,根据电容器电容量的变化便可确定原油的含水率。

*4.3　电容式传感器的等效电路

前面对各种类型的电容式传感器的灵敏度和非线性的讨论,都是在将电容式传感器视为纯电容的条件下进行的,这在大多数情况下是允许的。因为对于大多数电容器,除了在高温、高湿条件下工作,它的损耗通常可以忽略,在低频工作时,它的电感效应也是可以忽略的。但是,在严格条件下,电容器的损耗和电感效应是不可忽略的,电容式传感器的等效电路如图4-12所示。图中 R_p 为并联损耗电阻,它代表极板间的泄漏电阻和极板间的介质损耗,反映电容器在低频时的损耗。随着供电电源频率增高,容抗减小,其影响也就减弱,电源频率高至几兆赫时,R_p 可以忽略。串联电阻 R_s 为引线电阻、电容器支架和极板的电阻,这个电阻在低频时是极小的,随着频率的增高,由于电流的趋肤效应,R_s 的值增大。但是,即使在几兆赫频率下工作时,R_s 仍然是很小的。因此,只有在很高的工作频率时,才加以考虑。电感 L 是电容器本身的电感和外部引线电感,它与电容器的结构和引线的长度有关。如果用电缆与电容式传感器相连接,则 L 中应包括电缆的电感。

由图4-12可见,等效电路有一谐振频率,通常为几十兆赫。在谐振或接近谐振时,它破坏了电容器的正常作用。因此,只有在低于谐振频率(通常为谐振频率的 $1/3 \sim 1/2$ 时),电容传感器才能正常工作。

由以上分析,电容式传感器工作时,通常不考虑 R_p 和 R_s 的影响,只考虑电感 L 的影响。由于电路的感抗抵消了一部分容抗,电容传感器的有效电容 C_e 将有所增加。C_e 可以近似由下式求得

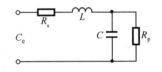

图 4-12　电容传感器等效电路

$$1/(j\omega C_e) = j\omega L + 1/(j\omega C)$$

$$C_e = \frac{C}{1 - \omega^2 LC} \tag{4-32}$$

在这种情况下,电容的实际相对变化为

$$\frac{\Delta C_e}{C_e} = \frac{\Delta C/C}{1 - \omega^2 LC} \tag{4-33}$$

式(4-33)表明,电容传感器电容的实际相对变化与传感器的固有电感(包括引线电感)有关。因此,在实际应用时必须与标定时的条件相同(供电电源频率和连接电缆长度等),否则将会引入测量误差。

4.4　电容式传感器的测量电路

电容式传感器的电容值十分微小,必须借助于信号调理电路将这微小电容的变化转换成与其成正比的电压、电流或频率等,以便显示、记录以及传输。

4.4.1 运算放大器测量电路

这种电路的最大特点,是能够克服变间隙电容式传感器的非线性而使其输出电压与输入位移(间隙变化)有线性关系,其原理电路如图 4-13 所示,其中 C_x 为传感器电容。

由运算放大器工作原理知,$\dot{U}_a = 0$,$\dot{I} = 0$,则有

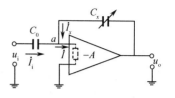

$$\left.\begin{aligned} \dot{U}_i &= -j\frac{1}{\omega C_0}\dot{I}_0 \\ \dot{U}_o &= -j\frac{1}{\omega C_x}\dot{I}_x \\ \dot{I}_0 &= -\dot{I}_x \end{aligned}\right\} \quad (4\text{-}34)$$

图 4-13 运算放大器测量电路

由式(4-34)得

$$\dot{U}_o = -\dot{U}_i\frac{C_0}{C_x} \quad (4\text{-}35)$$

而对于平板电容器 $C_x = \varepsilon S/d$,代入式(4-35),得

$$\dot{U}_o = -\dot{U}_i\frac{C_0}{\varepsilon S}d \quad (4\text{-}36)$$

由式(4-36)可知,输出电压 U_o 与极板间距呈线性关系,这就从原理上解决了变间隙式电容传感器特性的非线性问题。这里是假设放大器增益 $A = \infty$,输入阻抗 $Z_i = \infty$,因此仍然存在一定的非线性误差,但在 A 和 Z_i 足够大时,这种误差相当小。

4.4.2 电桥电路

1. 平衡电桥

图 4-14(a)所示为电容式传感器的平衡电桥测量电路。电桥的平衡条件为

$$\frac{z_1}{z_1 + z_2} = \frac{C_2}{C_1 + C_2} = \frac{d_1}{d_1 + d_2} \quad (4\text{-}37)$$

其中 C_1 和 C_2 组成差动电容,d_1 和 d_2 为相应的间隙。初始状态 $d_1 = d_2 = d_0$,$C_1 = C_2 = C_0$,此时调节 $Z_1 = Z_2 = Z$,则电桥便处于平衡状态。若中心电极移动 Δd,使 $d_1 = d_0 + \Delta d$,$d_2 = d_0 - \Delta d$,则 $C_1 = C_0 - \Delta C$,$C_2 = C_0 + \Delta C$,这样使电桥的平衡状态被破坏,但只要适当调节 Z_1 和 Z_2,便会使电桥重新平衡,这时电桥的平衡条件为

$$\frac{d_1 + \Delta d}{d_1 + d_2} = \frac{z'_1}{z_1 + z_2}$$

因此

$$\Delta d = (d_1 + d_2)\frac{z'_1 - z_1}{z_1 + z_2} = (d_1 + d_2)(b - a) \quad (4\text{-}38)$$

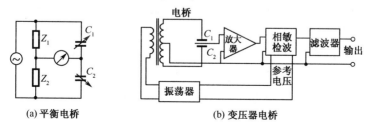

图 4-14 电容传感器的电桥测量电路

其中，$a=z_1/(z_1+z_2)$，$b=z_1'/(z_1+z_2)$，分别为位移前后的分压系数（z_1+z_2通常设计成一线性分压器，分压系数在 $z_1=0$ 时为 0，而在 $z_2=0$ 时为 1）。这样，差动电容传感器中心电极位移 Δd 的大小便与其位移前后分压系数之差（$b-a$）成正比，而且还可根据分压系数之差的正负号判定电极位移的方向。

2. 不平衡电桥

电容传感器的平衡电桥测量电路在实际应用中往往保证初始平衡状态的分压系数不变，而在传感器中心极板位移引起其电容变化时，测量电桥的不平衡输出，即不平衡电桥电路。它一般用稳频、稳幅和固定波形的低阻信号源去激励，最后经电流放大及相敏检波得到直流输出信号，如图 4-14(b) 所示。

变压器电桥的输出电压为

$$\dot{U}_o = \dot{E}\frac{C_1}{C_1+C_2} - \frac{\dot{E}}{2} = \frac{\dot{E}}{2}\frac{C_1-C_2}{C_1+C_2} = \frac{\dot{E}}{2}\frac{\Delta C}{C_0} = \frac{\dot{E}}{2}\frac{\Delta d}{d_0} \tag{4-39}$$

其中，C_1、C_2 为差动电容传感器的电容，$C_1=C_0+\Delta C=\varepsilon_0 S/(d_0-\Delta d)$；$C_2=C_0-\Delta C=\varepsilon_0 S/(d_0+\Delta d)$。从式 (4-39) 可见，把变隙式差动电容传感器接入变压器电桥，其电桥的输出电压与输入位移呈线性关系。经相敏检波后输出直流电压不仅与位移呈线性关系，而且其电压的正负极性还能反映位移的方向。

4.4.3　二极管 T 型网络

二极管 T 型网络（又称双 T 电桥）如图 4-15 所示。它是利用电容器充放电原理组成的电路。其中 e 是高频电源，提供幅值电压为 E 的对称方波；C_1 和 C_2 为差动电容传感器；D_1 和 D_2 为两只理想二极管；R_1 和 R_2 为固定电阻，且 $R_1=R_2=R$；R_L 为负载电阻（或后接仪器仪表的输入电阻）。

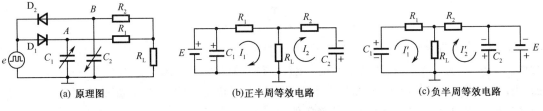

(a) 原理图　　　　(b) 正半周等效电路　　　　(c) 负半周等效电路

图 4-15　二极管 T 型网络

该电路的工作原理如下：当电源为正半周时，二极管 D_1 导通而 D_2 截止，其等效电路如图 4-15(b) 所示。此时电容 C_1 很快充电至 E，电源 e 经 R_1 以电流 I_1 向负载 R_L 供电；与此同时，电容 C_2 经 R_2 和 R_L 放电，放电电流 $I_2(t)$。流经 R_L 的电流 $I_L(t)$ 是 I_1 和 $I_2(t)$ 之和，它们的极性如图 4-15(b) 所示。当电源 e 为负半周时，D_1 截止 D_2 导通，其等效电路如图 4-15(c) 所示。此时 C_2 很快充电至电压 E，而流经 R_L 的电流 $I_L'(t)$ 为由电源 e 供给的电流 I_2' 和 C_1 的放电电流 $I_1'(t)$ 之和。如果 D_1 和 D_2 的特性相同，且 $C_1=C_2=C_0$，$R_1=R_2=R$，则流经 R_L 的电流 $I_L(t)$ 和 $I_L'(t)$ 的平均值大小相等，极性相反，因此，在一个周期内流经 R_L 的平均电流为零，R_L 上无信号输出。当 C_1 和 C_2 变化时（若 C_1 和 C_2 为差动电容传感器，则其变化为 $C_1=C_0+\Delta C$，$C_2=C_0-\Delta C$），在 R_L 上产生的平均电流不为零，因而有信号输出。

利用电路分析可以求得电源 e 的负半周内电路的输出为

$$I'_{\mathrm{L}}(t) = \frac{E}{R+R_{\mathrm{L}}}(1-\mathrm{e}^{-t/\tau_1}) \tag{4-40}$$

式中，$\tau_1 = \dfrac{R(2R_{\mathrm{L}}+R)}{R+R_{\mathrm{L}}}C_1$ 为电容 C_1 的放电时间常数。

同理，在电源 e 的正半周期内电路的输出为

$$I_{\mathrm{L}}(t) = \frac{E}{R+R_{\mathrm{L}}}(1-\mathrm{e}^{-t/\tau_2}) \tag{4-41}$$

式中，$\tau_2 = \dfrac{R(2R_{\mathrm{L}}+R)}{R+R_{\mathrm{L}}}C_2$ 为电容 C_2 的放电时间常数。

由此可得输出电流的平均值 $\bar{I}_{\mathrm{L}}$ 为

$$\begin{aligned}
\bar{I}_{\mathrm{L}} &= \frac{1}{T}\int_0^T [I'_{\mathrm{L}}(t) - I_{\mathrm{L}}(t)]\mathrm{d}t \\
&= \frac{1}{T}\frac{E}{R+R_{\mathrm{L}}}\int_0^T [(1-\mathrm{e}^{-t/\tau_1}) - (1-\mathrm{e}^{-t/\tau_2})]\mathrm{d}t \\
&= E\frac{R+2R_{\mathrm{L}}}{(R+R_{\mathrm{L}})^2}Rf(C_1 - C_2 - C_1\mathrm{e}^{-k_1} + C_2\mathrm{e}^{-k_2}) \tag{4-42}
\end{aligned}$$

式中，f 为电源 e 的频率；k_1、k_2 为系数，$k_1 = \dfrac{R+R_{\mathrm{L}}}{RfC_1(R+2R_{\mathrm{L}})}$；$k_2 = \dfrac{R+R_{\mathrm{L}}}{RfC_2(R+2R_{\mathrm{L}})}$。

输出电压的平均值 $\bar{U}_{\mathrm{o}}$ 为

$$\bar{U}_{\mathrm{o}} = \bar{I}_{\mathrm{L}}R_{\mathrm{L}}$$

适当选择电路中元件的参数以及电源频率 f，则式（4-42）中指数项所引起的误差可以小于 1%，于是

$$\bar{U}_{\mathrm{o}} \approx \frac{R(R+2R_{\mathrm{L}})}{(R+R_{\mathrm{L}})^2}R_{\mathrm{L}}Ef(C_1 - C_2) = 2kEf\Delta C \tag{4-43}$$

式中，k 为常数，$k = \dfrac{R(R+2R_{\mathrm{L}})}{(R+R_{\mathrm{L}})^2}R_{\mathrm{L}}$；$\Delta C$ 为电容传感器测量时的电容变化量。

由式（4-43）可见，当双 T 电桥结构一定（R_1，R_2，R_{L}，f 以及 E 一定，则 k 为常数）时，电桥输出电压 $\bar{U}_{\mathrm{o}}$ 与 ΔC 是线性关系。当电容传感器又为差动形式时，$\bar{U}_{\mathrm{o}} \propto 2\Delta C$。线路的最大灵敏度发生在 $1/k_1 = 1/k_2 = 0.57$ 的情况下。

双 T 二极管电路具有以下特点：

（1）电源 e、传感器电容 C_1 和 C_2 以及输出电路都接地；

（2）工作电平很高，二极管 D_1 和 D_2 都工作在特性曲线的线性区；

（3）该电路的灵敏度与电源的幅值和频率有关，因此电源需要采取稳压稳频措施；

（4）输出电压高，当电源频率 $f=1.3\mathrm{MHz}$，电源电压 $E=46\mathrm{V}$ 时，电容从 $-7\mathrm{pF}\sim+7\mathrm{pF}$ 的变化可以在 $1\mathrm{M}\Omega$ 负载电阻 R_{L} 上获得 $-5\mathrm{V}\sim+5\mathrm{V}$ 的直流电压输出；

（5）输出阻抗与 R_1 或 R_2 同数量级，且实际上与电容 C_1 和 C_2 无关，适当选择电阻值，则输出电流可用毫安表或微安表直接测量；

（6）负载电阻 R_{L} 将影响电容放电速度，从而决定输出信号的上升时间。作动态测量时 R_{L} 应取值小一些，如 $R_{\mathrm{L}}=1\mathrm{k}\Omega$ 时，上升时间为 $20\mu\mathrm{s}$ 左右，因此它可以用来测量高速的机械运动。

4.4.4　差动脉冲宽度调制电路

脉冲宽度调制电路如图 4-16 所示。它由比较器 A_1、A_2 和双稳态触发器以及差动电容传

感器 C_1 和 C_2 与电阻 R_1、R_2，二极管 D_1、D_2 构成的充放电回路所组成。U_r 为比较器的参考电压。电路应满足如下条件：$R_1=R_2=R$；D_1 和 D_2 为特性相同的二极管，且工作在线性区；起始时 $C_1=C_2=C_0$；工作电源 $U_1>U_r$，且当电源一接通时，双稳态触发器的工作状态为 $Q=1$（高电位），$\overline{Q}=0$（低电位）。

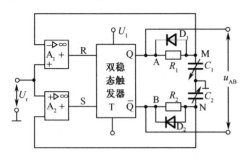

图 4-16 差动脉宽调制电路

工作时，当双稳态触发器的输出 A 点为高电位，则通过 R_1 对 C_1 充电，直到 M 点电位 U_M 高于参比电压 U_r 时，比较器 A_1 产生脉冲使双稳态触发器翻转。在翻转前，B 点为低电位，电容 C_2 通过二极管 D_2 迅速放电至接近零电位。一旦双稳态触发器翻转后，A 点成为低电位，C_1 通过二极管 D_1 迅速放电至接近零电位；B 点为高电位，则通过 R_2 对 C_2 充电，直到 N 点电位 U_N 大于参比电压 U_r 时，比较器 A_2 产生脉冲使双稳态触发器重新翻转。如此周而复始重复上述过程，从而可得到图 4-17 所示电路各点的工作波形图。

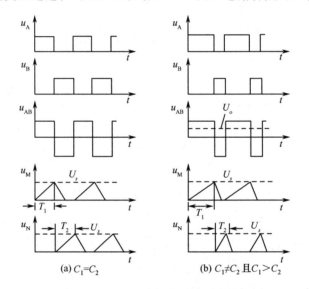

(a) $C_1=C_2$ 　　　　(b) $C_1 \neq C_2$ 且 $C_1>C_2$

图 4-17 差动脉宽调判电路各点波形

当 $C_1=C_2$ 时，由于 C_1 和 C_2 的充电时间相同，则输出电压 u_{AB} 为等宽矩形波，其平均电压值为零。如图 4-17(a) 所示。当 $C_1 \neq C_2$ 时，u_{AB} 为不等宽的矩形波，如图 4-17(b) 所示。u_{AB} 经滤波后，即可得到一直流输出电压 U_o。在理想情况下，它等于 u_{AB} 的平均值 $\overline{U}_{AB}$，即

$$U_o = \overline{U}_{AB} = \frac{T_1}{T_1+T_2}U_1 - \frac{T_2}{T_1+T_2}U_1 = \frac{T_1-T_2}{T_1+T_2}U_1 \tag{4-44}$$

式中，T_1 和 T_2 分别为 C_1 和 C_2 的充电时间。由于 U_1 是双稳态触发器输出的高电位，它是一定的，因此，输出直流电压 U_o 随 C_1 和 C_2 的充电时间 T_1 和 T_2 而变，从而实现输出脉冲电压的调宽。

由电路得到

$$T_1 = R_1 C_1 \ln \frac{U_1}{U_1-U_r} \tag{4-45}$$

$$T_2 = R_2 C_2 \ln \frac{U_1}{U_1-U_r} \tag{4-46}$$

由于 $R_1 = R_2 = R$，将以上两式代入式（4-44）后即可得出

$$U_o = \frac{C_1 - C_2}{C_1 + C_2}U_1 = \frac{\Delta C}{C_0}U_1 \qquad (4-47)$$

上式表明：直流输出电压正比于电容 C_1 与 C_2 的差值，其极性可正可负，极值受 C_1 与 C_2 之比的极限所限制。

若采用平板变间隙差动电容传感器，则式（4-47）可写成

$$U_o = \frac{d_2 - d_1}{d_1 + d_2}U_1 \qquad (4-48)$$

式中，d_1、d_2 分别为电容 C_1、C_2 极板间的距离。

由于 $d_1 = d_0 - \Delta d$，$d_2 = d_0 + \Delta d$，$d_1 + d_2 = 2d_0$，于是有

$$U_o = \frac{\Delta d}{d_0}U_1 \qquad (4-49)$$

若为差动变极板面积式电容传感器，则式（4-47）可写成

$$U_o = \frac{S_1 - S_2}{S_1 + S_2}U_1 = \frac{\Delta S}{S}U_1 \qquad (4-50)$$

由此可见，脉冲宽度调制电路具有以下特点：

（1）输出电压与被测位移（或面积变化）呈线性关系；

（2）不需要解调电路，只要经过低通滤波器就可以得到较大的直流输出电压；

（3）不需要载波；

（4）调宽频率的变化对输出没有影响。

4.4.5 调频测量电路

这种电路是将电容传感器元件与一电感元件相配合构成一个调频振荡器。当被测量使电容传感器的电容值发生变化时，振荡器的振荡频率产生相应变化。振荡器的振荡频率由下式决定

$$f = \frac{1}{2\pi\sqrt{LC}} \qquad (4-51)$$

式中，L 为振荡回路的电感；C 为振荡回路的总电容。C 一般由传感器电容 $C_0 \pm \Delta C$ 和谐振回路中的固定电容 C_1 及电缆电容 C_c 组成，即 $C = C_1 + C_c + C_0 \pm \Delta C$。

当 $\Delta C \neq 0$ 时，振荡频率随 ΔC 而改变，

$$f = f_0 \mp \Delta f = \frac{1}{2\pi\sqrt{L(C_1 + C_c + C_0 \pm \Delta C)}} \qquad (4-52)$$

式中，$f_0 = 1/(2\pi\sqrt{L(C_1 + C_c + C_0)})$ 为传感器处于初始状态时振荡电路的谐振频率。由式（4-52）知，振荡器输出信号是一个受被测量调制的调谐波，其频率由该式决定。可以通过限幅、鉴频、放大等电路后输出一定电压信号，也可直接通过计数器测定其频率值。

这类测量电路的特点是：灵敏度高，可测量 $0.01\mu m$ 甚至更小的位移变化量；抗干扰能力强；能获得高电平的直流信号或频率数字信号。缺点是受温度影响大，给电路设计和传感器设计带来一定麻烦。

4.5 电容式传感器的应用

电容式传感器可以直接测量位移、介质介电常数和材料厚度等量，已广泛应用于许多领域。

4.5.1 电容式压力传感器

电容式压力传感器的结构原理如图 4-18 所示，由一个固定电极和一个膜片电极形成距离为 d_0、极板有效面积为 πa^2 的变间隙式平板电容器。在忽略边缘效应时，初始电容值为

$$C_0 = \frac{\varepsilon_0 \pi a^2}{d_0} \tag{4-53}$$

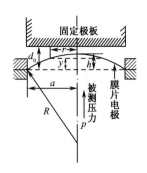

图 4-18　电容式压力传感器

这种传感器中的膜片做得很薄，使其厚度与直径 $2a$ 相比可以忽略不计，因而膜片的弯曲刚度也小得可以略而不计。在被测压力 p 的作用下，膜片向固定极板方向呈球状凸起，从而改变两极板间间隙使传感器的电容值发生变化。下面讨论这种传感器的基本特性。

当被测压力 p 为均匀压力时，在距离膜片中心为 r 的圆周上，各点凸起的挠度 y 相等，在 $h \ll d_0$ 的条件下，可表示为

$$y = \frac{p}{4\sigma}(a^2 - r^2) \tag{4-54}$$

式中，σ 为膜片变形时的拉伸张力。

在球面上取宽度为 $\mathrm{d}r$，长度为 $2\pi r$ 的环形带，它与固定极板间的电容为

$$\mathrm{d}C = \frac{\varepsilon_0 2\pi r \mathrm{d}r}{d_0 - y} \tag{4-55}$$

由此可求得在被测压力 p 作用下，变形膜片球面与固定极板间的电容（即传感器电容）为

$$C = \int_0^a \mathrm{d}C = \int_0^a \frac{\varepsilon_0 2\pi r \mathrm{d}r}{d_0 - y} = \frac{2\pi\varepsilon_0}{d_0}\int_0^a \frac{r}{1 - y/d_0}\mathrm{d}r$$

当满足条件 $y \ll d_0$ 时，上式可写为

$$C = \frac{2\pi\varepsilon_0}{d_0}\int_0^a \left(1 + \frac{y}{d_0}\right)r\mathrm{d}r = \frac{2\pi\varepsilon_0}{d_0}\left[\frac{a^2}{2} + \frac{p}{4d_0\sigma}\int_0^a (a^2 - r^2)r\mathrm{d}r\right]$$

$$= \frac{\varepsilon_0 \pi a^2}{d_0} + \frac{\varepsilon_0 \pi a^4}{8d_0^2\sigma}p = C_0 + \Delta C \tag{4-56}$$

上式第二项即为压力 p 所引的电容增量 $\Delta C = \varepsilon_0 \pi a^4 p/(8d_0^2\sigma)$，由此可得压力 p 引起传感器电容的相对变化为

$$\frac{\Delta C}{C_0} = \frac{a^2}{8d_0\sigma}p \tag{4-57}$$

由材料力学知，膜片的拉伸张力为

$$\sigma = \frac{Et^3}{0.85\pi a^2}$$

式中，t 为膜片厚度；E 为膜片材料的弹性模量。

最后可得

$$\frac{\Delta C}{C_0} \approx \frac{a^4}{3d_0 Et^3}p \tag{4-58}$$

传感器的灵敏度为

$$K = \frac{\Delta C/C_0}{p} = \frac{a^4}{3d_0 Et^3} \tag{4-59}$$

膜片的基本谐振频率为

$$f_0 = \frac{1.2}{\pi a} \sqrt{\frac{\sigma}{\mu t}} \tag{4-60}$$

式中, μ 为膜片材料的泊松比。

以上推导只适用于静态压力情况,因为推导过程中未计及空气间隙中空气层的缓冲效应。如果考虑这个缓冲效应,将使动刚度增加,其结果使动态压力灵敏度比式(4-59)低得多。

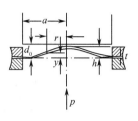

若膜片具有一定厚度 t 不可忽略,则弯曲刚度不可忽略,在被测压力作用下,膜片的变形将如图 4-19 所示形状。这时在半径为 r 的圆周上产生的挠度 y 按下式表示

图 4-19　膜片变形

$$y = \frac{3}{16} \frac{1-\mu^2}{E t^3} (a^2 - r^2)^2 p \tag{4-61}$$

可得传感器电容为

$$C = \frac{2\pi\varepsilon_0}{d_0} \int_0^a \frac{r\,\mathrm{d}r}{1-(y/d_0)} \approx \frac{2\pi\varepsilon_0}{d_0} \int_0^a \left(1 + \frac{y}{d_0}\right) r\,\mathrm{d}r$$

$$= \frac{2\pi\varepsilon_0}{d_0} \int_0^a \left[1 + \frac{3}{16} \frac{1-\mu^2}{E t^3 d_0} (a^2 - r^2)^2 p\right] r\,\mathrm{d}r \tag{4-62}$$

其灵敏度为

$$K = \frac{\Delta C/C_0}{p} = \frac{(1-\mu^2)a^4}{16 E d_0 t^3} \tag{4-63}$$

以上推导也未考虑边缘效应及空气隙中空气的缓冲作用。

请读者自行推导上述结果。

4.5.2　电容式差压传感器

1. 结构及其检测原理

图 4-20 是用弹性膜片(动极板)和两个镀金的玻璃凹球面(定极板)构成的两室结构电容式差压传感器。基座和玻璃层中央通有孔,测量膜片左右两室中充满硅油。当左右隔离膜片分别承受高压 p_H 和低压 p_L 时,硅油的不可压缩性和流动性便能将差压 $\Delta p = p_H - p_L$ 传递到测量膜片的左右面上。因为测量膜片在焊接前加有预张力,所以当差压 $\Delta p = 0$ 时十分平整,使得动极板左右两电容的容量完全相等,即 $C_H = C_L$,电容量的差值为零。在有差压作用(即 $\Delta p \neq 0$)时,测量膜片变形,也就是动极板向低压侧定极板靠近,同时远离高压侧极板,使得电容 $C_L > C_H$。可见,这就是差动电容式压力或差压传感器的原理,将差压 Δp 转换为电容量的变化。若配以信号调理电路,进一步将电容的变化量转换放大成 4~20mA 标准电流信号输出,即电容式差压变送器。

采用差动电容法的优点:灵敏度高,可改善线性,并可减少由于介电常数 ε 受温度影响引起的不稳定性。

为了分析中央膜片(动极板)变形引起的两侧电容变化,可参看图 4-20(b)、(c)。

在图 4-20(b)中,无差压时,膜片两侧初始电容皆为 C_0;有差压时,膜片变形到虚线位置,它与初始位置间的假想电容值用 C_A 表示。虚线位置和低压侧定极板间的电容为 C_L,与高压侧定极板间的电容为 C_H。这四个电容 C_0、C_A、C_L、C_H 之间有图 4-20(c)的等效关系。因此有以下关系

$$\frac{1}{C_0} = \frac{1}{C_L} + \frac{1}{C_A} \Rightarrow C_L = \frac{C_0 C_A}{C_A - C_0} \tag{4-64}$$

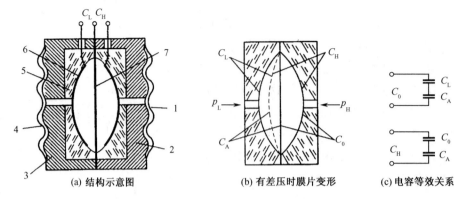

(a) 结构示意图　　　　(b) 有差压时膜片变形　　　(c) 电容等效关系

图 4-20　两室结构的电容式差压传感器

1、4—波纹隔离膜片；2、3—基座；5—玻璃层；6—金属膜；7—弹性测量膜片

$$\frac{1}{C_H} = \frac{1}{C_0} + \frac{1}{C_A} \Rightarrow C_H = \frac{C_0 C_A}{C_A + C_0} \tag{4-65}$$

并可推导下列结果

$$\frac{C_L - C_H}{C_L + C_H} = \frac{C_0}{C_A} \tag{4-66}$$

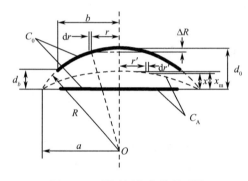

图 4-21　低压侧电容纵断面图

将低压侧电容的纵断面放大，可表示成图 4-21。图中球面定极板的曲率中心（球心）在 O 点，曲率半径为 R；中央动极板膜片可动部分的半径为 a；球面定极板在中央动极板初始平面上的投影半径为 b。

在球面定极板上，距纵轴 r 处选一点，此点和曲率中心 O 及纵轴之间可作直角三角形，并可写出下列关系：

$$r^2 = R^2 - (R - \Delta R)^2 = \Delta R(2R - \Delta R)$$

由于 $R \gg \Delta R$，故括号内的 ΔR 可以略去，因而得到

$$\Delta R \approx r^2/2R \tag{4-67}$$

在球面电极上，宽度为 dr、周长为 $2\pi r$ 的环形面积，具有初始电容 dC_0 为

$$dC_0 = \frac{\varepsilon 2\pi r dr}{d_0 - \Delta R}$$

其中，d_0 为球面电极中央与平膜片的距离。

将式（4-67）代入上式并积分，可得初始电容

$$C_0 = \int_0^b \frac{\varepsilon 2\pi r dr}{d_0 - r^2/2R} = -2\pi\varepsilon R \ln\left(d_0 - \frac{r^2}{2R}\right)\Big|_0^b = 2\pi\varepsilon R \ln(d_0/d_b) \tag{4-68}$$

其中，d_b 为球面电极边缘与平膜间距离。

有初始张力的平膜片，在差压 $\Delta p = p_H - p_L$ 作用下，其挠度 x 可近似表示成下式

$$x = \frac{\Delta p}{4\sigma}(a^2 - r'^2) \tag{4-69}$$

式中，r' 为测取挠度的位置与轴线间距离；a 为平膜片半径；σ 为膜片的拉伸张力。

在图 4-21 中，点画线所表示的变形断面（近似地表示成球面）上，宽度为 dr'、周长为 $2\pi r'$ 的环形面积与初始平面间的电容 dC_A 为

$$\mathrm{d}C_\mathrm{A} = \frac{\varepsilon 2\pi r'\mathrm{d}r'}{x}$$

将式(4-69)代入上式并积分,得

$$C_\mathrm{A} = \int_0^b \frac{\varepsilon 2\pi r'\mathrm{d}r'}{\frac{\Delta p}{4\sigma}(a^2 - r'^2)} = -\frac{\varepsilon\pi}{\frac{\Delta p}{4\sigma}}\int_0^b \frac{\mathrm{d}(a^2 - r'^2)}{a^2 - r'^2} = \frac{4\pi\varepsilon\sigma}{\Delta p}\ln\frac{a^2}{a^2 - b^2} \tag{4-70}$$

由此可得

$$\frac{C_0}{C_\mathrm{A}} = \frac{R}{2\sigma}\frac{\ln\dfrac{d_0}{d_b}\Delta p}{\ln\dfrac{a^2}{a^2 - b^2}} = K\Delta p \tag{4-71}$$

式(4-71)中除 Δp 外,均为传感器结构决定的常数,故用 K 代替。此式表明 C_0/C_A 与差压 Δp 成正比,且与介质的介电常数无关。

若 C_L、C_H 接入差动电桥(见图 4-14 和式(4-39)),其输出电压为

$$\dot{U}_\mathrm{o} = \frac{\dot{E}}{2}\frac{C_\mathrm{L} - C_\mathrm{H}}{C_\mathrm{L} + C_\mathrm{H}} = \frac{\dot{E}}{2}\frac{C_0}{C_\mathrm{A}} = \frac{\dot{E}}{2}K\Delta p \tag{4-72}$$

由式(4-72)可见,差动电桥输出电压与压差成正比关系。

2. 电容式差压变送器

(1)信号调理

信号调理方框图如图 4-22 所示。

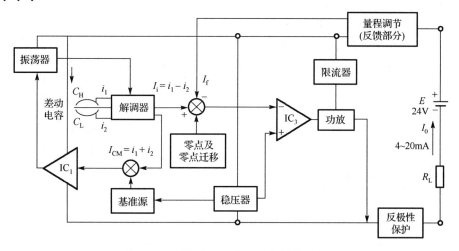

图 4-22 电容式差压变送器的结构方框图

差动电容由高频振荡器供电,两个电容量变化被转换为电流变化,有

$$i_1 = \omega e C_\mathrm{H}, \qquad i_2 = \omega e C_\mathrm{L} \tag{4-73}$$

式中,ω 为振荡角频率;e 为振荡器激励电压。

当被测压差 Δp 增加,使 C_H 减小、C_L 增加时,i_2 减小、i_1 增加。经解调器相敏整流后输出两个电流信号,一个是 $I_\mathrm{i} = i_1 - i_2$ 为差动信号,另一个是 $I_\mathrm{CM} = i_1 + i_2$ 为共模信号。

I_i 与被测差压成正比,经电流放大器放大成 4～20mA DC 输出。

I_CM 通过标准电阻产生的电压,与基准电压比较;以反馈控制振荡器的供电电压,使得 I_CM 保持不变,可以消除振荡器电源电压波动造成的干扰。

$$I_{CM} = i_1 + i_2 = \omega e(C_L + C_H) \tag{4-74}$$

$$I_i = i_1 - i_2 = \omega e(C_L - C_H) \tag{4-75}$$

解出

$$I_i = i_1 - i_2 = \frac{C_L - C_H}{C_L + C_H} I_{CM} = I_{CM} K \Delta p \tag{4-76}$$

经零点电流调节、量程调节反馈电流综合后,放大成变送器的 4~20mA 电流(I_o)输出。

(2)特点与性能

电容式差压变送器结构紧凑、抗震性好、准确度高、可靠性好。由于变送器采用集成放大器件和现代电子工艺,参数调整通过电路完成,零点、量程、线性、阻尼调整简单方便,广泛应用于生产过程中各种液体、气体和蒸汽等工艺介质的压力(压差)、液位、流量测量系统中。

主要性能指标如下。

①测量范围:0~0.1kPa~40MPa;允许过载,额定工作压力的 1.5~2 倍。

②精确度:0.2%、0.5%。

③输出信号:4~20mA DC;二线制电源,24V DC(允许 12~45V DC)。

④指示表:指针式线性指示 0~100% 刻度,或 LCD 液晶式数字显示。

⑤工作温度:-30~+85℃;工作压力:4MPa、10MPa、25MPa、32MPa;湿度:5%~95%。

4.5.3 电容式加速度传感器

图 4-23 是一种差动式电容加速度传感器的结构示意图。其中有两个固定电极板,极板中间有一用弹簧支撑的质量块,此质量块的两个端面经过磨平抛光后作为可动极板。当传感器测量垂直方向上的直线加速度时,质量块在绝对空间中相对静止,而两个固定电极板相对质量块产生位移,此位移大小正比于被测加速度,使 C_1、C_2 中一个增大,一个减小,形成差动电容。利用测量电路测出差动电容的变化量,便可测定被测加速度。

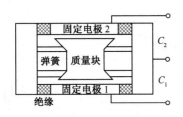

图 4-23 电容式加速度传感器

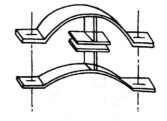

图 4-24 电容式应变计

4.5.4 电容式应变计

电容式应变计的原理结构如图 4-24 所示。在被测量的两个固定点上,安装两个薄而低的拱弧,方形平板电极固定在弧的中央,两个拱弧的曲率略有差别。安装时注意两个极板应保持平行并平行于安装应变计的平面。这种拱弧具有一定的放大作用,当两固定点受压缩时变换电容值将减小(极板间距离增大)。很明显,电容极板间相互距离的改变量与应变之间并非线性关系,这可抵消一部分变换电容本身的非线性。

4.5.5 电容式荷重传感器

图 4-25 是一种电容式荷重传感器的原理结构图,用一块特种钢(其浇铸性好,弹性极限

高），在同一高度上并排平行打圆孔，在孔的内壁以特殊的黏合剂固定两个截面为 T 型的绝缘体，保持其平行并留有一定间隙，在相对面上粘贴铜箔，从而形成一排平板电容器。当圆孔受荷重变形时，电容值将改变，在电路上各电容并联，因此总电容增量将正比于被测平均荷重 F。主要用于重负载，如地磅秤。

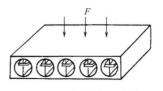

图 4-25　电容式荷重传感器

4.5.6　电容式振动、位移测量仪

DWY-3 型振动、位移测量仪是一种电容、调频原理的非接触测量仪器，既是测振仪，又是测微仪。它主要用来测量旋转轴的回转精度和振摆、往复机构的运动特性和定位精度、机械构件的相对振动和相对变形、工件尺寸和平直度，以及用于某些特殊测量等。作为一种精密测试仪器而得到广泛应用。

DWY-3 型振动、位移测量仪的传感器是用一片金属板作为固定极板，而以被测构件作为动极板组成电容器，其测量原理如图 4-26 所示。

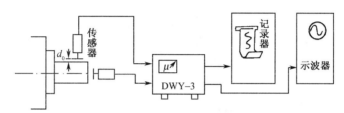

图 4-26　测量旋转轴的回转精度和振摆示意图

测量时，首先调整好传感器与被测工件间的原始间隙 d_0，当旋转轴时因轴承间隙等原因，使转轴产生径向位移 $\pm\Delta d$，相应产生一个电容变化 $\mp\Delta C$，DWY-3 型振动、位移测量仪可以直接指示 Δd 的大小，配有记录和图形显示仪时，可将 Δd 的大小记录下来，并在显示器上显示其变化图像。同样，可以测其轴向位移和振动的情况。

4.5.7　电容测厚仪

电容测厚仪是用来测量金属带材在轧制过程中的厚度的。它的变换器就是电容式传感器，其工作原理如图 4-27 所示，电容测厚原理的推导见书末附录 C。在被测带材的上下两边各置一块面积相等、与带材距离相同的极板，这样极板与带材就形成两个电容器（带材也作为一个极板）。把两块固定极板用导线连接起来，就成为一个极板，而带材则是电容器的另一极板，其总电容 $C = C_1 + C_2$。

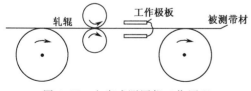

图 4-27　电容式测厚仪工作原理

金属带材在轧制过程中不断向前送进，如果带材厚度发生变化，将引起它与上下两个极板间距变化，从而引起电容量的变化。如果将总电容量作为交流电桥的一个桥臂，电容的变化 ΔC 引起电桥不平衡输出，经过放大、检波、滤波，最后在仪表上显示出带材的厚度。这种测厚仪的优点是带材的振动不影响测量精度。

电容式传感器还可用来测液位（柱形电容器）、精密位移测量（变面积平板栅状电极电容器）、原油含水率测量（原油平板电容器，含水率不同，其电介常数也不同，从而引起电容量变化）等，还可以作接近开关，应用非常广泛。

4.5.8　电容式物位计

1. 测量原理

在柱形电容器的极板之间，充以不同高度介质时，电容量的大小也有所不同。因此，可通过测量电容量的变化来检测液位、料位以及两种不同液体的分界面。

图 4-28(a) 是由两个同轴圆筒极板组成的电容器，在两圆筒间充以介电常数为 ε_0 的介质时，则两圆筒间的电容量表达式为

$$C = \frac{2\pi\varepsilon_0 L}{\ln\dfrac{D}{d}} \tag{4-77}$$

式中，L 为两极板相互遮盖部分的长度；d，D 分别为圆筒形内电极的外径和外电极的内径；ε_0 为两电极间介质的介电常数。

所以，当 D 和 d 一定时，电容量 C 的大小与极板的长度 L 和介质的介电常数 ε_0 的乘积成比例。这样，将电容传感器（探头）插入被测物料中，电极浸入物料中的深度随物位高低变化，必然引起其电容量的变化，从而可检测出物位。

2. 液位检测

对非导电介质液位测量的电容式液位传感器原理如图 4-28(b) 所示。它由柱形内电极和一个与它相绝缘的同轴金属套筒做的外电极所组成，外电极上开很多小孔，使介质能流进电极之间，内外电极用绝缘套绝缘。

当被测液位 $H=0$ 时，电容器的电容量（零点电容）为

$$C_0 = \frac{2\pi\varepsilon_0 L}{\ln\dfrac{D}{d}} \tag{4-78}$$

式中符号意义与式(4-77)相同。

当液位上升为 $H \neq 0$ 时，电容器可视为两部分电容的并联组合，即

$$C = \frac{2\pi\varepsilon H}{\ln\dfrac{D}{d}} + \frac{2\pi\varepsilon_0(L-H)}{\ln\dfrac{D}{d}} \tag{4-79}$$

式中，ε 为被测介质的介电常数。

电容量的变化 ΔC 为

$$\Delta C = C - C_0 = \frac{2\pi(\varepsilon - \varepsilon_0)}{\ln\dfrac{D}{d}} H = KH \tag{4-80}$$

式中，K 为比例系数，$K = \dfrac{2\pi(\varepsilon - \varepsilon_0)}{\ln\dfrac{D}{d}}$。

由此可见电容量的变化 ΔC 与液位高度 H 呈线性关系。式(4-80)中的比例系数 K 中包含 $(\varepsilon - \varepsilon_0)$，也就是说，这个方法是利用被测介质的介电常数 ε 与空气介电常数 ε_0 不等的原理工作的。$(\varepsilon - \varepsilon_0)$ 值越大，仪表越灵敏。D/d 实际上与电容器两电极间的距离有关，D 与 d 越相接近，即两电极间距离越小，仪表灵敏度越高。

上述电容式液位计在结构上稍加改变以后,也可以用来测量导电介质的液位。

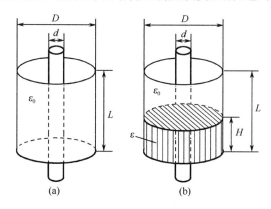
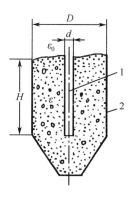

图 4-28 柱形电容器测物位原理图

图 4-29 料位检测

1—金属棒;2—金属容器壁

3. 料位检测

用电容法可以测量固体块状颗粒体及粉料的料位。

由于固体间摩擦较大,容易"滞留",所以一般不用双电极式电极。可用电极棒及金属容器壁组成电容器的两电极来测量非导电固体物质的料位。

图 4-29 所示为用金属电极棒插入容器来测量料位的示意图。它的电容量与料位高度 H 的关系为

$$C_x = \frac{2\pi(\varepsilon - \varepsilon_0)}{\ln \dfrac{D}{d}} H = KH \qquad (4\text{-}81)$$

式中,K 为比例系数,$K = \dfrac{2\pi(\varepsilon - \varepsilon_0)}{\ln \dfrac{D}{d}}$;$\varepsilon_0$ 为空气电介常数;ε 为物料的电介常数。

电容式物位计的传感部分结构简单、使用方便。但由于电容变化量不大,要精确测量,就需借助于较复杂的电子线路才能实现。此外,还应注意介质浓度、温度变化时,其介电常数也要发生变化这一情况,以便及时调整仪表,达到预想的测量目的。

思考题与习题

教学课件

4-1 试述电容式传感器的工作原理与分类。

4-2 试计算习题 4-2 图所示各电容传感元件的总电容表达式。

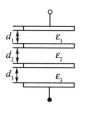
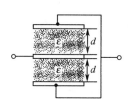

习题 4-2 图

4-3 在压力比指示系统中采用差动式变间隙电容传感器和电桥测量电路,如习题 4-3 图所示。已知:$\delta_0 = 0.25\text{mm}$;$D = 38.2\text{mm}$;$R = 5.1\text{k}\Omega$;$U_{sr} = 60\text{V}$(交流),频率 $f = 400\text{Hz}$。试求:

(1)该电容传感器的电压灵敏度 $K_u(\text{V}/\mu\text{m})$;

(2)当电容传感器的动极板位移 $\Delta\delta = 10\mu\text{m}$ 时,输出电压 U_{sc} 值。

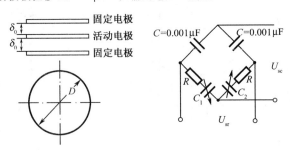

习题 4-3 图

4-4 有一台变间隙非接触式电容测微仪,其传感器的极板半径 $r = 4\text{mm}$,假设与被测工件的初始间隙 $d_0 = 0.3\text{mm}$。试求:

(1)如果传感器与工件的间隙变化量 $\Delta d = \pm 10\mu\text{m}$,电容变化量为多少?

(2)如果测量电路的灵敏度 $K_u = 100\text{mV/pF}$,则在 $\Delta d = \pm 1\mu\text{m}$ 时的输出电压为多少?

(3)若该电容测微仪的读数仪表的灵敏度 $S = 5$ 格/mV,读数仪表的指示值将变化多少格?

4-5 有一变间隙式差动电容传感器,其结构如习题 4-5 图所示。选用变压器交流电桥作测量电路。差动电容器参数:$r = 12\text{mm}$;$d_1 = d_2 = d_0 = 0.6\text{mm}$;空气介质,即 $\varepsilon = \varepsilon_0 = 8.85 \times 10^{-12}\text{F/m}$。测量电路参数:$u_{sr} = u = \dot{U}_{sr} = 3\sin\omega t\,(\text{V})$。试求当动极板上输入位移(向上位移)$\Delta x = 0.05\text{mm}$ 时的电桥输出端电压 u_{sc}。

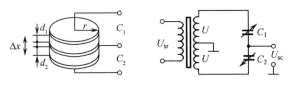

习题 4-5 图

4-6 如习题 4-6 图所示的一种变面积式差动电容传感器,选用二极管双 T 网络测量电路。差动电容器参数为:$a = 40\text{mm}$,$b = 20\text{mm}$,$d_1 = d_2 = d_0 = 1\text{mm}$;起始时动极板处于中间位置,$C_1 = C_2 = C_o$,介质为空气,$\varepsilon = \varepsilon_0 = 8.85 \times 10^{-12}\text{F/m}$。测量电路参数:$D_1$、$D_2$ 为理想二极管;$R_1 = R_2 = R = 10\text{k}\Omega$;$R_f = 1\text{M}\Omega$,激励电压 $U_i = 36\text{V}$,变化频率 $f = 1\text{MHz}$。试求当动极板向右位移 $\Delta x = 10\text{mm}$ 时的电桥输出端电压 U_{sc}。

4-7 一只电容位移传感器如习题 4-7 图所示,由四块置于空气中的平行平板组成。板 A、C 和 D 是固定极板;板 B 是活动极板,其厚度为 t,它与固定极板的间距为 d。极板 B、C 和 D 的长度均为 a,板 A 的长度为 $2a$,各板宽度为 b。忽略板 C 和 D 的间隙及各板的边缘效应,试推导活动极板 B 从中间位置移动 $x = \pm a/2$ 时电容 C_{AC} 和 C_{AD} 的表达式($x = 0$ 时为对称位置)。

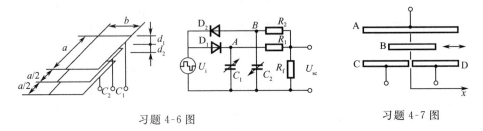

习题 4-6 图　　　　　　　　　　　　　习题 4-7 图

4-8 已知平板电容传感器极板间介质为空气,极板面积 $S=a \times a=(2 \times 2) \mathrm{cm}^2$,间隙 $d_0=0.1 \mathrm{mm}$。求:传感器的初始电容值;若由于装配关系,使传感器极板一侧间隙 d_0,而另一侧间隙为 $d_0+b(b=0.01 \mathrm{mm})$,求此时传感器的电容值。

4-9 为什么电容式传感器易受干扰? 如何减小干扰?

4-10 电容式传感器的温度误差的原因是什么? 如何补偿?

4-11 电容式传感器常用的测量电路有哪几种? 各有什么特点?

4-12 根据电容传感器的工作原理,试分析其所能测的机械量和化工量都有哪些? 并简述其基本测量原理。

4-13 能否用电容传感器测量金属工件表面的非金属涂层厚度? 试设计一种可能的测量方案。

4-14 习题 4-14(a)图所示差动式同心圆筒柱形电容传感器,其可动内电极圆筒外径 $d=9.8 \mathrm{mm}$,固定电极外圆筒内径 $D=10 \mathrm{mm}$,初始平衡时,上、下电容器电极覆盖长度 $L_1=L_2=L_0=2 \mathrm{mm}$,电极间为空气介质。试求:

(1)初始状态时电容器 C_1、C_2 的值;

(2)当将其接入习题 4-14(b)图所示差动变压器电桥电路,供桥电压 $E=10 \mathrm{V}$(交流),若传感器工作时可动电极筒最大位移 $\Delta x=\pm 0.2 \mathrm{mm}$,电桥输出电压的最大变化范围为多少?

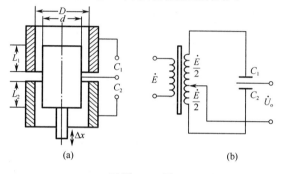

习题 4-14 图

4-15 设计一个油料液位监测系统。当液位高于 y_1 时,振铃报警并点亮红色 LED 指示灯;当液位低于 y_2 时,振铃报警并点亮黄色 LED 指示灯;当液位处于 y_1 和 y_2 之间时,点亮绿色 LED 安全灯。

第 5 章　压电式传感器

　　压电式传感器以某些电介质的压电效应为基础,它是典型的有源传感器(发电型传感器)。电介质材料中石英晶体(SiO_2)是最常用的天然压电材料,此外,人造压电陶瓷,如钛酸钡、锆钛酸铅、铌酸钾等多晶体也具有良好的压电性能而作为压电材料得到应用。

　　压电敏感元件是力敏元件,在外力作用下,压电敏感元件(压电材料)的表面上产生电荷,从而实现非电量电测的目的(力 F→电荷 Q)。它能测量最终能变换为力的那些物理量,例如压力、应力、位移、加速度等。压电式传感器是应用较广的一种传感器,而且特别适合于动态测量,绝大多数加速度(振动)传感器属压电式传感器。压电式传感器的主要缺点是压电转换元件无静态输出,输出阻抗高,需高输入阻抗的前置放大级作为阻抗匹配,而且很多压电元件的工作温度最高只有 250℃左右。

5.1　压电式传感器的工作原理

5.1.1　压电效应

　　某些单晶体或多晶体陶瓷电介质,当沿着一定方向对其施力而使它变形时,内部就产生极化现象,同时在它的两个对应晶面上便产生符号相反的等量电荷,当外力取消后,电荷也消失,又重新恢复不带电状态,这种现象称为压电效应(见图5-1)。当作用力的方向改变时,电荷的极性也随着改变。相反,当在电介质的极化方向上施加电场(加电压)作用时,这些电介质晶体会在一定的晶轴方向产生机械变形,外加电场消失,变形也随之消失,这种现象称为逆压电效应(电致伸缩)。具有这种压电效应的物质称为压电材料或压电元件。常见的压电材料有石英晶体和各种压电陶瓷材料。

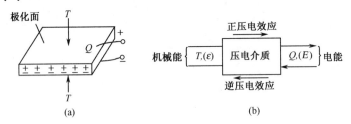

图 5-1　压电效应示意图

5.1.2　压电方程

　　压电材料的压电特性常用压电方程来描述

$$q_i = d_{ij}\sigma_j \qquad 或\ Q = d_{ij}F \qquad\qquad (5-1)$$

式中,q 为电荷的表面密度(C/cm^2);σ 为单位面积上的作用力,即应力(N/cm^2);d_{ij} 为压电常数(C/N),($i=1,2,3,j=1,2,3,4,5,6$)。

压电方程中有两个下角标,其中第一个下角标 i 表示晶体的极化方向。当产生电荷的表面垂直于 x 轴(y 轴或 z 轴)时,记为 $i=1$(或 2 或 3)。第二个下角标 $j=1,2,3,4,5,6$,分别表示沿 x 轴、y 轴、z 轴方向的单向应力和在垂直于 x 轴、y 轴、z 轴的平面(即 yz 平面、zx 平面、xy 平面)内作用的剪切力。单向应力的符号规定拉应力为正,压应力为负;剪切力的符号用右螺旋定则确定。图 5-2 表示了它们的方向。另外,还需要对因逆压电效应在晶体内产生的电场方向也作一规定,以确定 d_{ij} 的符号,使得方程组具有更普遍的意义。当电场方向指向晶轴的正向时为正,反之为负。

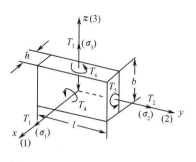

图 5-2 压电元件的坐标系表示法

当晶体在任意受力状态下产生的表面电荷密度可由下列方程组决定:

$$\begin{cases} q_1 = d_{11}\sigma_1 + d_{12}\sigma_2 + d_{13}\sigma_3 + d_{14}\sigma_4 + d_{15}\sigma_5 + d_{16}\sigma_6 \\ q_2 = d_{21}\sigma_1 + d_{22}\sigma_2 + d_{23}\sigma_3 + d_{24}\sigma_4 + d_{25}\sigma_5 + d_{26}\sigma_6 \\ q_3 = d_{31}\sigma_1 + d_{32}\sigma_2 + d_{33}\sigma_3 + d_{34}\sigma_4 + d_{35}\sigma_5 + d_{36}\sigma_6 \end{cases} \tag{5-2}$$

式中,q_1、q_2、q_2 分别为垂直于 x 轴、y 轴、z 轴的平面上的电荷面密度;σ_1、σ_2、σ_3 分别为沿着 x 轴、y 轴、z 轴的单向应力;σ_4、σ_5、σ_6 分别为垂直于 x 轴、y 轴、z 轴的平面内的剪切应力;$d_{ij}(i=1,2,3,j=1,2,3,4,5,6)$ 为压电常数。

这样,压电材料的压电特性可以用它的压电常数矩阵表示如下:

$$[d_{ij}] = \begin{bmatrix} d_{11} & d_{12} & d_{13} & d_{14} & d_{15} & d_{16} \\ d_{21} & d_{22} & d_{23} & d_{24} & d_{25} & d_{26} \\ d_{31} & d_{32} & d_{33} & d_{34} & d_{35} & d_{36} \end{bmatrix} \tag{5-3}$$

5.2 压电材料及其压电机理

压电材料可以分为两大类:压电晶体(单晶体),压电陶瓷(多晶体)。

5.2.1 压电晶体

1. 压电晶体的压电效应

石英晶体是最常用的压电晶体之一。图 5-3 所示为天然结构的石英晶体,它是一个正六面体。在晶体学中可以把它用三根互相垂直的轴晶系来表示,其中纵向轴 $Z\text{-}Z$ 称为光轴,该轴方向无压电效应,光线沿此轴方向传播时,在晶体内无双折射现象;经过六面体棱线,并垂直于光轴的 $X\text{-}X$ 轴称为电轴,垂直于此轴的棱面上压电效应最强;与光轴和电轴同时垂直且垂直于正六面体棱面的 $Y\text{-}Y$ 轴称为机械轴,在电场作用下,沿该轴方向的机械变形最明显。通常把沿电轴 $X\text{-}X$ 方向的力作用下产生电荷的压电效应称为"纵向压电效应",而把沿机械轴 $Y\text{-}Y$ 方向的力作用下产生电荷的压电效应称为"横向压电效应",而沿光轴 $Z\text{-}Z$ 方向受力时不产生压电效应。从晶体上沿轴线切下的薄片称为压电晶体切片,如图 5-3(c)所示。当晶片在沿 X 轴方向受到外力 F_x 作用时,晶片将产生厚度变形,并产生极化现象,在晶体线性弹性范围内,极化强度 P_x 与应力 $\sigma_x(=F_x/(lb))$ 成正比,即

$$P_x = d_{11}\sigma_x = d_{11}\frac{F_x}{lb} \tag{5-4}$$

式中,F_x 为沿晶轴 X 方向施加的作用力;d_{11} 为压电常数;l,b 分别为石英晶片的长度和宽度。

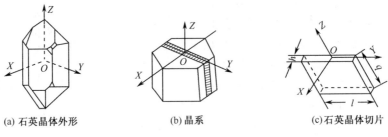

(a) 石英晶体外形　　　　(b) 晶系　　　　(c) 石英晶体切片

图 5-3　石英晶体

而极化强度 P_x 等于晶体表面的面电荷密度,即

$$P_x = q_x = Q_x/(lb) \qquad (5\text{-}5)$$

式中,Q_x 为垂直于 X 轴晶面上的电荷。

把式(5-5)代入式(5-1),得

$$Q_x = d_{11}F_x \qquad (5\text{-}6)$$

从式(5-6)中可以看出,当晶体受到 X 方向外力作用时,晶面上产生的电荷 Q_x 与作用力 F_x 成正比,而与晶片的几何尺寸无关。电荷 Q_x 的极性视 F_x 是受压还是受拉而决定,如图 5-4 所示。

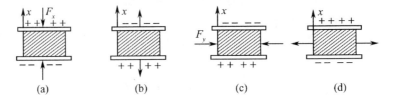

(a)　　　　(b)　　　　(c)　　　　(d)

图 5-4　晶片上电荷的极性与受力方向的关系

如果在同一晶片上,作用力是沿着机械轴 Y-Y 方向,其电荷仍在与 X 轴垂直的平面上出现,极性见图 5-4(c)、(d)。此时电荷量为

$$Q_x = d_{12}\frac{lb}{bh}F_y = d_{12}\frac{l}{h}F_y \qquad (5\text{-}7)$$

式中,d_{12} 为石英晶体在 Y 方向受力时的压电系数;l,h 分别为晶片的长度和厚度。

根据石英晶体轴的对称条件,$d_{12} = -d_{11}$,则式(5-7)可改写为

$$Q_x = -d_{11}\frac{l}{h}F_y \qquad (5\text{-}8)$$

负号表示沿 Y 轴的压缩力产生的电荷与沿 X 轴施加的压缩力所产生的电荷极性相反。从式(5-8)可见,沿机械轴方向施加作用力时,产生的电荷量与晶片的几何尺寸有关。

此外,石英压电晶体除了纵向、横向压电效应外,在切向应力作用下也会产生电荷。

2. 压电晶体的压电机理

石英晶体的压电效应早在 100 多年前(1880 年)已被发现,它之所以至今仍不失为最好的和最重要的压电晶体之一的原因是它的性能稳定,二是频率温度系数低。压电晶体的压电效应的产生是由于晶格结构在机械力的作用下发生变形所引起的。

石英晶体的化学分子式为 SiO_2,在一个晶体结构单元(晶胞)中,有三个硅离子 Si^{4+} 和六个氧离子 O^{2-},后者是成对的,所以一个硅离子和两个氧离子交替排列。为了讨论方便,我们将石英晶体的内部结构等效为硅、氧离子的正六边形排列,如图 5-5 所示,图中"⊕"代表 Si^{4+}、"⊖"表示 O^{2-}。

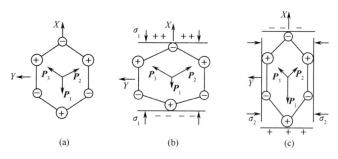

图 5-5　石英晶体的压电效应示意图

当没有外力作用时,Si^{4+} 和 O^{2-} 在垂直于晶体 Z 轴的 XY 平面上的投影恰好分布在正六边形的顶点上,形成三个互成 $120°$ 夹角的电偶极矩 $\boldsymbol{P_1}$、$\boldsymbol{P_2}$ 和 $\boldsymbol{P_3}$,如图 5-5(a)所示。因为电偶极矩定义为电荷 q 与间距 l 的乘积,即 $\boldsymbol{P}=q\boldsymbol{l}$,其方向是从负电荷指向正电荷,是一种矢量。此时正负电荷中心重合,电偶极矩的矢量和为零,即 $\boldsymbol{P_1}+\boldsymbol{P_2}+\boldsymbol{P_3}=0$。所以晶体表面没有带电现象。

当晶体受到沿 X 轴方向的压力(σ_1)作用时,晶体沿 X 方向将产生压缩,正、负电荷中心不再重合,电偶极矩在 X 方向上的分量由于 $\boldsymbol{P_1}$ 的减小和 $\boldsymbol{P_2}$、$\boldsymbol{P_3}$ 的增大而不等于零,即 $(\boldsymbol{P_1}+\boldsymbol{P_2}+\boldsymbol{P_3})_x>0$,在 X 轴的正向出现正电荷;电偶极矩在 Y 方向上的分量仍为零(因为 $\boldsymbol{P_2}$、$\boldsymbol{P_3}$ 在 Y 方向上的分量大小相等而方向相反),在 Y 轴方向不出现正负电荷。由于 $\boldsymbol{P_1}$、$\boldsymbol{P_2}$ 和 $\boldsymbol{P_3}$ 在 Z 轴方向上的分量为零,不受外力作用的影响,所以在 Z 轴方向上也不出现电荷。从而使石英晶体的压电常数为

$$d_{11}\neq 0,\qquad d_{21}=d_{31}=0$$

当晶体受到沿 Y 轴方向的压力(σ_2)作用时,晶体沿 Y 方向将产生压缩,其离子排列结构如图 5-5(c)所示。与图 5-5(b)情况相似,此时 $\boldsymbol{P_1}$ 增大,$\boldsymbol{P_2}$、$\boldsymbol{P_3}$ 减小,在 X 轴方向出现电荷,其极性与图 5-5(b)的相反,而在 Y 轴和 Z 轴方向上则不出现电荷。因此,压电常数为

$$d_{12}=-d_{11}\neq 0,\qquad d_{22}=d_{32}=0$$

当沿 Z 轴方向(即与纸面垂直方向)上施加作用力(σ_3)时,因为晶体在 X 方向和 Y 方向产生的变形完全相同,所以其正、负电荷中心保持重合,电偶极矩矢量和为零,晶体表面无电荷呈现。这表明沿 Z 轴方向施加作用力(σ_3),晶体不会产生压电效应,其相应的压电常数为

$$d_{13}=d_{23}=d_{33}=0$$

当切应力 σ_4(或 τ_{yz})作用于晶体时产生切应变,同时在 X 方向上有伸缩应变,故在 X 方向上有电荷出现而产生压电效应,其相应的压电常数为

$$d_{14}\neq 0,\qquad d_{15}=d_{16}=0$$

当切应力 σ_5 和 σ_6(或 τ_{zx} 和 τ_{xy})作用时都产生切应变,这种应变改变了 Y 方向上 $\boldsymbol{P}=0$ 的状态。所以 Y 方向上有电荷出现,存在 Y 方向上的压电效应,其相应的压电常数为

$$d_{15}=0\qquad d_{25}\neq 0\qquad d_{35}=0$$
$$d_{16}=0\qquad d_{26}\neq 0\qquad d_{36}=0$$

而且有 $d_{25}=-d_{14}$,$d_{26}=-2d_{11}$。所以,对于石英晶体,如前所述,其压电常数矩阵为

$$\left[d_{ij}\right]=\begin{bmatrix}d_{11}&d_{12}&0&d_{14}&0&0\\0&0&0&0&d_{25}&d_{26}\\0&0&0&0&0&0\end{bmatrix}=\begin{bmatrix}d_{11}&-d_{11}&0&d_{14}&0&0\\0&0&0&0&-d_{14}&-2d_{11}\\0&0&0&0&0&0\end{bmatrix}\quad(5\text{-}9)$$

只有 2 个独立常数:$d_{11}=2.31\text{pC/N}$;$d_{14}=0.727\text{pC/N}$。

当作用力的方向相反时,很显然,电荷的极性也随之改变。如果对石英晶体的各个方向同

时施加相等的力时(如液体压力、应力等),石英晶体始终保持电中性不变。所以,石英晶体没有体积形变的压电效应。

3. 压电晶体材料

(1) 石英。石英晶体有天然的和人工培养的两种,它的压电系数 d_{11} 的温度变化率很小,在 $20\sim200$ ℃范围内约为 $-2.15\times10^{-6}/$℃。石英晶体由于灵敏度低,介电常数小,在一般场合已逐渐为其他压电材料所代替,但是它的高安全应力和安全温度,以及性能稳定,没有热释电效应等,在高性能和高稳定性场合还是被选用。

(2) 水溶性压电晶体。属于单斜晶系的有酒石酸钾钠($NaKC_4H_4O_6 \cdot 4H_2O$),酒石酸乙烯二铵($C_6H_4N_2O_6$,简称 EDT),酒石酸二钾($K_2C_2H_4O_6 \cdot \frac{1}{2}H_2O$,简称 DKT),硫酸锂($Li_2SO_4 \cdot H_2O$)。属于正方晶系的有磷酸二氢钾($KH_2PO_4$,简称 KDP),磷酸二氢氨($NH_4H_2PO_4$,简称 ADP),砷酸二氢钾($KH_2AsO_4$,简称 KDA),砷酸二氢氨($NH_4H_2AsO_4$,简称 ADA)。

5.2.2 压电陶瓷

1. 压电陶瓷的压电效应

压电陶瓷是另一类常用的压电材料,它与石英晶体类不同,石英晶体类压电材料是单晶体,而压电陶瓷是人工制造的多晶体压电材料。压电陶瓷在没有极化之前不具有压电效应,是非压电体。压电陶瓷经过极化处理后有非常大的压电常数,一般为石英晶体的几百倍。如图5-6所示,压电陶瓷在极化面上受到垂直于它的均匀分布的作用力时(亦即应力沿极化方向),则在这两个极化面上分别出现正、负电荷,其电荷量 Q 与力 F 成正比,即

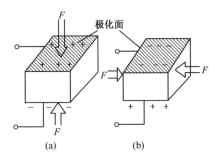

图 5-6 压电陶瓷的压电效应

$$Q = d_{33}F \tag{5-10}$$

式中,d_{33} 为压电陶瓷的纵向压电常数。

在压电陶瓷中,通常把它的极化方向规定为 Z 轴,这是它的对称轴。极化压电陶瓷的平面是各向同性的。在垂直于 Z 轴的平面内,任意选择一正交轴系为 X 轴和 Y 轴,因此,它的 X 轴和 Y 轴是可以互易的。这表明平行于极化轴(Z 轴)的电场与沿着 Y 轴或 X 轴的轴向应力的作用关系是相同的。对于压电常数,可用等式 $d_{32}=d_{31}$ 来表示。极化压电陶瓷受到如图 5-6(b)所示的横向均匀分布的作用力 F 时,在极化面上分别出现正、负电荷,其电量 Q 为

$$Q = -d_{32}\frac{S_x}{S_y}F = -d_{31}\frac{S_x}{S_y}F \tag{5-11}$$

式中,S_x 为极化面的面积;S_y 为受力面的面积。

对于 Z 轴方向极化的钛酸钡($BaTiO_3$)压电陶瓷的压电常数矩阵为

$$[d_{ij}] = \begin{bmatrix} 0 & 0 & 0 & 0 & d_{15} & 0 \\ 0 & 0 & 0 & d_{24} & 0 & 0 \\ d_{31} & d_{32} & d_{33} & 0 & 0 & 0 \end{bmatrix} = \begin{bmatrix} 0 & 0 & 0 & 0 & d_{15} & 0 \\ 0 & 0 & 0 & d_{15} & 0 & 0 \\ d_{31} & d_{31} & d_{33} & 0 & 0 & 0 \end{bmatrix} \tag{5-12}$$

其独立压电常数只有 d_{31}、d_{33}、d_{15} 三个($d_{31}=d_{32}=-79\mathrm{pC/N}$,$d_{33}=191\mathrm{pC/N}$,$d_{24}=d_{15}$)。

2. 压电陶瓷的压电机理

压电陶瓷是人工制造的多晶压电材料,它属于铁电体一类的物质,具有类似铁磁材料磁畴

结构的"电畴"结构。电畴是压电陶瓷材料内分子自发极化而形成的微小极化区域,它有一定的极化方向,而存在一定电场。在无外场作用时,各电畴在晶体材料中无序排列,它们的自发极化效应相互抵消,陶瓷内极化强度为零,因此,原始的压电陶瓷呈电中性,不具有压电性质。图 5-7(a)是 $BaTiO_3$ 原始压电陶瓷的电畴分布情况。当原始压电陶瓷材料在外电场(20~30kV/cm)作用下其内部各电畴的自发极化将发生转动,趋向于按外电场的方向排列,从而使材料得到极化,如图 5-7(b)所示。这一过程称为人工极化过程。经极化处理(2~3h)后,撤销外电场,陶瓷材料内部仍存在很强的剩余极化。当陶瓷材料受到外力作用时,电畴的界限发生移动,因此引起极化强度的变化,于是压电陶瓷便具有了压电效应。

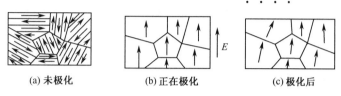

(a) 未极化   (b) 正在极化   (c) 极化后

图 5-7 压电陶瓷中的电畴

经极化后的压电陶瓷材料,由于存在剩余极化强度,这样在陶瓷片极化的两端就出现束缚电荷,一端为正电荷,一端为负电荷,如图 5-8 所示。由于束缚电荷的作用,在陶瓷片的电极表面上很快吸附了一层来自外界的自由电荷。这些自由电荷与陶瓷片内的束缚电荷符号相反而数值相等,它起着屏蔽和抵销陶瓷片内极化强度对外的作用,因此,陶瓷片对外不表现极性。如果在陶瓷片上加一个与极化方向平行的外力,陶瓷片将产生压缩变形,电畴发生偏转,片内正、负束缚电荷之间距离变小,极化强度也变小,因此,原来吸附在极板上的自由电荷,有一部分释放而出现放电现象。当压力撤销后,陶瓷片恢复原状,片内正、负电荷之间距离变大,极化强度也变大,因此,电极上

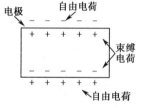

图 5-8 压电陶瓷片内的束缚电荷与电极上吸附的自由电荷示意图

又吸附一部分自由电荷而出现充电现象。这种由于机械效应转变为电效应,或者说由机械能转变为电能的现象,就是压电陶瓷的正压电效应。放电电荷的多少与外力的大小成比例,即 $Q = d_{33}F$。

3. 压电陶瓷材料

(1) 钛酸钡($BaTiO_3$)压电陶瓷。在室温下属于四方晶系的铁电性压电晶体。通常是把 $BaCO_3$ 和 TiO_2 按相等物质的量(mol)混合成形后,在 1350℃左右的高温下烧结而成的。烧成后,在居里点附近的温度下以 2kV/mm 的直流电场中以冷却的方式进行极化处理。它的特点是压电系数高($d_{33} = 191pC/N$)和价格便宜。主要缺点是使用温度低,只有 70℃左右。

(2) 锆钛酸铅系压电陶瓷(PZT)。PZT 是由钛酸铅($PbTiO_3$)和锆酸铅($PbZrO_3$)按 47∶53 的摩尔分子比组成的固溶体。它的压电性能大约是 $BaTiO_3$ 的二倍($d_{33} = 285pC/N$),特别是在 -55~200℃ 的温度范围内无晶相转变,已成为压电陶瓷研究的主要对象。其缺点是烧结过程中 PbO 的挥发,难以获得致密的烧结体,以及压电性能依赖于钛和锆的组成比,难于保证性能的一致性。克服的方法是置换原组成元素或添加微量杂质和热压法等。微量杂质包括铌(Nb)、镧(La)、铋(Bi)、钨(W)、钍(Th)、锑(Sb)、钽(Ta)和铬(Cr)、铁(Fe)、钴(Co)、锰(Mn)两类。添加前类物质可以提高压电性能,但机械品质因数 Q_M 降低;后类物质可以提高 Q_M,但添加量较多时将降低压电性能。PZT 有良好的温度性能,是目前采用较多的一种压电材料。

（3）铌酸盐系压电陶瓷。这一系中是以铁电体铌酸钾（$KNbO_3$）和铌酸铅（$PbNb_2O_6$）为基础的。铌酸钾和钛酸钡十分相似，但所有的转变都在较高温度下发生，在冷却时又发生同样的对称程序：立方、四方、斜方和菱形。居里点为435℃。铌酸铅的特点是能经受接近居里点（570℃）的高温而不会去极化，有大的d_{33}/d_{31}比值和非常低的机械品质因数Q_M。铌酸钾特别适用于作10～40MHz的高频换能器。近年来铌酸盐系压电陶瓷在水声传感器方面受到重视。

压电陶瓷具有明显的热释电效应。该效应是指：某些晶体除了由于机械应力的作用而引起的电极化（压电效应）之外，还可由于温度变化而产生电极化。用热释电系数来表示该效应的强弱，它是指温度每变化1℃时，在单位质量晶体表面上产生的电荷密度大小，单位为$\mu C/(m^2 \cdot g \cdot ℃)$。

如果把$BaTiO_3$作为单元系压电陶瓷的代表，则PZT就是二元系的代表，它是1955年以来压电陶瓷之王。在压电陶瓷的研究中，研究者在二元系的$Pb(Ti,Zr)O_3$中进一步添加另一种成分组成三元系压电陶瓷，其中镁铌酸铅$Pb(Mg_{1/3}Nb_{2/3})O_3$与$PbTiO_3$和$PbZrO_3$所组成的三元系获得了更好的压电性能，$d_{33}=(800～900)\times10^{-12}$ C/N和较高的居里点，前景非常诱人。

5.2.3　压电材料的主要特性

压电材料的主要特性如下。

（1）机-电转换性能：应具有较大的压电常数d_{ij}。

（2）机械性能：压电元件作为受力元件，希望它的强度高，刚度大，以期获得宽的线性范围和高的固有振动频率。

（3）电性能：希望具有高的电阻率和大的介电常数，以期减弱外部分布电容的影响和减小电荷泄漏并获得良好的低频特性。

（4）温度和湿度稳定性良好，具有较高的居里点（在此温度时，压电材料的压电性能被破坏），以期得到较宽的工作温度范围。

（5）时间稳定性：压电特性不随时间蜕变。

5.3　压电元件常用的结构形式

5.3.1　压电元件的基本变形

从压电常数矩阵可以看出，对能量转换有意义的石英晶体变形方式有以下几种。

（1）厚度变形（TE方式），如图5-9（a）所示。这种变形方式就是石英晶体的纵向压电效应，产生的表面电荷密度或表面电荷为

$$q_x = d_{11}\sigma_x \quad 或 \quad Q_x = d_{11}F_x \tag{5-13}$$

（2）长度变形（LE方式），如图5-9（b）所示，这是利用石英晶体的横向压电效应，表面电荷密度或电荷为

$$q_x = d_{12}\sigma_y \quad 或 \quad Q_x = d_{12}F_y\frac{S_x}{S_y} \tag{5-14}$$

其中，S_x、S_y分别为产生电荷面和受力面面积。

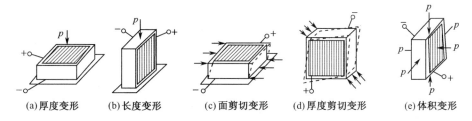

| (a)厚度变形 | (b)长度变形 | (c)面剪切变形 | (d)厚度剪切变形 | (e)体积变形 |

图 5-9　压电元件的受力状态和变形方式

（3）面剪切变形（FS 方式），如图 5-9（c）所示，相应计算公式为

$$q_x = d_{14}\tau_{yz} \qquad （对 X 切晶片） \tag{5-15}$$

或

$$q_y = d_{25}\tau_{xy} \qquad （对 Y 切晶片） \tag{5-16}$$

（4）厚度剪切变形（TS 方式），如图 5-9（d）所示，计算公式为

$$q_y = d_{26}\tau_{xy} \qquad （对 Y 切晶片） \tag{5-17}$$

（5）弯曲变形（BS 方式），它不是基本变形方式，而是拉、压、切应力共同作用的结果。应根据具体情况选择合适的压电常数。

对于 $BaTiO_3$ 压电陶瓷，除长度变形方式（用 d_{31}）、厚度变形方式（用 d_{33}）和面剪切变形方式（用 d_{15}）以外，还有体积变形方式（简称 VE）可以利用，如图 5-9（e）所示。这时产生的表面电荷密度按下式计算

$$q_z = d_{31}\sigma_x + d_{32}\sigma_y + d_{33}\sigma_z \tag{5-18}$$

由于此时 $\sigma_x = \sigma_y = \sigma_z = \sigma$，同时对 $BaTiO_3$ 压电陶瓷有 $d_{31} = d_{32}$，所以

$$q_z = (2d_{31} + d_{33})\sigma = d_V\sigma \tag{5-19}$$

式中，$d_V = 2d_{31} + d_{33}$ 为体积压缩的压电常数。这种变形方式可以用来进行液体或气体压力的测量。

5.3.2　压电元件的结构形式

在压电式传感器中，压电元件一般采用两片或两片以上压电片组合在一起使用。由于压电元件是有极性的，因此连接方法有两种：并联连接和串联连接，如图 5-10 所示。在图 5-10（a）中，压电元件的负极集中在中间电极上，正极在上下两边并连接在一起，这种接法称为并联。其输出电容 $C_{并}$、输出电压 $U_{并}$ 和极板上的总电荷量 $Q_{并}$ 与单片的 C、U、Q 的关系为

$$C_{并} = 2C, \quad U_{并} = U, \quad Q_{并} = 2Q$$

图 5-10（b）所示接法为串联，其相应关系为

$$C_{串} = C/2, \quad U_{串} = 2U, \quad Q_{串} = Q$$

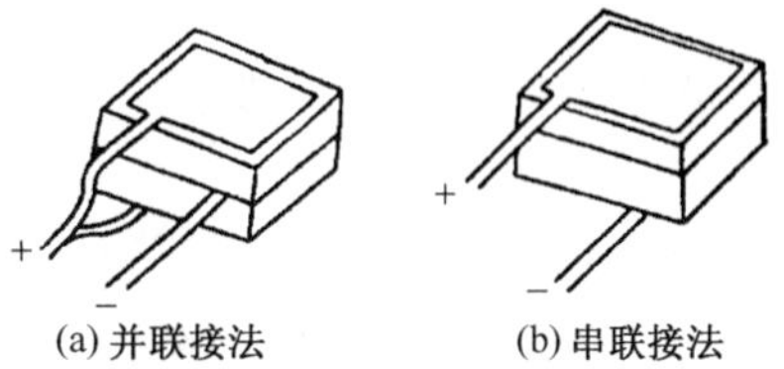

| (a)并联接法 | (b)串联接法 |

图 5-10　叠式压电片的并联和串联

在这两种接法中，并联接法输出电荷量大、电容大、时间常数大，适宜用在测量慢信号并且以电荷作为输出量的情况。而串联接法输出电压大、电容小，适宜用于以电压作为输出信号、并且测量电路输入阻抗很高的情况。

压电元件在传感器中，必须有一定的预应力，以保证在作用力变化时，压电元件始终受到压力。其次是保证压电元件与作用力之间的全面均匀接触，获得输出电压（或电荷）与作用力的线性关系。但是预应力不能太大，否则将会影响其灵敏度。

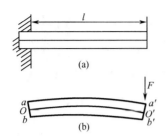

图 5-11 双片弯曲式压电
传感器原理图

在压电式传感器中,一般利用压电元件的纵向压电效应较多,这时压电元件大多是圆片式。也有利用其横向压电效应的,如图 5-11 所示的双片弯曲式压电传感器。当自由端受力 F 时,压电元件将产生形变,如图 5-11(b)所示。其中心面 OO' 的长度没有改变,上面 aa' 被拉长了,下面 bb' 被压缩短了,从而产生压电效应,这时每片压电片产生的电荷为

$$q = \frac{3}{8} \frac{d_{31} l^2}{b^2} F \qquad (5\text{-}20)$$

式中,l 为压电片的悬臂长度;b 为单片压电片的宽度。

产生的电荷呈现在 aa' 和 bb' 面上。这种传感器可用作加速度传感器,以及测量粗糙度的轮廓仪的测头等。

5.4 压电式传感器的信号调理电路

5.4.1 压电式传感器的等效电路

由压电元件的工作原理可知,压电式传感器可以看作一个电荷发生器,同时,它也是一个电容器,如图 5-12 所示,其电容量为

$$C_a = \frac{\varepsilon S}{h} = \frac{\varepsilon_r \varepsilon_0 S}{h} \qquad (5\text{-}21)$$

式中,S 为压电片极板面积;h 为压电片厚度;ε_r 为压电材料的相对介电常数;ε_0 为空气介电常数,$\varepsilon_0 = 8.85 \times 10^{-12} \text{F/m}$。

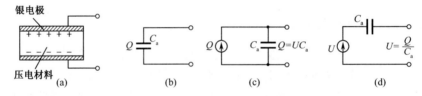

图 5-12 压电式传感器等效电路

两极板间开路电压为

$$U = Q/C_a \qquad (5\text{-}22)$$

因此,压电式传感器可以等效为一个与电容并联的电荷源如图 5-12(c)所示;也可等效为一个与电容串联的电压源,如图 5-12(d)所示。

压电式传感器在测量时要与测量电路相连接,所以实际传感器就得考虑连接电缆电容 C_c、放大器输入电阻 R_i 和输入电容 C_i,以及压电式传感器的泄漏电阻 R_a。考虑这些因素后,压电传感器的实际等效电路就如图 5-13(a)、(b)所示,它们的作用是等效的。

压电式传感器的灵敏度有两种表示方式:电压灵敏度 $K_u = U_a/F$,它表示单位力所产生的电压;电荷灵敏度 $K_q = Q/F$,它表示单位力所产生的电荷。它们之间的关系是

$$K_u = K_q/C_a \qquad (5\text{-}23)$$

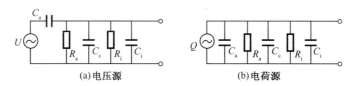

(a)电压源   (b)电荷源

图 5-13 压电式传感器输入端等效电路

5.4.2 压电式传感器的信号调理电路

压电式传感器本身的内阻很高($R_a \geqslant 10^{10}\ \Omega$),而输出的能量信号又非常微弱,因此它的信号调理电路通常需要一个高输入阻抗的前置放大器作为阻抗匹配,然后方可采用一般放大、检波、指示等电路,或者经功率放大至记录器。压电式传感器的测量电路关键在于高输入阻抗的前置放大器。

压电式传感器的前置放大器有两个作用:一是把压电式传感器的高输出阻抗变换成低阻抗输出;二是放大压电式传感器输出的微弱信号。压电式传感器的输出信号可以是电压,也可以是电荷。因此,前置放大器也有两种形式:一种是电压放大器,它的输出电压与输入电压(传感器的输出电压)成正比;一种是电荷放大器,其输出电压与传感器的输出电荷成正比。

1. 电压放大器

图 5-14 是压电式传感器的电压放大器电路及其等效电路。在图 5-14(b)中,等效电阻 R 为

$$R = R_a R_i \big/ (R_a + R_i) \tag{5-24}$$

等效电容 C 为

$$C = C_c + C_i \tag{5-25}$$

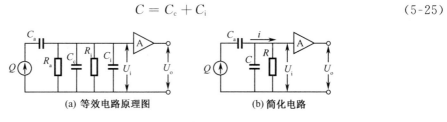

(a) 等效电路原理图   (b) 简化电路

图 5-14 电压放大器电路及其等效电路

如果压电元件受到交变正弦力 $\dot{F} = F_m \sin\omega t$ 的作用,则在压电陶瓷元件上产生的电压值为

$$U_a = \frac{d_{33} F_m}{C_a} \sin\omega t = U_m \sin\omega t \tag{5-26}$$

式中,U_m 为压电元件输出电压的幅值,$U_m = d_{33} F_m / C_a$。

由图 5-14(b)可见,送入放大器输入端的电压为 u_i,把它写成复数形式,则得到

$$\dot{U}_i = d_{33}\dot{F}\,\frac{j\omega R}{1 + j\omega R(C_a + C)}\,{}^{*} \tag{5-27}$$

$$
{}^{*}\quad \dot{U}_i = \dot{U}_a\,\frac{\dfrac{1}{\dfrac{1}{R} + j\omega C}}{\dfrac{1}{j\omega C_a} + \dfrac{1}{\dfrac{1}{R} + j\omega C}} = \dot{U}_a\,\frac{R/(1 + j\omega RC)}{\dfrac{1}{j\omega C_a} + \dfrac{R}{1 + j\omega RC}} = \frac{d_{33}\dot{F}}{C_a}\,\frac{j\omega C_a(1 + j\omega RC)}{1 + j\omega RC + j\omega RC_a}\,\frac{R}{1 + j\omega RC}
$$

$$
= d_{33}\dot{F}\,\frac{j\omega R}{1 + j\omega R(C_a + C)}
$$

从上式可得前置放大器输入电压 u_i 的幅值 U_{im} 为

$$U_{im} = \frac{d_{33} F_m \omega R}{\sqrt{1 + (\omega R)^2 (C_a + C_c + C_i)^2}} \qquad (5-28)$$

输入电压 U_i 与作用力 $\dot{F}$ 之间的相位差 φ 为

$$\varphi = \frac{\pi}{2} - \arctan[\omega(C_a + C_c + C_i)R] \qquad (5-29)$$

传感器的电压灵敏度为

$$K_u = \frac{U_{im}}{F_m} = \frac{d_{33} \omega R}{\sqrt{1 + (\omega R)^2 (C_a + C_c + C_i)^2}} \qquad (5-30)$$

在理想情况下,传感器的绝缘电阻 R_a 和前置放大器的输入电阻 R_i 都为无限大,也就是电荷没有泄漏;或工作频率 $\omega \to \infty$。当 $\omega R(C_a + C_c + C_i) \gg 1$ 时,前置放大器输入电压(即传感器的开路电压)幅值

$$U_{am} = \frac{d_{33} F_m}{C_a + C_c + C_i} \qquad (5-31)$$

它与实际输入电压幅值 U_{im} 之幅值比为

$$K(\omega) = \frac{U_{im}}{U_{am}} = \frac{\omega R(C_a + C_c + C_i)}{\sqrt{1 + (\omega R)^2 (C_a + C_c + C_i)^2}} \qquad (5-32)$$

这时传感器的电压灵敏度为

$$K_u = \frac{U_{am}}{F_m} = \frac{d_{33}}{C_a + C_c + C_i} \qquad (5-33)$$

测量电路的时间常数

$$\tau = R(C_a + C_c + C_i)$$

令 $\omega_n = 1/\tau = 1/[R(C_a + C_c + C_i)]$,则式(5-32)和式(5-29)可分别写成如下形式:

$$K(\omega) = \frac{U_{im}}{U_{am}} = \frac{\omega/\omega_n}{\sqrt{1 + (\omega/\omega_n)^2}} \qquad (5-34)$$

$$\varphi = \frac{\pi}{2} - \arctan(\omega/\omega_n) \qquad (5-35)$$

由此得到电压幅值比和相角与频率比的关系曲线,如图 5-15 所示。当作用在压电元件上的力是静态力($\omega = 0$)时,则前置放大器的输入电压等于零。因为电荷就会通过放大器的输入电阻和传感器本身的泄漏电阻漏掉,这也就从原理上决定了压电式传感器不能测静态物理量。

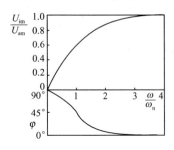

图 5-15　电压幅值比和相角
与频率比的关系曲线

当 $\omega/\omega_n \gg 1$,即 $\omega\tau \gg 1$ 时,也就是作用力的变化频率与测量回路的时间常数的乘积远大于 1 时,前置放大器的输入电压幅值 U_{im} 随频率的变化不大。当 $\omega/\omega_n \geqslant 3$ 时,可近似看作输入电压与作用力的频率无关。这说明压电式传感器的高频响应是相当好的,这是压电式传感器的一个突出优点。

但是,如果被测物理量是缓慢变化的动态量,而测量回路的时间常数 τ 又不大,则造成传感器灵敏度下降。因此,为了扩大传感器的低频响应范围,就必须尽量提高回路的时间常数 τ。但这不能靠增加测量回路的电容量来提高时间常数,因为传感器的电压灵敏度在 $\omega R \gg 1$ 时,$K_u \approx d_{33}/(C_a + C_c + C_i)$,与电容成反比。为此,切实可行的办法是提高测量回路的电阻。由于传感器本身的绝缘电阻一般都很大,所以测量回路的电阻

主要取决于前置放大器的输入电阻。放大器的输入电阻越大,测量回路的时间常数就越大,传感器的低频响应也就越好。

取 $K(\omega)=1/\sqrt{2}$,可求得压电式传感器的-3dB截止频率下限为

$$f_{\mathrm{L}} = \frac{1}{2\pi R(C_{\mathrm{a}} + C_{\mathrm{c}} + C_{\mathrm{i}})} \tag{5-36}$$

同样,若下限频率 f_{L} 已选定,则可根据上式选择与配置各电阻电容值。

为了满足阻抗匹配的要求,压电式传感器一般都采用专门的前置放大器。电压前置放大器(阻抗变换器)因其电路不同而分为几种形式,但都具有很高的输入阻抗($10^{9}\Omega$ 以上)和很低的输出阻抗(小于 $10^{2}\Omega$)。图 5-16 所示的一种阻抗变换器,它采用 MOS 型场效应管构成源极输出器,输入阻抗很高。第二级对输入端的负反馈,进一步提高输入阻抗。以射极输出的形式获得很低的输出阻抗。

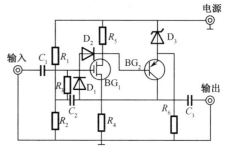

图 5-16　阻抗变换器电路图

但是,压电式传感器在与阻抗变换器(前置放大器)配合使用时,连接电缆不能太长。电缆长,电缆电容 C_{c} 就大,从而使传感器的电压灵敏度降低。

电压放大器与电荷放大器相比,电路简单、元件少、价格便宜、工作可靠,但是,电缆长度对传感器测量精度的影响较大。因为,当电缆长度改变时,C_{c} 也将改变,因而放大器的输入电压 U_{im} 也随之变化,进而使前置放大器的输出电压改变。因此,压电式传感器与前置放大器之间的连接电缆不能随意更换。如有变化时,必须重新校正其灵敏度,否则将引入测量误差。这在一定程度上限制了压电式传感器在某些场合的应用。

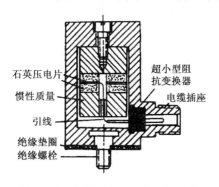

图 5-17　内置超小型阻抗变换器的
一体化压电式加速度传感器

解决电缆问题的办法是将放大器装入传感器之中,组成一体化传感器,如图 5-17 所示。压电式加速度传感器的压电元件是二片并联连接的石英晶片,放大器是一个超小型静电放大器(阻抗变换器)。这样,引线非常短,引线电容几乎为零,就避免了长电缆对传感器灵敏度的影响,放大器的输入端可以获得较大的电压信号,这就弥补了石英晶体灵敏度低的缺陷。

图 5-17 所示传感器,与带专用阻抗变换器或电荷放大器的压电传感器相比,还具有许多优点。最为突出的是这种传感器能直接输出一个高电平(可达几伏)、低阻抗的信号,它可以用普通的同轴电缆输出信号,一般不需要再附加放大器,只有在测量低电平振动时,才需要再放大,并可很容易直接输至示波器、记录仪、检流计和其他普通指示仪表。另一个显著优点是,由于采用石英晶片作压电元件,因此在很宽的温度范围内灵敏度十分稳定,而且经长期使用,性能几乎不变。

2. 电荷放大器

电荷放大器是压电式传感器的另一种专用前置放大器,它能将高内阻的电荷源转换成低内阻的电压源,而且输出电压正比于输入电荷,因此,电荷放大器同样也起着阻抗变换的作用,

其输入阻抗高达 $10^{10} \sim 10^{12}\,\Omega$,输出阻抗小于 $100\,\Omega$。

使用电荷放大器最突出的一个优点是,在一定条件下,传感器的灵敏度与电缆长度无关。

电荷放大器实际上是一种具有深度电容负反馈的高增益放大器,其等效电路如图 5-18 所示。若放大器的开环增益足够高,则运算放大器的输入端 a 点的电位接近"地"电位。由于放大器的输入级采用了场效应晶体管,因此,放大器的输入阻抗极高,放大器输入端几乎没有分流,电荷 Q 只对反馈电容 C_f 充电,充电电压接近等于放大器的输出电压,即

$$U_o \approx u_{C_f} = -Q/C_f \tag{5-37}$$

式中,U_o 为放大器输出电压;u_{C_f} 为反馈电容两端电压。

由式(5-37)知,电荷放大器的输出电压只与输入电荷量和反馈电容有关,而与放大器的放大系数的变化或电缆电容等均无关,因此,只要保持反馈电容的数值不变,就可以得到与电荷量 Q 变化呈线性关系的输出电压。还可以看出,反馈电容 C_f 小,输出就大,因此要达到一定的输出灵敏度要求,必须选择适当容量的反馈电容。

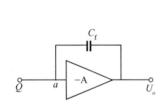

图 5-18　电荷放大器等效电路

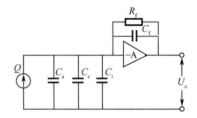

图 5-19　压电式传感器与电荷
放大器连接的等效电路

要使输出电压与电缆电容无关是有一定条件的,这可从下面的讨论中加以说明。图 5-19 是压电式传感器与电荷放大器连接的等效电路(视压电元件泄漏电阻 R_a 和放大器输入电阻 R_i 很大,已略去其电路作用),由"虚地"原理可知,反馈电容 C_f 折合到放大器输入端的有效电容 C_f' 为

$$C_f' = (1+A)C_f$$

设放大器输入电容为 C_i,传感器内部电容为 C_a,电缆电容为 C_c,则放大器的输出电压为

$$U_o = \frac{-AQ}{C_a + C_c + C_i + (1+A)C_f} \tag{5-38}$$

当 $(1+A)C_f \gg C_a + C_c + C_i$ 时,放大器输出电压为

$$U_o \approx -Q/C_f \tag{5-39}$$

当 $(1+A)C_f > 10(C_a + C_c + C_i)$ 时,传感器的输出灵敏度就可以认为与电缆电容无关了。这是使用电荷放大器的最突出的一个优点。当然,在实际使用中,传感器与测量仪器总有一定的距离,在它们之间由长电缆连接,由于电缆噪声增加,这样就降低了信噪比,使低电平振动的测量受到一定程度的限制。

在电荷放大器的实际电路中,考虑到被测物理量的不同量程,以及后级放大器不致因输入信号太大而引起饱和,反馈电容 C_f 的容量是做成可调的,一般在 $100 \sim 10\,000\,\mathrm{pF}$ 范围之间。为了减小零漂,使电荷放大器工作稳定,通常在反馈电容的两端并联一个大电阻 R_f(约 $10^8 \sim 10^{10}\,\Omega$),见图 5-19,其功能是提供直流反馈。

在高频时,电路中各电阻(R_a、R_i、R_f)的值大于各电容的容抗,以上略去 R_a、R_i 和 R_f 讨论电路特性是符合实际情况的。电荷放大器的频率响应上限主要取决于运算放大器的频率特性。

在低频时，R_a、R_i 与 $1/(j\omega C_c)$、$1/(j\omega C_i)$ 相比仍可忽略。但 R_f 与 $1/(j\omega C_f)$ 相比就不能忽略了。此时电荷放大器输出电压为

$$\dot{U}_o = -\frac{j\omega \dot{Q}}{1/R_f + j\omega C_f}$$ (5-40)

上式表明，输出电压 $\dot{U}_o$ 不仅与 $\dot{Q}$ 有关，而且与反馈网络的元件参数 C_f、R_f 和传感器信号频率 ω 有关，$\dot{U}_o$ 的幅值为

$$U_o = \frac{-\omega Q}{\sqrt{(1/R_f)^2 + \omega^2 C_f^2}}$$ (5-41)

由此可得，电荷放大器的 3dB 下限截止频率为

$$f_L = \frac{1}{2\pi R_f C_f}$$ (5-42)

以 $C_f = 1000\text{pF}$、$R_f = 10^{10}\,\Omega$ 为例，$f_L = 0.016\text{Hz}$。说明电荷放大器的低频响应也是十分好的。

低频时，输出电压 $\dot{U}_o$ 与输入电荷 $\dot{Q}$ 之间的相位差为

$$\varphi = \arctan\left(\frac{1/R_f}{\omega C_f}\right) = \arctan\left(\frac{1}{\omega R_f C_f}\right)$$ (5-43)

在截止频率处 $\varphi = 45°$。

5.5　压电式传感器的应用

压电元件是一种典型的力敏元件，可以用来测量最终能转换成力的多种物理量。在检测技术中，常用来测量力和加速度。

5.5.1　压电式加速度传感器

压电式加速度传感器是一种常用的加速度计（占所有加速度传感器的 80% 以上）。因其固有频率高，有较好的频率响应（几千赫至几十千赫），如果配以电荷放大器，低频响应也很好（可低至零点几赫）。另外，压电式传感器体积小、重量轻。缺点是要经常校正灵敏度。

1. 结构和工作原理

图 5-20 为压缩式压电加速度传感器的结构原理图。压电元件一般由两片压电片组成，采用并联接法。引线一根接至两压电片中间的金属片电极上，另一根直接与基座相连。压电片通常用压电陶瓷材料制成。压电片上放一块比重较大的质量块，然后用一段弹簧和螺栓、螺帽对质量块预加载荷，从而对压电片施加预应力。整个组件装在一个厚基座的金属壳体中，为了隔离试件的任何应变传递到压电元件上去，避免产生虚假信号输出，所以一般要加厚基座或选用刚度较大的材料来制造。

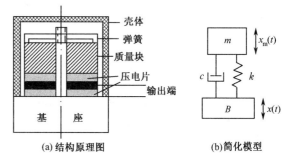

图 5-20　压缩式压电加速度传感器

测量时，将传感器基座与试件刚性固定在一起，传感器与试件感受相同的振动。由于

弹簧的作用,质量块就有一正比于加速度的交变惯性力作用在压电片上,由于压电效应,压电片的两个表面上就产生交变电荷。当振动频率远低于传感器的固有频率时,传感器的输出电荷(电压)与作用力成正比,亦即与试件的加速度成正比。输出电量由传感器的输出端引出,输入到前置放大器后就可以用普通的测量仪器测出试件的加速度(加速度 $a \to$ 惯性力 $\to$ 电荷)。如果在放大器中加进适当的积分电路,就可以测出试件的振动速度或位移。

2. 灵敏度

传感器的灵敏度有两种表示法:当它与电荷放大器配合使用时,用电荷灵敏度 K_q(C·s²·m⁻¹)

表示;与电压放大器配合使用时,用电压灵敏度 K_u(V·s²·m⁻¹)表示。其一般表达式为

$$K_q = Q/a \tag{5-44}$$

$$K_u = U_a/a \tag{5-45}$$

式中,Q 为压电式传感器输出电荷量(C);U_a 为传感器的开路电压(V);a 为被测加速度(m/s²)。

因为 $U_a = Q/C_a$,所以有

$$K_q = K_u C_a \tag{5-46}$$

下面以常用的压电陶瓷加速度传感器为例讨论影响灵敏度的因素。

压电陶瓷元件受力后表面上产生的电荷为 $Q = d_{33}F$,因为传感器质量块 m 在加速度 a 的作用下施加给压电元件的力 $F = ma$(N)。这样压电式加速度传感器的电荷灵敏度和电压灵敏度可表示为:

$$K_q = d_{33}m \tag{5-47}$$

$$K_u = d_{33}m/C_a \tag{5-48}$$

由式(5-47)和式(5-48)可知,压电式加速度传感器的灵敏度与压电材料的压电系数成正比,也与质量块的质量成正比。为了提高传感器的灵敏度,应当选用压电系数大的压电材料做压电元件。在一般精度要求的测量中,大多采用以压电陶瓷为敏感元件的传感器。

增加质量块的质量,虽然可以增加传感器的灵敏度,但不是一个好方法。因为,在测量振动加速度时,传感器是安装在试件上的,它是试件的一个附加载荷,相当于增加了试件的质量,势必影响试件的振动,尤其当试件本身是轻型构件时影响更大。因此,为了提高测量的精确性,传感器的重量要轻,不能为了提高灵敏度而增加质量块的质量。另外,增加质量对传感器的高频响应也是不利的。

3. 频率特性

压电式加速度传感器可以简化成由集中质量 m、集中弹簧 k 和阻尼器 c 组成的二阶单自由度系统(见图 5-20(b))。因此,当传感器感受振动体的加速度时,可以列出其运动方程

$$m \frac{d^2 x_m}{dt^2} + c \frac{d(x_m - x)}{dt} + k(x_m - x) = 0 \tag{5-49}$$

式中,x 为振动体的绝对位移;x_m 为质量块的绝对位移。

式(5-49)可改写为

$$m \frac{d^2(x_m - x)}{dt^2} + c \frac{d(x_m - x)}{dt} + k(x_m - x) = -m \frac{d^2 x}{dt^2} \tag{5-50}$$

应用第 1 章中关于二阶传感器频响特性分析方法,获得压电式加速度传感器的幅频特性和相频特性分别为

$$\left|\frac{x_m - x}{\ddot{x}}\right| = \frac{(1/\omega_n)^2}{\sqrt{[1-(\omega/\omega_n)^2]^2 + 4\zeta^2(\omega/\omega_n)^2}} \tag{5-51}$$

$$\varphi = \arctan\frac{2\zeta(\omega/\omega_n)}{1-(\omega/\omega_n)^2} - 180° \tag{5-52}$$

式中，ω 为振动角频率；ω_n 为传感器的固有角频率，$\omega_n = \sqrt{k/m}$；ζ 为阻尼比，$\zeta = c/(2\sqrt{km})$；$\ddot{x} = \frac{d^2 x}{dt^2}$ 为振动体加速度。

由于质量块与振动体之间的相对位移$(x_m - x)$就是压电元件受到作用力后产生的变形量，因此，在压电元件的线性弹性范围内，有

$$F = k_y(x_m - x) \tag{5-53}$$

式中，F 为作用在压电元件上的力；k_y 为压电元件的弹性系数。

而压电片表面所产生的电荷量与作用力成正比，即

$$Q = dF = d \cdot k_y(x_m - x) \tag{5-54}$$

式中，d 为压电元件的压电常数。

将式(5-54)代入式(5-51)后，则得到压电式加速度传感器灵敏度与频率的关系为

$$\frac{Q}{\ddot{x}} = \frac{d \cdot k_y/\omega_n^2}{\sqrt{[1-(\omega/\omega_n)^2]^2 + 4\zeta^2(\omega/\omega_n)^2}} \tag{5-55}$$

上式所表示的频响特性为二阶特性(见图1-14)。由图可见，在 ω/ω_n 相对小的范围内，有

$$\frac{Q}{\ddot{x}} = d \cdot k_y/\omega_n^2 \tag{5-56}$$

由式(5-56)知，当传感器的固有频率远大于振动体的振动频率时，传感器的电荷灵敏度 $K_q = Q/\ddot{x}$ 近似为一常数。从频响特性也可清楚地看到，在这一频率范围内，灵敏度基本上不随频率而变化。这一频率范围就是传感器的理想工作范围。

对于与电荷放大器配合使用的情况，传感器的低频响应受电荷放大器的3dB下限截止频率 $f_L = 1/(2\pi R_f C_f)$ 限制，而一般电荷放大器的 f_L 可低至0.3Hz，甚至更低。因此当压电式传感器与电荷放大器配合使用时，低频响应是很好的，可以测量接近静态变化非常缓慢的物理量。

压电式传感器的高频响应特别好，只要放大器的高频截止频率远高于传感器自身的固有频率。那么，传感器的高频响应完全由自身的机械问题决定，放大器的通频带要做到100kHz以上是并不困难的，因此，压电式传感器的高频响应只需考虑传感器的固有频率。

但需指出的是，测量频率的上限不能取得和传感器的固有频率一样高，这是因为在共振区附近灵敏度将随频率而急剧增加(见图1-14)，传感器的输出电量就不再与输入机械量(如加速度)保持正比关系，传感器的输出就会随频率而变化。其次，由于在共振区附近工作，传感器的灵敏度要比出厂时的校正灵敏度高得多，因此，如果不进行灵敏度修正，将会造成很大的测量误差。

为此，实际测量的振动频率上限一般只取传感器固有频率的1/5～1/3，也就是说工作在频响特性的平直段。在这一范围内，传感器的灵敏度基本上不随频率而变化。这样虽然限制了它的测量频率范围，但由于传感器的固有频率相当高(一般可达30kHz甚至更高)，因此，它的测量频率上限仍可达几千赫，甚至达十几千赫。

4. 压电式加速度传感器的结构

压电元件的受力和变形常见的有厚度变形、长度变形、体积变形和厚度剪切变形四种。根据这四种变形方式也应有相应的四种结构的传感器,但目前最常见的是基于厚度变形的压缩式和基于剪切变形的剪切式两种结构,前者使用更为普遍。图 5-21 所示为四种压电式加速度传感器的典型结构。

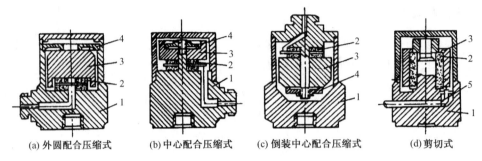

(a) 外圆配合压缩式　　(b) 中心配合压缩式　　(c) 倒装中心配合压缩式　　(d) 剪切式

图 5-21　压电式加速度传感器结构

1—基座；2—压电晶片；3—质量块；4—弹簧片；5—电缆

图 5-21(a)为外圆配合压缩式。它通过硬弹簧对压电元件施加预压力。这种形式的传感器的结构简单,灵敏度高,但对环境的影响(如声学噪声、基座应变、瞬时温度冲击等)比较敏感。这是由于其外壳本身就是弹簧-质量系统中的一个弹簧,它与起弹簧作用的压电元件并联,由于壳体和压电元件之间这种机械上的并联连接,壳体内的任何变化都将影响到传感器的弹簧-质量系统,使传感器的灵敏度发生变化。

图 5-21(b)所示为中心配合压缩式。它具有外圆配合压缩式的优点,并克服了对环境敏感的缺点。这是因为弹簧、质量块和压电元件用一根中心柱牢固地固定在厚基座上,而不与外壳直接接触,外壳仅起保护作用。但这种结构仍然要受到安装表面应变的影响。

图 5-21(c)是倒装中心配合压缩式。由于中心柱离开基座,所以避免了基座应变引起的误差。但由于壳体是质量-弹簧系统的一个组成部分,所以壳体的谐振会使传感器的谐振频率有所降低,以致减小传感器的频响范围。另外,这种形式的传感器的加工和装配也比较困难,这是它的主要缺点。

图 5-21(d)是剪切式加速度传感器。它的底座向上延伸,如同一根圆柱,管式压电元件(极化方向平行于轴线)套在这根圆柱上,压电元件上再套上惯性质量环。剪切式加速度传感器的工作原理是:当传感器受向上的振动时,由于惯性力的作用使质量环保持滞后。这样,在压电元件中就出现剪切应力,使其产生剪切变形,从而在压电元件的内外表面上就产生电荷,其电场方向垂直于极化方向。如果某瞬时传感器感受向下的运动,则压电元件的内外表面上便产生极性相反的电荷。这种结构形式的传感器灵敏度高,横向灵敏度小,而且能减少基座应变的影响。由于质量-弹簧系统与外壳隔开,因此,声学噪声和温度冲击等环境的影响也比较小。剪切式传感器具有很高的固有频率,频响范围宽,特别适用于测量高频振动;它的体积和质量都可以做得很小,有助于实现传感器的微型化。但是,由于压电元件与中心柱之间,以及惯性质量环与压电元件之间要用导电胶黏结,要求一次装配成功,因此成品率低。更主要的是,由于用导电胶黏结,所以在高温环境中使用就有困难了。

与压缩式加速度传感器相比,剪切式加速度传感器是一种很有发展前途的传感器,并有替代压缩式的趋势。

在冲击测量中,由于加速度很大,应采用质量较小的质量块。

此外,还有一种弯曲型压电加速度计,它由特殊的压电悬臂梁构成,如图 5-22 所示。它有很高的灵敏度和很低的频率响应,因此它主要用于医学上和其他低频响应很重要的领域,如测量地壳和建筑物的振动等。

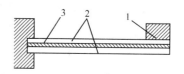

图 5-22 弯曲型压电加速度计
1—质量块;2—金属片;3—压电片

5.5.2 压电式测力传感器

压电元件本身就是力敏元件,利用压电元件做成力-电转换的测力传感器的关键是,选取合适的压电材料、变形方式、机械上串联或并联的晶片数、晶片的几何尺寸和合理的传力结构。压电元件的变形方式以利用纵向压电效应的厚度变形最为方便。而压电材料的选择则取决于所测力的量值大小、测量精度和工作环境条件等。结构上大多采用机械串联而电气并联的两片晶片,因为机械上串联的晶片数增加会给加工、安装带来困难,而且还会导致传感器抗侧向干扰能力降低;同时,传感器的电压输出灵敏度并不增大。下面介绍几种压电式测力传感器。

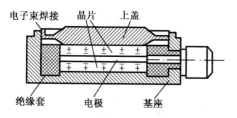

图 5-23 压电式单向测力传感器

图 5-23 是一种单向压电式测力传感器的结构图,它用于机床动态切削力的测量。压电晶片为 $0°X$ 切石英晶片,尺寸为 $\phi8×1mm$,上盖为传力元件,其变形壁的厚度为 $0.1\sim0.5mm$,由测力范围($F_{max}=500kg$)决定。绝缘套用来电气绝缘和定位。基座内外底面对其中心线的垂直度、上盖以及晶片、电极的上下底面的平行度与表面光洁度都有极严格的要求,否则会使横向灵敏度增加或使晶片因应力集中而过早破碎。为提高绝缘阻抗,传感器装配前要经过多次净化(包括超声清洗),然后在超净工作环境下进行装配,加盖之后用电子束封焊。

图 5-24(a)是一种压电式压力传感器结构图。拉紧的薄壁管对晶片提供预载力,而感受外部压力的是由挠性材料做成的很薄的膜片。预载筒外的空腔可以连接冷却系统,以保证传感器工作在一定的环境温度下,避免因温度变化造成预载力变化引起的测量误差。

图 5-24(b)是另一种结构的压力传感器,它采用两个相同的膜片对晶片施加预载力从而可以消除由振动加速度引起的附加输出。

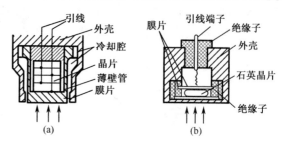

图 5-24 压电式压力传感器

5.5.3 压电新材料传感器及其应用

聚偏二氟乙烯(PVDF)高分子材料具有压电效应,压电常数>20pC/N(标称值)可以制成高分子压电薄膜或高分子压电电缆传感器。该类传感器具有灵敏度高、动态范围好、工作温度范围宽(-40~80℃)、稳定性好、耐冲击、耐酸、耐碱、不易老化、使用寿命长(超过100万次)等特点,被广泛应用振动冲击、闯红灯拍照、交通人流车流信息采集、车速监速、交通动态称重,以及周界安全防护、防盗报警、洗衣机不平衡、电器振动、脉搏检测、拾音传声等。

1. 高分子压电薄膜传感器

高分子压电薄膜振动感应片如图 5-25 所示，用厚度约 0.2mm、大小为 10mm×20mm 的聚偏二氟乙烯高分子材料制成，在它的正反两面各喷涂透明的二氧化锡导电电极，也可以用热印制工艺制作铝薄膜电极，再用超声波焊接上两根柔软的电极引线，并用保护膜覆盖。

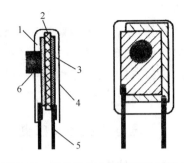

图 5-25　高分子压电薄膜振动感应片
1、3—正、反面透明电极；2—PVDF 薄膜；
4—保护膜；5—引脚；6—质量块

高分子压电薄膜振动感应片可用做玻璃破碎报警装置。使用时，将感应片粘贴在玻璃上。当玻璃遭暴力打碎的瞬间，会产生几千赫兹至超声波（高于 20kHz）的振动，压电薄膜感受到该剧烈振动信号，由于压电效应，表面会产生电荷 Q，经放大处理后，用电缆线传送到集中报警装置，发出报警信号。

由于感应片很小，且透明，不易察觉，所以可安装于贵重物品柜台、展览橱窗、博物馆及家庭等玻璃窗角落处，作防盗报警用。

2. 高分子压电电缆

高分子压电电缆结构如图 5-26 所示，主要由铜芯线 1（内电极）、铜网屏蔽层 3（外电极）、管状 PVDF 高分子压电材料绝缘层 2 和弹性橡胶保护层 4 组成。当管状高分子压电材料受压时，由于压电效应，其内外表面产生电荷 Q。压电电缆必须和配套的控制器配合使用。典型应用：防盗，军事监控，智能交通，拾音传声，驾驶员智能考场等。

（1）高分子压电电缆周界报警系统

周界报警系统又称线控报警系统，它警戒的是一条边界包围的重要区域，当入侵者进入防范区内时，系统便发出报警信号。

高分子压电电缆周界报警系统如图 5-27 所示。在警戒区域的四周埋设多根单芯高分子压电电缆，屏蔽层接大地。当入侵者踩到电缆上面的柔性地面时，该压电电缆受到挤压，产生压电脉冲电荷，引起报警。通过编码电路，还可以判断入侵者的大致方位。压电电缆可长达数百米，可警戒较大的区域，不受电、光、雾、雨水等干扰，费用也比其他周界报警系统便宜。

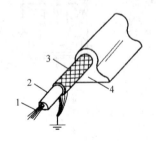

图 5-26　高分子压电电缆

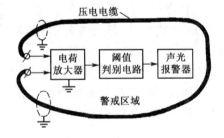

图 5-27　高分子压电电缆周界报警系统

（2）高分子压电电缆测速系统

高分子压电电缆测速系统由两根 PVDF 高分子压电电缆（见图 5-26）相距 $L=2\text{m}$，平行埋设于柏油公路的路面下 50mm 处，如图 5-28（a）所示。它可以用来测量汽车的车速及其超重，并根据存储在计算机内部的档案数据，判定汽车的车型。

当一辆超重车辆以较快的车速压过测速传感器系统时，两根 PVDF 压电电缆的输出信号如

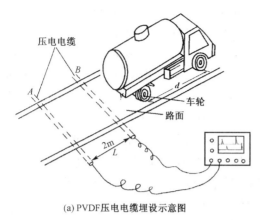
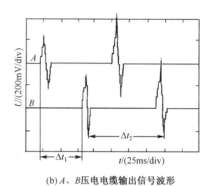

(a) PVDF压电电缆埋设示意图　　　　　(b) A、B压电电缆输出信号波形

图 5-28　PVDF 高分子压电电缆测速原理图

图 5-28(b)所示。由输出信号波形,可以:根据 A、B 压电电缆信号波形的时间差 Δt_1 和两电缆间距 L,估算车速 $v = L/\Delta t_1$;根据同一电路信号相邻波形的时间差 Δt_2,估算汽车前后轮间距 $d = v \cdot \Delta t_2$,由此判断车型,核定汽车的允许载重量;根据信号幅度,估算汽车载重量,判断是否超重。

5.6　压电式超声波传感器

　　超声技术是一门以物理、电子、机械及材料学为基础的通用技术,主要涉及超声波的产生、传播与接收技术。超声波具有聚束、定向及反射、透射等特性。超声技术的应用可分为两类:超声加工和处理技术,即功率超声应用;超声检测技术,即检测超声。超声应用必须借助于超声探头(换能器或传感器)产生和接收超声波,并利用超声波的传播特性及超声波与物质相互作用的各种效应,才能达到应用的目的,超声加工处理技术往往着重应用大功率的连续超声波发射换能器,利用某种超声效应,重视一些描述声场强弱的物理量(如声压、声强、声功率等)的测定;超声检测技术则使用灵敏度高但功率不大能够产生和接收各种波形的超声换能器,常要求避免产生强烈的超声效应,着重于一些描述媒质超声传播特性的物理量(如声速、衰减、声阻抗等)的测定。这里只介绍超声检测技术。

　　超声检测技术的基本原理是利用某种待测的非声量(如密度、流量、液位、厚度、缺陷等)与某些描述媒质声学特性的超声量(如声速、衰减、声阻抗等)之间存在着的直接或间接关系,探索了这些关系的规律就可通过超声量的检测来确定那些待测的非声量。

5.6.1　超声波及其基本特性

　　振动在弹性媒质内的传播称为波。频率在 $20\sim20000\,\text{Hz}$ 之间的机械波能为人耳所闻,称为声波;低于 $20\,\text{Hz}$ 的机械波称为次声波;高于 $20000\,\text{Hz}$ 的机械波称为超声波。

　　超声波在液体、固体中衰减很小,渗透能力强,特别是对不透光的固体,超声波能穿透几十米的厚度。当超声波从一种介质入射到另一种介质时,由于在两种介质中的传播速度不同,在介质界面上会产生反射、折射和波形转换等现象。超声波在介质中传播时与介质作用会产生机械效应、空化效应和热效应等。超声波的这些特性使其在检测技术中获得广泛应用,如超声波无损探伤、厚度测量、流速(流量)测量、超声显微镜及超声成像等。

1. 超声波的波型及其转换和波速

由于声源在介质中施力方向与波在介质中传播方向的不同,声波在介质中传播时有三种

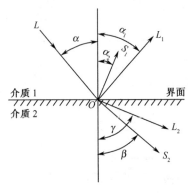

图 5-29　波型转换图
L—入射纵波;L_1—反射纵波;L_2—折射纵波;
S_1—反射横波;S_2—折射横波

主要波型。纵波,质点的振动方向与波的传播方向一致,它能在固体、液体和气体介质中传播。横波,质点振动方向垂直于波的传播方向,它只能在固体介质中传播。表面波,质点的振动介于纵波和横波之间,沿着表面传播,振幅随深度增加而迅速衰减;表面波质点振动的轨迹是椭圆形,质点位移的长轴垂直于传播方向,质点位移的短轴平行于传播方向;表面波只能在固体表面传播。

当纵波以某一角度入射到第二介质(固体)的界面上时,除有纵波的反射、折射外,还会有横波的反射和折射,如图 5-29 所示。在一定条件下,还能产生表面波。各种波形都符合波的反射定律和折射定律。

超声波的传播速度,取决于介质的弹性常数及介质的密度,即声速=$\sqrt{弹性率/密度}$。

由于气体和液体的剪切弹性模量为零,所以超声波在气体和液体中没有横波,只能传播纵波。其传播速度为

$$c = \sqrt{K/\rho} \tag{5-57}$$

式中,K 为介质的体积弹性模量,它是体积(绝热的)压缩性的倒数;ρ 为介质的密度。

气体中的声速约为 344m/s,液体中的声速为 900~1900m/s。

在固体介质中,纵波、横波、表面波三者的声速分别为

$$c_{纵} = \sqrt{\frac{E}{\rho} \cdot \frac{1-\mu}{(1+\mu)(1-2\mu)}} \tag{5-58}$$

$$c_{横} = \sqrt{\frac{E}{\rho} \cdot \frac{1}{2(1+\mu)}} = \sqrt{\frac{G}{\rho}} \tag{5-59}$$

$$c_{表面} \approx 0.9\sqrt{\frac{G}{\rho}} = 0.9c_{横} \tag{5-60}$$

式中,E 为固体介质的杨氏模量;μ 为固体介质的泊松比;G 为固体介质的剪切弹性模量;ρ 为介质密度。对于固体介质,μ 介于 0.2~0.5 之间,因此一般可认为 $c_{横} \approx c_{纵}/2$。

2. 超声波的反射和折射

当超声波从一种介质传播到另一种介质时,在两介质的分界面上将发生反射和折射,如图 5-30 所示。超声波的反射和折射满足波的反射定律和折射定律,即

$$\alpha = \alpha' \tag{5-61}$$

$$\frac{\sin\alpha}{\sin\beta} = \frac{c_1}{c_2} \tag{5-62}$$

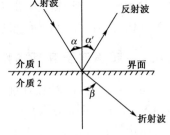

图 5-30　超声波的反射和折射

3. 声波的衰减

超声波在一种介质中传播时,随着距离的增加,能量逐渐衰减。其声压和声强的衰减规律为

$$p = p_0 e^{-\alpha x} \tag{5-63}$$

$$I = I_0 e^{-2\alpha x} \tag{5-64}$$

式中,p_0、I_0 分别为声波在距离声源 $x=0$ 处的声压和声强;p、I 分别为声波在距离声源 x 处的声压和声强;α 为衰减系数。

超声波在介质中传播时,能量的衰减决定于声波的扩散、散射和吸收。在理想介质中,声波的衰减仅来之于声波的扩散,就是随着声波传播距离的增加,在单位面积波面内声能量将会减弱。散射衰减是声波在固体介质中颗粒界面上的散射,或在流体介质中有悬浮粒子时使超声波散射。而声波的吸收是由于介质的导热性、黏滞性及弹性滞后造成的。介质吸收声能并转化为热能。吸收随声波频率升高而增加。吸收系数 α 因介质材料性质而异,但晶粒越粗,声波频率越高,则衰减越大。最大探测厚度往往受衰减系数限制。所以,工件的厚度、球墨铸铁的球化程度、泥浆的浓度等量都可利用这种原理进行测量。

经常以 dB/cm 或 10^{-3} dB/mm 为单位来表示衰减系数。在一般探测频率上,材料的衰减系数在 1 到几百之间。若衰减系数为 1dB/mm 时,声波穿透 1mm 时,则衰减 1dB,即衰减 10%,声波穿透 20mm,则衰减 20dB,即衰减 90%。

4. 超声波与介质的相互作用

超声波在介质中传播时,与介质相互作用会产生以下效应。

(1)机械效应

超声波在传播过程中,会引起介质质点交替地压缩和扩张,构成了压力的变化,这种压力变化将引起机械效应。超声波引起的介质质点运动,虽然产生的位移和速度不大,但是,与超声振动频率的平方成正比的质点加速度却很大,有时超过重力加速度的数万倍。这么大的加速度足以造成对介质的强大机械作用,甚至能达到破坏介质的程度。这是超声加工的原理。

(2)空化效应

在流体动力学中指出,存在于液体中的微气泡(空化核)在声场的作用下振动,当声压达到一定值时,气泡将迅速膨胀,然后突然闭合,在气泡闭合时产生冲击波,这种膨胀、闭合、振动等一系列动力学过程称为声空化(acoustic cavitation)。这种声空化现象是超声学及其应用的基础。

液体的空化作用与介质的温度、压力、空化核半径、含气量、声强、黏滞性、频率等因素有关。一般情况下:温度高易于空化;液体中含气量高、空化阈值低,易于空化;声强高,也易于空化;频率高、空化阈值高,不易于空化。例如,在 15kHz 时,产生空化的声强只需 $0.16\sim2.6$ W/cm^2;而频率在 500kHz 时,所需要的声强则为 $100\sim400$ W/cm^2。

在空化中,当气泡闭合时所产生的冲击波强度最大,设气泡膨胀时的最大半径为 R_m,气泡闭合时的最小半径为 R,从膨胀到闭合,在距气泡中心为 $1.587R$ 处所产生的最大压力可达到 $p_{max} = p_0 4^{-4/3}(R_m/R)^3$。当 $R \rightarrow 0$ 时,$p_{max} \rightarrow \infty$。根据此式一般估计,局部压力可达上千个大气压,由此足以看出空化的巨大作用和应用前景。

(3)热效应

如果超声波作用于介质时被介质所吸收,实际上也就是有能量吸收。同时,由于超声波的振动,使介质产生强烈的高频振荡,介质间互相摩擦而发热,这种能量能使固体、流体介质温度升高。超声波在穿透两种不同介质的分界面时,温度升高值更大,这是由于分界面上特性阻抗不同,将产生反射,形成驻波引起分子间的相互摩擦而发热。

超声波的热效应在工业、医疗上都得到了广泛应用。

超声波与介质作用除了以上几种效应外,还有声流效应、触发效应和弥散效应等,它们都有很好的应用价值,

5.6.2 压电式超声波传感器

为了以超声波作为检测手段,必须要产生超声波和接收超声波,完成这种功能的装置就是

超声波传感器，习惯上称为超声波换能器或超声波探头，超声波传感器可以是超声波的发射装置，也可以是既能发射超声波又能接收超声回波的装置（见图5-31(a)）。超声波传感器一般都能将声信号转换成电信号，属典型的双向传感器。

超声波探头按其结构可分为直探头、斜探头、双探头和液浸探头；若按其工作原理又可分为压电式、磁致伸缩式、电磁式等。实际使用中最常见的是压电式探头。

压电式探头主要由压电晶片（敏感元件）、吸收块（阻尼块）、保护膜组成，其结构如图5-31(b)、(c)所示。压电晶片多为圆板形，其厚度 d 与超声波频率 f 成反比，即

$$f = \frac{1}{2d} \sqrt{\frac{E_{11}}{\rho}} \qquad (5-65)$$

式中，E_{11} 为晶片沿 X 轴方向的弹性模量；ρ 为晶片的密度。

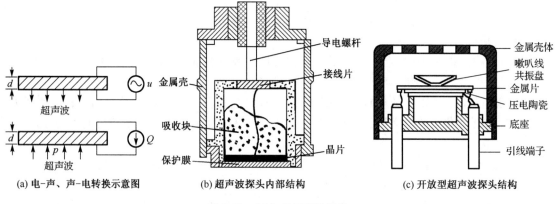

图 5-31　压电式超声波探头

从式(5-65)可知，压电晶片在基频作厚度振动时，晶片厚度 d 相当于晶片振动的半波长，我们可以依此规律选择晶片厚度。石英晶体的频率常数（$\sqrt{E_{11}/\rho}/2$）是 2.87MHz·mm，锆钛酸铅陶瓷（PZT）频率常数是 1.89MHz·mm。说明石英晶片厚 1mm 时，其自然振动频率为 2.87MHz；PZ7 厚 1mm 时，自然振动频率为 1.89MHz；若片厚为 0.75mm，则振动频率为 2.5MHz，这是常用的超声频率。

压电晶片的两面镀有银层，作为导电极板，阻尼块的作用是降低晶片的机械品质，吸收声能量。如果没有阻尼块，当激励的电脉冲信号停止时，晶片将会继续振荡，加长超声波的脉冲宽度，使分辨率变差。

5.6.3　压电式超声波传感器的应用

超声波传感器广泛应用于工业中超声清洗、超声波焊接、超声波加工（超声钻孔、切削、研磨、抛光，超声波金属拉管、拉丝、轧制等）、超声波处理（搪锡、凝聚、淬火，超声波电镀、净化水质等）、超声波治疗和超声波检测（超声波测距、检漏、探伤、成像等）等。下面介绍几种超声波传感器的检测应用。

1. 压电式超声波传感器基本检测电路

超声波传感器的工作原理框图如图 5-32 所示，在发送器双晶振子端施加一定频率的电压，传感器发送出疏密不同的超声波信号，接收探头将接收到的超声波转换为电信号并放大处理后输出显示。

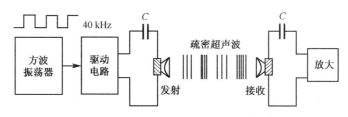

图 5-32 超声波传感器的工作原理

超声波传感器基本电路主要由振荡发射电路和接收检测电路两部分组成,图5-33(a)为超声波发射电路,它由门电路组成RC振荡器,振荡信号经功率放大输出,通过电容C_P耦合传送给超声波振子产生超声波发射信号。电容器C_P为隔直流电容,由于超声波振子长期加入直流电压会使超声波传感器特性变差,所以工作时一般不加直流电压。图5-33(b)为超声波接收电路,由于接收到的超声波信号极微弱,需要高增益的检测放大电路,运算放大器完成对mV级信号的放大处理,放大输出的高频信号电压可经检波、放大、比较电路输出显示或报警。

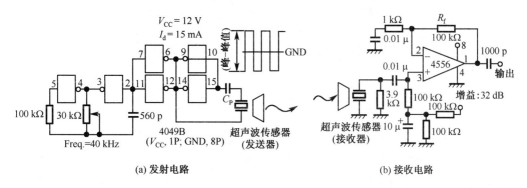

(a) 发射电路 (b) 接收电路

图 5-33 超声波传感器基本检测电路原理

2. 超声波传感器的应用

(1)超声波测厚

超声波测量金属零部件的厚度,具有测量精度高、测试仪器轻便、操作安全简单、易于读数或实行连续自动检测等优点。但是,对于声衰减很大的材料,以及表面凹凸不平或形状很不规则的零部件,利用超声波测厚比较困难。

超声波测厚常用脉冲回波法,如图5-34所示。超声波探头与被测物体表面接触。主控制器产生一定频率的脉冲信号送往发射电路,经电流放大后激励压电式探头,以产生重复的超声波脉冲。脉冲波传到被测工件另一面被反射回来(回波),被同一探头接收。如果超声波在工件中的声速c已知,设工件厚度为δ,脉冲波从发射到接收的时间间隔t可以测量,因此可求出工件厚度为

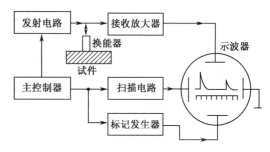

图 5-34 脉冲回波法测厚方框图

$$\delta = c \cdot t / 2 \tag{5-66}$$

为测量时间间隔t,可用图5-34的方法,将发射脉冲和反射回波脉冲加至示波器垂直偏转板上。标记发生器输出已知时间间隔的脉冲,也加至示波器垂直偏转板上。线性扫描电压加

在水平偏转板上。因此,可以从显示屏上直接观测发射和反射回波脉冲,并由波峰间隔及时基求出时间间隔 t。

(2)超声波测距

超声波传感器测距电路形式较多,主要是通过定时控制电路、触发逻辑电路、放大检波电路及数据处理电路,将检测的超声波信号变换为与距离有关的信号来实现的。关键是利用时钟脉冲对发送和接收之间的延迟时间进行计数,计数值与每个计数脉冲的周期时间的乘积就是超声波的传播时间。

图 5-35 为超声波测距集成模块,可测量最大距离为 600cm,最小距离 2cm,超声波发送电路由 NE555 构成多谐振荡器产生 40kHz 的等幅波,送功率放大器输出驱动超声波发生器产生超声波。接收电路由放大器、检波电路、信号处理组成。电路首先根据被测物体的距离范围设定反射脉冲时间间隔,调整振荡器触发时间,定时器提供触发电路和门电路的控制信号。

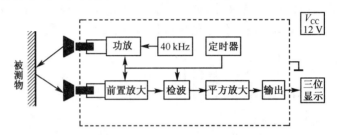

图 5-35　超声波测距集成模块电路框图

图 5-36 为超声波测距电路脉冲时序。振荡器分别输出高频、低频两个振荡信号,高频振荡信号频率 40kHz,低频振荡信号频率 20Hz,

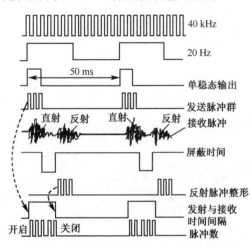

图 5-36　超声波测距原理及时序波形图

低频信号触发单稳态电路改变 20Hz 周期信号的占空比,该信号和 40kHz 相"与",将信号调制成频率为 40kHz、周期为 20Hz 的短脉冲群向外发送。发送的超声波脉冲群时间间隔为 $T=1/(20\text{Hz})=50\text{ms}$,由此设计出超声波传感器探测的最大往返距离为 $50\text{ms}\times340\text{m/s}=17\text{m}$,单程距离为 $17\text{m}/2=850\text{cm}$。可满足器件检测的最大距离 600cm 要求。为避免发射与接收换能器之间的直射干扰,接收超声波的信号开门时间需延迟一个时间间隔,称屏蔽时间,超声波的反射信号在屏蔽时间结束后开始接收。具体可采用双稳态电路控制计数器开门信号,从发射的第一个脉冲开启,到接收反射的第一个脉冲关闭,由发射和接收的时间段所记录的脉冲个

数 n 计算超声波传播的距离。已知每个时钟周期为 $T=1/(40\text{kHz})=25\mu\text{s}$,超声波往返距离 $S_2=(n\times25\mu\text{s})\times340\text{m/s}$,单程距离 $S_1=S_2/2$。

超声波汽车倒车防撞装置是超声测距的典型应用,如图 5-37 所示。该防撞装置使用单探头超声换能器,超声频率为 40kHz 的脉冲超声波。超声换能器安装在汽车尾部,汽车倒车时超声换能器向后发射脉冲超声波,遇到障碍物后,超声波反射回超声换能器。根据接收超声波与反射超声波的时间差 Δt,换算出汽车与障碍物间距离 d

$$d = v \cdot \Delta t / 2 \qquad (5\text{-}67)$$

其中,v 为超声波在空气中的传播速度。

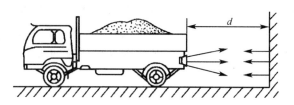

图 5-37　汽车倒车防撞超声装置示意图

如果该距离达到或小于事先设定的倒车最小距离,检测电路发出报警信号,提醒司机停止继续倒车以防撞到障碍物。

(3)超声波防盗

图 5-38 是超声波防盗系统原理图,使用双探头超声换能器,超声频率为 40kHz 的连续超声波。B_1 为超声波发射探头,B_2 为超声波接收探头。

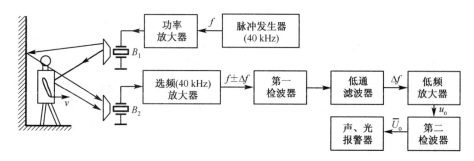

图 5-38　超声防盗报警器电原理框图

当有人进入防盗控制区时,由于人体的阻挡作用,改变接收超声波的强度,引起防盗检测电路报警。

(4)超声波探伤

图 5-39 是超声脉冲回波技术探伤原理图,使用单探头超声换能器,超声频率为 2.5～10MHz 的脉冲超声波。

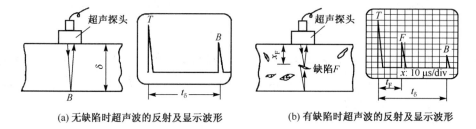

(a)无缺陷时超声波的反射及显示波形　　　(b)有缺陷时超声波的反射及显示波形

图 5-39　纵波探伤示意图

脉冲回波技术是将超声波短脉冲送入物体,尔后,当回波自物体的非连续性结构(缺陷)或边界返回时,即在阴极射线示波管上放大和显示,并将它们的幅度和传输时间指示出来。如图 5-39 所示,T 为发射波(首波),B 为下边界返回的底波,F 为物体内缺陷处返回的缺陷波;B 波或 F 波与 T 波间的水平距离表示传输时间。

如果已知超声波在物体中的传播速度 v,再根据示波器上显示的脉冲传输时间 t,即可转换成物体内缺陷的距离或深度 $x_F = v \cdot t_F / 2$，也可测板厚 $\delta_F = v \cdot t_\delta / 2$。

（5）超声波物位检测

超声波物位传感器是利用超声波在两种介质分界面上的反射特性实现物位高度检测，只要检测出发射超声脉冲到接收反射波为止的时间间隔，就可以求出分界面的位置。图 5-40 给出了超声物位传感器的结构示意图，根据发射和接收换能器的功能，传感器可分为单换能器（兼用型）和双换能器（专用型）。

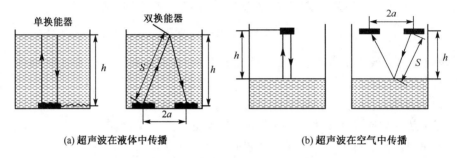

图 5-40　超声波物位检测原理示意图

超声波发射和接收换能器可安装在液体介质中，让超声波在液体介质中传播，如图 5-40（a）所示。由于超声波在液体中衰减比较小，所以即使发射的超声脉冲幅度较小也可以传播。但这种方法对传感器及电路的密封要求较高，尤其要考虑传感器安装在腐蚀性较强的液体介质中的使用寿命。超声波换能器也可以安装在液面的上方。让超声波在空气中传播。如图 5-40（b）所示。这种方式便于安装和维修，但超声波在空气中的衰减比在液体中衰减更快，需提高传感器的检测灵敏度。

对于单换能器超声波从发射器到液面，又从液面反射到换能器的时间为

$$t = 2 \cdot h / v \tag{5-68}$$

则有

$$h = v \cdot t / 2 \tag{5-69}$$

式中，h 为换能器到液面的距离；v 为超声波在介质中的传播速度。

对于双换能器，设超声传感器至液面反射点的距离为 S，超声波从发射到接收所经过的路程为 $2S$，两换能器之间的直线距离为 $2a$，而 $S = v \cdot t / 2$，因此液位高度可表示为

$$h = \sqrt{S^2 - a^2} = \frac{1}{2} \sqrt{(v \cdot t)^2 - 4a^2} \tag{5-70}$$

可见，只要知道超声波脉冲从发射到接收的时间间隔 t 和超声波在介质中传播速度 v，便可以求得待测的物位。超声传感器具有精度高和使用寿命长的特点，但若液体中有气泡或液面发生波动，便会产生较大的误差。

（6）超声流量计

超声波在流体中传播速度与流体的流动速度有关，据此可以实现流量的测量。这种方法不会造成压力损失，并且适合大管径、非导电性、强腐蚀性流体的流量测量。

20 世纪 90 年代气体超声流量计在天然气工业中的成功应用取得了突破性的进展，一些在天然气计量中的疑难问题得到了解决，特别是多声道气体超声流量计已被气体界接受，多声道气体超声流量计是继气体涡轮流量计后被气体工业界接受的最重要的流量计量器具。目前国外已有"用超声流量计测量气体流量"的标准，我国也制定出"用气体超声流量计测量天然气

流量"的国家标准。气体超声流量计在国外天然气工业中的贸易计量方面已得到了广泛的采用。

超声波流量计有以下几种测量方法。

①时差法。

在管道的两侧斜向安装两个超声换能器,使其轴线重合在一条斜线上,如图 5-41 所示,当换能器 B 发射、A 接收时,声波基本上顺流传播,速度快、时间短,可表示为

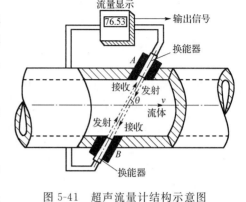

图 5-41　超声流量计结构示意图

$$t_1 = \frac{L}{c + v\cos\theta} \tag{5-71}$$

A 发射而 B 接收时,逆流传播,速度慢、时间长,即

$$t_2 = \frac{L}{c - v\cos\theta} \tag{5-72}$$

式中,L 为两换能器间传播距离;c 为超声波在静止流体中的速度;v 为被测流体的平均流速;θ 为超声波传播方向与管道轴线间夹角。

两种方向传播的时间差 Δt 为

$$\Delta t = t_2 - t_1 = \frac{2Lv\cos\theta}{c^2 - v^2\cos^2\theta} \tag{5-73}$$

因 $v \ll c$,故 $v^2\cos^2\theta$ 可忽略,故得

$$\Delta t = 2Lv\cos\theta/c^2 \tag{5-74}$$

或

$$v = c^2\Delta t/(2L\cos\theta) \tag{5-75}$$

当流体中的声速 c 为常数时,流体的流速 v 与 Δt 成正比,测出时间差即可求出流速 v,进而得到流量,故该方法称为时差法。

值得注意的是,一般液体中的声速往往在 1500m/s 左右,而流体流速只有每秒几米,如要求流速测量的精度达到 1%,则对声速测量的精度需为 $10^{-5} \sim 10^{-6}$ 数量级,这是难以做到的。更何况声速受温度的影响不容易忽略,所以直接利用式(5-75)不易实现流量的精确测量。

②速差法。

式(5-71)、式(5-72)可改为

$$c + v\cos\theta = L/t_1 \tag{5-76}$$

$$c - v\cos\theta = L/t_2 \tag{5-77}$$

以上两式相减,得

$$2v\cos\theta = L/t_1 - L/t_2 = L(t_2 - t_1)/(t_1 t_2) \tag{5-78}$$

将顺流与逆流的传播时间差 $\Delta t (= t_2 - t_1)$ 代入上式得

$$v = \frac{L\Delta t}{2\cos\theta\, t_1 t_2} = \frac{L\Delta t}{2\cos\theta\, t_1(t_2 - t_1 + t_1)} = \frac{L\Delta t}{2\cos\theta\, t_1(\Delta t + t_1)} \tag{5-79}$$

式中,$L/2$ 为常数,只要测出顺流传播时间 t_1 和时间差 Δt,就能求出 v,进而求得流量,这就避免了测声速 c 的困难。这种方法还不受温度的影响,容易得到可靠的数据。因为式(5-76)和式(5-77)相减即双向声速之差,故称此法为速差法。

③频差法。

超声发射探头和接收探头可以经放大器接成闭环,使接收到的脉冲放大之后去驱动发射

探头,这就构成了振荡器,振荡频率取决于从发射到接收的时间,即前述的 t_1 或 t_2。如果 B 发射,A 接收,则频率为

$$f_1 = 1/t_1 = (c + v\cos\theta)/L \tag{5-80}$$

反之,A 发射,B 接收,其频率为

$$f_2 = 1/t_2 = (c - v\cos\theta)/L \tag{5-81}$$

以上两频率之差为

$$\Delta f = f_1 - f_2 = 2v\cos\theta/L \tag{5-82}$$

可见,频差与速度成正比,式中也不含声速 c,测量结果不受温度影响,这种方法更为简单实用。不过,一般频差 Δf 很小,直接测量不精确,往往采用倍频电路。

因为两个探头是轮流担任发射和接收的,所以要有控制其转换的电路,两个方向闭环振荡的倍频利用可逆计数器求差。如果配上 D/A 转换并放大成 $0 \sim 10\text{mA}$ 或 $4 \sim 20\text{mA}$ 信号,便构成超声流量变送器。

④多普勒法。

非纯净流体在工业中也很普遍,流体中若含有悬浮颗粒或气泡,最适于采用多普勒(Doppler)效应测量流量,其原理如图 5-42 所示。

发射探头 A 和接收探头 B,都安装在与管道轴线夹角为 θ 的两侧,且都迎着流向,当平均流速 v,声波在静止流体中的速度为 c 时,根据多普勒效应,接收到的超声波频率(靠流体里的悬浮颗粒或气泡反射而来)f_2 将比原发射频率 f_1 略高,其差 Δf 即多普勒频移,可用下式表示

$$\Delta f = f_2 - f_1 = \frac{2v\cos\theta}{c}f_1 \tag{5-83}$$

由此可见,在发射频率 f_1 恒定时,频移与流速成正比。但是,式中又出现了受温度影响比较明显的声速 c,应设法消去。

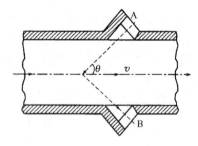

图 5-42　超声多普勒流量计原理图

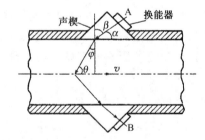

图 5-43　有声楔的超声多普勒流量计原理图

如果在超声波探头上设置声楔,使超声波先经过声楔再进入流体,声楔材料中的声速为 c_1,流体中的声速为 c,声波由声楔材料进入流体时的入射角为 β,在流体中的折射角为 φ,如图 5-43 所示。则根据折射定律可以写出

$$\frac{c}{\cos\theta} = \frac{c}{\sin\varphi} = \frac{c_1}{\sin\beta} = \frac{c_1}{\cos\alpha} \tag{5-84}$$

将上述关系代入式(5-83),得

$$\Delta f = \frac{2v\cos\alpha}{c_1}f_1 \tag{5-85}$$

由此可得流速

$$v = \frac{c_1 \Delta f}{2\cos\alpha \cdot f_1}$$ (5-86)

进而求得流量。

可见，采用声楔之后，流速 v 中不含超声波在流体中的声速 c，而只有声楔材料中的声速 c_1，声楔为固体材料，其声速 c_1 受温度影响比液体中声速受温度的影响要小一个数量级，因而可以减小温度引起的测量误差。

多普勒法也有将两个探头置于管道同一侧的，利用声束扩散锥角的重叠部分形成收发声道。

对于煤粉和油的混合流体(COM)及煤粉和水的混合流体(CWM)，多普勒法有广阔的应用前景。

⑤相关法。

超声技术与相关法结合起来也可测流量。在管道上相距 L 处设置两组收发探头，流体中的随机旋涡、气泡或杂质都会在接收探头上引起扰动信号，将上游某截面处收到的这种随机动信号与下游相距 L 处另一截面处的扰动信号比较，如发现两者变化规律相同，则证明流体已运动到下游截面。将距离 L 除以两相关信号出现在不同截面所经历的时间，就得到流速，从而能求出流量。这种方法特别适合于气液、液固、气固等两相流甚至多相流的流量测量，它也不需在管道内设置任何阻力体，而且与温度无关。

相关法所需信号处理设备较复杂，成本很高，虽然在计算机普及条件下，其技术可行性已不成问题，然而在工业生产过程中推广应用尚有待于简化电路和降低成本。

相关法不一定都是利用超声实现，只是利用超声比较方便。

(7)超声波液位检测与控制

由于超声波在空气中传播时有一定衰减，根据液面反射回来的信号就与液位位置有关，如图 5-44(a)所示。液面位置越高，信号越大；液位越低，则信号就越小。液位检测电路由超声波产生电路(图 5-44(b))和超声波接收电路(图 5-44(c))组成。

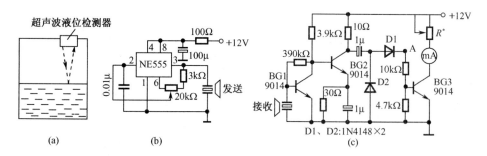

图 5-44　超声波液位检测原理及检测电路图

超声波发送电路由 NE555 时基电路组成方波发生器(40kHz)驱动超声波发送器，产生的超声波信号向液面发射，液面反射回来的超声波信号由接收器接收，再由晶体管 BG_1、BG_2 组成的放大电路将信号放大，经 D_1、D_2 整流成直流电压。当 4.7kΩ 电阻上的分压超过 BG_3 的导通电压时，有电流流过 BG_3，并由电流表指示。电流的大小与液面位置有关，液位越高，电流越大。适当调整电阻 R^*，可满足液位测量的要求。

图 5-45 为液位控制电路。A 点与图 5-44(c)的 A 点相连接，将检测液位信号输入比较器同相端。当液位低于设置阈值时(可调 R_w)，比较器输出为低电平，BG 不导通；若液位升到规

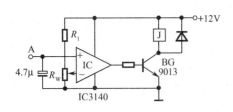

图 5-45 液位控制电路

定位置,其信号电压大于设定电压,则比较器翻转,输出为高电平,BG导通,J吸合,实现液位控制。

(8)医用超声检测

超声波在医疗上的应用是通过向体内发射超声波(主要是纵波),然后接收经人体各组织反射回来的超声回波并加以处理和显示,根据超声波在人体不同组织中传播特性的差异(表5-1)进行诊断。由于超声波对人体无损害,操作简便,检测迅速,受检者无不适感,对软组织成像清晰,因此,超声波诊断仪已成为临床上重要的现代诊断工具。超声波诊断仪类型很多,最常用的有:A型超声波诊断仪,又称振幅(amplitude)型诊断仪;M型超声波诊断仪,主要用于运动(motion)器官诊断,常用于心脏疾病的诊断,故又称为超声波心动图仪;B型超声波诊断仪,是辉度调制(brightness modulation)式诊断仪,其诊断功能强于A型和M型,是全世界范围内普遍使用的临床诊断仪。

表 5-1 诊断超声在人体组织中的声速

组织类型	肺	脂肪	肝	血	肾	肌肉	晶体状(眼)	骨(头颅骨)
声速/ms	600	1460	1555	1560	1565	1600	1620	4080

(9)油井超声成像测试

超声成像不仅在医学上提供形象、直观的检测手段,目前也正日益受到石油、煤矿、物探等领域的重视。下面简介用于石油测井中的数字超声电视测井系统。

超声电视测井是利用一个旋转的超声探头向井壁发射超声脉冲,检测回波的强弱进行调制而成像,由于岩层性质、岩层结构和井眼大小等因素的影响,使回波的强度和回波到达时间不同,在监视器上可展现井壁的图像。数字超声电视测井系统能在裸眼井中识别岩层裂缝、裂缝特性和孔洞结构,测量井眼的几何尺寸、孔洞大小、地层裂缝的视倾角、井下温度,并可根据井壁图像特征定性区分岩性等。在套管井中,可精确测量套管的内径大小、检查套管变形、腐蚀、破裂和射孔情况等。

整个系统包括现场测试设备和室内图像处理设备两大部分。现场测试设备的原理框图如图5-46所示。

根据井下实际情况(井径大小,泥浆稠度等)选择不同的超声发射机工作(由发射选择器选择),激发相应的超声波射向井壁(换能器采用压电陶瓷)。超声波的发射和接收由同一换能器(探头)完成,收发隔离的作用是防止高电压的发射信号进入接收通道。变增益放大器用于调整接收通道增益以适应接收信号电平的巨大起伏,其增益选择由井上控制。对数放大器用于扩展系统的动态范围。回波的每一幅度径A/D转换成8位码,相应的回波到达时间由编码电路编为12位码。井下温度隔一段时间经A/D变换一次8位码。两路码(幅度码和时间码)经合成后调制放大送上电缆。电缆将井下送来的数据送给井场系统的信号检测部分,数据编码与深度码合成后成为信号检测合成码,送给IBM-PC微机分析处理后可以在图像监视器上显示井壁图像和测量数据,也可用光纤绘图仪绘图。信号检测部分的输出数据也可直接送帧存储器,经D/A转换后显示图像,不受计算机的控制。输出数据也可录在磁带记录仪的磁带上以备详细分析。

室内微机图像处理设备配备有较高档次的微机或小型机,以便进行地质分析等。主要利用现场磁带机记录的数据及丰富的支持软件来对井壁图像进行更详细更准确的分析,能进行

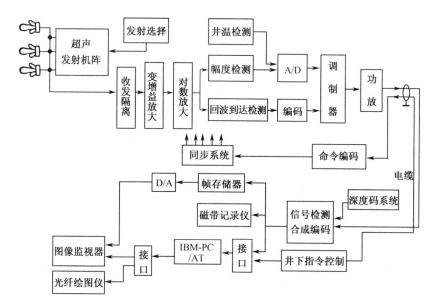

图 5-46 超声测井系统

井壁图像的平面、立体、局部放大显示和井截面图像显示等提供完备的测井资料。随着计算机技术的发展,图像的后处理工作就变得更加容易,更加准确。

思考题与习题

5-1 用压电式传感器能测量静态和变化缓慢的信号吗? 为什么? 其阻尼比很小,为什么可以响应很高频率的输入信号而失真却很小?

5-2 压电式传感器中采用电荷放大器有何优点? 为什么电压灵敏度与电缆长度有关,而电荷灵敏度与电缆长度无关?

5-3 有一压电晶体,其面积为 $20mm^2$,厚度为 $10mm$,当受到压力 $p=10MPa$ 作用时,求产生的电荷量及输出电压:

(1)零度 X 切的纵向石英晶体;

(2)利用纵向效应的 $BaTiO_3$。

5-4 某压电晶体的电容为 $1000pF$,$k_q=2.5C/cm$,电缆电容 $C_c=3000pF$,示波器的输入阻抗为 $1M\Omega$ 和并联电容为 $50pF$,求:

(1)压电晶体的电压灵敏度 K_u;

(2)测量系统的高频响应;

(3)如系统允许的测量幅值误差为 5%,可测最低频率是多少?

(4)如频率为 $10Hz$,允许误差为 5%,用并联连接方式,电容值是多大?

5-5 分析压电加速度传感器的频率响应特性。若测量电路为电压前置放大器,其 $C_总=1000pF$,$R_总=500M\Omega$;传感器固有频率 $f_0=30kHz$,阻尼比 $\zeta=0.5$,求幅值误差在 2% 以内的使用频率范围。

5-6 石英晶体压电式传感器,面积为 $100mm^2$,厚度为 $1mm$,固定在两金属板之间,用来测量通过晶体两面力的变化。材料的弹性模量为 $9\times10^{10}Pa$,电荷灵敏度为 $2pC/N$,相对介电常数是 5.1,材料相对两面间电阻是 $10^{14}\Omega$。一个 $20pF$ 的电容和一个 $100M\Omega$ 的电阻与极板并联。若所加力 $F=0.01\sin(1000t)N$,求:

(1)两极板间电压峰-峰值;

(2)晶体厚度的最大变化。

5-7 用石英晶体加速度计及电荷放大器测量机器的振动,已知:加速度计灵敏度为5pC/g,电荷放大器灵敏度为50mV/pC,当机器达到最大加速度值时相应的输出电压幅值为2V,试求该机器的振动加速度。(g为重力加速度)

5-8 用压电式传感器测量最低频率为1Hz的振动,要求在1Hz时灵敏度下降不超过5%。若测量回路的总电容为500pF,求所用电压前置放大器的输入电阻应为多大?

5-9 已知压电式加速度传感器的阻尼比$\zeta=0.1$,其无阻尼固有频率$f_0=32kHz$,若要求传感器的输出幅值误差在5%以内,试确定传感器的最高响应频率。

5-10 某压电式压力传感器的灵敏度为80pC/Pa,如果它的电容量为1nF,试确定传感器在输入压力为1.4Pa时的输出电压。

5-11 一只测力环在全量程范围内具有灵敏度3.9pC/N,它与一台灵敏度为10mV/pC的电荷放大器连接,在三次试验中测得以下电压值:①$-100mV$;②10V;③$-75V$。试确定三次试验中的被测力的大小及性质。

5-12 什么叫正压电效应和逆压电效应?石英晶体和压电陶瓷的压电效应原理有何不同之处?

5-13 压电元件在使用时常采用多片串接或并接的结构形式,试述在不同接法下输出电压、输出电荷、输出电容的关系,以及每种接法适用于何种场合。

5-14 某压电式压力传感器为两片石英晶片并联,每片厚度$h=0.2mm$,圆片半径$r=1cm$,$\varepsilon_r=4.5$,X切型$d_{11}=2.31\times10^{-12}C/N$。当0.1MPa压力垂直作用于$P_X$平面时,求传感器输出电荷$Q$和电极间电压$U_a$的值。

5-15 电荷放大器和电压放大器各有何特点?它们分别适用于什么场合?

5-16 在装配力-电转移型压电传感器时,为什么要使压电元件承受一定的预应力?根据正压电效应,施加预应力必定会有电荷产生,试问该电荷是否会给以后的测量带来系统误差?为什么?

5-17 某压电晶片的输出电压幅值为200mV,若要产生一个大于500mV的信号,需采用什么样的连接方法和测量电路达到该要求?

5-18 超声波传感器的基本原理是什么?超声波探头有哪几种结构形式?

5-19 利用超声波进行厚度检测的方法是什么?

5-20 在脉冲回波法测厚时,利用何种方法测量时间间隔t能有利于自动测量?若已知超声波在工件中的声速$c=5640m/s$,测得的时间间隔t为22μs,试求其工件厚度。

第6章 磁电式传感器

教学要求

磁电式传感器是基于电磁感应原理、通过磁电相互作用将被测量(如振动、位移、转速等)转换成感应电动势的传感器,它也被称为感应式传感器、电动式传感器。根据电磁感应定律,N 匝线圈中的感应电动势 e 为

$$e = -N\frac{\mathrm{d}\Phi}{\mathrm{d}t} \tag{6-1}$$

式中,Φ 为穿过线圈的磁通量(Wb);t 为时间(s)。

从式(6-1)可见,感应电动势 e 由磁通的变化率 $\mathrm{d}\Phi/\mathrm{d}t$ 决定。磁通量 Φ 的变化可以通过很多办法来实现:如磁铁与线圈之间做相对运动;磁路中磁阻变化;恒定磁场中线圈面积变化等。因此可以制造出不同类型的磁电式传感器。

磁电式传感器是一种机-电能量变换型传感器,不需要供电电源,电路简单,性能稳定,输出信号强,输出阻抗小,具有一定的频率响应范围(一般为 $10\sim1000\,\mathrm{Hz}$),适合于振动、转速、声波、扭矩等测量。但这种传感器的尺寸和重量都较大。

6.1 磁电式传感器的原理和结构

6.1.1 恒定磁通式

如图 6-1 所示,恒定磁通磁电式传感器由永久磁铁(磁钢)4、线圈 3、弹簧 2、金属骨架 1 和壳体 5 等组成。磁路系统产生恒定直流磁场,磁路中的工作气隙是固定不变的,因而气隙中的磁通也是恒定不变的。它们的运动部件可以是线圈,也可以是磁铁,因此,又可分为动圈式或动铁式两种结构类型。在动圈式(见图 6-1(a))中,永久磁铁 4 与传感器壳体 5 固定,线圈 3 和金属骨架 1(合称线圈组件)用柔软弹簧 2 支承。在动铁式(见图 6-1(b))中,线圈组件与壳体 5 固定,永久磁铁 4 用柔软弹簧 2 支承。两者的阻尼都是由金属骨架 1 和磁场发生相对运动而产生的电磁阻尼。动圈式和动铁式的工作原理是完全相同的,当壳体 5 随被测振动体一起振动时,由于弹簧 2 较软,运动部件质量相对较大,因此振动频率足够高(远高于传感器的固有频率 ω_n)时,运动部件的惯性很大,来不及跟随振动体一起振动,近于静止不动,振动能量几乎全被弹簧 2 吸收,永久磁铁 4 与线圈 3 之间的相对运动速度接近于振动体振动速度。线圈与磁铁间相对运动使线圈切割磁力线,产生与运动速度 v 成正比的感应电动势

$$e = -NB_0l_0v \tag{6-2}$$

式中,N 为线圈处于工作气隙磁场中的匝数,称为工作匝数;B_0 为工作气隙中磁感应强度;l_0 为每匝线圈的平均长度。

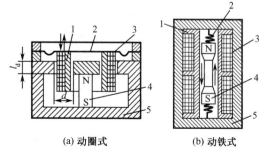

(a) 动圈式 (b) 动铁式

图 6-1 恒磁通磁电式传感器结构原理图

这类传感器的基型是速度传感器,能直接测量线速度。因为速度与位移和加速度之间有内在的联系,即它们之间存在着积分或微分关系。因此,如果在感应电动势的测量电路中接入一积分电路,则它的输出就与位移成正比;如果在测量电路中接入一微分电路,则它的输出就与运动的加速度成正比。这样,这类磁电式传感器就可以用来测量运动的位移或加速度。麦克风就是基于动圈式恒磁通原理的器件。

6.1.2　变磁通式

变磁通式磁电传感器又称为变磁阻式或变气隙式,常用来测量旋转体的角速度。它们的结构原理如图 6-2 所示。

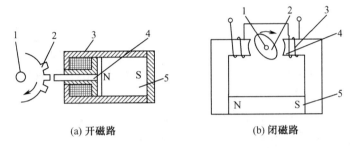

(a) 开磁路　　　　　　　　　　(b) 闭磁路

图 6-2　变磁通磁电式传感器

1—被测旋转体；2—测量齿轮；3—线圈；4—软铁；5—永久磁铁

图 6-2(a)为开磁路变磁通式,线圈 3 和磁铁 5 静止不动,测量齿轮 2(导磁材料制成)安装在被测旋转体 1 上,随之一起转动。每转过一个齿,传感器磁路磁阻变化一次,磁通也就变化一次,线圈 3 中产生的感应电动势的变化频率 f 等于测量齿轮 2 上的齿轮的齿数 Z 与转速 $n(\text{r/min})$ 的乘积,即

$$f = Zn/60 \tag{6-3}$$

这种传感器结构简单,但输出信号较小,且因高速转轴上安装齿轮较危险而不宜测高转速。另外,当被测轴振动大时,传感器输出波形失真较大。

图 6-2(b)为闭磁路变磁通式结构示意图,被测转轴 1 带动椭圆形测量齿轮 2 在磁场气隙中等速转动,使气隙平均长度周期性变化,因而磁路磁阻也周期性地变化,磁通同样周期性地变化,从而在线圈 3 中产生周期性的感应电动势,其频率 f 与测量齿轮 2 的转速 $n(\text{r/min})$ 成正比,即 $f=n/30$。在这种结构中也可以用齿轮代替椭圆形测量齿轮 2,软铁(极掌)3 制成内齿轮形式。

变磁通磁电式传感器的输出电势取决于线圈中磁场变化率,因而它与被测速度成一定比例关系。当转速太低时,输出电势很小,以致无法测量。所以,这类传感器有一个下限工作频率,一般为 50Hz 左右,闭磁路转速传感器的下限频率可降低到 30Hz 左右。其上限工作频率可达 100kHz。

变磁通式转速传感器采用的转速-脉冲变换电路如图 6-3 所示。传感器的感应电压由 D_1 管削去负半周,送到 BG_1 进行放大,再经 BG_2 组成的射极跟随器,然后送入 BG_3 和 BG_4 组成的射极耦合触发器进行整形。这样就得到方波信号输出。

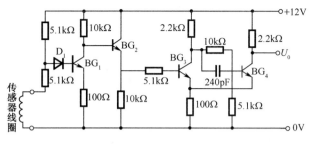

图 6-3　变磁通转速-脉冲转换电路

6.2　磁电式传感器的设计要点

从磁电式传感器的基本原理可知,它的基本部件有:

(1) 磁路系统。它产生一个恒定直流磁场,为了减小传感器体积,一般都采用永久磁铁。

(2) 线圈。它与磁场中的磁通相交链产生感应电动势。

(3) 运动机构。它使线圈与磁场产生相对运动,是线圈运动的称为动圈式,是磁铁运动的称为动铁式。

对于恒磁通磁电式传感器,根据式(6-2),其灵敏度为

$$K = \frac{e}{v} = NB_0 l_0 \tag{6-4}$$

可见,灵敏度 K 与磁感强度 B_0 和线圈匝数 N、每匝线圈平均长度 l_0 密切相关。磁电式传感器的设计主要根据对传感器灵敏度的技术要求来设计传感器的磁路系统,确定磁感强度 B_0 的值;设计线圈,确定线圈的有关参数;运动系统设计,它需要考虑系统的固有振动频率和动态误差,来确定阻尼度、刚度等参数。

设计时一般根据结构的大小初步确定磁路系统,在结构尺寸允许情况下,磁铁尽可能大一些好,并适当选用 B 值大的永磁材料,根据磁路可以计算出气隙中磁感强度 B_0;再由技术指标给定的灵敏度 K 和 B_0 值已定,从式(6-4)就可求得线圈导线总长度 Nl_0,如果气隙尺寸已定,线圈平均周长 l_0 也就确定了,因此线圈的匝数 N 可定,导线的直径要根据气隙选择。

要提高灵敏度 K,须 B 值大,但受磁路尺寸限制;或增大线圈匝数 N,但须考虑以下问题:

1. 线圈电阻与负载电阻匹配问题

磁电式传感器相当于一个电势源,其内阻为线圈直流电阻 R_i(略去线圈电抗),当其输出直接与指示器相连接时,指示器相当于传感器的负载,若其电阻为 R_L,则其等效电路如图 6-4 所示。为使传感器获得最大功率,由电工原理知必须使 $R_i = R_L$,线圈电阻大小可表示为

$$R_i = Nr = N\frac{\rho l_0}{S} \tag{6-5}$$

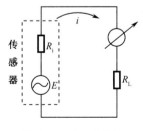

图 6-4　磁电式传感器等效电路

式中,ρ 为导线材料电阻率;S 为导线截面积;r 为每匝导线电阻。其余符号同前。由于 $R_L = R_i$,所以 $R_L = N\rho l_0/S$,由此得线圈匝数 N 为

$$N = \frac{R_L S}{\rho l_0} \tag{6-6}$$

如果传感器已经设计制造好了,则 N 为已知,由此去选择指示器;如果指示器已经选定,则 R_L 为定值,由上式可设计传感器线圈参数。

2. 线圈发热检查

由上面定出线圈匝数 N 后,还须根据散热条件对线圈加以验算,使线圈的温升在允许的温升范围内。可按下式验算:

$$S_0 \geqslant I^2 R S_t \qquad (6\text{-}7)$$

式中,S_0 为设计的线圈表面积;S_t 为每瓦功率所需的散热面积(漆包线绕制的带框线圈 $S_t = 9 \sim 10\,\text{cm}^2/\text{W}$);$R$ 为线圈电阻;I 为线圈中通过的电流。

3. 线圈的磁场效应——磁电式传感器的非线性误差

所谓线圈的磁场效应,就是磁电式传感器在动态测量应用(如测振动)时,线圈中感应交变电动势,从而感生交变电流,该电流产生交变磁场将叠加在原气隙中永久磁铁的恒定磁场上,使实际工作磁通减弱,从而给测量结果带来一定误差。当传感器线圈相对于永久磁铁磁场运动速度增大时,将产生较大的感生电动势 e 和电流 i,因此,减弱磁场的作用也将加强,从而使传感器的灵敏度 K 随被测速度 v 的数值增大而降低,其结果是使传感器灵敏度在动圈速度的不同方向上具有不同的数值,因而传感器输出感应电动势的基波能量降低而谐波能量增加(即正、负半周波形不同),从而产生非线性失真。显然,若传感器的灵敏度越高,线圈中的电流越大,则这种非线性失真将越严重。

为了补偿传感器线圈中电流 i 的上述作用(即线圈磁场效应),可以在传感器结构上增加一个补偿线圈,补偿线圈的电流由测量电路供给,它与动圈电流成正比,即放大了的动圈电流。接法上让补偿线圈建立在磁场与动圈本身所产生的磁场相互抵消。此外,设计时应使线圈中的电流尽可能小一些,使线圈中电流产生的磁场远小于永久磁铁的恒定磁场。

如果传感器采用电磁阻尼器,则传感器的非线性和波形失真都将增大,所以高精度的磁电式传感器不能使用电磁阻尼。

4. 温度误差

在磁电式传感器中,温度误差是一个重要问题,设计时必须加以考虑,由图6-4知传感器输出电流为

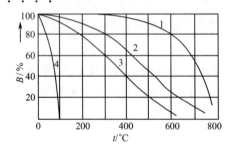

图 6-5　磁性材料磁感强度
B 随温度 t 的关系曲线

1—镍铝钴合金;2—钛钢;3—钨钢;4—热磁合金

$$i = \frac{e}{R_i + R_L} \qquad (6\text{-}8)$$

式中,分子和分母都随温度而变,且变化方向相反。因为磁路中永久磁铁的磁感应强度随温度的升高而减小(见图 6-5),所以线圈中的感应电势 e 也随温度升高而减小;传感器线圈电阻 R_i 和指示器(或测量电路)的电阻 R_L 都具有正温度系数,其电阻值均随温度升高而增加。

当温度升高 t℃时,传感器实际输出电流为

$$i' = \frac{e(1 - \beta t)}{R_i(1 + \alpha_i t) + R_L(1 + \alpha_L t)} \qquad (6\text{-}9)$$

式中,β 为磁铁磁感应强度的负温度系数;α_i 为线圈电阻的正温度系数;α_L 为指示器(或测量电路)电阻的正温度系数。

温度误差为

$$\gamma_{t} = \frac{i' - i}{i} \times 100\% \tag{6-10}$$

一般可达 $\gamma_{t} \approx -0.5\%/℃$。

温度误差的补偿方法可以在磁系统的两个极靴上用热磁合金加一磁分路,当温度升高时,热磁合金分路的磁通急剧减少,使气隙中的磁通量相应得到了补偿。

6.3 磁电式传感器的应用

6.3.1 磁电式振动速度传感器

磁电式传感器是惯性式拾振器,只适用于测量动态物理量,因此动态特性是这种传感器的主要性能。

图 6-6 是电动式地震检波器的结构原理图。它由磁铁、线圈(带框架)和弹簧片组成,磁铁具有很强的磁性,它是地震检波器的关键部件;线圈由铜漆包线绕在框架上而成,有两个输出端;弹簧片由特制的磷青铜做成一定的形状,具有线性弹性系数,它使线圈与塑料盖连在一起;线圈与磁铁形成一相对运动物体(惯性体)。当地面存在机械振动时,线圈相对磁铁运动而切割磁力线,根据电磁感应定律,线圈中产生感生电动势,且感生电动势的大小与线圈和磁铁间相对运动速度成正比,因此,线圈输出的电信号与地面机械振动的速度变化规律是一致的。

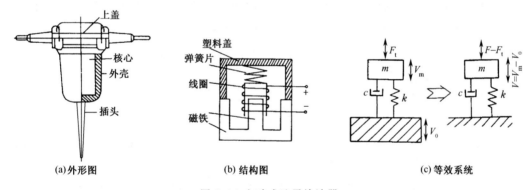

(a)外形图　　　　　　(b)结构图　　　　　　(c)等效系统

图 6-6　电动式地震检波器

电动式地震检波器可以用图 6-6(c)质量-弹簧-阻尼系统等效,它是一个二阶机械系统。图中 V_0 为传感器外壳的运动速度,即被测物体运动速度;V_m 为传感器惯性质量块(线圈及框架)的运动速度。若 $V(t)$ 为惯性质量块相对外壳的运动速度,即 $V(t) = V_m(t) - V_0(t)$,设 $x_0(t) = x_m \sin\omega t$,则其运动方程为

$$m\frac{\mathrm{d}V(t)}{\mathrm{d}t} + cV(t) + k\int V(t)\mathrm{d}t = -m\frac{\mathrm{d}V_0(t)}{\mathrm{d}t} = -m\frac{\mathrm{d}^2 x_0(t)}{\mathrm{d}t^2} = m\omega^2 x_0(t) \tag{6-11}$$

其幅频特性和相频特性分别为

$$A_V(\omega) = \frac{(\omega/\omega_n)^2}{\sqrt{[1 - (\omega/\omega_n)^2]^2 + 4\zeta^2(\omega/\omega_n)^2}} \tag{6-12}$$

$$\varphi(\omega) = -\arctan\frac{2\zeta(\omega/\omega_n)}{1 - (\omega/\omega_n)^2} \tag{6-13}$$

式中,ω_n 为传感器系统固有角频率,$\omega_n = \sqrt{k/m}$;ω 为被测振动的角频率;ζ 为传感器系统的阻

尼比,$\zeta = c/(2\sqrt{km})$;m 为惯性体质量;k 为弹簧的弹性系数;c 为传感器系统的阻尼。

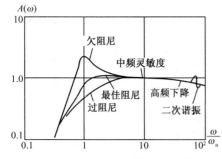

图 6-7　磁电式速度传感器的频率特性

磁电式速度传感器的频率响应特性曲线如图 6-7 所示。

由上式可知,当 $\omega \gg \omega_n$ 时,$A(\omega) \approx 1$,传感器的输出 $V(t)$ 与输入 $V_0(t)$ 幅值之比接近于 1,相位滞后 $180°$。在 $\zeta = 0.5 \sim 0.7$ 时,$A(\omega)$ 趋于恒值($=1$)。亦即质量块与振动体之间的相对速度接近于被测振动物体的绝对速度。对于结构已确定的电动式传感器,它的输出感应电动势 e 与相对运动速度 $V(t)$ 成正比,即 $e = NB_0 l_0 V(t)$(见式(6-2)),而 $V(t)$ 可以度量被测振动速度 $V_0(t)$。所以感应电势 e 也可以度量 $V_0(t)$,这就是电动式速度传感器可以测量振动速度的原理。磁电式速度传感器实际使用时,$\omega > (7\sim8)\omega_n$,所以这种传感器的固有频率较低,一般 $\omega_n = 10\sim15\,\mathrm{Hz}$,甚至更低。

磁电式振动传感器测量的参数是振动速度,若在测量电路中接入积分电路,则其输出与位移成正比;若在测量电路中接入微分电路,则其输出与加速度成正比。这样,磁电式传感器还可测量振动的振幅(位移)和加速度。

6.3.2　磁电式扭矩传感器

转动扭矩的电测技术通常是通过测量传递转矩的弹性轴的转角间接获得的。由材料力学知,弹性轴扭转角 $\varphi(\mathrm{rad})$ 与传递轴的扭矩 $M_k(\mathrm{N\cdot m})$ 有下列关系

$$\varphi = \frac{M_k l}{GI_p} \tag{6-14}$$

则

$$M_k = \frac{GI_p}{l}\varphi = k\varphi \tag{6-15}$$

式中,G 为剪切弹性模量($\mathrm{N/m^2}$);I_p 为惯性矩($\mathrm{m^4}$);l 为被测转轴长度(m);$k = GI_p/l$ 为由材料性质、形状等因素决定的常数。

由式(6-15)可知,若弹性轴的长度、材料和形状一定时,扭力矩与转角成正比关系,通过测量转角 φ 的大小,即可得知扭矩 M_k 的大小。但是,把正在传递着扭矩的弹性轴的扭转角准确地测出绝非容易。因为,除了扭转角 φ 较小外,测量通常是在弹性轴高速旋转时进行的。

磁电式扭矩传感器结构示意图如图 6-8 所示。转子(包括线圈)固定在传感器轴上,定子(永久磁铁)固定在传感器外壳上。转子、定子上都有一一对应的齿和槽。

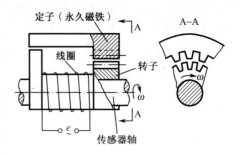

图 6-8　磁电式扭矩传感器结构示意图

测量扭矩时,需用两个完全相同的传感器,将它们的转轴(包括线圈和转子)分别固定在被测轴的两端,它们的外壳固定不动。安装时,一个传感器的定子齿与其转子齿相对,另一个传感器定子槽与其转子齿相对。当被测轴无外加扭矩时,即转轴没有负荷,扭转角 φ 为零,若转轴以一定角速度 ω 旋转,则两传感器产生两个幅值、频率均相同,而相位

差为180°的近似正弦波感应电动势。当转轴加上负荷感受扭矩时,轴的两端产生扭转角 φ,因此,两传感器输出的感应电动势将因扭矩而有附加相位差 φ_0。扭转角 φ 与感应电动势相位差 φ_0 的关系为

$$\varphi_0 = n\varphi \tag{6-16}$$

式中,n 为传感器定子、转子齿数。经测量电路,将相位差转换成时间差,就可以测出扭转角 φ,进而测出扭矩。

磁电式扭矩传感器从两个转子线圈的输出信号之间的相位差确定扭矩数值的同时,还可以从其中任一输出信号的频率确定被测轴的转速,因而,这种相位差式扭矩传感器的配接仪表,可以用数字同时显示扭矩和轴的转速。

这种传感器可以测量 $1\sim5000\text{N}\cdot\text{m}$ 的扭矩,具有精度高、稳定性好,同时测量扭矩和转速的特点,广泛应用于机械测试中。

6.3.3 磁电式转速传感器

图 6-9 是一种磁电式转速传感器的结构原理图。转子 2 与转轴 1 固紧。转子 2 和定子 5 都用工业纯铁制成,它们和永久磁铁 3 组成磁路系统。转子 2 和定子 5 的环形端面上都均匀地铣了一些齿和槽,两者的齿、槽数对应相等。测量转速时,传感器的转轴 1 与被测物转轴相连接,因而带动转子 2 转动。当转子 2 的齿与定子 5 的齿相对时,气隙最小,磁路系统的磁通最大;而齿与槽相对时,气隙最大,磁通最小。因此,当定子 5 不动而转子 2 转动时,磁通就周期性地变化,从而在线圈 4 中感应出近似正弦的电压信号,其频率与转速成正比关系。

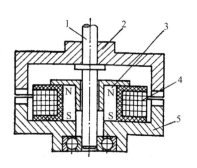

图 6-9 磁电式转速传感器

思考题与习题

教学课件

6-1 试述磁电式传感器的简单工作原理及其基本结构和磁路分类。

6-2 简述恒磁通式和变磁通式磁电传感器的工作原理。

6-3 磁电式传感器的误差及其补偿方法是什么?

6-4 试分析磁电式测振传感器的工作频率范围,若要扩展其测量频率范围的上限和下限,各有什么措施可以采取?

6-5 某动圈式速度传感器弹簧系统的刚度 $k=3200\text{N/m}$,测得其固有频率为 20Hz,今欲将其固有频率减小为 10Hz,问弹簧刚度应为多大?

6-6 已知恒磁通磁电式速度传感器的固有频率为 10Hz,质量块重 2.08N,气隙磁感应强度为 1T,单匝线圈长度为 4mm,线圈总匝数 1500 匝,试求弹簧刚度 k 值和电压灵敏度 K_u 值(mV/(m/s))。

6-7 某磁电式传感器要求在最大允许幅值误差 2% 以下工作,若其相对阻尼系数 $\zeta=0.6$,试求 ω/ω_n 的范围。

6-8 磁电式振动传感器为什么必须满足 $\omega/\omega_n \geqslant 1$ 的条件?

教学要求

第7章 热电式传感器

热电式传感器是利用某种材料或元件与温度有关的物理特性,将温度的变化转换为电量变化的装置或器件(温度→电信号(电阻、电势/压、电流、数字等))。在测量中常用的温度传感器是热电偶和热电阻,热电偶是将温度变化转换为电势变化,而热电阻是将温度变化转换为电阻值变化。此外,基于 P-N 结的晶体管和集成温度传感器也得到迅速的发展和广泛的使用。

7.1 热 电 阻

热电阻是利用物质的电阻率随温度变化的特性制成的电阻式测温系统。由纯金属热敏元件制作的热电阻称为金属热电阻,由半导体材料制作的热电阻称为半导体热敏电阻。

7.1.1 金属热电阻

7.1.1.1 工作原理、结构和材料

大多数金属导体的电阻都随温度变化(电阻-温度效应),其变化特性方程为

$$R_t = R_0(1 + \alpha t + \beta t^2 + \cdots) \tag{7-1}$$

式中,R_t、R_0 分别为金属导体在 $t\,℃$ 和 $0\,℃$ 时的电阻值;α、β 为金属导体的电阻温度系数。

对于绝大多数金属导体,α、β 等并不是一个常数,而是温度的函数。但在一定的温度范围内,α、β 等可近似地视为一个常数。不同的金属导体,α、β 等保持常数所对应的温度范围不同。选作感温元件的材料应满足如下要求:

(1) 材料的电阻温度系数 α、β 等要大,α、β 等越大,热电阻的灵敏度越高;纯金属的 α、β 等比合金的高,所以一般均采用纯金属材料作热电阻感温元件;

(2) 在测温范围内,材料的物理、化学性质稳定;

(3) 在测温范围内,α、β 等保持常数,便于实现温度表的线性刻度特性;

(4) 具有比较大的电阻率 ρ,以利于减小元件尺寸,从而减小热惯性;

(5) 特性复现性好,容易复制。

比较适合以上条件的材料有:铂、铜、铁和镍等。

1. 铂热电阻(WZP)

铂的物理、化学性质非常稳定,是目前制造热电阻的最好材料。铂电阻除用作一般工业测温外,主要作为标准电阻温度计,广泛地应用于温度的基准、标准的传递。它的长时间稳定的复现性可达 $10^{-4}\,K$,是目前测温复现性最好的一种温度计。在国际实用温标中,铂电阻作为 $-259.34\sim630.74\,℃$ 温度范围内的温度基准。

铂电阻一般由直径为 $0.02\sim0.07\,mm$ 的铂丝绕在片形云母骨架上且采用无感绕法(图 7-1(b)),然后装入玻璃或陶瓷管等保护管内,铂丝的引线采用银线,引线用双孔瓷绝缘套管绝缘,见图 7-1(a)。目前,亦有采用丝网印刷方法来制作铂膜电阻,或采用真空镀膜方法制作铂膜电阻。

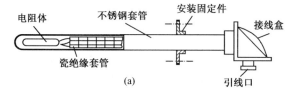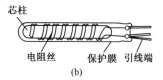

图 7-1　铂热电阻的结构

铂热电阻的测温精度与铂的纯度有关，通常用百度电阻比 $W(100)$ 表示铂的纯度，即

$$W(100) = R_{100}/R_0 \tag{7-2}$$

式中，R_{100} 为 100℃时的电阻值；R_0 为 0℃时的电阻值。

$W(100)$ 越高，表示铂电阻丝纯度越高，测温精度也越高。国际实用温标规定：作为基准器的铂热电阻，其百度电阻比 $W(100) \geqslant 1.392\ 56$，与之相应的铂纯度为 99.9995%，测温精度可达 $\pm 0.001℃$，最高可达 $\pm 0.0001℃$；作为工业用标准铂热电阻，$W(100) \geqslant 1.391$，其测温精度在 $-200 \sim 0℃$ 为 $\pm 1℃$，在 $0 \sim 100℃$ 为 $\pm 0.5℃$，在 $100 \sim 650℃$ 为 $\pm(0.5\%)t$。

铂丝的电阻值 R 与温度 t 之间关系可表示为

$$R_t = R_0(1 + At + Bt^2) \qquad\qquad 0℃ \leqslant t \leqslant 650℃ \tag{7-3}$$

$$R_t = R_0[1 + At + Bt^2 + C(t-100)t^3] \qquad -200℃ \leqslant t \leqslant 0℃ \tag{7-4}$$

式中，R_t、R_0 分别为 $t℃$ 和 0℃温度时铂电阻的电阻值；A、B、C 由实验测得的常数，与 $W(100)$ 有关。

对于常用的工业铂电阻（$W(100) = 1.391$）

$$A = 3.968\ 47 \times 10^{-3}/℃$$

$$B = -5.847 \times 10^{-7}/℃^2$$

$$C = -4.22 \times 10^{-12}/℃^4$$

我国铂热电阻的分度号主要为 Pt50 和 Pt100 两种，其 0℃时的电阻值 R_0 分别为 50Ω 和 100Ω。此外，还有 R_0 为 1000Ω 的铂热电阻。

2. 铜热电阻（WZC）

铜丝也可用于制作 $-50 \sim 150℃$ 范围内的工业用电阻温度计（与图 7-1 相同）。在此温度范围内，铜的电阻值与温度关系接近线性，灵敏度比铂电阻高（$\alpha_{铜} = (4.25 \sim 4.28) \times 10^{-3}/℃$），容易提纯得到高纯度材料，复制性能好，价格便宜。但铜易于氧化，一般只用于 150℃以下的低温测量和没有水分及无腐蚀性介质中的温度测量，铜的电阻率低（$\rho_{铜} = 0.017 \times 10^{-6}Ω\cdot m$，而 $\rho_{铂} = 0.0981 \times 10^{-6}Ω\cdot m$），所以铜电阻的体积较大。

铜电阻的百度电阻比 $W(100) \geqslant 1.425$，其测温精度在 $-50 \sim +50℃$ 范围内为 $\pm 0.5℃$，在 $50 \sim 100℃$ 范围内为 $\pm(1\%)t$。

铜电阻的阻值 R_t 与温度 t 之间关系为

$$R_t = R_0(1 + \alpha t) \tag{7-5}$$

式中，R_t、R_0 分别为 $t℃$ 和 0℃温度时铜电阻的电阻值；α 为铜电阻的电阻温度系数。

标准化铜热电阻的 R_0 一般设计为 100Ω 和 50Ω 两种，对应的分度号分别为 Cu100 和 Cu50。

另外，铁和镍两种金属也有较高的电阻率和电阻温度系数，亦可制作成体积小、灵敏度高的热电阻温度计。但由于铁容易氧化，性能不太稳定，故尚未实用。镍的稳定性较好，已被定型生产，用符号 WZN 表示，可测温度范围为 $-60 \sim 180℃$，R_0 值有 100Ω、300Ω 和 500Ω 三种。

WZP、WZC热电阻的分度表及电阻计算公式见本章末附表7-1和附表7-2。

7.1.1.2 热电阻测量线路

热电阻温度计的测量线路最常用的是电桥电路。由于热电阻的阻值较小，所以连接导线的电阻值不能忽视，对50Ω的测温电桥，1Ω的导线电阻就会产生约3℃的误差。为了消除导线电阻的影响，一般采用三线或四线电桥连接法。

图7-2是三线连接法原理图。G为检流计，R_1、R_2、R_3为固定电阻，R_a为零位调节电阻。热电阻R_t通过电阻为r_1、r_2、r_3的三根导线和电桥连接，r_1和r_2分别接在相邻的两臂内，当温度变化时，只要它们的长度和电阻温度系数α相同，它们的电阻变化就不会影响电桥的状态。电桥在零位调整时，使$R_4 = R_a + R_{t_0}$，R_{t_0}为热电阻在参考温度（如0℃）时的电阻值。r_3不在桥臂上，对电桥平衡状态无影响。三线接法中可调电阻R_a的触点的接触电阻和电桥臂的电阻相连，可能导致电桥的零点不稳定。

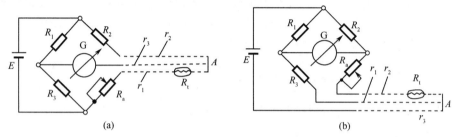

(a)　　　　　　　　　　　　(b)

图7-2　热电阻测温电桥的三线连接法

图7-3为四线连接法。调零电位器R_a的接触电阻和检流计串联，这样，接触电阻的不稳定不会破坏电桥的平衡和正常工作状态。

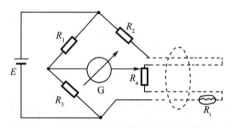

图7-3　热电阻测温电桥的四线连接法

热电阻式温度计性能最稳定，测量范围广、精度也高。特别是在低温测量中得到广泛的应用。其缺点是需要辅助电源，且热容量大，限制了它在动态测量中的应用。

为了避免在测量过程中流过热电阻的电流的加热效应，在设计测温电桥时，要使流过热电阻的电流尽量小，一般小于10mA。

7.1.1.3 热电阻的应用

1. 铂热电阻测温

铂热电阻测温电路如图7-4(a)所示。测温范围为0～200℃，温度传感器R_T采用TR-RA102B，其标准阻值为1kΩ(0℃)。

电路中，三端集成稳压器采用MC7810，其输出电压为10V，温度系数为0.01%/℃（典型值）。如果采用9V叠层电池供电，则需采用图7-4(b)所示的直流/直流变换器提供15V电压。在100℃温度变化范围内温度系数只变化0.1%。温度系数最大值没有规定，但在常温下工作已满足要求。MC7810的公共端与运放A_1输出端相连。A_1的输入端加非线性校正电路的电压。传感器电压U_B为($10V + e_1$)，而且加的是正反馈。另外，运放A_1只需MC7810提供几毫安的电流。

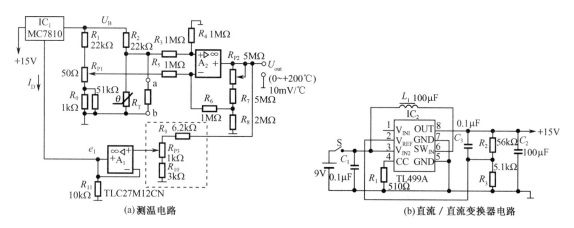

图 7-4 恒压工作铂热电阻测温电路

电阻测温电桥电路的输出电压 U_{out} 为

$$U_{out} = \frac{R_1 \Delta R U_B}{(R_1 + R_0 + \Delta R)(R_1 + R_0)}$$

可获得 10mV/℃ 的输出电压灵敏度。

在 0～200℃ 范围内,运放 A_2 输出为 0～2V,不输出负电压,因此,可采用单电源工作的 TLC27M2CN 运放,采用 +15V 电源即可。

TLC27M2CN 的输入失调电压温漂为 $2\mu V/℃$(典型值),此值与传感器 1mV/℃ 的灵敏度相比是足够小的。10℃ 温度变化范围只产生 $2\mu V/℃ \times 10℃/1mV/℃ = 0.02℃$ 的误差。

低漂移运放 TLC27L2CN 的输入失调电压温漂只有 $0.7\mu V/℃$,输出电流小,因此,在不需要 MC7810 提供电流的情况下采用。所以,电路中还是采用 TLC27M2CN 运放。

该电路的调整方法如下:

先不接入传感器。

(1) 零点调整。在图 7-4(a) 所示电路的 a、b 间接入相当于 0℃ 的 1kΩ 电阻,调节 R_{P1},使 U_{out} 为 0 即可。

(2) 增益调整。在 a、b 间接入相当于 50℃ 的 1.197kΩ 电阻,调 R_{P2},使输出 $U_{out} = 0.5V$。

(3) 线性度调整。在 a、b 间接入相当于 200℃ 的 1.770kΩ 电阻,调 R_{P3},使输出 $U_{out} = 2V$。

(4) 反复调整多次,直到满意为止。

然后接入传感器,只要上述步骤调整好后,电路接入显示单元即可。

恒流工作的 0～500℃ 温度测量范围的测温电路如图 7-5 所示。传感器仍采用测温铂电阻 TRRA102B。

恒流工作时,传感器的灵敏度约为 3mV/℃,通用运放都可选用。该电路采用 LM358 通用运算放大器。LM358 的输入失调电压温漂为 $10\mu V/℃$(典型值),10℃ 温度变化范围也只有 $10\mu V/℃ \times 10℃/3000\mu V/℃ = 0.033℃$ 的温度误差。除 LM358 外,还可采用 AD648、LF422、TL062 等低功耗运放。

基准电压从电源集成电路 TL499A 的 $V_{REF} = 1.26V$ 获得。V_{REF} 的温度系数为 0.01/℃,完全满足要求。因此,流入传感器的电流 I_{IN} 为

$$I_{IN} = V_{REF}/R_1 = 1.26V/1.2k\Omega \approx 1mA$$

0℃ 时输出不为零,因此要进行补偿,该电路是由 V_{REF} 在电阻 R_2 上形成电流,用运放 A_2

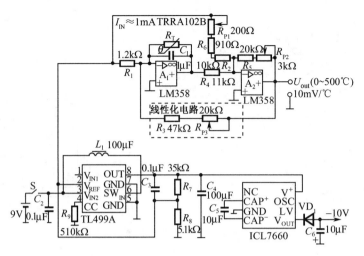

图 7-5　恒流工作铂电阻测温电路

来进行补偿。A_2 的输出电压经线性化电路进行正反馈,可以获得较为满意的线性化效果。

电源电压需要 ±10V,用 9V 电池供电时,要采用 TL499A 升压到 +10V,负电压由 ICL7660 获得。

2. 热电阻数字温度计

采用热电阻和 A/D 转换器可构成数字温度计。如采用三位半 A/D 转换器 MAX138,既可完成 A/D 转换,又可直接驱动 LCD 显示器。

MAX138 与 ICL7106 等相比,增加了如下功能:

(1) 片内设有负电源转换器,因此可以单电源供电;

(2) 工作电源电压范围宽(2.5～7V);

(3) 片内设有振荡电路。

MAX138 的管脚配置如图 7-6 所示,为 40 脚 DIP 塑料封装。2～19 脚、22～25 脚为三位半 LCD 驱动管脚,20 脚为负号显示管脚;V⁺、V⁻ 为正负电源端,V⁻ 一般接地;INH1、INLO 为差动输入端;REFH1、REFLO 为参考电压输入端;C_{REF}、C_{REF}^- 为参考电容接入引脚,减小高温增益误差;CAP⁺、CAP⁻ 为电荷泵电容引脚;INT、A/Z、BUFF 分别为积分电容、自动调零、积分电阻接入引脚;TEST 为内部电压检测引脚,内部电压通过一个 500Ω 的电阻耦合到 TEST 引脚,当输入电压超限时,该引脚为高电平。BP 脚输出占空比为 50% 的 LCD 驱动波。

MAX138 转换的结果为 1000×(INH1－INL0)/(REFH1－REFL0),并且最大转换结果为 ±1999。REFH1、REFL0 的共模电压范围为 V⁺ 至 V⁻ 之间,任何在 V⁺ 和 V⁻ 之间的电压都可以作为 REFH1、REFL0 的输入。REFH1 和 REFL0 的差模参考电压设置满量程电压。当输入差模电压(INH1－INL0)为(REFH1－REFL0)的 ±1.999 倍时,满量程输出为 ±1999。如果差模参考电压为 1V,满量程输入电压为 1.999V;如果差模参考电压为 100mV,则满量程输入电压为 199.9mV。

如果输入正电压超过了输入量程,千位上的"1"被显示;如果输入负电压超过了输入量程,千位上显示"－1",并且最后三位有效数闪烁。因此要保证(INH1－INL0)不大于(REFH1－REFL0)的两倍,而且 REFH1 为正,REFL0 为负。

热电阻、压力传感器,以及霍尔传感器、磁阻元件等大都采用差动输出方式。因此,这些传感器最适宜与 MAX138 等 A/D 转换器连接。

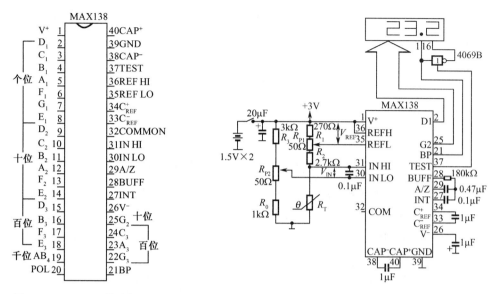

图 7-6　MAX138 管脚配置图　　　　图 7-7　热电阻数字温度计电路(0~100℃)

热电阻数字温度计总电路如图 7-7 所示。其中传感器部分如图 7-8 所示。在图 7-8 中,V_{REF} 为 A/D 转换器的基准电压(参考电压),V_{IN} 为 A/D 转换器的输入电压。由图 7-8 可得

$$V_{REF} = V^+ R_1/(R_1 + R_2 + R_T) = V^+ R_1/(R_3 + R_T) \qquad (7\text{-}6)$$

$$V_{IN} = V^+ [R_T/(R_1 + R_2 + R_T) - R_0/(R_1 + R_2 + R_0)]$$
$$= V^+ \{R_3(R_T - R_0)/[(R_3 + R_T)(R_3 + R_0)]\}$$

A/D 转换器显示输出 DIS 为

$$DIS = 1000 \times (V_{IN}/V_{REF}) \qquad (7\text{-}7)$$

把式(7-6)中 V_{IN} 和 V_{REF} 代入式(7-7)得

$$DIS = 1000 \times [R_3(R_T - R_0)/R_1(R_3 + R_0)] \qquad (7\text{-}8)$$

注意到式(7-8)中无 V^+ 项,因此,显示精度仅由电阻决定。

在图 7-7 中,MAX138 的 20 脚接在千位 LCD 的 g 段,当为负值时,g 段点亮,显示负号;19 脚接在千位 LCD 的 e、f 段,可显示 "1";百位、十位、个位 LCD 分别接对应管脚;同时十位 LCD 的小数

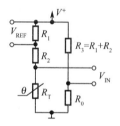

图 7-8　传感器部分电路

点段应保证始终亮。21 脚接公共端 COM;37 脚控制反相触发器的控制端,当输入电压超限时,TEST 为高电平,触发器开通,BP 信号反相与个位、十位、百位 LCD 的各段输入端接通,由于 COM 端、输入端信号频率相同,相位差 180°,使个位、十位、百位闪烁;当输入端信号没有超限时,TEST 为低电平,反相触发器呈高阻态,不影响各位。

上述电路调整方法如下:

(1) 接入 1kΩ 电阻(相当于 0℃时传感器电阻)替代传感器,调节 R_{P2} 使显示为 0;

(2) 接入 1.391kΩ 电阻(相当于 100℃时传感器电阻),调节 R_{P1} 使显示为 100;

(3) 反复调节好后,接入铂热电阻传感器即可。

显示分辨力为 0.1℃,然而,由式(7-8)可知,A/D 转换器显示 DIS 与 $(R_T - R_0)$ 成比例,因此这种电路仍有非线性误差。

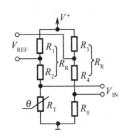

图 7-9 传感器线性
化部分电路

显示温度为 $-199.9 \sim +199.9℃$，但不进行非线性校正，则 $100℃$ 测温范围有 $0.3 \sim 0.4℃$ 的非线性误差，$200℃$ 测温范围约为 $2℃$ 误差。因此，必须加非线性校正电路，使其线性化。图 7-9 为传感器线性化部分电路，若计算 V_{REF} 与 V_{IN}，则有

$$V_{REF} = V^+ \left[R_1/(R_1 + R_2 + R_T) - R_3/(R_3 + R_4 + R_0) \right]$$

$$V_{IN} = V^+ \left[R_T/(R_1 + R_2 + R_T) - R_0/(R_3 + R_4 + R_0) \right]$$

$$(7\text{-}9)$$

由式(7-7)，A/D 转换器显示的 DIS 值为

$$DIS = 1000 \times \{ R_R(R_T - R_0)/[R_1(R_R + R_0) - R_3(R_R + R_T)] \} \qquad (7\text{-}10)$$

式(7-10)与式(7-8)相比，在式(7-10)中分母有 $[R_3(R_R + R_T)]$ 项，它可在满刻度附近补偿传感器灵敏度的下降。

线性化测温电路如图 7-10 所示，非线性校正后，$0 \sim 200℃$ 时，测量精度为 $0.2℃$，一般用途已足够。

3. A/D 转换器比例工作的热电阻温度测量电路

A/D 转换器输出的数字量与输入的模拟量成比例，因此，可以用于测温电路，同时也实现了模拟/数字转换，便于与数字仪器、仪表连接以及与计算机接口。

A/D 转换器比例工作电路如图 7-11 所示。A/D 转换器 ADC0808 的输入端电压是

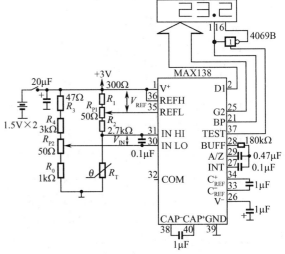

图 7-10 线性化测温电路

由 $+5V$ 电源电压通过电位器 R_{P1} 和 R_{P2} 分压后加入的，这样，当电源电压增减时，其输入差值不变，因此电源电压(参考电压)变动不影响其输入。

采用铂热电阻测温的 A/D 转换电路如图 7-12 所示。A_1 构成电压跟随器，用于测热电阻上端电压。A_2 构成差动放大电路，用于放大电流检测电阻两端电压，同时又作为热电阻下端电压。A_3 构成同相放大器，对 A_1 的输出进行放大。如果 A/D 转换器是单端输入，A_1、A_2 的

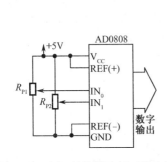

图 7-11 A/D 转换器比例工作电路

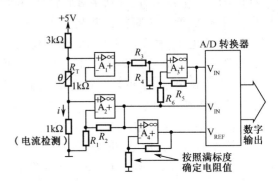

图 7-12 采用铂热电阻的 A/D 转换电路

输出作为 A_3 的两个差动输入端，A_3 的输出接 A/D 的输入。如果 A/D 转换器为差动输入，A_2 的输出应接差动输入的低端，A_3 的输出应接差动输入的高端，并且 A_3 中 R_6 接地。

同时 A_2 的输出接放大器 A_4，A_4 的输出接 A/D 的参考电压端，并根据满标度确定其放大倍数。

当流过铂测温热电阻的电流变化时，也不会影响测量精度。如果电流增加，参考电压增加，测温电阻上的压降增加，从而抵消了电流值的增加，因而不需要 $R_T(1\text{k}\Omega)$ 的恒流源与 A/D 转换器的基准电压源。测量精度主要由放大电路的电阻分压比决定，这样，一次调节好电阻分压比，就可保持长期稳定测量。通过调整 A_2、A_3 的放大倍数，可使 0℃ 时 A_3 的输出为零，即 A/D 的输出为零。

7.1.2 半导体热敏电阻

一般说来，半导体材料比金属具有更大的电阻温度系数。用半导体材料制成的热敏电阻具有较高的灵敏度。热敏电阻按其热电性能（图 7-13）。可分为三类：

正温度系数（positive temperature coefficient，PTC）热敏电阻，它主要采用 $BaTiO_3$ 系列材料加入少量 Y_2O_3 和 Mn_2O_3 烧结而成。当温度超过某一数值时，其电阻值随温度升高而迅速增大。其主要用途是各种电器设备的过热保护，发热源的定温控制，也可作为限流元件使用。

临界温度系数（critical temperature resistor，CTR）热敏电阻，它采用 VO_2 系列材料在弱还原气氛中形成的烧结体。在某个温度上其电阻值急剧变化。其主要用途是作温度开关元件。

负温度系数（negative temperature coefficient，NTC）热敏电阻，它具有很高的负温度系数，特别适用于 $-100\sim300$℃ 之间测温，在点温、表面温度、温差、温场等测量中得到日益广泛的应用，同时也广泛地应用于自动控制及电子线路热补偿线路中。

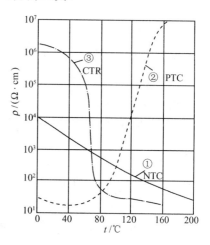

图 7-13 三种热敏电阻特性曲线

下面主要讨论 NTC 热敏电阻。

7.1.2.1 热敏电阻主要特性

1. 电阻-温度特性

热敏电阻的基本特性是电阻-温度特性。用于测量的 NTC 热敏电阻，在较小的温度范围内，其电阻-温度特性曲线是一条指数曲线，可表示为

$$R_T = Ae^{B/T} \tag{7-11}$$

式中，R_T 为温度为 T 时的电阻值；A 为与热敏电阻尺寸、形式以及它的半导体物理性能有关的常数；B 为与半导体物理性能有关的常数；T 为热敏电阻的热力学温度（K）。

若已知两个电阻值 R_0 和 R_1 及相应的温度 T_0 和 T_1，便可求出 A、B 两个常数

$$B = \frac{T_1 T_0}{T_1 - T_0} \ln \frac{R_0}{R_1} \tag{7-12}$$

$$A = R_0 e^{-B/T_0} \tag{7-13}$$

将 A 值代入式(7-11)中,可获得以电阻 R_0 作为一个参数的温度特性表达式

$$R_T = R_0 e^{B(\frac{1}{T} - \frac{1}{T_0})} \tag{7-14}$$

通常取 20℃ 时的热敏电阻值为 R_0,称为额定电阻,记作 R_{20};取相应于 100℃ 时的电阻值 R_{100} 作为 R_1,此时 $T_0 = 293\mathrm{K}$,$T_1 = 373\mathrm{K}$,代入式(7-12)可得

$$B = 1365\ln\frac{R_{20}}{R_{100}}$$

一般生产厂家都在此温度(293K 和 373K)下测量电阻值(R_{20} 和 R_{100}),从而求得 B 值(约为 2000~6000K)。将 B 值及 R_{20} 代入式(7-14)就确定了热敏电阻的电阻-温度特性,如图7-14 所示。B 称为热敏电阻常数。

热敏电阻的温度系数为

$$\alpha = \frac{1}{R_T} \frac{dR_T}{dT} = -\frac{B}{T^2} \tag{7-15}$$

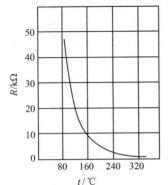

图 7-14　热敏电阻的温度特性

若 $B = 4000\mathrm{K}$,$T = 323\mathrm{K}(50℃)$,则 $\alpha = -3.8\%/℃$,所以热敏电阻的温度系数比金属电阻大 10 倍左右,因此它的灵敏度很高。B 和 α 是表征热敏电阻材料性能的两个重要参数。

2. 伏-安特性

在稳态情况下,通过热敏电阻的电流 I 与其两端之间的电压 U 的关系,称为热敏电阻的伏-安特性。

由图 7-15 可见,当流过热敏电阻的电流很小时,不足以使之加热,电阻值只决定于环境温度,伏-安特性是直线,遵循欧姆定律,主要用来测温。

当电流增大到一定值时,流过热敏电阻的电流使之加热,本身温度升高,出现负阻特性。因电阻减小,即使电流增大,端电压反而下降。其所能升高的温度与环境条件(周围介质温度及散热条件)有关。当电流和周围介质温度一定时,热敏电阻的电阻值取决于介质的流速、流量、密度等散热条件。根据这个原理可用它来测量流体的流速和介质的密度。

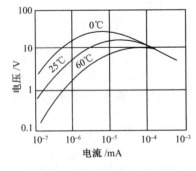

图 7-15　热敏电阻伏-安特性

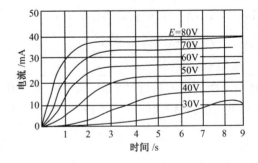

图 7-16　热敏电阻安-时特性

3. 安-时特性

如图 7-16 所示为热敏电阻的电流-时间曲线,表示热敏电阻在不同的外加电压下,电流达到稳定最大值所需时间。热敏电阻受电流加热后,一方面使自身温度升高,另一方面也向周围介质散热,只有在单位时间内从电流获得的能量与向周围介质散发的热量相等,达到热平衡时,才能有相应的平衡温度,即有固定的电阻值。完成这个热平衡过程需要时间,可选择热敏

电阻的结构及采取相应的电路来调整这个时间。对于一般结构的热敏电阻,其值在 0.5～1s 之间。

7.1.2.2 热敏电阻的主要参数

(1) 标称电阻值 R_H,在环境温度为 $25\pm0.2℃$ 时测得的电阻值,又称冷电阻(Ω)。

(2) 电阻温度系数 α,热敏电阻在温度变化 $1℃$ 时电阻值的变化率,通常指温度为 $20℃$ 时的温度系数($\%/℃$)。

(3) 耗散系数 H,指热敏电阻的温度与周围介质的温度相差 $1℃$ 时热敏电阻所耗散的功率($W/℃$)。

(4) 热容 c,热敏电阻的温度变化 $1℃$ 所需吸收或释放的热量($J/℃$)。

(5) 能量灵敏度 G,使热敏电阻的阻值变化 1% 所需耗散的功率(W)。能量灵敏度 G 与耗散系数 H、电阻温度系数 α 之间有如下关系

$$G = (H/\alpha)\times100 \tag{7-16}$$

(6) 时间常数 τ,温度为 T_0 的热敏电阻突然置于温度为 T 的介质中,热敏电阻的温度增量 $\Delta T = 0.63(T-T_0)$ 时所需时间,亦即热容 c 与耗散系数 H 之比

$$\tau = c/H \tag{7-17}$$

7.1.2.3 热敏电阻的应用

热敏电阻的优点是电阻温度系数大,灵敏度高,热容量小,响应速度快,而且分辨率很高,可达 $10^{-4}℃$,价格便宜。主要用于测温、控温、温度补偿、流速测量、液面指示等。主要缺点是互换性差,热电特性非线性大,可用温度系数很小的电阻与热敏电阻串联或并联,使等效电阻与温度的关系在一定的温度范围内是线性的,使其应用范围进一步扩大。下面介绍一些主要用途。

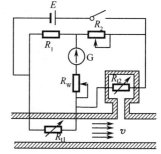

1. 流量测量

利用热敏电阻上的热量消耗和介质流速的关系可以测量流量、流速、风速等。图 7-17 是热敏电阻式流量计,热敏电阻 R_{t1} 和 R_{t2} 分别置于管道中央和不受介质流速影响的小室中,当介质

图 7-17 热敏电阻流量计

处于静止状态时,调电桥平衡,桥路输出为零,当介质流动时,将 R_{t1} 的热量带走,致使 R_{t1} 的阻值变化,桥路就有输出量。介质从 R_{t1} 上带走的热量多少与介质流量(流速)有关,故可用它来测量流量(流速)。

2. 温度控制

图 7-18 是利用 NTC 热敏电阻的温度控制电路实例。它是通断控制加热装置,使温度保持恒定。工作原理如下:把现场温度 a 点相对应的电压与预先设定温度 b 点相对应的电压进

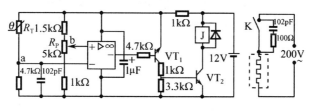

图 7-18 温度控制电路

行比较,如果 $U_a > U_b$,即 $T_a > T_b$,晶体管 VT_1 加反偏电压 U_{BE1} 导通,VT_2 加正偏电压 U_{BE2} 也导通,使继电器 J 接通,继电器的常闭触点 K 断开,加热器断电;如果 $U_a < U_b$,即 $T_a < T_b$,过程与上述相反,继电器触点 K 闭合,加热装置通电加热。这样,根据现场温度的高低,反复通断加热装置,使现场温度保持恒定。

3. 温度上下限报警

温度上下限报警电路如图 7-19 所示。此电路中采用运放构成迟滞电压比较器,晶体管 VT_1 和 VT_2 根据运放输入状态导通或截止。如果 $U_a > U_b$,VT_1 导通,LED_1 发光报警;$U_a < U_b$ 时,VT_2 导通,LED_2 发光报警;$U_a = U_b$ 时,VT_1 和 VT_2 都截止,LED_1 和 LED_2 都不发光。

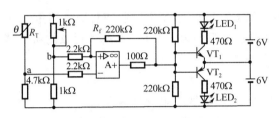

图 7-19　温度上下限报警电路

4. 温度测量

图 7-20 所示是一种 $0 \sim 100℃$ 的测温电路,相应输出电压为 $0 \sim 5V$,其输出灵敏度为 $50mV/℃$,它可以直接与计算机 A/D 板接口。图中 LED 为电源指示,A_1、A_2 为 LM358 运放,D_{z1} 为 1N154,R_T 为 PTC 热敏电阻,$25℃$ 时阻值为 $1kΩ$。

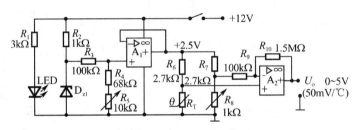

图 7-20　温度测量电路

传感器的工作电流一般选择 $1mA$ 以下,这样可避免电流产生的热影响测量精度,并要求电源电压稳定。D_{z1} 为稳压管,并经 R_3、R_4、R_5 分压,调节 R_5 使电压跟随器 A_1 输出 $2.5V$ 的工作电压。

由 R_6、R_7、R_T 及 R_8 组成测量电桥,其输出接 A_2 差动放大器,经放大后输出,其非线性误差大于 $\pm 2.5℃$。

根据以上实例,读者可设计一温度测量、控制、报警电路。

7.3 节将介绍热敏电阻的热电偶冷端补偿应用。利用热敏电阻进行气体分析(热导率随气体种类和浓度变化)及其他应用的实例不一一介绍。

7.2　PN 结型温度传感器

PN 结的温度效应对多数应用是不利的,然而它能有效地应用于温度的测量。

7.2.1 二极管温度传感器

二极管 PN 结伏安特性可用下式表示

$$I = I_s \left[e^{qU/(kT)} - 1 \right] \tag{7-18}$$

式中, I 为 PN 结正向电流; U 为 PN 结正向电压降; I_s 为 PN 结反向饱和电流; q 为电子电荷量 $(1.6 \times 10^{-19} \text{C})$; T 为绝对温度; k 为玻尔兹曼常数 $(1.38 \times 10^{-23} \text{J/K})$。

当 $\exp[qU/(kT)] \gg 1$ 时, 上式可表为

$$I = I_s e^{qU/(kT)}$$

则

$$U = \frac{kT}{q} \ln \frac{I}{I_s} \tag{7-19}$$

可见只要通过 PN 结的正向电流 I 恒定, 则 PN 结的正向压降 U 与温度的线性关系只受反向饱和电流 I_s 的影响。 I_s 是温度的缓变函数, 只要选择合适的掺杂浓度, 就可认为在一定的温度范围内, I_s 近似为常数, 因此, 正向压降 U 与温度 T 呈线性关系, 即

$$\frac{\mathrm{d}U}{\mathrm{d}T} = \frac{k}{q} \ln \frac{I}{I_s} \approx 常数 \tag{7-20}$$

这就是二极管 PN 结温度传感器的基本原理(见图 7-21)。

7.2.2 晶体管温度传感器

二极管作为温度传感器虽然工艺简单, 但线性差。因而选用把 NPN 晶体管的 bc 结短接, 利用 be 结作为感温器件, 这和二极管正向压降情况相同, 其基-射极电压直接随温度变化, 见图 7-21。三极管形式更接近理想 PN 结, 其线性更接近理论推导值。

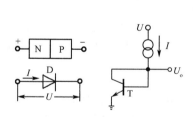

图 7-21　晶体管温度传感器

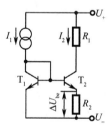

图 7-22　集成温度感温点电路(电压型)

7.2.3 集成温度传感器

图 7-22 是集成温度传感器感温部分线路。

一只晶体管的发射极电流密度 J_e 可用下式表示

$$J_e = \frac{1}{a} J_s \left[e^{qU_{be}/(kT)} - 1 \right] \tag{7-21}$$

式中, a 为共基接法的短路电流增益; J_s 为基极饱和电流密度; U_{be} 为基-射极电位差; T 为绝对温度; q 为电子电量; k 为玻尔兹曼常数。

通常 $a \approx 1$, $J_e \gg J_s$, 将上式简化, 取对数后得

$$U_{be} = \frac{kT}{q} \ln \frac{aJ_e}{J_s} \tag{7-22}$$

对于图 7-22 中,如果两只晶体管性能相同($a_1 = a_2$,$J_{s1} = J_{s2}$),则两晶体管的基-射极电位差 U_{be} 之差 ΔU_{be}(R_1 两端的压降)为

$$\Delta U_{be} = U_{be1} - U_{be2} = \frac{kT}{q}\ln\frac{J_{e1}}{J_{e2}} \tag{7-23}$$

只要 J_{e1}、J_{e2}(或 I_1、I_2)均为恒流,则 ΔU_{be} 与 T 呈线性关系,这就是集成温度传感器测温的基本原理。

集成温度传感器按输出信号可分为电压型和电流型两种,其输出电压或电流与绝对温度呈线性关系。电压型集成温度传感器一般为三线制,其温度系数约为 10mV/℃,常用的有 LM34/35、LM135/235、TMP35/36、μpc616C、AN6701 等;电流型集成温度传感器一般为两线制,其温度系数约为 1μA/K,常用的有 LM134/234、TMP17、AD590、AD592 等,电流型传感器信号适合于远距离传输而无衰减。随着集成技术的发展,目前还有数字输出集成温度传感器(TMP03/04、AD7416、DS18B20 等)、电阻可编程温度控制器(TMP01、AD22105 等)。

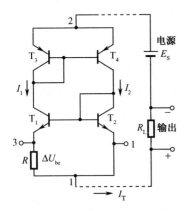

图 7-23 输出电流正比于绝对温度的 AD590 的温度敏感电路

图 7-23 给出了用于获得正比于绝对温度的电流输出的基本温度敏感电路。假设晶体管性能是理想的,晶体管对 T_3 - T_4 会迫使 I_T 分为两个相等的电流 I_1 和 I_2,起恒流作用。T_1、T_2 起感温作用,但 T_1 是由 8 只与 T_2 相同的晶体管并联而成的,因此 T_2 中的电流密度 J_2 为 T_1 中电流密度 J_1 的 8 倍,即 $J_2 = 8J_1$。T_1 和 T_2 的发射结电压 U_{be1} 和 U_{be2} 反极性串联后施加在 R 上,则 R 上的端电压便是 ΔU_{be},为

$$U_T = \Delta U_{be} = U_{be2} - U_{be1} = \frac{kT}{q}\ln\frac{8J_1}{J_1} = \frac{kT}{q}\ln 8 = 179T(\mu V) \tag{7-24}$$

可见 R 两端电压 U_T 正比于绝对温度 T。通过 R 的电流 $I_R \approx I_1 = 179T/R$,与 T 成正比,$I_T = 2I_1$,也与 T 成正比,若 $R = 358\Omega$,其比例系数 $k_T = I_T/T = 2\times179/358 = 1(\mu A/K)$,则

$$I_T = k_T T \tag{7-25}$$

AD590 就是按上述理论制造的,但它使用一个更复杂的电路以取得更好的性能。图 7-24(a)是 AD590 的伏-安特性,对于 4～30V 的电源电压,该器件是一个理想的恒流源,其电流只随温度 T 变化而对电压不敏感。图 7-24(b)为其温度特性,在 -55～+150℃ 温度范围内有较好的线性。图 7-24(c)为非线性曲线。AD590 的 I 档 $\Delta T < \pm 3$℃,M 档 $\Delta T < \pm 0.3$℃,其余档次在此二者之间。从图中可见,在 -55～+100℃ 范围内,ΔT 递增,容易补偿;在 100～150℃ 为递减,可进行分段补偿。

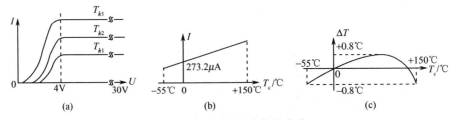

图 7-24 AD590 基本特性曲线

AD590 的主要特点：

(1) 线性电流输出：$1\mu A/K$，正比于绝对温度；

(2) 测量温度范围宽：$-55\sim+150℃$；

(3) 精度高：激光校准精度达到$\pm0.5℃$(AD590M)；

(4) 线性好：满量程范围$\pm0.3℃$(AD590M)；

(5) 电源电压范围宽：$+4\sim+30V$。

7.2.4　集成温度传感器的典型应用

集成温度传感器具有体积小、热惰性小、响应快、测量精度高、稳定性好、校准方便、价格低廉等特点，因而获得广泛应用。下面简要介绍 AD590 的典型应用。

1. 测量温度

(1) AD590 远程温度测量。AD590 是一个两端器件，只需一个直流电压源($4\sim30V$)，功率的需求比较低($1.5mW$，$5V$)，其输出是高阻抗($710M\Omega$)电流，因而长导线上的电阻对器件工作影响不大，适合于远程温度测量。图 7-25 是 AD590 摄氏温度测量电路。

图 7-25 中 $I=(1\mu A/K)T_K=T_K(\mu A)$；$R_1=1k\Omega$(0.1%精度)；$U_1=T_K(mV)$。

适当设计 R_2、R_3、R_w，使 $U_2=273.2mV$；$A=10$。则 $U_o=(10mV/℃)\times T_c$。

$T_c=-50℃$，$U_o=-500mV$；$T_c=0℃$，$U_o=0mV$；$T_c=150℃$，$U_o=1500mV=1.5V$。

(2) XSW-1 型数字温度计。图 7-26 是 AD590 组成的 XSW-1 型数字式温度计。

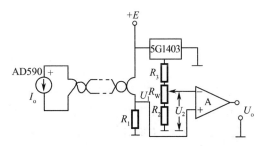

图 7-25　AD590 摄氏温度测量电路

AD590 上接一个大于 $+4V$ 的电压后，其输出电流将正比于绝对温度。0℃ 时，输出电流为 $273.2\mu A$，温度每变化 1℃，输出电流变化 $1\mu A$。AD590 的输出电流通过 $10k\Omega$ 电阻变为电压信号($10mV/℃$)，因 0℃ 时 $10k\Omega$ 电阻上已有 $2.732V$ 的电压输出，所以必须设置一偏置电压(由 W_1 上取出)使 0℃ 时输出电压为零。这样，当 AD590 的环境温度大于 0℃ 时，显示正的摄氏温度数值(实际是相应的电压值)；环境温度低于 0℃ 时，显示负的摄氏温度数值。测量系统的精度取决于 AD590 的精度，采用 AD590I，经零点和满量程点校准后，精度优于 0.5 级。整个仪表结构简单、工作可靠、体积小，重量轻、测量精度高，使用维护方便。

2. 测量温差

利用两只 AD590，按图 7-27(a)组成温差测量电路。两只 AD590 分别处于两个被检测点，其温度分别为 T_1、T_2，由图可得

$$I=I_{T_1}-I_{T_2}=k_T(T_1-T_2)$$

这里假设两只 AD590 具有相同的标度因子 k_T。运放的输出电压 U_o 为

$$U_o=IR_3=k_T R_3(T_1-T_2)=F(T_1-T_2)$$

可见，输出电压 U_o 与温差(T_1-T_2)成正比。整个电路的标度因子 $F=k_T R_3$ 的值取决于 R_3，$R_3=F/k_T$。

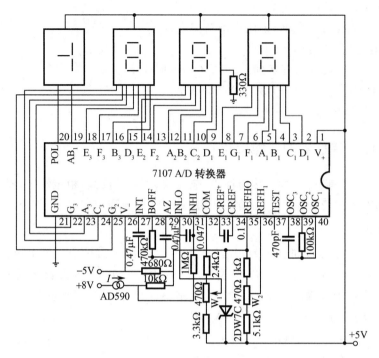

图 7-26 XSW-1 型数字温度计

尽管电路要求两感温器件具有相同的 k_T，但总有差异，电路中引入电位器 R_W，通过隔离电阻 R_1 注入一个校正电流 ΔI，以获得平稳的零位误差，如图 7-27(b) 的曲线所示。从曲线可见，只在某一温度 T 时，$U_o = 0$，此点常设在量程中间的某处。

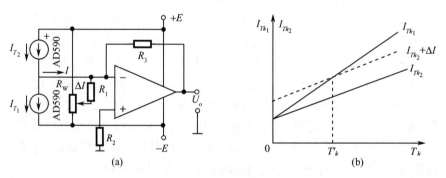

图 7-27 AD590 温差测量电路

AD590 的用途相当广泛，若将几只 AD590 串联使用，显示的总是几个被测温度中的最低温度；若将几只 AD590 并联使用，便可获得被测温度的平均值；如图 7-28 所示。AD590 对热电偶的冷端补偿将在后面介绍。除以上应用外，还可用于分立元件的补偿和校准；正比于绝对温度的偏置；流速测量；流体液位测量及风速测量；温度控制；等等。特别适合于各类仓库、温（或冷冻）室、孵化车间等空间点阵测温。

3. 温度控制

图 7-29 是 AD590 型传感器用于筒状电炉内部恒温控制的实际应用电路。图中 A_1 右侧的电路为可变脉宽调制器，以形成无开关控制的平滑响应特性。AD590 的输出电流在反相运

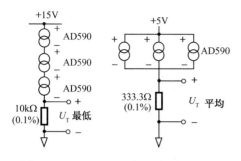

图 7-28 AD590 测最低温度、平均温度

放 A_1 的负输入端与基准电流比较；A_2 为滤波器；A_3 将电流作加法运算，放大误差信号，根据温度值，调节脉冲宽度驱动加热器。为了获得最稳定的动态响应，将 AD590 用硅脂粘贴在加热器上。由于 AD590 电流输出型传感器与温度的比例系数（灵敏度）$k_T = 1\mu A/K$，可调整芯片上的薄膜电阻，使温度为 298.2K（25℃）时，输出电流为 298.2μA。这样，可方便地控制电炉的温度。

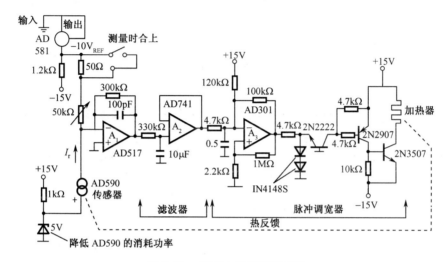

图 7-29 AD590 温度控制系统

7.3 热 电 偶

热电偶是将温度量转换为电势大小的热电式传感器。自 19 世纪发现热电效应以来，热电偶便被广泛用来测量 100～1300℃ 范围内的温度，根据需要还可以用来测量更高或更低的温度。它具有结构简单、使用方便、精度高、热惯性小，可测局部温度和便于远距离传送集中检测、自动记录等优点。

7.3.1 热电偶的工作原理

热电偶的基本工作原理是热电动势效应。

1823 年泽贝克（Seebeck）发现，将两种不同的导体（金属或合金）A 和 B 组成一个闭合回路（称为热电偶，见图 7-30(a)），若两接触点温度（T，T_0）不同，则回路中有一定大小电流，表明回路中有电势产生，该现象称为热电动势效应或泽贝克效应，通常称热电效应。回路中的电势称为热电势或泽贝克电势，用 $E_{AB}(T, T_0)$ 表示。两种不同的导体 A 和 B 称热电极，测量温度时，两个热电极的一个接点置于被测温度场（T）中，称该点为测量端，也叫工作端或热端；另一个接点置于某一恒定温度（T_0）的地方，称参考端或自由端、冷端。T 与 T_0 的温差越大，热电偶的热电势也越大，因此，可以用热电势的大小衡量温度的高低。

后来研究发现，热电效应产生的热电势 $E_{AB}(T, T_0)$ 或 $E_{AB}(t, t_0)$ 是由两部分组成的，一是两种不同导体的接触电势,又称佩尔捷(Peltier)电势;另一是单一导体的温差电势,又称汤姆孙(Thomson)电势。

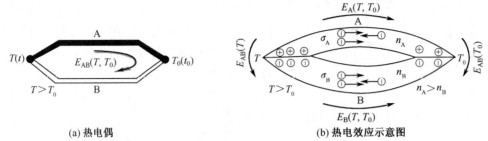

(a) 热电偶   (b) 热电效应示意图

图 7-30 热电偶及其热电效应

1. 佩尔捷效应——接触电势

当自由电子密度不同的 A、B 两种导体接触时,在两导体接触处会产生自由电子的扩散现象,自由电子将从密度大的金属 A 扩散到密度小的金属 B,使 A 失去电子带正电,B 得到电子带负电,从而在接点处形成一个电场(见图 7-30(b))。该电场将使电子反向转移,当电场作用和扩散作用动态平衡时,A、B 两种不同金属的接点处就产生接触电势,它由接点温度和两种金属的特性所决定。在温度为 T 和 T_0 的两接点处的接触电势 $E_{AB}(T)$ 和 $E_{AB}(T_0)$ 分别为

$$E_{AB}(T) = \frac{kT}{e}\ln\frac{n_A}{n_B} \tag{7-26}$$

$$E_{AB}(T_0) = \frac{kT_0}{e}\ln\frac{n_A}{n_B} \tag{7-27}$$

式中,k 为玻尔兹曼常数,$k = 1.38 \times 10^{-23}$ J/K;e 为电子电荷量,1.60×10^{-19} C;n_A、n_B 为电极 A、B 材料的自由电子密度。

回路总接触电势

$$E_{AB}(T) - E_{AB}(T_0) = \frac{k}{e}(T - T_0)\ln\frac{n_A}{n_B} \tag{7-28}$$

2. 汤姆孙效应——温差电势

同一均匀金属电极,当其两端温度 $T \neq T_0$ 时,且设 $T > T_0$,导体内形成一温度梯度,由于热端电子具有较大动能,致使导体内自由电子从热端向冷端扩散,并在冷端积聚起来,使导体内建立起一电场(见图 7-30(b))。当此电场对电子的作用力与扩散力平衡时,扩散作用停止。电场产生的电势称为温差电势或汤姆孙电势,此现象称为汤姆孙效应。A、B 导体的温差电势分别为

$$E_A(T, T_0) = \int_{T_0}^{T}\sigma_A dT \tag{7-29}$$

$$E_B(T, T_0) = \int_{T_0}^{T}\sigma_B dT \tag{7-30}$$

式中,σ_A、σ_B 分别为导体 A、B 的汤姆孙系数。

回路总温差电势为

$$E_A(T, T_0) - E_B(T, T_0) = \int_{T_0}^{T}(\sigma_A - \sigma_B)dT \tag{7-31}$$

综上所述,由 A、B 组成的热电偶回路,当接点温度 $T > T_0$ 时,其总热电势为

$$E_{AB}(T, T_0) = E_{AB}(T) - E_{AB}(T_0) + \int_{T_0}^{T} (\sigma_A - \sigma_B) dT$$

$$= \frac{k}{e}(T - T_0) \ln \frac{n_A}{n_B} + \int_{T_0}^{T} (\sigma_A - \sigma_B) dT \qquad (7\text{-}32)$$

从上面分析和式(7-32)可知:

(1)如果热电偶两个电极的材料相同(即 $n_A = n_B$,$\sigma_A = \sigma_B$),两接点温度虽不同,但不会产生热电势;

(2)如果两电极材料不同,但两接点温度相同(即 $T = T_0$),也不会产生热电势;

所以,热电偶工作的基本条件:两电极材料必须不同;两接点温度必须不同。

热电势的大小与热电极的尺寸和几何形状无关。

(3)当热电偶两电极的材料不同,且 A、B 固定后(n_A、n_B、σ_A、σ_B 皆为常数),热电势 $E_{AB}(T, T_0)$ 便为两接点温度 T 和 T_0 的函数,即

$$E_{AB}(T, T_0) = E(T) - E(T_0)$$

当 T_0 保持不变,即 $E(T_0)$ 为常数时,则热电势 $E_{AB}(T, T_0)$ 便为热电偶热端温度 T 的函数

$$E_{AB}(T, T_0) = E(T) - c = \varphi(T) \qquad (7\text{-}33)$$

由此可知,$E_{AB}(T, T_0)$ 与 T 有单值对应关系,这就是热电偶测温的基本公式。

热电极的极性:测量端失去电子的热电极为正极,得到电子的热电极为负极。对热电势符号 $E_{AB}(T, T_0)$,规定写在前面的 A、T 分别为正极和高温,写在后面的 B、T_0 分别为负极和低温。如果它们的前后位置调换,则热电势极性相反,如 $E_{AB}(T, T_0) = -E_{AB}(T_0, T)$;$E_{AB}(T, T_0) = -E_{BA}(T, T_0)$ 等。实验判别热电势的方法是将热端稍加热,在冷端用直流电表辨别。

热电偶将被测温度变换为电势信号,因此,可以利用各种电测仪表来测量电势以显示被测温度,构成各种测温仪表,如基于电位差计原理的伺服式温度计,经放大、冷端补偿、线性校正和 A/D 转换的数字式温度计等。

7.3.2 热电偶的基本定律

1. 均质导体定律

两种均质金属组成的热电偶,其热电势大小与热电极直径、长度及沿热电极长度上的温度分布无关,只与热电极材料和两端温度有关。

如果热电极材质不均匀,则当热电极上各处温度不同时,将产生附加热电势,造成无法估计的测量误差。因此,热电极材料的均匀性是衡量热电偶质量的重要指标之一。

2. 中间导体定律

对于热电偶回路中热电势的大小,必须将其断开,接入仪表才能测出其热电势值。所接入的仪表是另一种材质 C 所构成的导体,如图 7-31 所示。闭合回路中出现了除 A、B 电极以外的第三种导体 C 之后,回路总的电动势会有什么变化呢?根据热电偶中间导体定律可知,只要第三种导体 C 的两端温度相等且均质,就对热电势 $E_{AB}(T, T_0)$ 的大小毫无影响。

既然如此,把冷端焊点打开,接入仪表,并保持其两端温度都在冷端温度 T_0 之下,就能测出总热电势。回路中还可接入更多的导体材料,只要它们两端温度相等且材质均匀,便对热电势无影响。

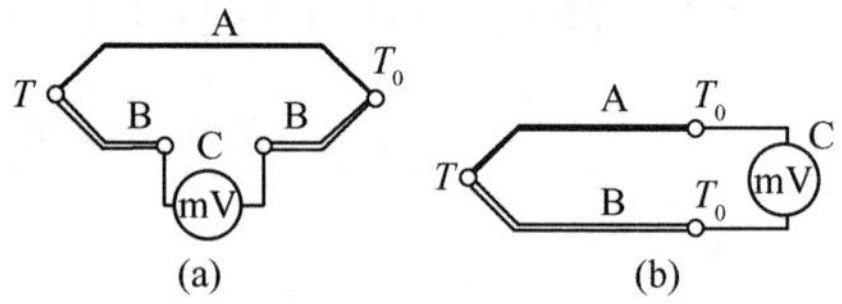

图 7-31　热电偶测温电路原理图

3. 中间温度定律

热电偶在接点温度为 T、T_0 时的热电势等于该热电偶在接点温度为 T、T_n 和 T_n、T_0 时相应热电势的代数和,即

$$E_{AB}(T, T_0) = E_{AB}(T, T_n) + E_{AB}(T_n, T_0) \qquad (7-34)$$

若 $T_0 = 0$,则有

$$E_{AB}(T, 0) = E_{AB}(T, T_n) + E_{AB}(T_n, 0)$$

4. 标准(参考)电极定律

如果两种导体(A、B)分别与第三种导体 C 组合成热电偶的热电势已知,则由这两种导体(A、B)组成的热电偶的热电势也就已知,这就是标准电极定律或参考电极定律(见图 7-32)。即

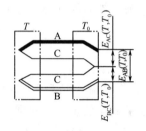

图 7-32　标准电极定律示意图

$$E_{AB}(T, T_0) = E_{AC}(T, T_0) - E_{BC}(T, T_0) \qquad (7-35)$$

根据标准电极定律,可以方便地选取一种或几种热电极作为标准(参考)电极,确定各种材料的热电特性,从而大大简化热电偶的选配工作。一般选取纯度高的铂丝($R_{100}/R_0 \geqslant 1.3920$)作为标准电极,确定出其他各种电极对铂电极的热电特性,便可知这些电极相互组成热电偶的热电势大小。如

$$E_{铜,铂}(100, 0) = 0.76 \text{mV}$$

$$E_{康铜,铂}(100, 0) = -3.5 \text{mV}$$

则 $E_{铜,康铜}(100, 0) = E_{铜,铂}(100, 0) - E_{康铜,铂}(100, 0) = 0.76 - (-3.5) = 4.26 (\text{mV})$。

7.3.3　热电偶的种类和结构

1. 热电极材料和热电偶类型

(1)热电极材料的基本要求

热电极(偶丝)是热电偶的主要元件,作为实用测温元件的热电偶,对其热电极材料的基本要求是:

①热电势要足够大,测温范围宽,线性好;

②热电特性稳定;

③理化性能稳定,不易氧化、变形和腐蚀;

④电阻温度系数 α 小,电阻率 ρ 小;

⑤易加工,复制性好;

⑥价格低廉。

各种热电极材料特性见表 7-1。

表 7-1　各种测量材料的物理性质

材料名称	符号或化学成分	与铂丝相配后的热电势 (100,0)/mV	用作电阻温度计	用作热电偶 长期使用	用作热电偶 短期使用	电阻的温度系数 0~100℃/℃$^{-1}$
铝	Al	+0.40	—	—	—	4.3×10^{-3}
镍铝	95%Ni+5%(Al,Si,Mn)	−1.02~1.38	—	1000	1250	1.0×10^{-3}
镍铝	97.5%Ni+2.5%Al	−1.02	—	1000	1200	2.4×10^{-3}
钨	W	+0.79	—	2000	2500	$(4.21\sim4.64)\times10^{-3}$
化学纯铁	Fe	+1.8	150	600	800	$(6.25\sim6.57)\times10^{-3}$
精制铁	Fe	+1.87		600	800	$(4\sim6)\times10^{-3}$
金	Au	+0.75	—	—	—	3.97×10^{-3}
康铜	60%Cu+40%Ni	−3.5		600	800	-0.04×10^{-3}
康铜	55%Cu+45%Ni	−3.6		600	800	-0.01×10^{-3}
考铜	56%Cu+44%Ni	−4.0		600	800	-0.1×10^{-3}
考铜	56.5%Cu+43%Ni+0.5%Mn	−4.0		600	800	-0.12×10^{-3}
钴	Co	−1.68~1.76				$(3.66\sim6.56)\times10^{-3}$
钽	Mo	+1.31		2000	2500	4.35×10^{-3}
化学纯铜	Cu	+0.76	150	350	500	4.33×10^{-3}
电线铜	Cu	+0.75	150	350	500	$(4.25\sim4.28)\times10^{-5}$
锰铜	84%Cu+13%Mn+2%Ni+1%Fe	+0.80				0.006×10^{-3}
镍铬合金	80%Ni+20%Cr	+1.5~+2.5		1000	1100	0.14×10^{-3}
	90.5%Ni+9.5%Cr	+2.71~+3.13		1000	1250	0.41×10^{-3}
镍	Ni	−1.49~−1.54	300	1000	1100	$(6.21\sim6.34)\times10^{-3}$
铂	Pt	0.00	630			$(3.92\sim3.98)\times10^{-3}$
铂铑合金	90%Pt+10%Rh	+0.64		1300	1600	1.67×10^{-3}
铂铱合金	90%Pt+10%Ir	+0.13		1000	1200	—
汞	Hg	+0.04	—	—	—	0.96×10^{-3}
锑	Sb	+4.7	—	—	—	4.73×10^{-3}
铅	Pb	+0.44	—	—	—	4.11×10^{-3}
银	Ag	+0.72		600	700	4.1×10^{-3}
锌	Zn	+0.7	—	—	—	3.9×10^{-3}
金铯铂合金	60%Au+30%Pd+10%Pt	−2.3	—	—	—	
铋	Bi	−7.7	—	—	—	

（2）热电偶类型

根据不同的热电极材料,可以制成适用不同温度范围、不同测量精度的各类热电偶。表 7-2 是国家定型、大批量生产的标准化热电偶及其参数。几种常用标准热电偶的分度表及其计算公式见本章末附表 7-3~附表 7-7。此外,还有非标准化的用于极值测量的热电偶。

①铁-康铜热电偶,测温上限为 600℃（长期）,热电势与温度的线性关系好,灵敏度高($E_{铁,康铜}(100,0)=5.268\text{mV}$),但铁极易生锈。

②高温热电偶:钨铼系热电偶,测温上限可达 2450℃;钛铑系热电偶可测到 2100℃左右。

③低温热电偶:铜-铜锡$_{0.005}$热电偶可测−271~−243℃的低温;镍铬-铁金$_{0.03}$热电偶在−269~0℃之间有 13.7~20μV/℃的灵敏度。

表 7-2　我国的标准热电偶及其技术参数

热电偶名称	极性	识别	化学成分	密度/(g/cm³)	熔点/℃	膨胀系数 0~100℃/(1/℃)	比热/(J·kg⁻¹·K⁻¹)	导热系数/(W·mm⁻¹·K⁻¹)	电阻温度系数 0~100℃/(1/℃)	电阻率/(×10⁻⁶ Ω·m)	与铂丝配偶100℃时的热电势/mV*	长期/℃	短期/℃	100℃时的热电势/mV*	温度/℃	允差/%	温度/℃	允差/%
铂铑-铂	正	较硬	Pt90%+Rh10%	20.00	1853	9.0×10^{-6}	146.54	37.6	1.67×10^{-3}	0.190	+0.64	1300	1600	0.643	≤600	±2.4	≥600	±0.4
	负	柔软	Pt100%	21.32	1772	8.99×10^{-6}	133.98	68.44~71.34	$(3.92\sim3.98)\times10^{-3}$	0.098~0.106	0.00							
铂铑-铂铑	正	较硬	Pt70%+Rh30%									1600	1800	0.034	≤600	±3	>600	±0.5
	负	稍软	Pt94%+Rh6%															
镍铬-镍铝(镍硅)	正	不亲磁	Gr9%~10% Si0.4% Ni90%	8.2	1500	1.7×10^{-5}			1.4×10^{-4}	0.95~1.05	+1.5~+2.5	1000	1200	4.1	≤400	±4	>400	±0.75
	负	稍亲磁	Si2.5%~3.0% Co0.6% Ni97%															
镍铬-考铜	正	色较暗	Cr9%~10% Si0.4% Ni90%	8.2	1500	1.7×10^{-5}			1.4×10^{-4}	0.95~1.05	+2.71~+3.13	-200~600	800	6.95	≤400	±4	>400	±1
	负	银白色	Cu56%~57% Ni43%~44%	9.0	1250	1.56×10^{-5}			1.0×10^{-4}	0.49	-4.0							
铜-康铜	正	红色	Cu100%	8.95	1084	1.65×10^{-5}	391.84	394.4	4.33×10^{-3}	0.0156~0.0168	+0.76	-200~200	300	4.26	-200~-40	±2%	-40~400	±0.75
	负	银白色	Cu55% Ni45%	8.9	1222	1.49×10^{-5}	393.56	20.9	1×10^{-5}	0.49	-3.5							

* 100℃相对于 0℃ 的热电势。

· 180 ·

2. 热电偶的结构

将两热电极的一个端点紧密地焊接在一起组成接点就构成热电偶。对接点焊接要求焊点具有金属光泽、表面圆滑、无沾污变质、夹渣和裂纹;焊点的形状通常有对焊、点焊、绞纹焊等;焊点尺寸应尽量小,一般为偶丝直径2倍。焊接方法主要有直流电弧焊、直流氧弧焊、交流电弧焊、乙炔焊、盐浴焊、盐水焊和激光焊接等。在热电偶的两电极之间通常用耐高温材料绝缘。如图7-33所示。

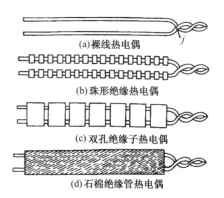

图 7-33　热电偶导线的绝缘方法

工业用热电偶必须长期工作在恶劣环境下,根据被测对象不同,热电偶的结构形式是多种多样的,下面介绍几种比较典型的结构形式。

（1）普通型热电偶

如图7-34所示,这种热电偶在测量时将测量端插入被测对象的内部,主要用于测量容器或管道内气体、流体等介质的温度。其结构主要包括:热电极、绝缘子、保护管套、接线盒和安装法兰等。

（2）铠装热电偶

铠装热电偶是把保护套管（材料为不锈钢或镍基高温合金）、绝缘材料（高纯脱水氧化镁或氧化铝）与热电偶丝组合在一起拉制而成,也称套管热电偶或缆式热电偶。图7-35为铠装热电偶工作端结构的几种型式,其中:图7-35(a)为单芯结构,其外套管亦为一电极,因此中心电极在顶端应与套管直接焊接在一起;图7-35(b)为双芯碰底型,测量端和套管焊接在一起;图7-35(c)为双芯不碰底型,热电极与套管间互相绝缘;图7-35(d)为双芯露头型,测量端露出套管外面;图7-35(e)为双芯帽型,把露头型的测量端套上一个套管材料作为保护帽,再用银焊密封起来。

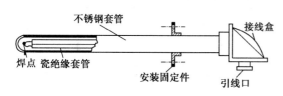

图 7-34　普通热电偶的结构

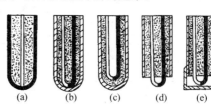

图 7-35　铠装热电偶工作端的结构

铠装热电偶有其独特的优点:小型化（外径可小到1～3mm,内部热电极直径常为0.2～0.8mm,而套管外壁厚度一般为0.12～0.6mm）,则对被测温度反应快,时间常数小,很细的整体组合结构使其柔性大,可以弯曲成各种形状,适用于结构复杂的被测对象。同时,机械性能好,结实牢固,耐震动和耐冲击。

（3）薄膜热电偶

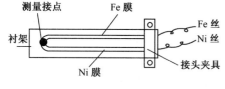

图 7-36　铁-镍薄膜热电偶

用真空镀膜的方法,将热电极材料沉积在绝缘基板上而制成的热电偶称为薄膜热电偶,其结构如图7-36所示。由于热电极是一层金属薄膜,其厚度为$0.01～0.1\mu m$,所以测量端的热惯性很小,反应快,可以用来测量瞬变的表面温度和微小面积上的温度。使用温度范围为$-200～+500℃$时,热电极采用的材料有铜-康铜、镍铬-考铜、镍铬-镍硅等,绝缘基板材料用云母,它们适用于各种表面温度测量以及汽轮机叶片等温度测量。当使用温度范围为500~1800℃时,热电极材料用镍铬-镍硅、铂铑-铂等,绝缘基片材料采用陶瓷,它们常用于火箭、飞机喷嘴的温度测量,以及钢锭、轧辊等表面温度测量等。

还可将热电极材料直接蒸镀在被测表面上而制成薄膜热电偶。

除以上各种结构外,还有测量圆弧表面温度的表面热电偶,测量气流温度的热电偶,多点式热电偶和串、并联用热电偶等不一一介绍。

7.3.4 热电偶的冷端处理及补偿

由式(7-32)可知,热电偶的热电势的大小与热电极材料和两接点温度有关。只有在热电极材料一定,其冷端温度 T_0 保持恒定不变的情况下,其热电势 $E_{AB}(T, T_0)$ 才是其工作端温度 T 的单值函数。另外,热电偶的标准分度表是在其冷端处于 0℃ 的条件下测得的电势值。所以使用热电偶时,只有满足 $T_0 = 0℃$ 的条件,才能直接应用分度表或分度曲线。

在工程测温中,冷端温度常随环境温度的变化而变化,将引入测量误差,因此必须对冷端进行处理和补偿。

1. 延长导线法

延长导线使冷端远离热端不受其温度场变化的影响并与测量电路相连接。为使接上延长导线后不改变热电偶的热电势值,要求:在一定的温度范围内延伸热电极必须与热电偶的热电极具有相同或相近的热电特性;保持延伸电极与热电偶两个接点温度相等,见图 7-37 所示,其中,A′B′为补偿导线。

对于廉价金属热电极,延伸线可用热电极本身材料;对于贵重金属热电极则采用热电特性相近的材料代替。表 7-3 是几种常用延伸热电极及其有关参数。使用时切忌接错极性,必须注意电极的色标。

表 7-3　延伸热电极及其技术指标

引延热电极种类		EU(K)	EA(E)	LB(S)	
配用热电偶		镍铬-镍硅 镍铝	镍铬-考铜	铂铑₁₀-铂	钨铼₅-钨铼₂₀
电极材料	正　极	铜	镍铬	铜	铜
	负　极	康铜	考铜	铜镍	铜 1.7%～1.8%镍
色　标	正　极	红	红	红	红
	负　极	蓝	黄	绿	蓝
$t=100℃$ $t_0=0℃$ 时的热电动势/mV		4.10±0.15	6.95±0.3	0.643±0.023	1.337±0.045
$t=150℃$ $t_0=0℃$ 时的热电动势/mV		6.13±0.20	10.59±0.3	$1.025^{+0.024}_{-0.055}$	
20℃时的电阻率/(Ω·m)		<0.634×10⁻⁶	<1.25×10⁻⁶	<0.0484×10⁻⁶	10⁻⁶

2. 0℃恒温法(冰点槽法)

将热电偶冷端置于冰水混合物的 0℃ 恒温器内,使工作与分度状态达到一致。此法适用于实验室,见图 7-37。

3. 冷端温度修正法

对于冷端温度不等于 0℃,但能保持恒定不变或能用普通室温计测出的冷端温度 T_n 的情况,可采用修正法。

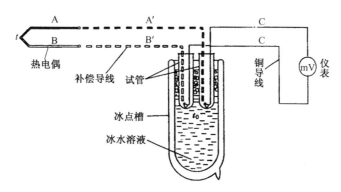

图 7-37 冷端处理的延长导线法和 0℃ 恒温法

（1）热电势修正法。热电偶实际测温时，由于冷端温度 $T_0 \neq 0℃$ 而是某一温度 T_n，则热电偶工作于温度 (T, T_n) 之间，实际测得的热电势是 $E_{AB}(T, T_n)$。为了便于利用标准分度表由热电势查相应热端温度值，必须知道其热电偶相对于 0℃ 时的热电势 $E_{AB}(T, 0)$，为此，利用中间温度定律

$$E_{AB}(T, 0) = E_{AB}(T, T_n) + E_{AB}(T_n, 0)$$

由此可见，只要加上热电偶工作于 T_n 和 0℃ 之间的热电势值 $E_{AB}(T_n, 0)$，便可将实测热电势 $E_{AB}(T, T_n)$ 修正到相对于 0℃ 的热电势 $E_{AB}(T, 0)$。

例如用铂铑$_{10}$-铂热电偶测某一温度 T，参考端在室温环境 T_n 中，测得热电势 $E_{AB}(T, T_n)$ $=0.465\text{mV}$，又用室温计测得 $T_n = 21℃$，查此热电偶分度表知 $E_{AB}(21, 0) = 0.119\text{mV}$，则

$$E_{AB}(T, 0) = E_{AB}(T, 21) + E_{AB}(21, 0)$$
$$= 0.465 + 0.119 = 0.584(\text{mV})$$

再用 0.584mV 查分度表得 $T = 92℃$，即实际温度为 92℃。

应注意的是，既不能直接按 0.465mV 查表，认为 $T = 75℃$，也不能把 75℃ 加上 21℃ 认为 $T = 96℃$。

（2）温度修正法。令 T' 为仪表指示温度（即由仪表测得的热电势 $E_{AB}(T, T_n)$，查分度表所得的温度），T_n 为冷端温度，则被测真实温度 T 为

$$T = T' + kT_n \tag{7-36}$$

式中，k 为热电偶的修正系数，决定于热电偶种类和被测温度范围，如表 7-4 所示。

表 7-4 几种常用热电偶 k 值表

测量端温度/℃	热 电 偶 类 别				
	铜-康铜	镍铬-考铜	铁-康铜	镍铬-镍硅	铂铑$_{10}$-铂
0	1.00	1.00	1.00	1.00	1.00
20	1.00	1.00	1.00	1.00	1.00
100	0.86	0.90	1.00	1.00	0.82
200	0.77	0.83	0.99	1.00	0.72
300	0.70	0.81	0.99	0.98	0.69
400	0.68	0.83	0.98	0.98	0.66
500	0.65	0.79	1.02	1.00	0.63
600	0.65	0.78	1.00	0.96	0.62
700	—	0.80	0.91	1.00	0.60
800	—	0.80	0.82	1.00	0.59

测量端温度/℃	热 电 偶 类 别				
	铜-康铜	镍铬-考铜	铁-康铜	镍铬-镍硅	铂铑₁₀-铂
900	—	—	0.84	1.00	0.56
1000	—	—		1.07	0.55
1100	—	—	—	1.11	0.53
1200~1600	—	—	—	—	0.53

例如对于上例情况,测得温度 $T'=75℃(0.465\text{mV})$,冷端温度 $T_n=21℃$,查表 $k=0.82$,则真实温度

$$T=75+0.82\times21=92.2(℃)$$

与热电势修正法所得结果一致。因此,这种方法在工程上应用较为广泛。

4. 冷端温度自动补偿法

(1)电桥补偿法。电桥补偿法是用电桥在温度变化时的不平衡电压(补偿电压)去消除冷端温度变化对热电偶热电势的影响,这种装置称为冷端温度补偿器。

如图 7-38 所示,冷端补偿器内有一个不平衡电桥,其输出端串联在热电偶回路中。桥臂电阻 R_1、R_2、R_3 和限流电阻 R_w 用锰铜电阻,其电阻值几乎不随温度变化,R_{Cu} 为铜电阻,其电阻温度系数较大,电阻值随温度升高而增大。使用中应使 R_{Cu} 与热电偶的冷端靠近,使其处于同一温度之下。电桥由直流稳压电源供电。

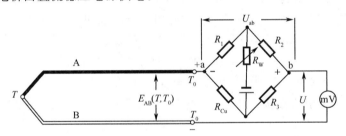

图 7-38　冷端温度补偿器线路

设计时使 R_{Cu} 在 0℃下的阻值与其余三个桥臂 R_1、R_2、R_3 完全相等,这时电桥处于平衡状态,电桥输出电压 $U_{ab}=0$,对热电势没有影响。此时温度 0℃称为电桥平衡温度。

当热电偶冷端温度随环境温度变化,若 $T_0>0$,热电势将减小 ΔE。但这时 R_{Cu} 增大,使电桥不平衡,出现 $U_{ab}>0$,而且其极性是 a 点为负,b 点为正,这时的 U_{ab} 与热电势 $E_{AB}(T,T_0)$ 同向串联,使输出值得到补偿。如果限流电阻 R_w 选择合适,可使 U_{ab} 在一定温度范围内增大的值恰恰等于热电势所减小的值即 $U_{ab}=\Delta E$,就完全避免了 $T_0\neq0$ 的变化对测量的影响。

冷端补偿器一般用 4V 直流供电,它可以在 0~40℃ 或 −20~20℃ 的范围内起补偿作用。只要 T_0 的波动不超出此范围,电桥不平衡输出信号可以自动补偿冷端温度波动所引起的热电势的变化。从而可以直接利用输出电压 U 查热电偶分度表以确定被测温度的实际值。

要注意的是,不同材质的热电偶所配的冷端补偿器,其限流电阻 R_w 不一样,互换时必须重新调整。此外,大部分补偿电桥的平衡温度不是 0℃,而是室温 20℃。

(2)PN 结冷端温度补偿法。PN 结在 −100~+100℃ 范围内,其端电压与温度有较理想

的线性关系,温度系数约为－2.2mV/℃,因此是理想的温度补偿器件。采用二极管作冷端补偿,精度可达 0.3～0.8℃;采用三极管补偿,精度可达 0.05～0.2℃。

图 7-39 为采用二极管作冷端补偿的电路,其补偿电压 ΔU 是由 PN 结端电压 U_D 通过电位器分压得到的,PN 结置于与热电偶冷端相同的温度 t_0 中,ΔU 反向接入热电偶测量回路。

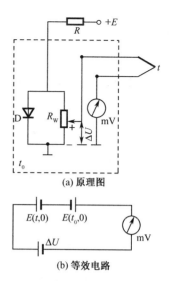

(a) 原理图

(b) 等效电路

图 7-39 PN 结冷端温度补偿器

设 $E_{AB}(t_0,0)=k_1 t_0$,式中 k_1 为热电偶在 0℃附近灵敏度。则热电偶测量回路的电动势为

$$E_{AB}(t,0)-E_{AB}(t_0,0)-\Delta U = E_{AB}(t,0)-k_1 t_0 - \frac{U_D}{n}$$

而

$$U_D = U_0 - 2.2 t_0$$

式中,U_D 为二极管 D 的 PN 结端电压;U_0 为 PN 结在 0℃时端电压(对硅材料约为 700mV);n 为电位器 R_w 的分压比。

令

$$k_1 = 2.2/n$$

整理上式可得回路电势为

$$E_{AB}(t,0)-U_0/n = E_{AB}(t,0)-700/n$$

可见,回路电势与冷端温度变化无关,只要用 U_0/n 作相应修正,就可得到真实的热电偶热电势 $E_{AB}(t,0)$。也可在测量温度时,从分度表中的热电势值减去 U_0/n,得到适用的分度表;在控制系统中,用单动作电压减去 U_0/n,得到接有上述补偿电路的动作电压。对于不同的热电偶,由于它们在 0℃附近的灵敏度 k_1 不同,则应有不同的 n 值,可用 R_w 调整。二极管可选用动态特性好的 2CP 型金属封装的二极管,或选用反向电流小、允许结温高、非线性和离散性小的 3DG6 发射结。

图 7-40 是利用集成温度传感器 AD590 作为冷端补偿元件的原理图。AD590 的输出电流与绝对温度成正比(1μA/K),它相当于一个温度系数为 1μA/K 的高阻恒流源。其输出电流通过 1kΩ 电阻转换成 1mV/K 的电压信号,跟随器 A_2 提高 AD590 的负载能力,并使之与电子开关阻抗匹配。然后通过电子采样开关,送入 A/D 转换器转换成数字量,存放在内存单元中,这样,电路就完成了对补偿电势的采样。接着电路对测温热电偶的热电势进行采样,并转换成数字量,单片机将该信号线性化后与内存中的补偿电势相加,即得到真实的热电势值。

除上述各项补偿方法外,还有很多其他方法,如零点迁移法,软件处理法等,可参阅相关资料,也可自行设计一些冷端补偿电路。

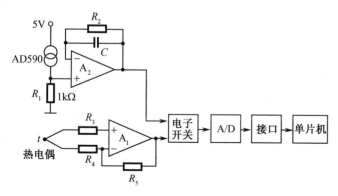

图 7-40 AD590 冷端补偿应用

7.3.5 热电偶测温应用举例

图 7-41 是 K 型热电偶测温电路。二端集成温度传感器 AD592、78L05、R_R、R_{P2} 组成基准接点(冷接点)补偿电路;R_{11} 及 C_1 组成输入滤波电路;A_1 构成放大电路;AD538 及 R_4、R_7、R_6、R_8 构成线性化电路。R_3、R_5 用来获得 -7.76mV 的偏置电压。

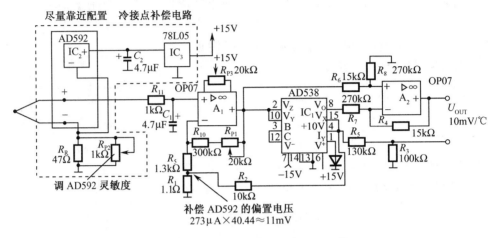

图 7-41　K 型热电偶测温电路($0\sim600℃$)

AD592 的灵敏度为 $1\mu A/℃$,对温度系数为 $40.44\mu V/℃$ 的 K 型热电偶基准热接点进行补偿时,通过基准电阻 R_R 把 AD592 的输出电流转换成电压。用 R_{P2} 调节 R_R 上的压降,使其 $1\mu A/℃$ 电流变为 $40.44\mu V/℃$ 电压,即 $R_R // R_{P2}=40.44\Omega$。而 AD592 在 $0℃$ 时输出电流为 $273.2\mu A$,因此环境温度为 T 时,其输出电压为 $(273.2\mu A+1\mu A/℃\times T℃)\times40.44\Omega=273.2\mu A\times40.44\Omega+1\mu A/℃\times T℃\times40.44\Omega=11.05\text{mV}+40.44\mu V/℃\times T℃$,其中第二项作为热偶冷端补偿电压,而第一项为误差电压(或 $0℃$ 基准电压),此项可在后面放大电路中通过 R_1、R_2 对 AD538 的 V_x 输出 10V 电压分压来消除。

7.4　温度变送器

随着电子技术的发展,温度检测元件热电偶、热电阻等的检测信号 E_t 或 R_t,通过转换、放大、冷端补偿、线性化等信号调理电路,直接转换成符合 DDZ-Ⅲ型电动单元组合仪表的 $4\sim20\text{mA}$ 或和 $1\sim5\text{V}$ 的统一标准信号输出,即温度(温差)变送器。

所谓一体化温度变送器,就是将变送器模块安装在测温元件接线盒或专业接线盒内的一种温度变送器。变送器模块与测温元件形成一个整体,其结构如图 7-42 所示。可以直接安装在被测工艺设备上,输出统一标准信号。这种变送器具有体积小、质量轻、现场安装方便等优点,因而在工业生产中得到广泛应用。在仪表自动化生产过程中,使用最多的是热电偶温度变送器和热电阻温度变送器。

7.4.1 SBW 系列温度变送器

SBWR、SBWZ 系列热电偶、热电阻温度变送器是 DDZ 系列仪表中的现场安装式温度变送器单元,与工业热电偶、热电阻配套使用,采用二线制传输方式(两根导线作为电源输入和信号输出的公用传输线),将工业热电偶、热电阻信号转换成与输入信号或与温度信号成线性的4～20mA 或 0～10mA 的输出信号。

(a) 温变器外形图

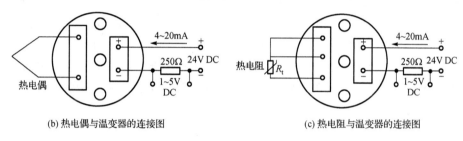

(b) 热电偶与温变器的连接图　　　　　　　(c) 热电阻与温变器的连接图

图 7-42　温度变送器

(1)温度变送器特点

①采用环氧树脂密封结构,因此抗震、耐温,适合在恶劣现场环境中安装使用。

②现场安装于热电阻、热电偶的接线盒内,直接输出 4～20mA DC,这样既省去较贵的补偿导线费用,又提高了信号长距离传送过程中的抗干扰能力。

③精度高、功耗低、使用环境温度范围宽、工作稳定可靠。

④量程可调,并具有线性化校正功能,热电偶温度变送器具有冷端自动补偿功能,应用面广,既可与热电偶、热电阻形成一体化现场安装结构,也可作为功能模块安装入检测设备中。

温度变送模块外形如图 7-42(a)所示。其与热电偶的连接如图 7-42(b)所示,与热电阻的连接如图 7-42(c)所示。

(2)主要技术指标

①输入:热电阻分度号为 Pt100、Cu50、Cu100,热电偶分度号为 K、E、S、B、T、LN。

②输出:量程范围内输出 4～20mA DC 可与热电阻温度计的输出电阻信号成线性,也可与热电阻温度计的输入温度信号成线性;可与热电偶输入的毫伏信号成线性,也可与热电偶温度计的输入温度信号成线性。

③基本误差:±0.2%、±0.5%。

④传送方式:二线制。

⑤变送器工作电源电压最低 12V,最高 35V,额定工作电压 24V。

⑥负载:极限负载电阻 $R_{L(max)}$ 的计算式为

$$R_{L(max)} = 50 \times (U - 12) \tag{7-37}$$

式中,U 为实际供电电源电压。

在额定工作电压 24V 时,负载电阻可在 0～600 Ω 范围内选用,额定负载为 250 Ω。

注意:量程可调式变送器,改变量程时零点与满度需反复调试;热电偶型变送器在调试前需预热 30min。

⑦环境温度影响小于或等于 0.05%/℃。

⑧正常工作环境:环境温度 −25～+80℃,相对湿度 5%～95%;机械振动 $f \leqslant 55Hz$,振幅小于 0.15mm。

7.4.2 智能式温度变送器

智能式温度变送器有的采用 HART 协议通信方式,也有的采用现场总线通信方式。下面以 SMART 公司的 TT302 智能式温度变送器为例进行介绍。TT302 智能式温度变送器是一种符合 FF 通信协议的现场总线智能仪表,可以与各种热电阻或热电偶配合测量温度,具有量程范围宽、精度高、受环境温度和振动影响小、抗干扰能力强、质量轻以及安装维护方便等优点。智能式温度变送器的硬件构成原理如图 7-43 所示,它由输入电路板、主电路板和显示器等组成。输入电路板包括多路转换器、信号调理电路、A/D 转换器和隔离部分,其作用是将输入信号转换为二进制的数字信号,传送给 CPU,并实现输入板与主电路板的隔离。输入电路板上的环境温度传感器用于热电偶的冷端温度补偿。主电路板是变送器的核心部分,它由微处理器系统、通信控制器、信号整形电路、本机调整部分和电源部分组成。显示器可以显示四位半数字和五位字母。

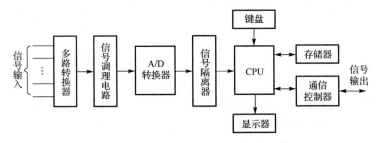

图 7-43　智能温度变送器结构示意图

智能式温度变送器的软件使变送器各硬件部分电路正常工作,实现所规定的功能,完成各组成部分的管理。用户可以通过上位管理计算机或挂接在现场总线通信电缆上的手持式组态器,对变送器进行远程组态、调用或删除功能模块,还可以使用磁性编程工具对变送器进行设置。

7.4.3 数字式温度传感器及其应用

数字式温度传感器是一种直接将温度变化转换为数字信号,并通过串行通信方式输出的传感器。常用的数字式温度传感器有 DS18B20、MAX6575、DS1722 等。

DS18B20 是美国 DALLAS 公司生产的新型单总线数字式温度传感器,如图 7-44 所示,图 7-44(a)为 DS18B20 的引脚排列与封装示意图。

DS18B20 数字式温度传感器,与传统温度传感器相比具有如下特点:

(1)采用单总线接口方式,可实现双向通信。

(2)测量温度范围为 −55～+125℃,测量精度高。

(3)在使用中不需要任何外围元器件,测量结果即可通过程序设定 9～12 位数字量方式串行传送。

(4)支持多点组网功能。多个 DS18B20 可并联在唯一的总线上实现多点测温。

(5)电源电压 +3～+5.5V,且供电方式灵活。DS18B20 可以通过内部寄生电路从数据线上获取电源。

（6）负压特性。电源极性接反时，温度计不会因发热而烧毁，但不能正常工作。

（7）掉电保护功能。DS18B20 内部含有 EEPROM，在系统掉电以后，它仍可保存分辨率及报警温度的设定值。

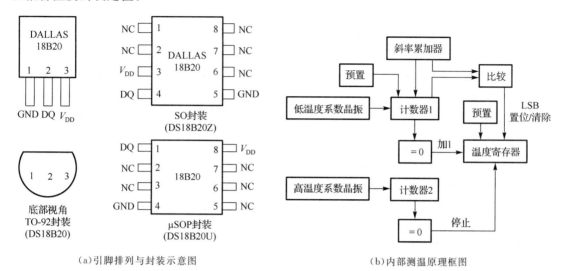

（a）引脚排列与封装示意图　　　　　　（b）内部测温原理框图

图 7-44　DS18B20 数字温度传感器

图 7-44(b)为 DS18B20 内部测温原理框图。具体测温原理：低温度系数晶振的振荡频率受温度的影响较小，用于产生固定频率的脉冲信号送减法计数器 1，为计数器提供一频率稳定的计数脉冲。高温度系数晶振随温度变化其振荡频率明显改变，所产生的信号作为计数器 2 的脉冲输入。计数器 1 和温度寄存器被预置在−55℃所对应的一个基数值。计数器 1 对低温度系数晶振产生的脉冲信号进行减法计数，当计数器 1 的预置值减到 0 时，温度寄存器的值将加 1，计数器 1 的预置将重新被装入，计数器 1 重新开始对低温度系数晶振产生的脉冲信号进行计数，如此循环直到计数器 2 计数到 0 时，停止温度寄存器值的累加，此时温度寄存器中的数值即为所测温度。

图 7-45 为 DS18B20 典型的应用电路。DQ 为数字信号输入/输出端；GND 为电源地；V_{DD} 为外接供电电源输入端；电源供电 3.0～5.5V(在寄生电源接线方式时接地)。关于单片机系统的编程请参考相关资料。

7.4.4　无线温度传感器

无线温度传感器是集成传感、无线通信、低功耗等技术的无线传感网络产品。无线温度传感器以电池供

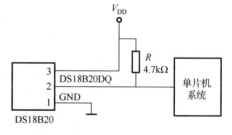

图 7-45　DS18B20 典型的应用电路

电，在工程实施中避免了大工作量的通信线缆、管线、供电线路的铺设，用户也可根据现场实际使用情况，方便地调整安装的位置。可对多种恶劣环境条件下的设备温度变化情况实现现场、远程同时在线监测预警，方便维护人员全面及时掌握环境及设备运行状况，广泛应用于物联网工程。

无线温度传感器由控制单元、无线数据传输和温度测量三部分组成。测温后，将温度数据通过无线方式传递给测温通讯终端。传感器每隔一定时间(可以事先设定)自动发射一次监测点的温度数据，发现温度异常立即报警，可不受发送周期限制。每个无线温度传感器具有唯一的 ID 编号，实际安装使用时记录每个传感器的安装地点，并与编号一起录入温度检测工作站计算机数据库中，组建无线温度实时监测预警系统。

教学课件

7-1　什么叫热电阻效应？试述金属热电阻效应的特点和形成原因。

7-2　制造热电阻体的材料应具备哪些特点？常用的热电阻材料有哪几种？

7-3　WZP 和 WZC 各表示什么含义？它们的标准分度表适用范围与百度电阻比各为多少？此表如何使用？

7-4　用热电阻传感器测温时,经常采用哪种测量线路？热电阻与测量线路有几种连接方式？通常采用哪种连接方式？为什么？

7-5　半导体和金属的电阻率与温度关系有何差别？原因是什么？

7-6　试述热敏电阻的三种类型、它们的特点及应用范围。

7-7　NTC 热敏电阻热电特性和伏安特性的特点是什么？

7-8　热敏电阻温度系数的定义是什么？热敏电阻的主要参数有哪些？

7-9　什么叫热电效应？热电偶的热电势是怎样形成的？

7-10　热电偶工作的基本条件是什么？

7-11　热电偶有哪些基本定律？

7-12　热电偶为什么能测量温度？

7-13　热电偶的热电特性与热电极的长度和直径是否有关？为什么？

7-14　在热电偶回路中接入测量仪表时,会不会影响热电偶回路的热电势数值？为什么？

7-15　为什么在实际应用中要对热电偶进行温度补偿？主要有哪些补偿方法？

7-16　已知铜热电阻 Cu100 的百度电阻比 $W(100)=1.42$,当用此热电阻测量 50℃ 温度时,其电阻值为多少？若测温时的电阻值为 92Ω,则被测温度是多少？

7-17　用分度号为 Pt100 铂电阻测温,在计算时错用了 Cu100 的分度表,查得的温度为 140℃,问实际温度为多少？

7-18　在某一瞬间,电阻温度计上指示温度 $\theta_2=50℃$,而实际温度 $\theta_1=100℃$,设电阻温度计的动态关系为

$$\frac{\mathrm{d}\theta_2}{\mathrm{d}t}=k(\theta_1-\theta_2)$$

其中 $k=0.2/\mathrm{s}$。试确定温度计达到稳定读数($0.995\theta_1$)所需时间。

7-19　某热敏电阻,其 B 值为 2900K,若冰点电阻为 500kΩ,求热敏电阻在 100℃ 时的阻值。

7-20　将一灵敏度为 0.08mV/℃ 的热电偶与电位计相连接测量其热电势,电位计接线端是 30℃,若电位计上读数是 60mV,热电偶的热端温度是多少？

7-21　参考电极定律有何实际意义？已知在某特定条件下材料 A 与铂配对的热电势为 13.967mV,材料 B 与铂配对的热电势是 8.345mV,求出在此特定条件下,材料 A 与材料 B 配对后的热电势。

7-22　请设计一热电偶冷端温度自动补偿电路。画出测量电路,并简述其补偿原理。

7-23　镍铬-镍硅热电偶灵敏为 0.04mV/℃,把它放在温度为 1200℃ 处,若以指示仪表作为冷端,此处温度为 50℃,试求热电势大小。

7-24　用 K 型热电偶测某设备的温度,测得的热电势为 20mV,冷端(室温)为 25℃,求设备的温度？如果改用 E 型热电偶来测温,在相同的条件下,E 型热电偶测得的热电势为多少？

7-25　现用一支镍铬-铜镍热电偶测某换热器内的温度,其冷端温度为 30℃,显示仪表的机械零位在 0℃ 时,这时指示值为 400℃,则认为换热器内的温度为 430℃ 对不对？为什么？正确值为多少度？

7-26　热电偶温度传感器的输入电路如习题 7-26 图所示,已知铂铑-铂热电偶在温度 0～100℃ 之间变化时,其平均热电势波动为 6μV/℃,桥路中供桥电压为 4V,三个锰铜电阻(R_1、R_2、R_3)的阻值均为 1Ω,铜电阻

的电阻温度系数为 $\alpha = 0.004/℃$，已知当温度为 0℃ 时电桥平衡，为了使热电偶的冷端温度在 $0 \sim 50℃$ 范围其热电势得到完全补偿，试求可调电阻的阻值 R_5。

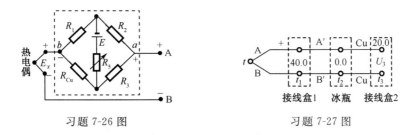

习题 7-26 图　　　　　　　　习题 7-27 图

7-27　如习题 7-27 图所示镍铬-镍硅热电偶，A'、B' 为补偿导线，Cu 为铜导线，已知接线盒 1 的温度 $t_1 = 40.0℃$，冰水温度 $t_2 = 0.0℃$，接线盒 2 的温度 $t_3 = 20.0℃$。

(1) 当 $U_3 = 39.310 \text{mV}$ 时，计算被测点温度 t；

(2) 如果 A'、B' 换成铜导线，此时 $U_3 = 37.699 \text{mV}$，再求 t。

7-28　欲测量变化迅速的 200℃ 的温度应选用何种传感器？测量 2000℃ 的高温又应选用何种传感器？

7-29　有一台数字电压表，其分辨力为 $100 \mu V/1$ 个字，现与 Cu100 热电阻配套应用，测量范围为 $0 \sim 100℃$，试设计一个标度变换电路，使数字表直接显示温度数值。

7-30　以热敏电阻做温度敏感元件，设计一个水温测量仪表，测量范围 $-20 \sim +90℃$，非线性误差 ≤1%。

附录　热电阻、热电偶分度表

附表 7-1　铂热电阻分度表(分度号为 Pt100)

($R_0 = 100.00\Omega, R_{100}/R_0 = 1.385$)

温度/℃	0	10	20	30	40	50	60	70	80	90
	电阻值/Ω									
−200	18.49	—	—	—	—	—	—	—	—	—
−100	60.25	56.19	52.11	48.00	43.37	39.71	35.53	31.32	27.08	22.80
−0	100.00	96.09	92.16	88.22	84.27	80.31	76.32	72.33	68.33	64.30
0	100.00	103.90	107.79	111.67	115.54	119.40	123.24	127.07	130.89	134.70
100	138.50	142.29	146.06	149.82	153.58	157.31	161.04	164.76	168.46	172.16
200	175.84	179.51	183.17	186.32	190.45	194.07	197.69	201.29	204.88	208.45
300	212.02	215.57	219.12	222.65	226.17	229.67	233.17	236.65	240.13	243.59
400	247.04	250.48	253.90	257.32	260.72	264.11	267.49	270.86	274.22	277.56
500	280.90	284.22	287.53	290.83	294.11	297.39	300.65	303.91	307.15	310.38
600	313.59	316.80	319.99	323.18	326.35	329.51	332.66	335.79	338.92	342.03
700	345.13	348.22	351.30	354.37	357.42	360.47	363.50	366.52	369.53	372.52
800	375.51	378.48	381.45	384.40	387.34	390.26	—	—	—	—

对于 $R_0 = 50\Omega$ 的 Pt50 的分度表，将上表中电阻值减半即可。

铂热电阻的计算公式为

$$R_t = R_0 [1 + At + Bt^2 + Ct^3(t-100)] \quad (-200 \sim 0℃)$$

$$R_t = R_0 (1 + At + Bt^2) \quad (0 \sim 850℃)$$

式中，$A = 3.909\,02 \times 10^{-3}/℃$；$B = -5.802 \times 10^{-7}/℃^2$；$C = -4.2735 \times 10^{-12}/℃^3$。

($R_0 = 100.00\Omega, R_{100}/R_0 = 1.428$)

温度/℃	0	1	2	3	4	5	6	7	8	9
	电阻值/Ω									
−50	78.49	—	—	—	—	—	—	—	—	—
−40	82.80	82.36	82.04	81.50	81.08	80.64	80.20	79.78	79.34	78.92
−30	87.10	86.68	86.24	85.84	85.38	84.96	84.54	84.10	83.66	83.32
−20	91.40	90.98	90.54	90.12	89.68	89.26	88.82	88.40	87.96	87.54
−10	95.70	95.28	94.84	94.42	93.98	93.56	93.12	92.70	92.36	91.84
−0	100.00	99.56	99.14	98.70	98.28	97.84	97.42	97.00	96.56	96.14
0	100.00	100.42	100.86	101.28	101.72	102.14	102.56	103.00	103.42	103.66
10	104.28	104.72	105.14	105.56	106.00	106.42	106.86	107.28	107.72	108.14
20	108.56	109.00	109.42	109.84	110.27	110.70	111.13	111.56	112.00	112.42
30	112.84	113.28	113.70	114.14	114.56	114.98	115.42	115.84	116.28	116.70
40	117.12	117.56	117.97	118.40	118.84	119.26	119.70	120.12	120.54	120.98
50	121.40	121.84	122.20	122.68	123.12	123.54	123.96	124.40	124.82	125.26
60	125.68	126.10	126.54	126.98	127.40	127.82	128.24	128.68	129.10	129.52
70	129.96	130.38	130.82	131.24	131.66	132.10	132.52	132.96	133.38	133.80
80	134.24	134.66	135.08	135.52	135.95	136.37	136.80	137.22	137.64	138.08
90	138.52	138.94	139.36	139.80	140.22	140.66	141.08	141.52	141.94	142.36
100	142.80	143.22	143.66	144.08	144.50	144.94	145.36	145.80	146.22	146.66
110	147.08	147.50	147.94	148.36	148.80	149.22	149.66	150.08	150.52	150.94
120	151.36	151.80	152.22	152.66	153.08	153.52	153.94	154.38	154.80	155.24
130	155.66	156.10	156.52	156.96	157.38	157.82	158.24	158.68	159.10	159.54
140	159.96	160.40	160.82	161.26	161.68	162.12	162.54	162.98	163.40	163.84
150	164.27	—	—	—	—	—	—	—	—	—

对于 $R_0 = 50\Omega$ 的 Cu50 的分度表,将上表中电阻值减半即可。

铜热电阻的计算公式为

$$R_t = R_0(1 + \alpha t)$$

式中,$\alpha = 4.29 \times 10^{-3}/℃$,一般纯度不高的铜导线 $\alpha = 4.25 \times 10^{-3}/℃$。

(参考端温度为 0℃)

工作端温度/℃	0	10	20	30	40	50	60	70	80	90
	热电动势/mV									
0	0.000	0.055	0.113	0.173	0.235	0.299	0.365	0.432	0.502	0.573
100	0.645	0.719	0.795	0.872	0.950	1.029	1.109	1.190	1.273	1.356
200	1.440	1.525	1.611	1.698	1.785	1.873	1.962	2.051	2.141	2.232
300	2.323	2.414	2.506	2.599	2.692	2.786	2.880	2.974	3.069	3.164
400	3.260	3.356	3.452	3.549	3.645	3.743	3.840	3.938	4.036	4.135
500	4.234	4.333	4.432	4.532	4.632	4.732	4.832	4.933	5.034	5.136

工作端温度/℃	0	10	20	30	40	50	60	70	80	90
	热电动势/mV									
600	5.237	5.339	5.442	5.544	5.648	5.751	5.855	5.960	6.064	6.169
700	6.274	6.380	6.486	6.592	6.699	6.805	6.913	7.020	7.128	7.236
800	7.345	7.454	7.563	7.672	7.782	7.892	8.003	8.114	8.225	8.336
900	8.448	8.560	8.673	8.786	8.899	9.012	9.126	9.240	9.355	9.470
1000	9.585	9.700	9.816	9.932	10.084	10.165	10.282	10.400	10.517	10.635
1100	10.754	10.872	10.991	11.110	11.229	11.348	11.467	11.587	11.707	11.827
1200	11.947	12.067	12.188	12.308	12.429	12.550	12.671	12.792	12.913	13.034
1300	13.155	13.276	13.397	13.519	13.640	13.761	13.883	14.004	14.125	14.247
1400	14.368	14.489	14.610	14.731	14.852	14.973	15.094	15.215	15.336	15.456
1500	15.576	15.697	15.817	15.937	16.057	16.176	16.296	16.415	16.534	16.653
1600	16.771									

S 型热电偶热电势的公式计算法：

$E=(5.399\,578\times t+1.251\,977\times 10^{-2}t^2-2.248\,22\times 10^{-5}t^3+2.845\,216\times 10^{-8}t^4-2.244\,058\times 10^{-11}t^5$
$+8.505\,417\times 10^{-15}t^6)\times 10^{-3}\,mV$　（$-50\sim 630.74℃$）

$E=(-2.982\,448\times 10^2+8.237\,553t+1.645\,391\times 10^{-3}t^2)\times 10^{-3}\,mV$　（$630.74\sim 1064.43℃$）

$E=(1.276\,629\,217\,5\times 10^3+3.497\,090\,804\,1t+6.382\,464\,866\,6\times 10^{-3}t^2$
$-1.572\,242\,425\,99\times 10^{-6}t^3)\times 10^{-3}\,mV$　（$1064.43\sim 1665℃$）

附表 7-4　铂铑$_{30}$-铂铑$_6$热电偶(分度号为 B)分度表
（参考端温度为 0℃）

工作端温度/℃	0	10	20	30	40	50	60	70	80	90
	热电动势/mV									
0	−0.000	−0.002	−0.003	0.002	0.000	0.002	0.006	0.011	0.017	0.025
100	0.033	0.043	0.053	0.065	0.078	0.092	0.107	0.123	0.140	0.159
200	0.178	0.199	0.220	0.243	0.266	0.291	0.317	0.344	0.372	0.401
300	0.431	0.462	0.494	0.527	0.561	0.596	0.632	0.669	0.707	0.746
400	0.786	0.827	0.870	0.913	0.957	1.002	1.048	1.095	1.143	1.192
500	1.241	1.292	1.344	1.397	1.450	1.505	1.560	1.617	1.674	1.732
600	1.791	1.851	1.912	1.974	2.036	2.100	2.164	2.230	2.296	2.363
700	2.430	2.499	2.569	2.639	2.710	2.782	2.855	2.928	3.003	3.078
800	3.154	3.231	3.308	3.387	3.466	3.546	3.626	3.708	3.790	3.873
900	3.957	4.041	4.126	4.212	4.298	4.386	4.474	4.562	4.652	4.742
1000	4.833	4.924	5.016	5.109	5.202	5.297	5.391	5.487	5.583	5.680
1100	5.777	5.875	5.973	6.073	6.172	6.273	6.374	6.475	6.577	6.680
1200	6.783	6.887	6.991	7.096	7.202	7.308	7.414	7.521	7.628	7.736
1300	7.845	7.953	8.063	8.172	8.283	8.393	8.504	8.616	8.727	8.839

工作端 温度/℃	0	10	20	30	40	50	60	70	80	90
	热电动势/mV									
1400	8.952	9.065	9.178	9.291	9.405	9.519	9.634	9.748	9.863	9.979
1500	10.094	10.210	10.325	10.441	10.558	10.674	10.790	10.907	11.024	11.141
1600	11.257	11.374	11.491	11.608	11.725	11.842	11.959	12.076	12.193	12.310
1700	12.426	12.543	12.659	12.776	12.892	13.008	13.124	13.239	13.354	13.470
1800	13.585									

B 型热电偶热电势的公式计算法：

$$E=(-2.467\ 460\ 162\ 0\times10^{-1}t+5.910\ 211\ 116\ 9\times10^{-3}t^2$$
$$-1.430\ 712\ 343\ 0\times10^{-6}t^3+2.150\ 914\ 975\ 0\times10^{-9}t^4$$
$$-3.175\ 780\ 072\ 0\times10^{-12}t^5+2.401\ 036\ 745\ 9\times10^{-15}t^6$$
$$-9.092\ 814\ 815\ 9\times10^{-19}t^7+1.329\ 950\ 513\ 7\times10^{-22}t^8)\times10^{-3}\ \mathrm{mV}\quad(0\sim1820℃)$$

附表 7-5 镍铬-镍硅(镍铝)热电偶(分度号为 K)分度表

(参考端温度为 0℃)

工作端 温度/℃	0	10	20	30	40	50	60	70	80	90
	热电动势/mV									
−0	−0.000	−0.392	−0.777	−1.156	−1.527	−1.889	−2.243	−2.586	−2.920	−3.242
+0	0.000	0.397	0.798	1.203	1.611	2.022	2.436	2.850	3.266	3.681
100	4.095	4.508	4.919	5.327	5.733	6.137	6.539	6.939	7.338	7.737
200	8.137	8.537	8.938	9.341	9.745	10.151	10.560	10.969	11.381	11.793
300	12.207	12.623	13.039	13.456	13.874	14.292	14.712	15.132	15.552	15.974
400	16.395	16.818	17.241	17.664	18.088	18.513	18.938	19.363	19.788	20.214
400	16.395	16.818	17.241	17.664	18.088	18.513	18.938	19.363	19.788	20.214
500	20.640	21.066	21.493	21.919	22.346	22.772	23.198	23.624	24.050	24.476
600	24.902	25.327	25.751	26.176	26.599	27.022	27.445	27.867	28.288	28.709
700	29.128	29.547	29.965	30.383	30.799	31.214	31.629	32.042	32.455	32.866
800	33.277	33.686	34.095	34.502	34.909	35.314	35.718	36.121	36.524	36.925
900	37.325	37.724	38.122	38.519	38.915	39.310	39.703	40.096	40.488	40.897
1000	41.269	41.657	42.045	42.432	42.817	43.202	43.585	43.968	44.349	44.729
1100	45.108	45.486	45.863	46.238	46.612	46.985	47.356	47.726	48.095	48.462
1200	48.828	49.192	49.555	49.916	50.276	50.633	50.990	51.344	51.697	52.049
1300	52.398									

K 型热电偶热电势的公式计算法：

$$E=\{-1.853\ 306\ 327\ 3\times10+3.891\ 834\ 461\ 2\times10t+1.664\ 515\ 435\ 6\times10^{-2}t^3$$
$$-7.870\ 237\ 448\times10^{-5}t^4+2.283\ 578\ 555\ 7\times10^{-7}t^5-3.570\ 023\ 125\ 8\times10^{-10}t^6$$
$$-1.284\ 984\ 879\ 8\times10^{-16}t^7+2.223\ 997\ 433\ 6\times10^{-20}t^8$$
$$+125\exp\left[-\frac{1}{2}\left(\frac{t-273}{65}\right)^2\right]\}\times10^{-3}\ \mathrm{mV}\quad(0\sim100℃)$$

附表 7-6　铜-康铜热电偶(分度号为 T)分度表

（参考端温度为 0℃）

工作端温度/℃	0	10	20	30	40	50	60	70	80	90
	热电动势/mV									
−200	−5.603	−5.753	−5.899	−6.007	−6.105	−6.181	−6.232	−6.258		
−100	−3.378	−3.656	−3.923	−4.177	−4.419	−4.648	−4.865	−5.069	−5.261	−5.439
−0	−0.000	−0.383	−0.757	−1.121	−1.475	−1.819	−2.152	−2.475	−2.788	−3.089
0	0.000	0.391	0.789	1.196	1.611	2.035	2.467	2.908	3.357	3.813
100	4.277	4.749	5.227	5.712	6.204	6.702	7.207	7.718	8.235	8.757
200	9.286	9.320	10.360	10.905	11.456	12.011	12.572	13.137	13.707	14.281
300	14.860	15.443	16.030	16.621	17.217	17.816	18.420	19.027	19.638	20.252
400	20.869									

T 型热电偶热电势的公式计算法：

$$E = (3.874\,077\,384\,0\times10t + 3.319\,019\,809\,2\times10^{-2}t^2 + 2.071\,418\,364\,5\times10^{-4}t^3$$
$$- 2.194\,583\,482\,3\times10^{-6}t^4 + 1.103\,190\,055\,0\times10^{-8}t^5 - 3.092\,758\,189\,8\times10^{-11}t^6$$
$$+ 4.565\,333\,716\,5\times10^{-14}t^7 - 2.761\,687\,804\,0\times10^{-17}t^8)\times10^{-3}\,\text{mV} \quad (0\sim400℃)$$

附表 7-7　镍铬-铜镍热电偶(分度号为 E)分度表

（参考端温度为 0℃）

工作端温度/℃	0	10	20	30	40	50	60	70	80	90
	热电动势/μV									
0	0	591	1192	1801	2419	3047	3683	4329	4986	5646
100	6317	6996	7683	8377	9078	9787	10501	11222	11949	12681
200	13419	14161	14909	15661	16417	17178	17942	18710	19481	20256
300	21033	21814	22597	23383	24171	24961	25754	26549	27345	28143
400	28913	29744	30546	31350	32155	32960	33767	34574	35382	36190
500	36999	37808	38617	39426	40236	41045	41853	42662	43470	44278
600	45085	45891	46697	47502	48306	49109	49911	50713	51513	52312
700	53110	53907	54703	55498	56291	57083	57873	58663	59451	60237
800	31022	61806	32588	63368	64147	64924	65700	66473	67245	68015
900	68783	69549	70313	71075	71833	72593	73350	74104	74857	75608
1000	76358	−	−	−	−	−	−	−	−	−

第8章 光电式传感器

光电式传感器是一种将被测量通过光量的变化再转换成电量的传感器,它的物理基础是光电效应。光电式传感器一般由光源、光学元件和光电元件三部分组成,光源发射出一定光通量的光线,由光电元件接收,在检测时,被测量使光源发射出的光通量变化,因而使接收光通量的光电元件的输出电量也作相应的变化,最后用电量来表示被测量的大小(被测量→光信号→电信号)。其输出的电量可以是模拟量,也可以是数字量。

8.1 光 电 效 应

光电器件的作用原理是基于一些物质的光电效应。光电效应通常分为外光电效应和内光电效应两大类。

8.1.1 外光电效应

光线照射在某些物体上,使物体内的电子逸出物体表面的现象称为外光电效应,也称为光电发射,逸出的电子称为光电子。基于外光电效应的光电器件有光电管和光电倍增管。

由物理学光的粒子性知道,一束光是一束以光速运动的粒子流,这些粒子称为光子。每个光子具有一定的能量 E

$$E = h\nu \tag{8-1}$$

式中,h 为普朗克常数,$h = 6.626 \times 10^{-34}$ J·s;ν 为光的频率(s^{-1})。

所以,不同频率光子具有不同的能量。光的波长越短,也就是频率越高,光子的能量也越大;反之,光的波长越长,其光子的能量也就越小。光照射物体,可以看成一连串具有一定能量的光子轰击这些物体,物体中的电子吸收入射光子能量后,光子能量的一部分用于电子逸出物体表面的逸出功 A_0,另一部分变成逸出电子的动能 $\frac{1}{2}mv_0^2$,根据能量守恒定律

$$h\nu = \frac{1}{2}mv_0^2 + A_0 \tag{8-2}$$

式中,m 为电子质量;v_0 为逸出电子的初速度。

式(8-2)称为爱因斯坦(Einstein)光电效应方程,它描述了外光电效应的基本规律:

(1) 光电子能否产生,取决于入射光子能量是否大于该物体的逸出功 A_0。不同的物质具有不同的逸出功,这意味着每一种物体都具有一个对应的光频阈值,称为红限频率 ν_0。当入射光线频率低于红限频率时,光子的能量不足以使物体内的电子逸出,因而小于红限频率的入射光,光强再大也不会产生光电子发射;反之,入射光频率高于红限频率时,即使光线微弱,也会有光电子发射出来。与红限频率对应的波长为

$$\lambda_0 = \frac{hc}{A_0} \tag{8-3}$$

该波长称为红限波长。

（2）当入射光的频谱成分不变时,产生的光电流与光强成正比。即光强越强,意味着入射光子的数目越多,逸出的光电子数也就越多。

（3）光电子逸出物体表面具有初始动能 $E_k = \frac{1}{2}mv_0^2$,因此外光电器件(如光电管)即使没有加阳极电压,也会有光电流产生。为了使光电流为零,必须加负的截止电压,而截止电压与入射光的频率成正比。

8.1.2　内光电效应

当光照射在物体上,使物体的电阻率发生变化,或产生光生电动势的现象称为内光电效应。内光电效应又分为光电导效应和光生伏特效应两类。

8.1.2.1　光电导效应

在光线作用下,电子吸收光子能量从键合状态过渡到自由状态,而引起材料电阻率的变化,这种现象称为光电导效应。基于这种效应的光电器件有光敏电阻。

当光照射到光电导体上时,若这种光电导体为本征半导体材料,而且光辐射能量又足够强,光电导材料价带上的电子将被激发到导带上去,从而使导带的电子和价带的空穴增加,致使光电导体的电导率增大。光线越强,阻值越低。为了实现能级的跃迁,入射光子的能量 $h\nu$ 必须大于光导电材料的禁带宽度 E_g,由此入射光能导出光电导效应的临界波长 λ_0 为

$$\lambda_0 = \frac{hc}{E_g} \tag{8-4}$$

8.1.2.2　光生伏特效应

在光线作用下能够使物体产生一定方向电动势的现象叫光生伏特效应。基于该效应的光电器件有光电池和光敏晶体管。

1. 势垒效应(结光电效应)

接触的半导体和 PN 结中,当光线照射其接触区域时,便引起光电动势,这就是结光电效应。以 PN 结为例,光线照射 PN 结时,设光子能量大于禁带宽度 E_g,使价带中的电子跃迁到导带,而产生电子-空穴对,在阻挡层内电场的作用下,被光激发的电子移向 N 区外侧,被光激发的空穴移向 P 区外侧,从而使 P 区带正电,N 区带负电,形成光电动势。

2. 侧向光电效应

当半导体光电器件受光照不均匀时,由载流子浓度梯度将会产生侧向光电效应。当光照部分吸收入射光子的能量产生电子-空穴对时,光照部分载流子浓度比未受光照部分的载流子浓度大,就出现载流子浓度梯度,因而载流子要扩散。如果电子迁移率比空穴大,那么空穴的扩散不明显,则电子向未被光照部分扩散,就造成光照射部分带正电,未被光照射部分带负电,光照部分与未被光照部分间产生电动势。

8.2　光　电　器　件

8.2.1　光电管

8.2.1.1　光电管的结构和工作原理

光电管有真空光电管和充气光电管两类,两者结构相似,如图 8-1 所示。真空光电管是一

个真空玻璃泡内装有两个电极:光电阴极和阳极。光电阴极有的是贴附在玻璃泡内壁,其上涂光电发射材料,有的是将光电发射材料涂在半圆筒形的金属片上,阴极对光敏感的一面是向内的。单根金属丝或环状阳极安装在玻璃管的中央。当阴极受到适当波长的光线照射时发射光电子,中央带正电位的阳极吸引从阴极上逸出的电子,这样在光电管内就有电子流,在外电路中便产生电流 I。

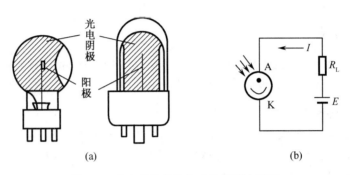

图 8-1　光电管的结构和工作原理电路图

充气光电管是在玻璃泡内充以少量的惰性气体,如氩或氖,当光电阴极被光照射而发射电子时,光电子在趋向阳极途中将撞击惰性气体的原子,使其电离,从而光电流急速增加,提高了光电管的灵敏度;但其灵敏度随电压显著变化的稳定性、频率特性等都比真空光电管差,且受温度影响大、容易衰老等。所以在测试中一般选择真空光电管。

8.2.1.2　光电管的特性

1. 伏安特性

当入射光的频谱及光通量一定时,阳极电压与阳极电流之间的关系称为伏安特性。图 8-2(a)、(b)分别为真空光电管和充气光电管的伏安特性。当阳极电压比较低时,阴极所发射的电子只有一部分到达阳极,其余部分受光电子在真空中运动时所形成的负电场作用,回到光电阴极。随着阳极电压的增高,光电流随之增大。当阴极发射的电子能全部到达阳极时,阳极电流便很稳定,称为饱和状态。

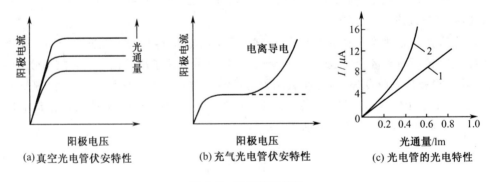

(a) 真空光电管伏安特性　　(b) 充气光电管伏安特性　　(c) 光电管的光电特性

图 8-2　光电管的特性

2. 光电特性

光电特性表示当光电管阳极与阴极间所加电压和入射光频谱一定时,阳极电流 I 与入射光在光电阴极上的光通量 ϕ 之间的关系。在阳极电压足够大,使光电管工作在饱和电流状态下,光电管正常的光电特性是条直线,如图 8-2(c)所示。用金属作阴极基底的光电管如银氧铯阴极的光电特性线性度好(曲线 1);对于玻璃壳上覆盖锑铯阴极的光电管,当入射光太强时,会出现非线性(曲线 2)。光电特性曲线的斜率(单位光通量下所产生的饱和光电流)称为光电管的(光电)灵敏度,单位为 A/lm。这是一个简称,全称应为(光电)积分灵敏度。因为测量时用的辐射光源通常不是单色光,其光谱有一定的分布,该光源照射在光电器件上引起的光电流是各种波长光波作用的综合结果,所以称为积分灵敏度。这将产生一个问题,同一个光电器件,由于光源不同,测得的光电特性或光电灵敏度不同。所以光电器件说明书上给出的积分灵敏度都是根据标准辐射源来测定的。随着光电器件类型的不同,所用的标准辐射源也不同。光电灵敏度是应用光电传感器的一个重要特性参数。

3. 光谱特性

一般对于光电阴极材料不同的光电管,它们具有不同的红限频率 ν_0,因此它们可用于不同的光谱范围。除此之外,即使照射在阴极上的入射光的频率高于红限频率 ν_0,并且强度相同,随着入射光频率的不同,阴极发射的光电子数量还会不同。即同一光电管对于不同频率的光的灵敏度不同,这就是光电管的光谱特性。所以,对各种不同波长区域的光,应选用不同材料的光电阴极。国产 GD-4 型光电管,阴极是用锑铯(Cs_3Sb)材料制成的,其红限波长 $\lambda_0 = 0.7\mu m$,它对可见光范围的入射光灵敏度比较高,转换效率可达 25%～30%。这种光电管适用于白光光源,因而被广泛地应用于各种光电式自动检测仪表中。对于红外光,常选用银氧铯(Ag-O-Cs)阴极,构成红外探测器,其红限波长 $\lambda_0 = 1.2\mu m$,在近红外区(0.75～$0.80\mu m$)的灵敏度有个极大值;它是所有光电阴极中灵敏度最低的一种,但它对红外线较灵敏,这是其独特优点。对紫外光源,常用锑铯阴极和镁镉阴极。另外,锑钾钠铯阴极的光谱范围较宽(0.3～$0.85\mu m$),灵敏度也较高,与人眼的视觉光谱特性很接近,是一种新型的光电阴极;但也有些光电管的光谱特性与人的视觉光谱特性有很大差异,因而在测量和控制技术中这些光电管可以担负人眼所不能胜任的工作,如坦克和装甲车上的夜视镜等。

光谱特性用量子效率表示。高于红限的入射光照射在物体上,通常不是每个光子都能激发出一个光电子来,往往只有接近物体表面的那些电子才有更多机会逸出物体表面。对一定波长入射光的光子射到物体表面上,该表面所发射的光电子平均数,通常用百分数来表示,称为量子效率。它直接反映了在该波长的光照下,该物体光电效应的灵敏度。

8.2.2 光电倍增管

在入射光很微弱时,一般光电管能产生的光电流很小,难于检测,在这种情况下,即使光电流能被放大,但噪声也与信号同时被放大了,为了克服这个缺点,采用光电倍增管对光电流进行放大。

8.2.2.1 光电倍增管的结构和工作原理

图 8-3 为光电倍增管原理图,它由光电阴极,若干倍增极和阳极三部分组成。光电阴极由半导体光电材料锑铯制成。倍增极是在镍或铜-铍的衬底上涂上锑铯材料而形成的。倍增极一般为 11～14 级,多的可达 30 级。阳极收集电子,在外电路形成电流输出。

光电倍增管工作时,各个倍增极和阳极均加上电压,阴极 K 电位最低,从阴极开始,各个倍增极 D_1、D_2、D_3……电位依次升高,阳极 A 电位最高。

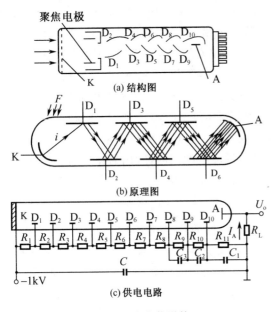

图 8-3 光电倍增管

入射光在光电阴极上激发出光电子,由于各极间有电场存在,所以阴极激发出的光电子被加速后轰击第一倍增极,第一倍增极受到一定能量的电子轰击后,能放出更多的电子,称为"二次电子"。光电倍增极具有这样的特性:在受到一定能量的电子轰击后,能产生电子发射现象,称为二次电子发射,二次电子发射数量的多少,与倍增极材料性质、表面状况、入射的一次电子能量和入射角等因素有关。光电倍增管的倍增极的几何形状设计成每个极都能接受前一极的二次电子,而在各个倍增极上顺序加上越来越高的正电压。这样如果在光电阴极上由于入射光的作用发射出一个光电子,这个电子被第一倍增极的正电压所加速而轰击第一倍增极,设第一倍增极有 σ 个二次电子发出,这 σ 个电子又被第二倍增极加速后轰击第二倍增极,而产生的二次电子又增加 σ 倍,由此经过 n 个倍增极后,原先的一个光电子将变为 σ^n 个电子,这些电子最后被阳极所收集而在外电路形成电流。构成倍增极的材料的 $\sigma = 3 \sim 6$,设 $\sigma = 4$,在 $n = 10$ 时,则放大倍数为 $\sigma^n = 4^{10} \approx 10^6$,可见光电倍增管的放大倍数是很高的。

光电倍增管常用的供电电路如图 8-3(c)所示,各倍增极的电压由分压电阻 R_1、R_2、R_3……上获得,总的外加电压一般为 $700 \sim 3000\text{V}$,相邻倍增电极间电压为 $50 \sim 100\text{V}$。通常电源正极接地,由管的阳极输出电压 U_o。

8.2.2.2 光电倍增管的主要参数

1. 倍增系数 M

倍增系数 M 等于各倍增电极的二次电子发射系数 σ_i 的乘积。如果 n 个倍增电极的 σ_i 都一样($\sigma_i = \sigma$),则 $M = \sigma^n$,因此,阳极电流 I 为

$$I = i\sigma^n \tag{8-5}$$

式中,i 为光电阴极的光电流。

光电倍增管的电流放大倍数 β 为

$$\beta = \frac{I}{i} = \sigma^n \tag{8-6}$$

M 与所加电压有关,一般 M 在 $10^5 \sim 10^8$ 之间。如果电压有波动,倍增系数也要波动,因此,M 具有一定的统计涨落。对所加电压越稳越好,这样可以减小统计涨落,从而减小测量误差。

2. 光电阴极灵敏度和光电倍增管总灵敏度

一个光子在阴极上能够打出的平均电子数称为光电阴极的灵敏度。而一个光子在阳极上产生的平均电子数称为光电倍增管的总灵敏度。

光电倍增管的实际放大倍数或灵敏度如图 8-4 所示。它的最大灵敏度可达 10A/lm,极间电压越高,灵敏度越高;但极间电压也不能太高,太高会使阳极电流不稳。

另外,由于光电倍增管的灵敏度很高,所以不能受强光照射,否则将会损坏。

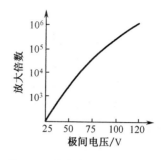

图 8-4　光电倍增管特性曲线

3. 暗电流和本底脉冲

一般在使用光电倍增管时,必须在暗室里进行,使其只对入射光起作用,但是由于环境温度、热辐射和其他因素的影响,即使没有光信号输入,加上电压后阳极仍有电流,这种电流称为暗电流。这种暗电流通常可以用补偿电路加以消除。

光电倍增管的阴极前面放一块闪烁体,就构成闪烁计数器。在闪烁体受到人眼看不见的宇宙射线的照射后,光电倍增管就会有电流信号输出,这种电流称为闪烁计数器的暗电流,一般把它称为本底脉冲。

4. 光电倍增管的光谱特性

光电倍增管的光谱特性与相同材料阴极的光电管的光谱特性相似。

8.2.3　光敏电阻

8.2.3.1　光敏电阻的结构和工作原理

光敏电阻又称光导管,是一种均质半导体器件。光敏电阻结构很简单,图 8-5(a)所示为金属封装的硫化镉(CdS)光敏电阻结构图。管芯是一块安装在绝缘衬底上的带有两个欧姆接触电极的光电导体。光电导体吸收光子而产生的内光电效应,只限于光照的表面薄层,虽然产生的载流子也有少数扩散到内部去,但扩散深度有限,因此光电导体一般都做成薄层。为了获得较高的灵敏度,光敏电阻的电极一般采用梳状(见图 8-5(b)),它是在一定的掩膜下向光电导薄膜上蒸镀金或铟等金属形成的。这种梳状电极,由于在间距很近的电极之间有可能采用大的极板面积,所以提高了光敏电阻的灵敏度。

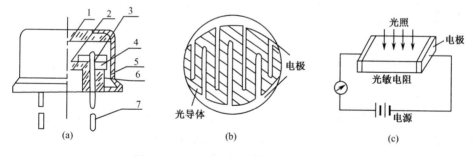

图 8-5　CdS 光敏电阻结构和工作原理图

1—玻璃;2—光电导层;3—电极;4—绝缘衬底;5—金属壳;6—黑色绝缘玻璃;7—引线

光敏电阻的光导材料怕潮湿而将影响其灵敏度,因此要将光电导体严密地封装在带有玻璃的壳体中。

光敏电阻具有很高的灵敏度,很好的光谱特性,光谱响应可从紫外区一直到红外区范围内;而且体积小,重量轻,性能稳定,价格便宜等,因而在自动化技术中得到广泛应用。

光敏电阻没有极性,纯粹是一个电阻器件,使用时可加直流偏压,也可加交流电压,工作原理电路如图 8-5(c)所示。当无光照时,光敏电阻的阻值(暗电阻)很大,电路中电流很小;当光敏电阻受到适当波长范围内的光照射时,其阻值(亮电阻)急剧减小,因此电路中电流迅速增加。

8.2.3.2 光敏电阻的主要特性参数

1. 暗电阻、亮电阻和光电流

光敏电阻在室温条件下，全暗后经过一定时间测量的电阻值，称为暗电阻（>1MΩ）。此时流过的电流，称为暗电流。

光敏电阻在某一光照下的阻值，称为该光照下的亮电阻（<1kΩ），此时流过的电流称为亮电流。

亮电流与暗电流之差，称为光电流。

光敏电阻的暗电阻越大，而亮电阻越小，则性能越好。也就是说，暗电流要小，光电流要大，这样的光敏电阻的灵敏度就高。实际上光敏电阻的暗电阻往往超过 1MΩ，甚至高达 100MΩ，而亮电阻即使在正常白昼条件下也可降到 1kΩ 以下，因此光敏电阻的灵敏度是相当高的。

2. 伏安特性

伏安特性是指在一定照度下，光敏电阻两端所加的电压与光电流之间的关系。图 8-6 是 CdS 光敏电阻的伏安特性曲线。由图可知，光敏电阻是一个线性电阻，服从欧姆定律，但不同照度下，曲线斜率不同，表明光敏电阻的阻值随光照度而变。同一般电阻一样，光敏电阻两端电压有个限制，电压过高会失去线性关系；此外，光敏电阻也有最大额定功率（耗散功率）的限制。超过最高工作电压和最大工作电流都能导致光敏电阻永久性的破坏。

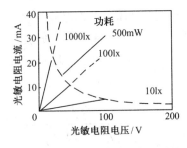

图 8-6　CdS 光敏电阻的伏安特性

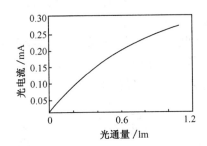

图 8-7　光敏电阻的光照特性

3. 光照特性

在一定的偏压下，光敏电阻的光电流与照射光强之间的关系，称为光敏电阻的光照特性。不同类型的光敏电阻具有不同的光照特性，但大多数光敏电阻的光照特性类似于图 8-7 所示 CdS 光敏电阻光照特性曲线形状。光敏电阻的光照特性呈非线性，因此它不宜作为测量元件，一般在自动控制系统中常用作开关式光电信号传感元件。

4. 光谱特性

光敏电阻对不同波长的光，其灵敏度是不同的，图 8-8 为硫化镉、硫化铅、硫化铊光敏电阻的光谱特性曲线。从图中可以看出，硫化镉光敏电阻的光谱响应峰值在可见光区，而硫化铅的峰值在远红外区域。因此，在选用光敏电阻时，应该根据光源来考虑，这样才能获得较好的效果。

5. 响应时间和频率特性

光敏电阻受到脉冲光照射时，光电流并不立刻上升到稳态值；而光照去掉后，光电流也并不立刻从稳态值下降到暗电流值。这表明光敏电阻中光电流的变化对于光照的变化，具有一定的惯性,即在时间上有一个滞后,这就是光电导的弛豫现象,通常用响应时间表示。响应时间又分为上升时间 t_1 和下降时间 t_2,如图 8-9 所示。

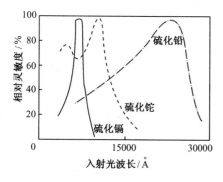

图 8-8　光敏电阻的光谱特性曲线

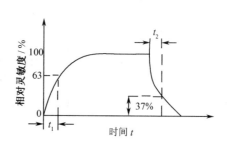

图 8-9　光敏电阻的时间响应曲线

上升和下降时间是表征光敏电阻性能的重要参数之一。上升和下降时间短,表示光敏电阻的惰性小,对光信号响应快,频率特性好(这里所说的频率,不是入射光的频率,而是指入射光强度变化的频率)。一般光敏电阻的响应时间都较长(几十至几百毫秒)。光敏电阻的响应时间除了与元件的材料有关外,还与光照的强弱有关,光照越强,响应时间越短。

由于不同材料的光敏电阻具有不同的响应时间,所以它们的频率特性也就不同,图 8-10 示出两种光敏电阻的频率特性曲线。硫化铊光敏电阻的灵敏度在 100Hz 时已经比恒定光通量下的灵敏度下降了 $1/2 \sim 1/3$。硫化铅光敏电阻的灵敏度一直到 5000Hz 几乎不变,频率特性较好些。

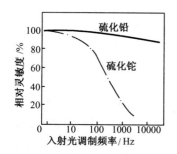

图 8-10　光敏电阻的频率特性

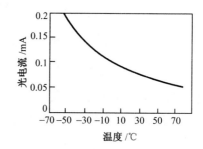

图 8-11　CdS 光敏电阻的温度
特性曲线(光照一定)

6. 温度特性

光敏电阻与其他半导体器件一样,它的特性受温度影响较大。当温度升高时,它的暗电阻变小,其灵敏度下降。图 8-11 为 CdS 光敏电阻在光照一定时的温度特性曲线。

光敏电阻的温度特性仍用温度系数 α 来表示。温度系数定义为:在一定光照下,温度每升高 1℃,光敏电阻阻值的平均变化率,即

$$\alpha = \frac{R_2 - R_1}{(T_2 - T_1)R_2} \times 100\% / ℃ \tag{8-7}$$

式中,R_1 为在一定光照下,温度为 T_1 时的阻值;R_2 为在一定光照下,温度为 T_2 时的阻值。

显然,光敏电阻的温度系数 α 越小越好,但不同材料的光敏电阻,温度系数是不同的。

温度不仅影响光敏电阻的灵敏度,同时对光谱特性也有很大影响,它使光谱特性向短波方

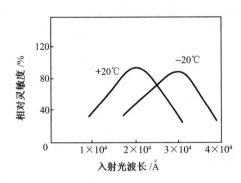

图 8-12 PbS 光敏电阻的光谱温度特性

向移动,如图 8-12 所示。因此,采取降温措施,可以提高光敏电阻对长波的响应。

7. 稳定性

制成的光敏电阻,由于其内部组织的不稳定性及其他原因,其特性是不稳定的。在人为地加温、光照和加负载情况下,经过一至两个星期的老化,其性能可逐渐趋向稳定。达到稳定状态后,其性能基本保持不变,这是光敏电阻的主要优点。而且,光敏电阻的使用寿命,在密封良好,使用合理的情况下,几乎是无限长的。

8.2.4 光敏晶体管

光敏晶体管(光敏管)主要有光敏二极管和光敏三极管。

8.2.4.1 光敏管的结构和工作原理

光敏二极管的材料和结构与普通半导体二极管类似,它的管芯是一个具有光敏特性的PN结,封装在透明玻璃壳内。PN 结装在管顶部,再上面有一个透镜制成的窗口,以便使入射光集中在 PN 结的敏感面上。光敏二极管在电路中一般处于反向工作状态。如图 8-13 所示。

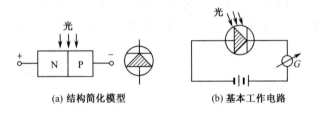

(a) 结构简化模型　　　　(b) 基本工作电路

图 8-13　光敏二极管结构模型和基本工作电路

光敏二极管在电路中处于反向偏置,当无光照射时,反向电阻很大,与普通二极管一样,电路中仅有很小的反向饱和漏电流,一般为 $10^{-8} \sim 10^{-9}$ A,称为暗电流,此时相当于光敏二极管截止;当有光照射在 PN 结上时,PN 结附近受到光子的轰击,半导体内被束缚的价电子吸收光子能量被激发而产生光生电子-空穴对,使少数载流子浓度大大增加,因此通过PN 结的反向电流也随着增加,形成光电流,这相当于光敏二极管导通。如果入射光照度变化,光生电子-空穴对的浓度也相应变化,通过外电路的光电流强度也随之变化。可见光敏二极管具有将光信号转换为电信号输出的功能,即光电转换功能,故光敏二极管又称为光电二极管。

光敏三极管与光敏二极管的结构相似,内部具有两个PN结,通常只有两个引出极,如图 8-14 所示。光敏三极管可以看成普通三极管的集电结用光敏二极管替代的结果。

将光敏三极管接在图 8-14(b)电路中,其中电源极性的接法与普通三极管相同。这时管基极开路,集电结反偏,发射结正偏。当无光照时,管集电结因反偏,集电极与基极间有反向饱和电流 I_{cb0},该电流流入发射结放大,使集电极与发射极之间有穿透电流 $I_{ce0} = (1+\beta)I_{cb0}$,此即光敏三极管的暗电流。当有光照射光敏三极管集电结附近的基区时,与光敏二极管受光照一样,产生光生电子-空穴对,使集电结反向饱和电流大大增加,此即光敏三极管集电结的光电流。该电流流入发射结进行放大成为集电极与发射极间电流，即为光敏三极管的光电流，对照普通三极管来说，就是光敏三极管的穿透电流。由此看出，光敏三极管是利用类似普通三极管的放大作用，将光敏二极管的光电流放大了$(1+\beta)$倍，所以它比光敏二极管具有更高的灵敏度。也正因为光敏三极管中对光敏感的部分是光敏二极管，所以它们的特性也基本

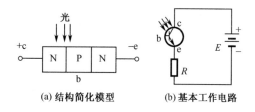

图 8-14　NPN 型光敏三极管结构模型和基本工作电路

一样，只是反应程度(反应量)差$(1+\beta)$倍。以下就一起介绍它们的基本特性。

8.2.4.2　光敏管的基本特性

1. 光谱特性

光敏管(含光敏二极管、三极管，以下同)在恒定电压作用和恒光通量照射下，光电流(用相

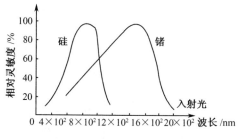

图 8-15　硅和锗光敏管的光谱特性

对值或相对灵敏度)与入射光波长的关系，称为光敏管的光谱特性，如图 8-15 所示。从图中可以看出，硅光敏管的光谱响应波段为 400～1300nm 范围，峰值响应波长约为 900nm；锗光敏管的光谱响应波段为 500～1800nm，峰值波长约为 1500nm。光敏管的光谱特性在光敏管的应用设计中有重要意义，应根据光谱特性选择光敏器件和光源。一种是根据被测光的光谱，选择光谱合适的光敏器件；另一种是光敏器件的光谱特性与光源相配合，提高光电传感器的灵敏度和效率。实际中，在可见光或探测炽热状态物体时，一般都用硅管；但在红外光进行探测时，则锗管较为适宜。

2. 伏安特性

光敏管在一定光照下，其端电压与器件中光电流的关系，称为光敏管的伏安特性。图 8-16 为硅光敏管在不同照度下的伏安特性曲线。从图中可见，光敏三极管的光电流比相同管型的光敏二极管的光电流大上百倍。此外，在零偏压时，二极管仍有光电流输出，而三极管则没有。

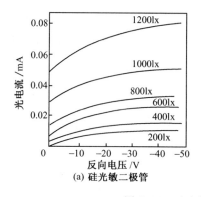

(a) 硅光敏二极管

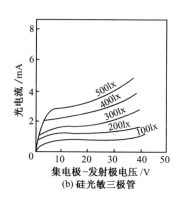

(b) 硅光敏三极管

图 8-16　硅光敏管的伏安特性

3. 光照特性

光敏管在端电压一定的条件下,其光电流与光照度的关系,称为光敏管的光照特性。图 8-17 为硅光敏管的光照特性曲线。由图看出,光敏二极管的光照特性的线性较好,适合作检测元件;光敏三极管在照度小时,光电流随照度增加较小,而在大电流(光照度为几千 lx)时有饱和现象(图中未画出),这是由于三极管的电流放大倍数在小电流和大电流时都要下降的缘故,光敏三极管不利于弱光和强光的检测。

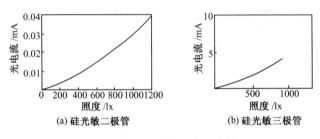

(a) 硅光敏二极管　　(b) 硅光敏三极管

图 8-17　硅光敏管的光照特性

4. 温度特性

光敏管的温度特性是指在端电压和光照度一定的条件下,其暗电流及光电流与温度的关系,如图 8-18 所示。从特性曲线可以看出,温度变化对光电流影响很小,而对暗电流影响却很大。

5. 频率响应

光敏管的频率响应是指具有一定频率的调制光照射光敏管时,光敏管输出的光电流(或负载上的电压)随调制频率的变化关系。光敏管的频率响应与其自身的物理结构、工作状态、负载以及入射光波长等因素有关。图 8-19 为硅光敏三极管的频率响应曲线。对于锗管,入射光的调制频率要求在 5000Hz 以下,硅管的频率响应要比锗管好些。实验证明,光敏三极管的截止频率和它的基区厚度成反比关系,要截止频率高,基区就要薄,但这会使其光电灵敏度下降。

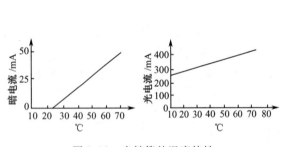

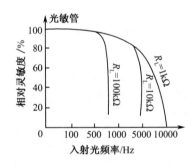

图 8-18　光敏管的温度特性　　　　图 8-19　硅光敏管的频率响应曲线

8.2.5　光电池

光电池是利用光生伏特效应把光能直接转变成电能的器件,在有光照情况下就是一个电源。由于它广泛应用于把太阳能直接变为电能,因此又称为太阳能电池。光电池的种类很多,以其半导体材料加以区别,如硒光电池、锗光电池、硅光电池、氧化亚铜光电池、砷化镓光电池、磷化镓光电池等。其中应用最广、最受重视的是硅光电池,因为它具有稳定性好、光谱响应范围宽、频率特性好,换能效率高、耐高温辐射和价格便宜等一系列优点。砷化镓光电池的理论换能效率比硅光电池稍高一点,光谱响应特性则与太阳光谱最吻合,而且,工作温度最高,更耐受宇宙射线的辐射,因此,它在宇航电源方面的应用是最有发展前途的。

8.2.5.1 光电池的结构和工作原理

常用硅光电池的结构如图 8-20(a) 所示,制造方法是:在电阻率约为 0.1~1 Ω·cm 的 N 型硅片上,扩散硼形成 P 型透光层;然后,分别用电极引线把 P 型和 N 型层引出,形成正、负电极。如果在两电极间接上负载电阻 R_L,则受光照时就会有电流流过。为了提高效率,防止表面反射光,在器件的受光面上要进行氧化,以形成 SiO_2 保护膜,此外,向 P 型硅片扩散 N 型杂质,也可制成硅光电池。

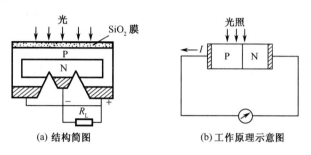

图 8-20 硅光电池

光电池是一种直接将光能转换为电能的光电器件,它是一个大面积的 PN 结。当光照射到 PN 结上时,便在 PN 结的两端产生电动势(P 区为正,N 区为负)。如果在 PN 结两端电极间接上内阻足够高的电压表,就可发现 P 区端和 N 区端之间存在着电势差。如果将电流表接在两电极间,电流表中就有电流流过。

为什么 PN 结会产生光生伏特效应呢?我们知道,当 N 型半导体和 P 型半导体结合在一起构成一块晶体时,由于热运动,N 区中的电子就向 P 区扩散,而 P 区中的空穴则向 N 区扩散,结果在 P 区靠近交界处聚集较多的电子,而在 N 区的交界处聚集较多的空穴,于是在过渡区形成一个电场。电场的方向是由 N 区指向 P 区,这个电场阻止电子进一步由 N 区向 P 区扩散和空穴进一步由 P 区向 N 区扩散,但是却能推动 N 区中的空穴(少数载流子)和 P 区中的电子(也是少数载流子)分别向对方运动。当光照到 PN 结上时,如果光子能量足够大,就将在 PN 结区附近激发电子-空穴对,在 PN 结电场作用下,N 区的光生空穴被拉向 P 区,P 区的光生电子被拉向 N 区,结果就在 N 区聚集了负电荷,带负电;P 区聚集了空穴,带正电。这样,N 区和 P 区之间就出现了电位差。用导体将 PN 结两端连接起来,电路中就有电流流过,电流的方向由 P 区流经外电路至 N 区;若将电路断开,就可测出光生电动势。

8.2.5.2 基本特性

1. 光谱特性

光电池对不同波长的光,灵敏度是不同的。图 8-21 为硅光电池和硒光电池的光谱特性曲线,由图可知,不同材料的光电池,光谱响应峰值所对应的入射光波长是不同的,硅光电池的光谱响应峰值在 800nm 附近,光谱响应范围为 400~1200nm;硒光电池的光谱响应峰值在 500nm 附近,光谱响应范围为 380~750nm。可见硅光电池可以在很宽的波长范围内得到应用。

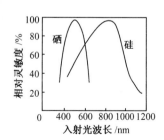

图 8-21 光电池的光谱特性

2. 光照特性

光电池在不同照度下,光电流和光生电动势是不同的。图 8-22 为硅光电池的开路电压和短路电流与光照的关系曲线。由图可见,短路电流在很大范围内与光照度呈线性关系;开路电压(负载电阻 R_L 趋于无限大时)与光照度的关系是非线性的,而且在光照 2000lx 时就趋向饱和了。因此,光电池作为测量元件使用时,应把它当作电流源的形式来使用,利用短路电流与光照度呈线性关系的优点,而不要把它当作电压源使用。

光电池的短路电流是指外接负载电阻相对于它的内阻来说很小时的电流值,从实验可知,负载越小,光电流与照度之间的线性关系越好,而且线性范围越宽,见图 8-23。实验证明,当负载电阻为 100Ω 时,照度从 0～1000lx 范围内变化时,光照特性还是比较好的,而负载电阻超过 200Ω 以上,其线性逐渐变差。

光电池的开路电压与光电池的材料有关,硅光电池一般为 0.5V 左右;光电池的短路电流与其 PN 结的面积有关,面积越大,短路电流越大。

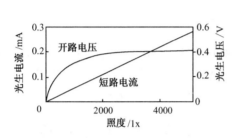

图 8-22　硅光电池的开路电压
和短路电流与照度关系

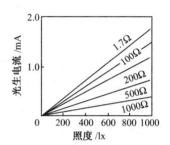

图 8-23　硅光电池在不同
负载下的光照特性

3. 频率特性

光电池作为测量、计算、接收器件时,常用调制光作为输入。光电池的频率特性就是指输出电流随调制光频率变化的关系,图 8-24 为光电池的频率响应曲线。由图可见,硅光电池具有较高的响应频率,而硒光电池则较差。因此,在高速计数的光电转换中一般采用硅光电池。

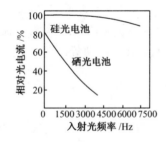

图 8-24　光电池的频率特性

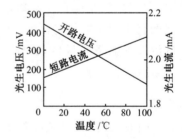

图 8-25　硅光电池的温
度特性(照度 1000lx)

4. 温度特性

光电池的温度特性是指开路电压和短路电流,随温度变化的关系,由于它关系到应用光电池的测控仪器设备的温度漂移,影响到测量精度或控制精度等重要指标,因此,温度特性也是光电池的重要特性之一。

图 8-25 为硅光电池在 1000lx 照度下的温度特性曲线。由图可知,开路电压随温度上升

而下降很快,当温度上升 1℃时,开路电压约降低了 3mV,这个变化是比较大的,但短路电流随温度的变化却是缓慢增加的,温度每升高 1℃,短路电流只增加 $2×10^{-6}$A。由于温度对光电池的工作有很大影响,因此当它作为测量器件应用时,最好能保证温度恒定或采用温度补偿措施。

5. 稳定性

当光电池密封良好、电极引线可靠、应用合理时,光电池的性能是相当稳定的。使用寿命很长。硅光电池的性能比硒光电池更稳定。光电池的性能和寿命除了与光电池的材料和制造工艺有关外,在很大程度上还与使用环境条件有密切关系。如在高温和强光照射下,会使光电池的性能变坏,而且降低使用寿命,这在使用中应特别注意。

8.2.6 光控晶闸管

光控晶闸管是利用光信号控制电路通断的开关元件,是位式作用性质,故在此不用"光敏"二字而用"光控"比较合适。

晶闸管是三端四层结构,光控晶闸管的特点在于控制极 G 上不一定由电信号触发,可以由光照起触发作用。经过触发之后,A、K 间处于导通状态,直至电压下降或交流过零时关断。其结构示意图如图 8-26(a) 所示。在四层结构中共有三个 PN 结,图中用 J_1、J_2、J_3 表示。若入射光照射在 J_2 附近的光敏区上,产生的光电流通过 J_2,当光电流大于某一阈值时,晶闸管便由断开状态迅速变为导通状态。

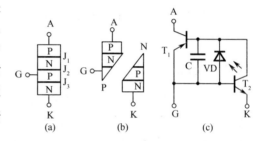

图 8-26 光控晶闸管及其等效电路

四层结构可视为两个三极管,其中一个为 PNP 型,另一个为 NPN 型,如图 8-26(b) 所示。进一步考虑光敏区的作用,又可画成图 8-26(c) 所示的等效电路。无光照时,光敏二极管 VD 无光电流,三极管 T_2 的基极电流仅仅是 T_1 的反向饱和电流,在正常的外加电压下处于关断状态。

一旦有光照射,光电流将作为 T_2 的基极电流。如果 T_1、T_2 的放大倍数分别为 β_1、β_2,则 T_2 的集电极得到的电流是光电流 I_P 的 β_2 倍,即 $\beta_2 I_P$。此电流实际上又是 T_1 的基极电流,因而在 T_1 的集电极上又将产生一个 $\beta_1 \beta_2 I_P$ 的电流,这一电流又成为 T_2 的基极电流。这样,循环反复,产生强烈的正反馈,整个器件就变为导通状态。

如果在 G 和 K 之间接一个电阻,必将分去一部分光敏二极管产生的光电流,这时要使晶闸管导通就必须施加更强的光照。可见,用这种方法可以调整器件的触发灵敏度。

光控晶闸管的伏安特性如图 8-27 所示,图 8-27(a) 表示单向晶闸管;图 8-27(b) 表示双向晶闸管。图中 E_0、E_1、E_2 代表依次增大的照度。曲线 0~1 段为高阻状态,表示器件尚未导通;1~2 代表由关断到导通的过渡状态;2~3 为导通状态。随着光照的加强,由断到通的转折电压变小。

在光控晶闸管出现以前,往往要用光电耦合器件或各种光敏元件和普通晶闸管组成光控无触点开关,而光控晶闸管问世以后,这类无触点开关的实际应用更为方便。它和发光二极管配合可构成固态继电器,体积小、无火花、寿命长、动作快,并且有良好的电路隔离作用,在自动化领域得到广泛应用。

光电器件的主要参数可查阅相关技术手册或产品说明书。

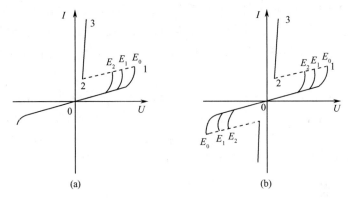

图 8-27　光控晶闸管伏安特性

8.3　光源及光学元件

要使光电式传感器很好地工作,除了合理选用光电转换器件外,还必须配备合适的光源和光学元件。

8.3.1　光源

从前面介绍的各种光电器件的特性来看,它们的工作状况与光源的特性有着密切关系。光源在光电传感器中是不可缺少的组成部分,它直接影响到检测的效果和质量。下面简单介绍光电传感器中几种常用的光源(除自然光外)。

1. 白炽灯

白炽灯是根据热辐射原理制成的。通常它是靠电能将灯丝加热至白炽而发光。一般白炽灯的辐射光谱是连续的,除可见光外同时还辐射大量的红外线和少量的紫外线。

白炽灯的灯丝多采用钨丝,钨丝具有正的电阻特性,钨丝白炽灯在工作时的灯丝电阻(热电阻)远大于冷态(20℃)时的电阻(冷电阻),通常相差 12～16 倍。因此,在灯启动瞬间有较大的电流通过。为了防止过电流损坏白炽灯,可以采用灯丝预热措施,或采用恒流源供电。

白炽灯的寿命 τ、光通量 ϕ、光效率 η 和加在灯丝上的电压 U、电流 I 等参数有关。当电源电压 U 升高时,就会导致灯的工作电流 I 和功率 P 增大,灯丝的工作温度升高。从而使发光效率 η 和光通量 ϕ 增加,但是使灯丝的寿命 τ 缩短。若灯丝电压比额定值低 10%,光通量减少 30%,寿命则增加 3 倍;反之,电压比额定值高 10%,光通量增加 40%,寿命将缩短至正常寿命的 30%。可见,在可能情况下宜采用较低灯丝电压,这对延长灯的使用寿命极为有利。

一般说来,普通钨丝白炽灯相当于温度 2700～2900K 的黑体辐射,这一范围在近红外区。但由于它的光谱是连续的,在可见光及紫外波段也有相当强的辐射,所以任何光敏元件都能和它配合接收到光信号。也就是说,这种光源虽然寿命不够长而且发热大、效率低、动态特性差,但对接收用的光敏元件的光谱特性要求不高,是可取之处。

在普通白炽灯基础上制作的光源有溴钨灯和碘钨灯,其体积小,光效高,寿命也较长。

2. 发光二极管

发光二极管(light emitting diode,LED),由半导体 PN 结构成、能将电能转换成光能的半导体器件。发光二极管自从 1968 年问世以来,由于它工作电压低(1~3V)、工作电流小(小于 40mA)、响应速度快(一般为 $10^{-6} \sim 10^{-9}$ s),而且体积小、重量轻、坚固耐振、寿命长、与普通光源相比单色性好等优点,因此发展很迅速,被广泛用来作为微型光源和显示器件。

发光二极管的发光机理　在半导体 PN 结中,P 区的空穴由于扩散而移动到 N 区,N 区的电子则扩散到 P 区,由于扩散作用,在 PN 结处形成势垒,从而抑制了空穴和电子的继续扩散。当 PN 结上加有正向电压(P 极为正,N 极为负)时,势垒降低,电子由 N 区注入 P 区,空穴则由 P 区注入 N 区,称为少数载流子注入。注入 P 区的电子和 P 区里的空穴复合,注入 N 区的空穴与 N 区的电子复合,这种复合同时伴随着以光子形式释放出能量,因而在 PN 结有发光现象。

电子和空穴复合,所释放的光子能量 $h\nu$ 也就是 PN 的禁带宽度(即能量间隔)E_g,即

$$E_g = h\nu = hc/\lambda$$

则

$$\lambda = hc/E_g \tag{8-8}$$

式中,h 为普朗克常数,$h = 6.626 \times 10^{-34}$ J·s;c 为光速,$c = 3 \times 10^8$ m/s;λ 为波长。

若可见光波长 λ 近似认为在 700nm 以下,所以按式(8-8)计算,制作发光二极管的材料,其禁带宽度应为

$$E_g \geq hc/\lambda = 1.8\text{eV}$$

普通二极管是用锗或硅制造的,它们的禁带宽度 E_g 分别为 0.67eV 和 1.12eV,显然不能使用。通常用砷化镓和磷化镓两种材料的固溶体,该固溶体写作 $\text{GaAs}_{1-x}\text{P}_x$,$x$ 代表磷化镓的比例,当 $x > 0.35$ 时,便可得到 $E_g \geq 1.8$eV 的材料。磷化镓的成分越多,其外部量子效率越低,所以 x 不能太大,最佳值约为 0.4,即由 GaP40% 和 GaAs60% 构成的固溶体最适合作为发光二极管的基片材料。

发光二极管的颜色(或波长),由其发光机理可知,是由用来作为基片的半导体材料的禁带宽度 E_g 决定的。常用的发光二极管材料及其发光颜色(波长)列于表 8-1 中。

表 8-1　发光二极管的基片材料和发光波长

材　　料	波长/nm	材　　料	波长/nm
ZnS	340	CuSe-ZnSe	400~630
SiC	480	$\text{Zn}_x\text{Cd}_{1-x}\text{Te}$	590~830
GaP	565,680	$\text{GaAs}_{1-x}\text{P}_x$	550~900
GaAs	900	$\text{InP}_x\text{As}_{1-x}$	910~3150
InP	920	$\text{In}_x\text{Ga}_{1-x}\text{As}$	850~1350

发光二极管的伏安特性与普通二极管相似,但随材料禁带宽度的不同,开启(点燃)电压略有差异,图 8-28 为 GaAsP 发光二极管的伏安特性曲线,红色约为 1.7V 开启,绿色约为 2.2V。注意,图中横坐标正负值刻度比例不同。一般而言,发光二极管的反向击穿电压大于 5V,但为了安全起见,使用时反向电压应在 5V 以下。

发光二极管的光谱特性如图 8-29 所示,图中 GaAsP 的曲线有两根,这是因为其材质成分稍有差异而得到不同的峰值波长 λ_p。峰值波长 λ_p 决定发光颜色,峰的宽度(用 $\Delta\lambda$ 描述)决定光的色彩纯度,$\Delta\lambda$ 越小其光色越纯。

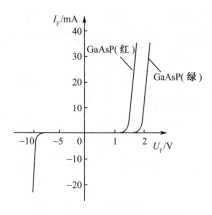

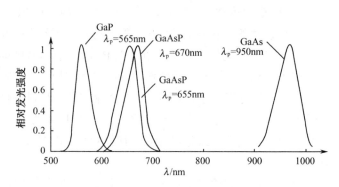

图 8-28　发光二极管的伏安特性　　　　　　图 8-29　发光二极管的光谱特性

各种发光二极管都受温度影响,温度升高其发光强度减小,呈线性关系。因此使用时应注意环境对 PN 结温度的影响。

发光二极管的发光强度和观察角度有关。透明封装体的前端如为平面,则出射光呈发散状,在较大的范围内有比较均匀的发光强度,适合用作指示灯,以便使各处都能发现;若前端有半球形透镜,则对光线有聚光作用,只有正前方发光强度最大,适合于光电耦合或对某个固定目标进行照射。

光电传感器中,选用发光二极管作为光源时,必须选择其光通量,并使它们发光波长与光电接收器件的光谱特性相适应。表 8-2 列出 GaP 红色发光二极管的技术参数。

表 8-2　磷化镓红色发光二极管的技术性能

参数 型号	最大工作 电流/mA	正向压降 /V	反向耐压 /V	反向漏电 /μA	响应时间 /s	光通量 /mlm	外形尺寸 /mm	封装形式
BT101	50	≤1.65	>5	<50	10^{-7}	>1	$\phi3$	环氧陶瓷
BT111	50	≤1.65	>5	<50	10^{-7}	>1	$\phi3$	全塑封
BT$\frac{201}{202}$	100	≤1.65	>5	<50	10^{-7}	>1	$\phi4.5$	红色环氧 透明环氧
BT$\frac{205}{206}$	100	≤1.65	>5	<50	10^{-7}	>1	$\phi5$	红色全塑封 透明全塑封

发光波长 650nm,最大功耗 100mW,使用温度 $-20\sim+80$℃

除以上两种光源外,在特殊情况下还使用气体放电灯和激光器等光源,介绍从略。

8.3.2　光学元件和光路

在光电式传感器中,必须采用一定的光学元件,并按照一些光学定律和原理构成各种各样的光路。常用的光学元件有各种反射镜和透镜。有关光学元件的参数和光学定律、原理可参阅有关书籍。

8.4　光电式传感器的应用

光电式传感器在检测和控制中应用非常广泛。由光通量对光电元件的作用原理不同制成的光学测控系统是多种多样的,按其输出量性质可分为两类:模拟式光电传感器和脉冲(开关)式光电传感器。

8.4.1 模拟式光电传感器

模拟式光电传感器是将被测量转换成连续变化的光电流,它与被测量间呈单值对应关系。一般有下列几种形式:

(1)吸收式。被测物放在光路中,恒光源发出的光能量穿过被测物,部分被吸收后透射光投射到光电元件上,如图 8-30(a)所示。透射光的强度决定于被测物对光的吸收大小,而吸收的光通量与被测物透明度有关,例如常用来测量液体、气体的透明度、混浊度的光电比色计。

(2)反射式。恒光源发出的光投射到被测物上,再从被测物体表面反射后投射到光电元件上,如图 8-30(b)所示。反射光通量取决于反射表面的性质、状态和与光源间的距离。利用这个原理可制成表面光洁度、粗糙度和位移测试仪等。

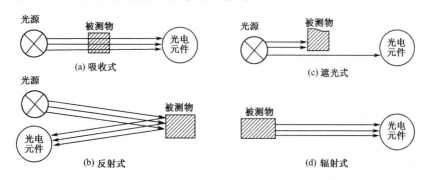

图 8-30　光电元件的应用方式

(3)遮光式。光源发出的光通量经被测物遮去其中一部分,使投射到光电元件上的光通量改变,改变的程度与被测物在光路中的位置有关,如图 8-30(c)所示。在某些测量尺寸、位置,振动、位移等仪器中,常采用这种光电式传感器。

(4)辐射式。被测物本身就是光辐射源。被测物发射的光通量射向光电元件,如图 8-30(d)所示,也可经过一定的光路后作用到光电元件上。这种形式的光电传感器可用于光电比色高温计中,它的光通量和光谱的强度分布都是被测物温度的函数。

8.4.2 脉冲式光电传感器

脉冲式光电传感器的作用方式是光电元件的输出仅有两种稳定状态:即"通"与"断"的开关状态,所以也称为光电元件的开关应用状态。这种形式的传感器主要用于光电式转速表、光电计数器、光电继电器等。

8.4.3 应用实例

1. 光电式带材跑偏仪

图 8-31 所示为光电式带材跑偏仪原理图。带材跑偏控制装置是用于冷轧带钢生产过程中控制带钢运动途径的一种装置。在冷轧带钢厂的某些工艺线采用连续生产方式,如连续酸洗、连续退火、连续镀锡等,在这些生产线中,带钢在运动过程容易发生走偏,从而使带材的边缘与传送机械发生碰擦,这样会使带材产生卷边和断带,造成废品,同时也会使传送机械损坏。所以在自动生产过程中必须自动检测和控制带材的走偏量,才能使生产线高速正常运行。光电带材跑偏仪就是为检测带材跑偏并提供纠偏控制信号而设计的,它由光电式边缘位置传感器和测量电桥、放大器等组成。

光电式边缘位置传感器由白炽灯光源、光学系统和光电器件(硅光敏三极管)组成。白炽灯 1 发出的光线经双凸透镜 2 会聚,然后由半透膜反射镜 3 反射,使光路折射 90°,经平凸透镜 4 会聚后成平行光束。这光束由带材 5 遮挡一部分,另外部分射到角矩阵反射镜 6,被反射后又经透镜 4、半透膜反射镜 3 和双凸透镜 7 会聚于光敏三极管 8 上。光敏三极管(3DU12)接在测量电桥的一个桥臂上,如图 8-32 所示。

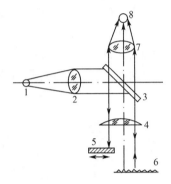

图 8-31　光电式边缘位置传感器原理图

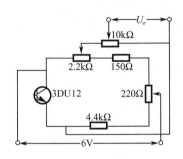

图 8-32　测量电路

　　当带材边缘处于平行光束的中间位置时,电桥处于平衡状态,其输出信号为 0,如图 8-33 所示。当带材向左偏移时,遮光面积减少,角矩阵发射回去的光通量增加,输出电流信号为 $+\Delta I$;当带材向右偏移时,光通量减少,输出信号电流为 $-\Delta I$。这个电流变化信号由放大器放大后,作为控制电流信号,通过执行机构纠正带材的偏移。

　　对于角矩阵反射镜,它是利用直角棱镜的全反射原理,将许多小的直角棱镜拼成的矩阵。采用这种反射器有一个很大的特点,就是能满足在安装精度不太高,使用环境有振动的场合中使用。如果采用平面反射镜是不能满足要求的,因为平面反射镜的入射光与反射光对称,所以只有当入射光与镜面严格垂直时,反射光才能沿入射光线方向返回,这就要有很高的安装精度,调试比较困难。而角矩阵反射器采用直角棱镜全反射原理,反射光线与入射光始终能保持平行,如图 8-34 所示。以单个直角棱镜加以说明,光线 a 是与直角棱镜的平面垂直入射的,反射光线 a′ 与 a 平行;光线 b 与平面不成垂直入射,反射光线 b′ 仍然与 b 平行,这样对一束平行投射光束来说,在其投射的原位置,仍然可以接收到反射光。所以,即使在安装有一定倾角时,还是能接收到反射光线。这种反射镜广泛应用于测距仪中。

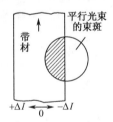

图 8-33　带材跑偏引起光通量变化

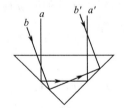

图 8-34　角矩阵反射器原理

2. 光电式转速计

　　光电式转速计是将转速变换成光通量的变化,再经光电元件转换成电量的变化,根据其工作方式又可分为反射型和直射型两类。

　　反射型光电转速计的工作原理如图 8-35(a)所示。金属箔或反射纸带沿被测轴 1 的圆周方向按均匀间隔贴成黑白反射面。光源 3 发射的光线经过透镜 2 成为均匀的平行光,照射到半透膜反射镜 6 上,部分光线被反射,经聚光镜 7 照射到被测轴上,该轴旋转时反射光经聚焦透镜 5 聚焦后,照射在光电元件 4 上产生光电流信号。由于被测轴 1 上有黑白间隔,转动时将获得与转速及黑白间隔数有关的反射光脉冲,使光电元件产生相应的电脉冲。当间隔数一定时,电脉冲数便与转速成正比,电脉冲送至数字测量电路,即可计数显示。

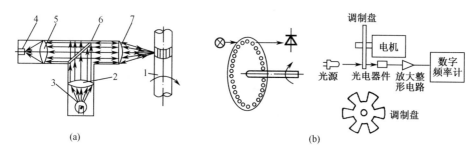

图 8-35 光电转速计

直射型光电转速计的工作原理如图 8-35(b)所示。被测转轴上装有调制盘(带孔或带齿的圆盘),调制盘的一边设置光源,另一边设置光电元件。调制盘随轴转动,当光线通过小孔或齿缝时,光电元件就产生一个电脉冲。转轴连续转动,光电元件就输出一列与转速及调制盘上的孔(或齿)数成正比的电脉冲数。在孔(或齿)数一定时,脉冲数就和转速成正比。电脉冲输入测量电路后经放大整形,再送入频率计计数显示。

如果调制盘上的孔(或齿)数为 Z(反射型转轴上的黑白间隔数为 Z),测量电路计数时间为 T 秒,被测转速为 n(r/min),则此时得到的计数值 N 为

$$N = nZT/60 \qquad (8\text{-}9)$$

为了使读数 N 能直接读转速 n 值,一般取 $ZT = 60 \times 10^m (m = 0, 1, 2, \cdots)$。

光电转速计的光电脉冲转换电路如图 8-36 所示。BG_1 为光敏三极管,当光线照射到 BG_1

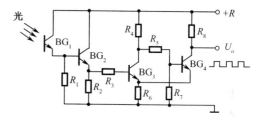

图 8-36 光电脉冲转换电路

上时,产生光电流,使 R_1 上压降增大,导致晶体管 BG_2 导通,触发由晶体管 BG_3 和 BG_4 组成的射极耦合触发器,使 U_o 为高电位;反之,U_o 为低电位。该脉冲信号 U_o 可送到计数电路计数。

3. 光电池在光电检测和自动控制方面的应用

在实际应用中,主要利用光电池的光照特性、光谱特性、频率特性和温度特性等通过基本电路与其他电子线路组合可实现检测或自动控制的目的。

光电池在检测和控制方面应用的几种基本电路如图 8-37 所示。

图 8-37(a)为光电池构成的光电跟踪电路,用两只性能相似的同类光电池作为光电接收器件。当入射光通量相同时,执行机构按预定的方式工作或进行跟踪。当系统略有偏差时,电路输出差动信号带动执行机构进行纠正,以达到跟踪的目的。

图 8-37(b)为光电开关电路,多用于自动控制系统中。无光照时,系统处于某一工作状态,如"通"或"断";当光电池受光照射时,产生较高的电动势,只要光强大于某一设定阈值,系统就改变工作状态,达到开关目的。

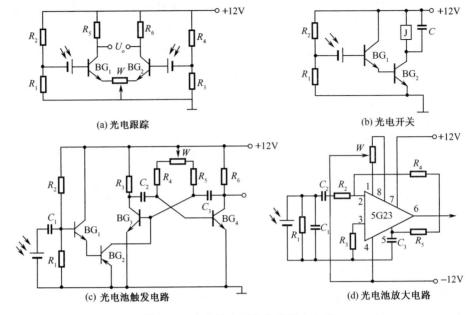

(a) 光电跟踪   (b) 光电开关

(c) 光电池触发电路   (d) 光电池放大电路

图 8-37　光电池应用的几种基本电路

图 8-37(c)为光电池触发电路。当光电池受光照射时,使单稳态或双稳态电路的状态翻转,改变其工作状态或触发器件(如可控硅)导通。

图 8-37(d)为光电池放大电路。在测量溶液浓度、物体色度、纸张的灰度等场合,可用该电路作前置级,把微弱光电信号进行线性放大,然后带动指示机构或二次仪表进行读数或记录。

路灯光电自动开关实际控制线路如图 8-38 所示。线路的主回路的相线由交流接触器CJD-10 的三个常开触头并联以适应较大负荷的需要。接触器触头的通断由控制回路控制。

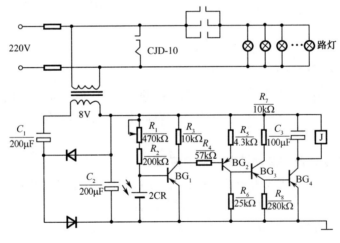

图 8-38　路灯自动控制器

当天黑无光照射时,光电池 2CR 本身的电阻和 R_1、R_2 组成分压器,使 BG_1 基极电位为负,BG_1 导通,经 BG_2、BG_3、BG_4 构成多级直流放大,BG_4 导通使继电器 J 动作,从而接通交流接触器,使常开触头闭合,路灯亮。当天亮时,光电池受光照射后,产生 0.2~0.5V 电动势,使BG_1 在正偏压后而截止,后面多级放大器不工作,BG_4 截止,继电器 J 释放使回路触头断开,灯灭。调节 R_1 可调整 BG_1 的截止电压,以达到调节自动开关的灵敏度。

4. 光电耦合器

将发光器件与光敏元件集成在一起便构成光电耦合器,图 8-39 为其结构示意图。图 8-39(a)为窄缝透射式,可用于片状挡光物体的位置检测,或码盘、转速测量中;图 8-39(b)为反射式,可用于反光体的位置检测,被测物不限厚度;图 8-39(c)和(d)为全封闭式,用于电路的隔离。除以上第三种封装形式为不受环境光干扰的电子器件外,第一、二种本身就可作为传感器使用。若必须严格防止环境光干扰,透射式和反射式都可选红外波段的发光元件和光敏元件。

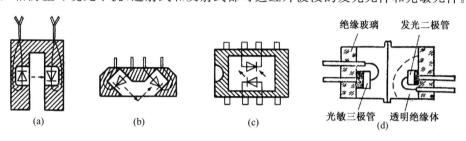

图 8-39　光电耦合器典型结构

目前常用的光电耦合器里的发光元件多为发光二极管,而光敏元件以光敏二极管和光敏三极管为多,少数采用光敏达林顿管或光控晶闸管。不管哪种组合形式的光电耦合器,发光元件与光敏元件间应具有相同的光谱特性,使其在波长上得到最佳匹配,这样才能保证其灵敏度为最高。如硅光敏管最佳响应波段 $800\sim900\mathrm{nm}$,正好与 GaAs LED 的工作波段一致,可以配对。光电耦合器的封装形式除双列直插式外,还有金属壳体封装和塑封及大尺寸的块状器件。

8.5　光纤传感器

光导纤维(简称光纤)是 20 世纪 70 年代的重要发明之一,它是传输光的导线(纤维)。自 1970 年美国康宁玻璃公司研制成功传输损耗为 20dB/km 的光纤后,就开始应用于工程技术,已研制出塑料、多组分玻璃、石英系纤维等多种光纤。由于光纤具有信息传输量大、抗干扰能力强、保密性好、重量轻、尺寸小、灵敏度高、柔软和成本低等优点,光纤通信已被国际上公认为很有发展前途的通信手段,特别是在有线通信上的优势越来越突出,目前在单根光纤中能同时传输 600 路以上信息而互不干扰为现代信息高速公路奠定了基础,为多媒体(符号、数字、语音、图形和动态图像)通信提供了实现的必要条件。随着光纤和光通信技术的迅速发展,光纤的应用范围越来越广,把被测量与光纤内的导光联系起来,就形成了光纤传感器。光纤传感器始于 1977 年,经过这些年来的研究,光纤传感器得到迅速的发展,目前已有数十种光纤传感器用来测量位移、压力、温度、流量、液位、电场、磁场等。

8.5.1　光导纤维导光的基本原理

1. 光导纤维的结构

光纤的结构如图 8-40 所示,由纤芯、包层、保护层组成。中央纤芯一般用高折射率(n_1)的玻璃材料制成,直径只有几十微米;纤芯外的包层是用低折射率(n_2)的玻璃或塑料制成的,其外径约为 $100\sim200\mu\mathrm{m}$;光纤最外层为保护层,折射率为 n_3,$n_2<n_3<n_1$。具有这种结构的光纤

是芯皮型光纤中的阶跃型光纤,其断面折射率分布之高、低交界面很清楚。芯皮型光纤还有一种梯度型光纤,其断面折射率分布是从中央高折射率逐步变化到包皮的低折射率。这种结构可以保证入射到光纤内的光波集中在纤芯内传输。

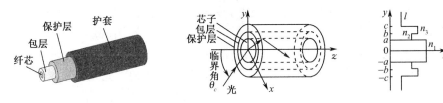

图 8-40　光纤的基本结构

2. 光导纤维导光原理

光纤导光是利用光传输的全反射原理。如图 8-41 所示,入射光线 AB 与光纤轴线 OO 相

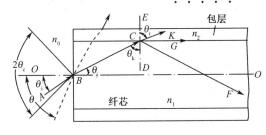

图 8-41　光纤导光示意图

交角为 θ_i,入射后折射(折射角 θ_j)至纤芯与包层界面 C 点,与 C 点界面法线 DE 成 θ_k 角,并由界面折射至包层,CK 与 DE 夹角为 θ_r。反射回纤芯的光线为 CF。对于折射光线 CK,由几何光学折射定律(Snell's Law)可得出

$$n_0 \sin\theta_i = n_1 \sin\theta_j \qquad (8\text{-}10)$$
$$n_1 \sin\theta_k = n_2 \sin\theta_r \qquad (8\text{-}11)$$

由式(8-10)和式(8-11)可以推出

$$
\begin{aligned}
\sin\theta_i &= (n_1/n_0)\sin\theta_j \\
&= (n_1/n_0)\sin(90° - \theta_k) \qquad (\theta_j = 90° - \theta_k) \\
&= (n_1/n_0)\cos\theta_k = (n_1/n_0)\sqrt{1 - \sin^2\theta_k} \\
&= \frac{n_1}{n_0}\sqrt{1 - \left(\frac{n_2}{n_1}\sin\theta_r\right)^2} = \frac{1}{n_0}\sqrt{n_1^2 - n_2^2\sin^2\theta_r} \\
&= \sqrt{n_1^2 - n_2^2\sin^2\theta_r} \qquad (\text{空气折射率 } n_0 \approx 1) \qquad (8\text{-}12)
\end{aligned}
$$

当 $\theta_r = \pi/2$ 临界状态时,$\theta_i = \theta_c$,折射光线 CK 变为 CG,式(8-12)变为

$$\sin\theta_c = \sqrt{n_1^2 - n_2^2} = NA \qquad (8\text{-}13)$$

纤维光学中把 $\sin\theta_c$ 定义为"数值孔径"NA(numerical aperture)。由于 n_1 与 n_2 相差较小,即 $n_1 + n_2 \approx 2n_1$,则式(8-13)又可写为

$$NA = \sin\theta_c \approx n_1\sqrt{2\Delta}$$

式中,$\Delta = (n_1 - n_2)/n_1$ 称为相对折射率差。

由以上推导可得

$\theta_r = 90°$ 时,$\sin\theta_i = \sin\theta_c = NA$,$\theta_c = \arcsin NA$;

$\theta_r > 90°$ 时,光线发生全反射,$\theta_i < \theta_c = \arcsin NA$;

$\theta_r < 90°$ 时,式(8-12)成立,可以看出 $\sin\theta_i > \sin\theta_c = NA$,$\theta_i > \arcsin NA$,光线散失。

这说明 $\theta_c = \arcsin NA$ 是一个临界角,凡入射角 $\theta_i > \theta_c$ 的那些光线进入光纤后都不能在纤芯中传播而在包层中漏光散失,只有入射角 $\theta_i < \theta_c$ 的那些光线才可以进入光纤在纤芯与包层的交界面上被全反射而沿纤芯传播。NA 越大,θ_c 也越大,则满足全反射条件的入射光的范围

也越大,入射光源与光纤之间的耦合效率也就越高。因此,数值孔径 NA 是光纤的一个重要参数,传感器所用光纤一般要求 $0.2 \leqslant NA \leqslant 0.4$。此外,要求光纤传输损耗 $<10dB/km$。

纤芯传输的光波,可以分解为沿轴向和沿横切向传播的两种平面波成分。沿横切向传播的光波在纤芯和包层界面上会产生全反射,当它在横切向往返一次的相位变化为 2π 的整数倍时,就可在截面内形成驻波。只有能形成驻波的那些以特定角度射入光纤的光才能在光纤内传播。像这样形成驻波的光线组称为"模"。"模"只能离散地存在。即一定的光导纤维内只能存在特定数目的"模"的传输光波。

通常用麦克斯韦方程导出的归一化频率 f 作为确定光纤传输模数的参数,

$$f = 2\pi a \frac{NA}{\lambda} \tag{8-14}$$

式中,a 为纤芯半径;λ 为入射光波长;NA 为光纤的数值孔径。

光纤传输模的总数 N 为

$$N = \begin{cases} f^2/2 & \text{(阶跃型)} \\ f^2/4 & \text{(梯度型)} \end{cases} \tag{8-15}$$

从上式知,f 大的光纤传输的模数多,称之为多模光纤,通常纤芯较粗($\phi 50 \sim 150 \mu m$),能传输几百个以上的模;而纤芯很细($\phi 5 \sim 10 \mu m$)的光纤只能传输一个模(基模),称之为单模光纤。

单模光纤和多模光纤都是当前光纤通信技术上最常用的,因此,它们通称为普通光纤。用于检测技术的光纤,往往有些特殊要求,所以又称其为特殊光纤,如日本日立公司等试制的"保持偏振光面光导纤维"。

8.5.2　光纤传感器的结构和类型

光纤传感器是一种把被测量的状态转变为可测的光信号的装置,一般由光源、敏感元件、光纤、光敏元件(光接收器)和信号处理系统构成。

按工作方式的不同,光纤传感器一般可分为两大类:功能型和传光型。功能型光纤传感器是利用光纤本身的某种敏感特性或功能制成的传感器,如图 8-42(a)所示。传光型光纤传感器,光纤仅仅起传输光波的作用,必须在光纤端面加装其他敏感元件,才能构成传感器,如图 8-42(b)所示。传光型传感器又可分为两种;一种是把敏感元件置于发射与接收光纤中间,在被测对象的作用下,或使敏感元件遮断光路,或使敏感元件的(光)穿透率发生变化,这样,光探测器所接受的光量便成为被测对象调制后的信号;另一种是在光纤终端设置"敏感元件＋发光元件"的组合体,敏感元件感受被测对象并将其变为电信号后作用于发光元件,最终,发光元件的发光强度作为测量所得信息。

对于传光型光纤传感器,要求传输尽量多的光量,所以主要用多模光纤;而功能型光纤传感器,主要靠被测对象调制或影响光纤传输特性,所以只能用单模光纤。

光纤传感器的应用极为广泛,它可以探测的物理量很多,按被测对象的不同,光纤传感器又可分为位移、压力、

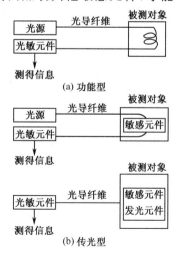

图 8-42　光纤传感器类型

温度、流量、速度、加速度、振动、应变、磁场、电压、电流、化学量、生物医学量等各种光纤传感器。

根据对光进行调制的方式不同,光纤传感器又有强度调制、相位调制、频率调制、偏振调制等不同工作原理的光纤传感器。

1. 强度调制型光纤传感器

这是一种利用被测对象的变化引起敏感元件的折射率、吸收或反射等参数变化,而导致光强度变化来实现敏感测量的传感器。常见的有利用光纤的微变损耗;各种物质的吸收特性;振动膜或液晶的反射光强度的变化;物质因各种粒子射线或化学、机械的激励而发光的现象;以及物质的荧光辐射或光路的遮断等来构成压力、振动、温度、位移、气体等各种强度调制型的光纤传感器。这类光纤传感器的优点是结构简单、容易实现、成本低;其缺点是受光源强度的波动和连接器损耗变化等的影响较大。

2. 相位调制型光纤传感器

其基本原理是利用被测对象对敏感元件的作用,使敏感元件的折射率或传播常数发生变化,而导致光的相位变化,然后用干涉仪来检测这种相位变化而得到被测对象的信息。通常有利用光弹效应的声、压力或振动传感器;利用磁致伸缩效应的电流、磁场传感器;利用电致伸缩的电场、电压传感器以及利用 Sagnac 效应的旋转角速度传感器(光纤陀螺)等。这类传感器的灵敏度很高,但由于需用特殊光纤及高精度检测系统,因此成本很高。

3. 频率调制型光纤传感器

这是一种利用被测对象引起光频率的变化来进行检测的传感器。通常有利用运动物体反射光和散射光的多普勒(Doppler)效应的光纤速度、流速、振动、压力、加速度传感器;利用物质受强光照射时的拉曼(Raman)散射构成的气体浓度或监测大气污染的气体传感器;以及利用光致发光的温度传感器等。

4. 偏振调制型光纤传感器

这是一种利用光的偏振态的变化来传递被测对象信息的传感器。常见的有利用光在磁场中的媒质内传播的法拉第(Faraday)效应做成的电流、磁场传感器;利用光在电场中的压电晶体内传播的泡尔效应做成的电场、电压传感器;利用物质的光弹效应构成的压力、振动或声传感器;以及利用光纤的双折射性构成的温度、压力、振动等传感器。这类传感器可以避免光源强度变化的影响,因此灵敏度也较高。

8.5.3 光纤传感器的应用

8.5.3.1 光纤位移传感器

1. 光纤开关与定位装置

最简单的位移测量是采用各种光开关装置进行的,即利用光纤中光强度的跳变来测出各种移动物体的极端位置,如定位、记数,或者是判断某种情况。在各种位移测量装置中,光开关装置的测量精度是较低的,它只能反映极限位置的变化,其输出信号是跳变信号。

(1) 简单光纤开关、定位装置。

图 8-43(a)所示为光纤计数装置,工件随传送带移动时,挡光一次,在光纤输出端得到一个光脉冲,用计数电路和显示装置将通过的工件数显示出来。如果工件间隔均匀、已知,也可

通过计数测出其位移。

图 8-43(b)所示是编码盘装置,转动的金属盘上穿有透光孔。当孔与光纤对准时,在光纤输出端就有光脉冲输出,这是通过孔位的变化对光强进行调制。通过对光脉冲信号计数,可测角位移或转速。

图 8-43(c)所示是定位装置,在大量生产过程中对工件进行重复性加工操作时,用这种方法对工件定位。

图 8-43(d)是液位控制装置,用以判断光纤与液面是否接触,当光纤与液面接触时,光学界面折射情况改变,从而使光纤接收端的光强度发生改变。光纤接受端面的结构有许多种,其基本原理多数是以改变光线的全反射状况来实现液位控制的。

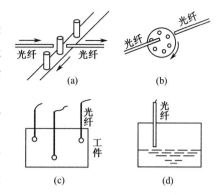

图 8-43 简单光纤开关定位装置

(2)移动球镜式光纤开关传感器。

图 8-44(a)所示为一种移动球镜式强度调制型光纤位移传感器原理图,这是一种高灵敏度位移传感器。光强为 I_0 的光束,通过发送光纤照射到球透镜上,球透镜把光束聚焦到两个接收光纤的端面上,当球透镜在平衡位置时,从两个接收光纤得到的光强 $I_1 = I_2$。如果球透镜在垂直于光路的方向上产生微小位移,则 $I_1 \neq I_2$。光强比值 I_1/I_2 的对数值与球透镜位移量 x 呈线性关系,如图 8-44(b)所示,其中曲线 K 对应阶跃光纤,曲线 G 对应梯度光纤,曲线的线性度很好,灵敏度高。

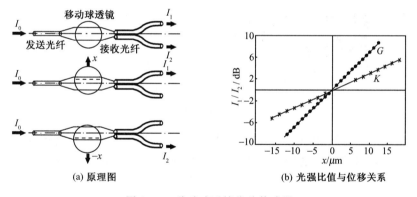

图 8-44 移动球透镜位移传感器

2. 传光型光纤位移传感器

这种传感器是由两段光纤构成的,当它们之间产生相对位移时,通过它们的光强发生变化,从而达到测量位移的目的。

图 8-45(a)所示为一种传光型光纤位移传感器示意图。两根相同的光纤端面对准,中间只留 $1\sim2\mu m$ 的间隙,光通过去几乎无损耗。如果因移动光纤发生位移引起两光纤中心轴错位,就会增加光的损耗,光纤移动后输出的光强与两段光纤中心重叠部分面积(见图中阴影部分)成正比。

利用图 8-45(b)所示装置原理可以设计出位移式光纤水听器(图 8-45(b))。声波引起光纤位置相对移动,从而调制传导光强。设光纤中的光强是均匀分布的,则光纤随声波位移的调制系数为

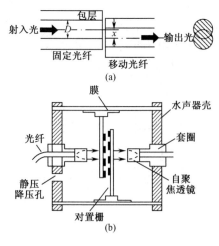

$$Q = \frac{1}{\pi \omega \rho c a \sin\theta}(1 - \cos 2\theta) \qquad (8\text{-}16)$$

式中，a 为纤芯半径；ω 为声角频率；ρc 为声阻抗，ρ 为密度，c 为声速。

利用图 8-45(b) 装置探测声压可以测到 $1\mu Pa$ 的压力，采用单模光纤可提高灵敏度，但其机械精度要求很高。

为了提高测量灵敏度，在光纤端面前加上两片光栅格，一片固定，另一片随压力变化而移动，当动光栅移动时，通过两光栅之间的光强呈周期性变化，其位移灵敏度会成倍提高。

图 8-45　光纤位移传感器

传光型位移传感器也可以设计成反射型的，如图 8-46(a) 所示，这样就能实现非接触测量。图中 A 是一个反射镜面，光源发生的光进入发送光纤，从光纤测头端面射出，照射到 A 面上，A 面的反射光有一部分进入接收光纤。当 A 面到测头端面之间的距离 z 变化时，进入接收光纤的光强度也随之发生变化，从而使光探测器产生的电信号 U 也随 z 发生变化，如图 8-46(b) 所示。从图中可看出，曲线 AB 段灵敏度高，线性也好，但 z 的变化范围不大；CD 段灵敏度低些，但线性范围比 AB 段宽。测光端面处光纤排列情况及反射面情况都和仪器的灵敏度、测量范围有关，一般光纤束面积大时，线性测量范围也大。

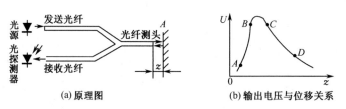

图 8-46　反射型光纤位移传感器

图 8-47 是另外两种光纤位移传感器。图 8-47(a) 是利用挡光原理测位移；图 8-47(b) 是利用改变斜切面间隙大小的原理测位移。这两种方法更为简单，但可测范围及线性不如反射法。

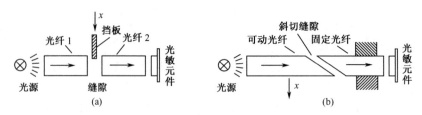

图 8-47　光纤位移传感器

3. 受抑全内反射光纤位移（液面）传感器

基于全内反射被破坏，而导致光纤传光特性改变的原理，可以做成位移传感器，用以探测位移、压力、温度等。

受抑全内反射传感器一般由两根光纤构成，如图 8-48 所示。光纤端面磨制成特定的角度,使左光纤中传输的所有模式的光产生全内反射,而不易传到右光纤中去,只有当两根光纤的抛光面充分靠近时,大部分光功率才能够耦合过去。左光纤是固定的,右光纤安装在一个弹簧片上,并与膜片相连接,膜片受到压力或其他原因,使与其连接的光纤发生垂直方向位移,从而使两根光纤间的气隙发生变化,这时光纤间的耦合情况也随之发生变化,使传输光强得到调制,由此探测位移或压力的变化量。这种传感器的灵敏度很高,用于测声压,可以反应 0.1Pa 的压力;缺点是制造工艺要求严格,且工作时易受环境影响。

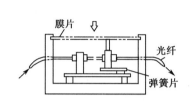

图 8-48 受抑全内反射位移传感器

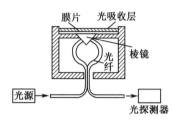

图 8-49 棱镜式全内反射式位移传感器

图 8-49 是利用同样原理设计的位移和压力传感器。两根光纤由一个直角棱镜连接,棱镜斜面与位移膜片之间有很小的气隙(约 0.3μm),在膜片的下表面镀有光吸收层,膜片发生位移时,光吸收层与棱镜上界面的光学接触面积改变,使棱镜上界面的全内反射局部破坏,光纤传输到棱镜的光部分泄漏到界面之外被吸收层吸收,因而接收光纤的光强也相应发生变化。光吸收层可选用玻璃材料或可塑性好的有机硅橡胶,采用镀膜方式制作。

基于全内反射原理,可以设计成光纤液位传感器。

图 8-50 所示为光纤液位探测器几种基本结构图,它由 LED 光源、光电二极管、多模光纤等组成。光纤探头可制成各种形状。当探头没有接触液面(处于空气中)时,光线在探头内发生全内反射,而返回到光电二极管;当探头接触液面,由于液体与空气折射率不相同,所以全内反射被破坏,将有部分光线透入液体,使返回光电二极管的光强变弱。返回光强是液体折射率的函数。返回光强发生突变时,测头已接触到液位。

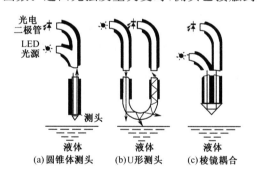

图 8-50 光纤液面探测器

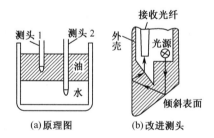

图 8-51 光纤液体分界面探测器

图 8-51 所示是光纤探测有明显分层的两种液体的液面。采用两个测头,由不同液体返回光强弱不同可以知道测头处于何种液体中,由此来判断液体的分界面位置。

被测液体的折射率与返回光强之间有很好的线性关系,而且当折射率有微小差异时,光强度变化很大,所以光纤液位探测器可以判断不同折射率的液体。同一种溶液在不同浓度时的折射率也不同,比如掺有砂糖的水溶液,含糖量不同,折射率也不同,所以经过标定后,光纤液位探测器就会成为一支使用方便的浓度计。

光纤液位探测器不能探测污浊液体以及会黏附在测头表面的黏稠物质。图 8-51(b)是一种改进后的光纤测头,因测头表面有倾斜角,所以不易受油液的污染,这种结构的液位探测器已用于测量卡车油箱的液面高度,并已商品化。

4. 光纤干涉型位移传感器

为了提高测量精度或扩大测量范围,常常使用相位调制的光纤干涉仪作为位移传感器。图 8-52 是一种常见的用于测量位移的迈克耳孙(Michelson)光纤干涉仪。He-Ne 激光器 1 作为光源,由分束器 2 把光束分为两路:一路进入光纤参考臂 7 作为参考光束;另一路经透镜 3 后通过可移动四面体棱镜 5、反射镜 4 后再与参考光束会合于全息干板 6,并发生干涉。如果因被测位移变化引起四面体沿图示箭头方向移动,则因光程差的改变而引起干涉条纹移动。干涉条纹的移动量反映出被测位移的大小。

两束光在全息干板 6 上形成有干涉条纹的全息照片,它起到光学补偿的作用。由于参考光路是多模光纤,光束通过后波面发生畸变,引起干涉条纹扭曲,使用全息照片补偿之后,干涉条纹恢复为直条纹。通过全息照片得到的两个干涉图形,可以用两个独立的光探测器 8 检测。如果分别调节两个光阑 10 使两路干涉条纹亮暗变化相差 90°,则由两个探测器得到的信号可以判断出四面体棱镜的移动方向。

由于使用 He-Ne 激光束作为光源,参考臂使用光纤,所以这种干涉仪能够测量远距离的位移变化,测量臂很长时,光纤干涉仪的体积也不会很大。

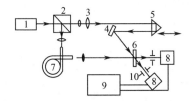 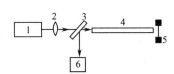

图 8-52 迈克耳孙光纤位移干涉仪　　　　图 8-53　Fabry-Perot 光纤干涉仪

图 8-53 是法布里-珀罗(Fabry-Perot)干涉仪,用于测量位移或机械振动。采用一根输出端磨平、抛光并镀上高反射率的反射膜的单模光纤 4,激光束由光纤射出后,从振动膜片 5 表面反射回来,在光纤端面和膜片之间形成多光束干涉(F-P 干涉仪),其透射光束再经光纤返回到半反镜 3,最后由光探测器 6 探测。膜片的位移或振动相当于 F-P 干涉仪的腔长在改变,根据多光束干涉理论,会影响探测信号的变化。利用这种原理可以做成体积很小的光纤测头,能够测量远距离的位移、振动信号、甚至能在一般方法难以检测的环境中进行探测。而且灵敏度很高,能反映 0.01λ 的位移变化,其中 λ 是 He-Ne 激光器 1 的激光波长,$\lambda=632.8\mathrm{nm}$。图中 2 为透镜。

5. 功能型光纤压力传感器

图 8-54 是一种功能型光纤压力传感器原理图,利用光纤微弯损耗效应。所谓微弯损耗效应,是光导纤维中的一种特殊光学现象,是指光纤在微弯时引起纤芯中传输的光部分透入包层

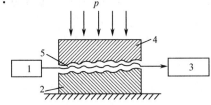

图 8-54　功能型光纤压力传感器

(全反射条件受到一定破坏),造成传输损耗,微弯程度不同,泄漏光波的强度也不同,从而达到光强度调制的目的,利用此效应可制成直接调制型的光纤压力传感器。它用多模光纤 5 夹在两块带机械式齿条的压板间,这两块夹板,一块是固定的 2,另一块是活动的 4,当压力 p 作用在活动板 4 上时,使齿板间产生相对微位

移,改变光纤的弯曲程度,从而使光纤传输光强变化,最后经光电元件 3 变换成相应的电信号,因此,可以用电信号来表示压力 p 的数值。这种传感器在 $10\mu m$ 的动态范围内可以检出相当于 $0.1nm$ 微位移的压力。该传感器也可作为位移传感器使用。图中 1 为光源。

8.5.3.2　光纤加速度传感器

1. 马赫-曾德尔干涉仪光纤加速度计

图 8-55 所示是利用马赫-曾德尔(Mach-Zehnder)干涉仪的光纤加速度计实验装置。He-Ne 激光器 1 产生的激光束通过分束器 2 后分为两束光:透射光作为参考光束;反射光作为测量光束。测量光束经透镜 4 耦合进入单模光纤 5,单模光纤紧紧缠绕在一个顺变柱体 7 上,顺变柱体上端固定有质量块 6。顺变柱体做加速运动时,质量块 m 的惯性力使圆柱顺变体变形,从而使绕于其上的单模光纤被拉伸,引起光程(相位)的改变。相位改变的激光束由单模光纤射出后与参考光束在分束器 12 处会合,产生干涉效应。在相互垂直的位置放置的两个光探测器 13 分别接收到亮暗相反的干涉信号,两路电信号由差动放大器 14 处理。频谱仪 15 还能分析出干涉信号(即加速度)变化的频率。图 8-55 中驱动器 9 可驱动压电变送器 8 产生振动。

图 8-56 为干涉仪的输出电压与外加加速度的关系曲线,曲线线性度很好。

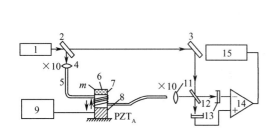

图 8-55　光纤加速度计实验装置

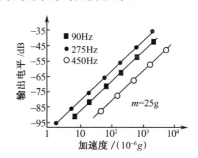

图 8-56　光纤加速度干涉仪输出电平与外加加速度关系

2. 倾斜镜式光纤加速度计

这是基于强度调制原理设计的光纤加速度计,通过一个具有一定质量的物体在加速度作用下产生惯性力,惯性力使物体产生位移,从位移反映出加速度的大小。

图 8-57(a)是倾斜镜式光纤加速度计的剖面图。光纤套筒 6 里固定着三根光纤,最上面一根是输入光纤,下面两根是接收信号的接收光纤,它们都是多模光纤。黄铜板弹簧悬臂梁 2 水平放置,厚度很小,宽度很大,所以只能感受垂直方向的加速度,对水平方向加速度几乎没有反应。图 8-57(b)示出输入光纤与接收光纤的排列情况。输入光纤将光源发出的光导入,经图 8-57(a)中的自聚焦透镜 5,射向倾斜镜 4。反射回来的光线再经自聚焦透镜 5,使光斑照在接收光纤上。如图 8-57(b)所示,没有加速度作用时,光斑位于两个接收光纤之间处于平衡位置,两接收光纤获得的光强相同;当质量块承受加速度作用时,倾斜镜随质量块上、下移动而倾斜,使光斑位置移动,移动方向由加速度方向决定。如果加速度方向向上,则倾斜镜向下倾斜,这样下接收光纤的光强增加,上接收光纤的光强减少;如果加速度方向向下,则光强变化方向相反。

图 8-57(c)表示质量块在加速度作用下,板弹簧变形的情况,图示变形量 δ 是板弹簧长度方向坐标 x 的函数。当有垂直作用力 F 加到质量块上,板弹簧产生的变形可用下式表示:

$$\delta(x) = \frac{Fx^2}{6EJ}(3L - x) \qquad (8\text{-}17)$$

式中,E 为板弹簧材料的杨氏模量;J 为板弹簧的惯性矩;L 为板弹簧长度。

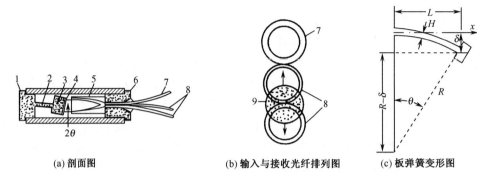

(a) 剖面图   (b) 输入与接收光纤排列图   (c) 板弹簧变形图

图 8-57 倾斜镜式光纤加速度计结构原理图
1—黄铜支撑体;2—黄铜板悬臂梁;3—质量块;4—倾斜镜;5—自聚焦透镜;
6—光纤套筒;7—输入光纤;8—接收光纤;9—反射光斑

质量块倾斜角度 $\theta(x)$ 也是 x 的函数,它可以通过对 $\delta(x)$ 进行微分得到

$$\theta(x) = \frac{\mathrm{d}}{\mathrm{d}x}[\delta(x)] = \frac{F}{2EJ}(2Lx - x^2) \qquad (8\text{-}18)$$

当 $x = L$ 时

$$\delta = FL^3/(3EJ) \qquad (8\text{-}19)$$

$$\theta = FL^2/(2EJ) \qquad (8\text{-}20)$$

由于质量块 m 受到的作用力 F 是由加速度 a 所引起的惯性力,即 $F = ma$;又由虎克定律得 $F = k\delta$,其中,k 为板弹簧的弹性系数。由此可得

$$a = \delta \frac{k}{m} \qquad (8\text{-}21)$$

由 θ 和 δ 的表达式可以得出

$$\theta = 3\delta/(2L) \qquad (8\text{-}22)$$

由于倾斜镜的倾斜,光纤偏向一个接收光纤。当全部光线只照射在一个光纤上时,反射镜的偏转角为最大偏转角 θ_{max},由这个最大偏转角可以确定该传感器所能测到的最大加速度 a_{max} 为

$$a_{max} = \frac{2}{3}\frac{Lk}{m}\theta_{max} \qquad (8\text{-}23)$$

宽度为 W、厚度为 H 的板弹簧悬臂梁的惯性矩为

$$J = WH^2/12 \qquad (8\text{-}24)$$

系统的固有频率 ω_n^2 为

$$\omega_n^2 = \frac{k}{m} = \frac{F}{m\delta} = \frac{3EJ}{mL^3} = \frac{EWH^3}{4mL^3} \qquad (8\text{-}25)$$

如果自聚焦透镜长度为 z,透镜材料的折射率为 n_0,当加速度为零时,倾斜镜的倾斜角 $\theta = 0$,反射光斑落在两个接收光纤的中间。当倾斜角在加速度作用下偏转 θ 角时,反射光线将偏转 2θ 角。质量块承受最大加速度 a_{max} 时,根据设计,反射光将恰好偏转 θ_{max},并且光斑只落在一个光纤上。若光纤直径为 d,则这时光斑相对于 $a = 0$ 时的移动距离为 $d/2$,如果反射镜与

透镜之间只有很小气隙,则

$$\theta_{\max} = \frac{d}{4z} \frac{\pi n_0}{2} \tag{8-26}$$

因此,加速度计可测的最大加速度为

$$a_{\max} = \frac{\omega_n^2 L d n_0 \pi}{12z} \tag{8-27}$$

8.5.3.3 光纤振动传感器

1. 相位调制光纤振动传感器

图 8-58 为检测垂直表面振动分量的光纤传感器原理图。可以看出,要检测的振动分量引起振动体反射点 P 运动,从而使两激光束之间产生相应的相位调制。

激光束通过分束器、光纤入射到振动体上的一个点(P),反射光作为信号光束,经过同一光学系统被引入到光探测器。参考光束是从部分透射面 R 上反射产生的。在实际系统中,是用光纤输出端面作为 R 面。从图可以看出,信号光束只受到垂直振动分量 $U_\perp \cos\omega t$ 的调制。由于振动体使反射点 P 靠近或远离光纤,从而改变了信号光束的光路长度,相应改变了信号光和参考光的相对相位,产生相位调制。信号光和参考光之间的相位差为

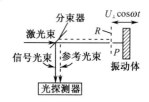

图 8-58　垂直表面振动分量
光纤传感器原理

$$\Delta\varphi = \frac{4\pi}{\lambda} U_\perp \cos\omega t \tag{8-28}$$

式中,λ 为激光波长;ω 为光波圆频率。

如果解调和检测式(8-28)给出的相位调制,就能得到上述相应的振动分量的振幅。为了消除系统所受各种干扰的影响,可采用在两束光之间预先引入光强变化的低频相位调制,同时检测引入的相位调制和振动相位调制的成分,然后取两者之比,可以抵消和去除干扰影响。

光纤振动传感器的主要性能包括:振动振幅的可测范围;振动频率的可测范围;测量的空间分辨率等。

图 8-58 所示振动传感器,用于测量 2.5MHz 石英谐振器在驱动电流 I 作用下的垂直和面内振动振幅,对于垂直分量,可测到 $10^{-6}\mu m$,且线性仍相当好;对于表面内振动振幅,可测到 $0.5 \times 10^{-7}\mu m$,线性度也很好。频率测量范围为 $1kHz \sim 30MHz$,可测的频率上限主要取决于光检测系统的增益、带宽及噪声特性等。光纤振动传感器的空间分辨率取决于来自光纤的入射光在振动体上能聚焦到多小,实际系统的聚焦点直径为几十微米。

2. 光弹效应光纤振动传感器

光弹效应:本来透明的各向同性介质在机械应力作用下,显示出光学上的各向异性而产生双折射现象,称为"光弹性效应",又称"机械双折射"或"应力双折射"。在一定条件下,所引起的双折射与应力成正比。对于图 8-59 所示的双折射现象,图中 M、N 为两偏振片,E 为非晶体,无双折射现象,S 为单色光源。当 E 受 OO' 方向的机械力 F 的压缩或拉伸时,E 的光学性质就和以 OO' 为光轴的单轴晶体相仿。因此,如果 M 的偏振化方向与 OO'(相当于光轴)成 45°角,则线偏振光入射到受机械应力的 E 时就分解成振幅相等、振动方向正交的 o 光和 e 光,两光线的传播方向一致,但速度不同,即折射率不同。设 n_o 和 n_e 分别为 o 光和 e 光的折射率,则

$$n_e - n_o = kp \tag{8-29}$$

式中,p 为应力,$p=F/S$,S 为正受力处的面积;k 为非晶体 E 的应变光学系数,与材料性质有关。

两束光穿过厚度为 d 的介质 E 后,所产生的相位差为

$$\varphi = \frac{2\pi}{\lambda} d \mid n_e - n_o \mid = \frac{2\pi}{\lambda} d \mid kp \mid \tag{8-30}$$

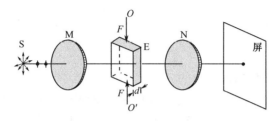

图 8-59　观察应力双折射现象

这两束相互正交、具有一定相位差 φ 的 o 光和 e 光经偏振器 N 后,又变成同一振动方向(与 N 的偏振化方向一致)、具有相差 φ 的两束相干光,在屏上产生干涉现象(偏振光干涉)。如果 S 是复色光源,由于通过应变晶体 E 后的相位差对不同波长是不同的,所以在屏上会出现彩色干涉条纹。

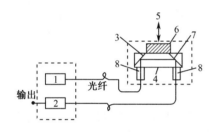

图 8-60　光纤振动传感器结构图

图 8-60 就是利用上述光弹效应制成的光纤振动传感器示意图。质量块 6 受振动作用产生惯性力,该力作用在光弹元件 4 上,使其成为以振动方向为光轴的双折射体。起偏器 3 和检偏器 7 的偏振方向均与振动方向成 45°角。光源发出的光经光纤投射到起偏器 3 变为线偏振光,通过光弹元件 4 后变成振幅相等、具有一定相位差 φ 的 o 光和 e 光,再经检偏器 7 的作用形成相干光而产生干涉现象,由光探测器 2 检测干涉光强的变化,从而达到测压力或振动的目的。图中 8 是微透镜,1 是光源。

8.5.3.4　光纤温度传感器

1. 传光型光纤温度传感器

图 8-61 为半导体吸光型光纤温度传感器示意图。将一根切断的光导纤维装在细钢管内,光纤两端面间夹有一块半导体感温薄片(如 GaAs 或 InP),这种半导体感温薄片透射光强随被测温度而变化。因此,当光纤一端输入一恒定光强的光时,由于半导体感温薄片透射能力随温度变化,光纤另一端接收元件所接受的光强也随被测温度而改变。于是通过测量光探测器输出的电量,便能遥测到感温探头处的温度。

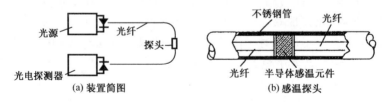

图 8-61　半导体吸光型光纤温度传感器

探头中,半导体材料的透过率与温度的特性曲线如图 8-62 所示,当温度升高时,其透过率曲线向长波长方向移动。显然,半导体材料的吸收率与其禁带宽度 E_g 有关,禁带宽度又随温

度而变化,多数半导体材料的禁带宽度 E_g 随温度 T 的升高几乎线性地减小,对应于半导体的透过率特性曲线边沿的波长 λ_g 随温度升高向长波方向位移。当一个辐射光谱与 λ_g 相一致的光源发出的光,通过此半导体时,其透射光的强度随温度 T 的升高而减少。

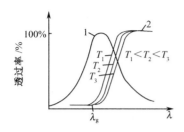

图 8-62　半导体的光透过率特性
1—光源光谱分布;2—透过率曲线

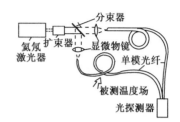

图 8-63　Mach-Zehnder 光纤
温度传感器

2. 相位调制型光纤温度传感器

图 8-63 是 Mach-Zehnder 光纤温度传感器原理图。干涉仪包括激光器、扩束器、分束器、两个显微物镜、两根单模光纤(其中一根为测量臂,另一根为参考臂)、光探测器等。干涉仪工作时,激光器发出的激光束经分束器分别送入长度基本相等的测量光纤和参考光纤,将两光纤的输出端汇合在一起,则两束光即产生干涉,从而出现干涉条纹。当测量臂光纤受到温度场的作用时,产生相应的相位变化(温度变化一方面使光纤的几何尺寸变化产生相位变化,另一方面引起光纤光学性质变化而产生相位变化),从而引起干涉条纹的移动。显然,干涉条纹的移动数量将反映出被测温度的变化。光探测器接收干涉条纹的变化信息,并输入到适当的数据处理系统,最后得到测量结果。

Mach-Zehnder 光纤干涉仪也可用于压力测量。

8.5.3.5　光纤流速、流量传感器

1. 激光多普勒测速传感器

光纤型激光多普勒(Doppler)测速传感器与传统激光测速方法的最大不同是激光束以及运动微粒散射信号光的传输与耦合皆通过光纤实现。这样就较好地解决了光路准直问题,同时也提高了光路抗干扰的能力,使这种技术的应用范围大大扩展。

图 8-64 是光纤激光多普勒测速传感器示意图,把光纤探头以与管中心夹角为 θ 的方向插入管道中,由光纤梢端发出的激光被运动流体微粒散射,产生多普勒频移的散射光信号,再由同一个光纤耦合回传,并与原信号光重叠产生差拍。

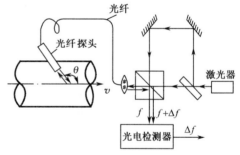

图 8-64　光纤激光测速系统

运动微粒散射光信号多普勒频移为

$$\Delta f = 2nv\cos\theta/\lambda \tag{8-31}$$

式中,n 为运动物质折射率;v 为微粒运动速度;θ 为光纤探头插入角,即出射光线方向与管道中流体运动方向的夹角;λ 为激光波长。

由式(8-31)可知,当被测介质折射率 n、激光波长 λ 和光纤探头插入角 θ 一定时,则光信号的多普勒频移 Δf 直接反映了管道中流体的流速 v。

2. 光纤旋涡流量计

风吹架空电线会发出声响,风速越大声音频率越高,这是由于气流通过电线后形成旋涡所致,利用这一现象可构成旋涡流量计。在管道里装设柱状阻挡物,迫使流体流过柱状物之后形成两列旋涡,根据旋涡出现的频率测定流量。因为旋涡是两列平行状,并且左右交替出现,有如街道两旁的路灯,故有"涡街"之称。又因此现象首先由卡门(Karman)发现,也叫作"卡门涡街"。如图 8-65 所示。在一定条件($h/l = 0.281$)下,旋涡的形成是稳定的周期性现象。旋涡交替形成的同时,在柱状阻挡物侧壁产生一个侧向推力,物体受到这个周期力的作用而产生横向振动。

光纤旋涡流量计结构如图 8-66 所示,它是在流体管道中横贯一根光纤,光纤因流体的绕流而振动,其振动频率为

$$f = Stv/d \tag{8-32}$$

式中,v 为流体流速;d 为光纤直径;St 为施特鲁哈尔常数。

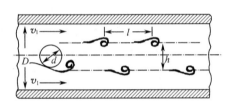

图 8-65　卡门涡街形成原理

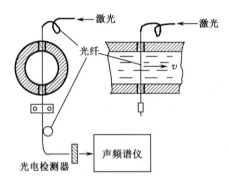

图 8-66　光纤旋涡流量计

施特鲁哈尔(Strouhal)数 St 是随液流而变化的常数,与雷诺(Reynold)数 Re 有关,$St = f(Re)$。对于不同的流体,Re 在一定范围内,St 为常数,如水,Re 在 $10^3 \sim 10^5$ 时,$St \approx 0.2$。

当一束激光经过受流体绕流而振动的光纤时,其光纤的出射光斑点会产生抖动,其抖动频率 q 与光纤振动频率 f 存在一定的关系,因而只需测得出射光斑的抖动频率,便可求得流体的流速以及流量。

8.6　红外传感器

8.6.1　红外辐射基本知识

红外辐射俗称红外线,是一种人眼看不见的光线。自然界中任何物体只要其温度高于绝对零度($-273.15 ℃$),都将以电磁波形式向外辐射能量——热辐射,物体温度越高,辐射出的能量越多,波长越短。从紫外线到红外线辐射的热效应逐渐增大,而热效应最大的为红外线。红外传感器中主要应用波长 $0.8 \sim 40 \mu m$ 的红外线。红外线具有和可见光一样的性质:沿直线传播;服从反射定律和折射定律;有干涉、衍射、偏振现象;具有散射、吸收特性。

1. 基尔霍夫(Kirchhoff)定律

物体向周围发射红外辐射时,同时也吸收周围物体发射的红外辐射能,在一定温度下与外界的辐射处于热平衡时,在单位时间内从单位面积发射出的辐射能(即发射本领)E_R 为

$$E_R = \alpha E_0 \qquad (8\text{-}33)$$

式中，α 为物体的吸收系数；E_0 为常数，绝对黑体在相同条件下的发射本领。

2. 斯特藩-玻尔兹曼(Stefan-Boltzmann)定律

物体温度越高，向外辐射能量越多，在单位时间内其单位面积辐射的总能量 E_R 为

$$E_R = \sigma \varepsilon T^4 \qquad (8\text{-}34)$$

式中，T 为物体的绝对温度(K)；σ 为 Stefan-Boltzmann 常数，$\sigma = 5.67 \times 10^{-8}\,\mathrm{W/(m^2 \cdot K^4)}$；$\varepsilon$ 为比辐射率，黑体的 $\varepsilon = 1$，一般物体的 $\varepsilon < 1$。

3. 维恩(Wien)位移定律

物体红外辐射的电磁波中包含各种波长，其辐射能谱峰值波长 λ_m 与物体自身的温度 T 的乘积为一常数(b)，即

$$\lambda_m T = b \qquad (8\text{-}35)$$

当 λ_m 单位为米(m)时，$b = 2897 \times 10^{-6}\,\mathrm{m \cdot K}$；当 λ_m 单位为微米(μm)时，$b = 2897\,\mu\mathrm{m \cdot K}$。

由式(8-35)可得

$$\lambda_m = b/T \quad 或 \quad T = b/\lambda_m = 2897/\lambda_m\ (\mu\mathrm{m}) \qquad (8\text{-}36)$$

从上式可见，随着温度 T 的升高，其能谱峰值波长 λ_m 向短波方向移动(测温原理)，如地球上实验测得太阳辐射的 λ_m 约 $0.470\,\mu$m，则太阳温度约为 6160K；在温度不很高(2000K)的情况下，其能谱峰值波长 λ_m 在红外区域。

图 8-67 示出黑体的辐射能量按波长和温度的分布曲线。一般物体热辐射特性与此相似。

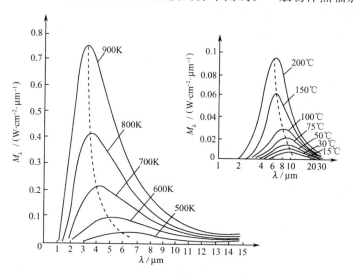

图 8-67　黑体辐射能量按波长和温度的分布

8.6.2　红外探测器

红外探测器是能将红外辐射能转换成电信号的光敏器件，也称红外器件或红外传感器，它是红外检测系统的关键部件，它的性能好坏将直接影响系统性能的优劣。因此，选择合适的、性能好的红外探测器，对于红外检测系统是十分重要的。

常用红外探测器有热探测器和光子探测器两大类。

8.6.2.1　热探测器

热探测器是利用入射红外辐射引起探测器的温度变化，然后利用器件的某种温度敏感特

性把温度变化转换成相应的电信号;或者利用器件的某种温度敏感特性来调制电路中的电流强度的大小,从而得到相应的电信号。由此达到探测红外辐射的目的。

热探测器的主要优点:响应波段宽,可以在室温下工作(只研究室温热探测器),使用简单。但热探测器响应慢、灵敏度较低,一般用于低频调制场合。下面介绍几种常用的热探测器件。

1. 热敏电阻型探测器

热敏电阻型红外探测器是由锰、镍、钴的氧化物混合后烧结而成的,其结构如图 8-68(a) 所示。热敏电阻一般制成薄片状,当红外辐射照射在热敏电阻上时,其温度升高,电阻值减小。测量热敏电阻值变化的大小,即可得知入射红外辐射的强弱,从而可以判断产生红外辐射物体的温度。测量电路如图 8-68(b) 所示,其中 R 接受红外辐射,R_b 为补偿元件,不接受红外辐射。

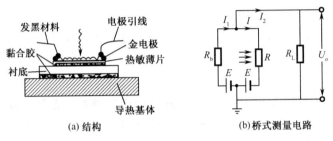

(a) 结构　　　　　　　　　(b) 桥式测量电路

图 8-68　热敏电阻红外探测器

2. 热电偶型探测器(热电堆光敏器件)

用多个微型热电偶串联起来,将其工作端密集地排列在很小的面积上,参考端分布在外围。使入射红外线照射在工作端上,参考端则处于掩蔽场所,便可获得一定的热电动势。这种检测方法用在辐射高温计上已有多年历史。

利用薄膜技术制作的微型热电偶,已可在 $4.7\text{mm} \times 5.6\text{mm}$ 的面积内集成 300 个以上的工作端,总内阻在 $1 \sim 25\text{k}\Omega$,直流输出典型值为 $1 \sim 2\text{V/W}$,时间常数 $20 \sim 40\text{ns}$。

适当选择窗口的透光材料,便可得到所需光谱范围,从紫外区到红外区都可实现。外壳内可抽成真空或充惰性气体,以便长期保持其热电特性。

热电偶的正极材料以铜、银、碲、硒、硫的混合物较理想,负极材料是硒化银和硫化银的混合物。也可用铋和锑制作热电偶。其工作端必须经过黑化处理以增强对红外辐射能的吸收。黑化是在真空系统中充氮气氛下蒸金,得到胶状金的黑层,要求黑层对光谱无选择性,尽可能接近绝对黑体。

热电堆的突出特点是对频率或波长没有选择性,对各种波长的辐射都有比较均匀的响应,无突出的峰值,这是其他光敏元件做不到的。其主要缺点是时间常数大,不宜在高速变动的光照之下使用,而且效能不高。

由于窗口材料对透光的波长有一定的选择性,所以要接受宽范围的光谱还必须更换不同的窗口材料。例如,玻璃可用在 $0.3 \sim 2.8\mu\text{m}$,熔融石英可用在 $0.18 \sim 3.4\mu\text{m}$,多晶硅可用在 $25 \sim 300\mu\text{m}$。

3. 高莱气动型探测器

高莱气动型探测器是利用气体吸收红外辐射后,温度升高、体积增大的特性,来反映红外辐射的强弱。其结构原理如图 8-69 所示。它有一个气室,以一个小管道与一块柔性薄片相连。薄片的背向管道一面是反射镜。气室的前面附有吸收膜,它是低热容量的薄膜。红外辐射通过窗口入射到吸收膜上,吸收膜将吸收的热能传给气体,使气体温度升高,气压增大,从而使柔镜移动。在室的另一边,一束可见光通过栅状光栏聚焦在柔镜上,经柔镜反射回来的栅状图像又经过栅状光栏投射到光电管上。当柔镜因压力变化而移动时,栅状图像与栅状光栏发生相对位移,使投射到光电管上的光量发生改变,光电管的输出信号也发生改变,这个

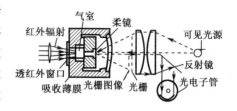

图 8-69　气动红外探测器结构

变化量就反映入射红外辐射的强弱。这种探测器的特点是灵敏度高,性能稳定;但响应时间长,结构复杂,强度较差,只适合于实验室使用。

4. 热释电型探测器

若使某些强电介质物质的表面温度发生变化,在这些物质表面上就会产生电荷的变化,这种现象称为热释电效应,是热电效应的一种。

铁电体除具有压电效应外,同时也具有热释电效应。红外光照射引起的温升会改变这种材料的极化程度和介电常数,从而影响表面电荷的数量,此电荷作为输出信号便可用来检测红外辐射能。

适于制作热释电红外线光敏元件的材料较多,以压电陶瓷和陶瓷氧化物最多。钽酸锂($LiTaO_3$)、硫酸三甘钛(LATGS)及锆钛酸铅(PZT)制成的热释电型红外传感器目前用得极广。近年来开发的具有热释电性能的高分子薄膜聚偏二氟乙烯(PVF_2),已用于红外成像器件、火灾报警传感器等。

热释电元件不能像其他光敏元件那样连续地接受光照,因为极化电荷在元件表面不是永存的,只要一出现,很快就会与环境中的电荷中和,或者漏泄。所以,必须将入射光调制成脉冲光,使热释电元件断续地接受光照,使其表面电荷周期性地出现,根据取出的交变电信号的幅值检测光强。

热释电红外传感器的结构如图 8-70(a)、(b)所示,由敏感元件、场效应管、高阻电阻、滤光片等组成,并向壳内充入氮气封装起来。

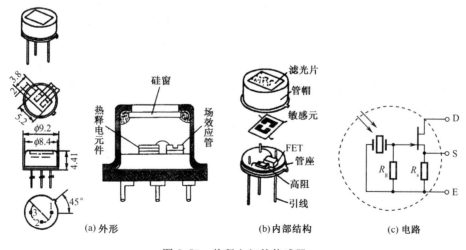

(a) 外形　　　　(b) 内部结构　　　　(c) 电路

图 8-70　热释电红外传感器

敏感元件用红外线热释电材料(如 PZT 等)制成很小的薄片,再在薄片两面镀上电极,构成两个反向串联的有极性的小电容(采用双元件红外敏感元件),且受光面加上黑色膜。这样,当入射红外线顺序地照射到两个元件时,由于是两个元件反向串联,其输出是单元件的两倍;由于两元件反向串联,对于同时输入的红外线所产生的热释电效应会相互抵消。因此,双元件红外敏感元件结构可以防止因太阳光等红外线所引起的误差或误动作;由于周围环境温度的变化影响整个敏感元件产生温度变化,两个元件上的热释电信号互相抵消,起到温度补偿作用。

热释电红外敏感元件的内阻极高(可达 $10^{13}\,\Omega$),同时其输出电压信号又极微弱,因此,需要进行阻抗变换和信号放大才能应用,否则不能有效地工作。热释电红外传感器电路如图 8-70(c)所示,场效应管用来构成源极跟随器;高阻值电阻 R_g 的作用是释放栅极电荷,使场效应管安全正常工作;R_s 为负载电阻,有的传感器内无 R_s,需外接。源极输出接法时,源极电压约为 $0.4\sim1.0\text{V}$。

一般热释电红外传感器在 $0.2\sim20\,\mu\text{m}$ 光谱范围内的灵敏度是相当平坦的。由于不同检测需要,要求光谱响应范围向狭窄方向发展,因此采用不同材料的滤光片作为窗口,使其有不同用途。如用于人体探测和防盗报警的热释电红外传感器,为了使其对人体最敏感,要求滤光片能有效地选取人体的红外辐射。

根据维恩位移定律,对于人体体温(约 36℃),其辐射的峰值波长为 $\lambda_m = 2898/309 = 9.4\,\mu\text{m}$,也就是说,人体辐射在 $9.4\,\mu\text{m}$ 处最强,红外滤波片选取 $7.5\sim14\,\mu\text{m}$ 波段。

由于热释电敏感元件材料的介电常数很大,在等效电路中相当于 RC 并联阻抗,因此它的灵敏度和入射光的调制频率有关,频率过高,灵敏度将降低。此外,热释电材料的居里温度 T_c(铁电性与反铁电性转换温度)是限制使用温度的重要因素。硫酸三甘肽的 $T_c = 49℃$,而锆钛酸铅 $T_c = 360℃$,钽酸锂 $T_c = 660℃$。

为了提高热释电红外传感器的检测灵敏度,还必须配合一种特殊设计的由塑料制成的光学透镜(菲涅耳透镜)使用。

8.6.2.2 光子探测器

在红外探测器中,光子探测器是应用最广、研究得最多的一种。光子探测器是利用某些半导体材料在入射光的照射下,产生光子效应,使材料电学性质发生变化,通过测量其电学性质的变化,可以知道相应的红外辐射的强弱。利用光子效应所制成的红外传感器,统称为光子探测器。

光子探测器的主要特点是:灵敏度高,响应速度快,具有较高的响应频率;但一般需在低温下工作,探测波段较窄。

按照光子探测器的工作原理,红外光子探测器分为内光电和外光电探测器两种:外光电探测器(PE 器件)就是 8.2 节中介绍的光电管和光电倍增管;内光电探测器又分为光电导探测器、光生伏特探测器和光磁电探测器三种。

1. 光电导探测器(PC 器件)

当红外辐射照射在某些半导体材料表面上时,半导体材料中有些电子和空穴可以从原来不导电的束缚状态变为能导电的自由状态,使半导体的导电率增加,这些现象叫光电导现象。利用光电导现象制成的探测器称为光电导探测器,如硫化铅(PbS)、硒化铅(PbSe)、锑化铟(InSb)、碲镉汞(HgCdTe)等材料都可制造光电导探测器。使用光电导探测器时,需要制冷和加上一定的偏压,否则会使响应频率降低,噪声大,响应波段窄,以致使红外探测器损坏。图 8-71 是光电导探测器的光电转换电路,图中 R 为光电导半导体电阻,R_L 为负载电阻,M 为红外光调制盘。

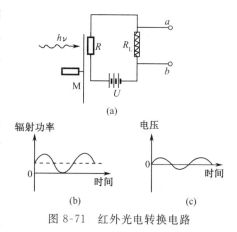

图 8-71 红外光电转换电路

2. 光生伏特探测器(PU 器件)

8.1 节介绍的光生伏特效应也可以用来制造红外探测器,称为光生伏特型红外探测器。常用的材料有砷化铟(InAs)、锑化铟(InSb)、碲镉汞(HgCdTe)、碲锡铅(PbSnTe)等几种。

3. 光磁电探测器(PEM 器件)

当红外线照射到某些半导体材料的表面上时,材料表面的电子和空穴向内部扩散,在扩散中若受强磁场的作用,电子与空穴则各偏向一边,因而产生开路电压,这种现象称为光磁电效应。利用此效应制成的红外探测器,称为光磁电探测器。光磁电探测器不需要制冷,响应波段可达 $7\mu m$ 左右,时间常数小,响应速度快,不用加偏压,内阻极低,噪声小,有良好的稳定性和可靠性;但其灵敏度低,低噪声前置放大器制作困难,因而影响了使用。

8.6.3 红外传感器的应用

8.6.3.1 红外测温技术

红外测温是比较先进的测温方法,因为它具有很多优点:①适合于远距离和非接触测量,特别适合于高速运动体、带电体和高温、高压物体的温度测量;②响应快,一般在毫秒级甚至微秒级;③灵敏度高,因为物体的辐射能量与温度的四次方成正比;④准确度高,通常可达 0.1℃以内;⑤应用范围广,可从零下几十摄氏度到零上几千摄氏度。

红外测温按其工作原理可分为:①全辐射测温,这实际上是斯特藩-玻尔兹曼定律的具体应用,见式(8-34);②亮度测温,测量物体在某一特征波长或波段上的辐射与黑体在同一波长或波段上的辐射相比来确定物体温度;③比色测温,是通过测量两个相邻的特征波长上的红外辐射之比来确定温度。

按量程分,红外测温仪分为低温(100℃以下)、中温(100~700℃)和高温(700℃以上)三种。

红外测温仪品种很多,测温系统也千变万化,但其基本结构是大同小异的。如图 8-72 所示,它主要由光学系统、调制器、探测器、放大器和指示器等组成。

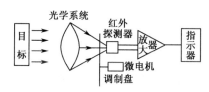

图 8-72 红外测温仪结构原理

光学系统可以是透射式的,也可以是反射式的。透射式光学系统的部件是用红外光学材料制成的,根据红外波长选择光学材料。高温测温仪用波段在 $0.67\sim3\mu m$ 的近红外区,通常用一般光学玻璃或石英等材料;中温测温仪用波段在 $3\sim5\mu m$ 的中红外区,多采用氟化镁、氧化镁等热压光学材料;低温测温仪用波段在 $5\sim14\mu m$ 的中、远红外波段,采用锗、硅、热压硫化锌等材料。一般必须在镜片表面蒸镀红外增透层,一方面滤掉不需要的波段,另一方面增大有用波段的透射率。反射式光学系统多用凹面玻璃反射镜,表面镀金、铝或镍铬等在红外波段反射率很高的材料。

调制器是把红外辐射调制成交变辐射的装置。一般是用微电机带动一个齿盘或等距离孔盘,通过齿轮盘或孔盘旋转,切割入射辐射而使投射到红外探测器上的辐射信号成交变的。因为系统对交变信号处理比较容易,并能取得较高的信噪比。

红外探测器是接收调制后的目标辐射并转换为电信号的器件。选用哪种探测器要根据目标辐射的波段与能量等实际情况确定。

图 8-73 是一种实用的红外辐射温度计。

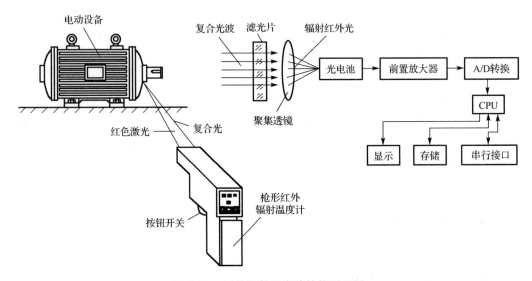

图 8-73　红外辐射温度计结构原理图

测试时,按下手枪形测量仪的按钮开关,枪口处分两个光腔同时射出低功率红色激光,因为两个光腔可自动根据被测物体的距离调整发射角度,所以能将两束激光准确汇集到被测点上。发射激光与被测点辐射出的红外能量产生光扰叠加,形成复合光波返回到枪口另设的滤光片上,将反射激光滤除后,仅剩被测点辐射红外能量通过聚焦凸镜入射到光电池上。红外辐射温度计内设的 CPU 将根据被测距离、被测点黑度辐射系数、水蒸气及粉尘吸收修正系数、环境温度以及被测点辐射出的红外光强度等诸参数,最终计算出被测物体的表面温度,其反应速度仅需 0.5s。另外,该测量仪还具有峰值、平均值显示功能以及外输串行接口,可广泛用于大型电动设备、供电变压器、加热炉等的温度测量,也可快速测量人体温度以及军事用途。

红外辐射温度计必须有标准黑体作为校准用。测量时,探测器的视场要轮流地对准目标和标准黑体,随时校准和标定测温仪的灵敏度和准确度。

8.6.3.2　红外成像

在很多场合,人们不仅需要知道物体表面的平均温度,更想了解物体的温度分布,以便分析、研究物体的结构,探测内部缺陷。红外成像能把物体的温度分布转换成图像以直观、形象的热图显示出来。根据成像器件的不同可有:红外变像管成像,红外摄像管,电子耦合摄像器件(CCD)等。其中 CCD 是比较理想的固体成像器件,有关原理在下一节介绍,只是这里的光注入是利用红外辐射。

1. 红外变像管成像

红外变像管是直接把物体红外图像变成可见图像的电真空器件,主要由光电阴极、电子光学系统和荧光屏三部分组成,并安装在高真空的密封玻璃壳内,如图 8-74 所示。

当物体的红外辐射通过物镜照射到光电阴极上时,光电阴极表面的红外敏感材料——蒸涂的半透明银氧铯,接收辐射后,便发射光电子。光电阴极表面发射的光电子密度分布,与表面的辐照度的大小成正比,也就是与物体发射的红外辐射成正比。光电阴极发射的光电子在电场作用下加速飞向荧光屏。荧光屏上的荧光物质,受到高速电子的轰击便发出可见光。可见光辉度与轰击的电子密度的大小成比例,即与物体红外辐射的分布成比例。这样,物体的红外图像便被转换成可见图像。人们通过观察荧光屏上的辉度明暗,便可知道物体各部位温度的高低。

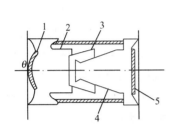

图 8-74　红外变像管示意图

1—光电阴极;2—引管;3—屏蔽环;

4—聚焦加速电极;5—荧光屏

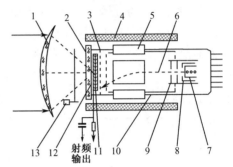

图 8-75　热释电摄像管结构简图

1—锗透镜;2—锗窗口;3—栅网;4—聚焦线圈;

5—偏转线圈;6—电子束;7—阴极;8—栅极;

9—第一阳极;10—第二阳极;11—热释电靶;

12—导电膜;13—斩光器

2. 红外摄像管

红外摄像管是将物体的红外辐射转换成电信号,经过电子系统放大处理,再还原为光学像的成像装置。如光电导摄像管、硅靶摄像管和热释电摄像管等,前两者是工作在可见光或近红外区,而热释电摄像管工作波段长,不用制冷,结构简单可靠,价格低廉,是一种较好的红外成像器件。

热释电摄像管的结构如图 8-75 所示,靶面为一块热释电材料薄片,在接收辐射的一面覆以一层红外辐射透明的导电膜。当经过调制的红外辐射经光学系统成像在靶上时,靶面吸收红外辐射,温度升高并释放出电荷。靶面各点的热释电与靶面各点的温度的变化成正比,而靶面各点的温度变化又与靶面的辐照度成正比。当电子束在外加偏转磁场和纵向聚焦磁场的作用下扫过靶面时,就得到与靶面电荷分布相一致的视频信号。用导电膜取出视频信号,送视频放大器放大,再送到控制显像系统,在显像系统的屏幕上便可见到与物体红外辐射相对应的热像图。

由于热释电材料只在温度发生变化时才发生热释电效应,温度稳定时,热释电消失。所以,对静止物体成像时,必须对物体的辐射进行调制;而对于运动的物体,可在无调制的情况下成像。因此热释电摄像在森林探火、警戒监视、空间技术、医疗诊断、工业热图拍摄等动目标方面得到更广泛的应用。

8.6.3.3　红外分析

红外分析仪是根据物质的吸收特性来工作的。许多化合物的分子在红外波段都有吸收带,而且因物质的分子不同,吸收带所在的波长(或波段)和吸收的强弱也不相同。根据吸收带分布的情况与吸收的强弱,可以识别物质分子的类型和含量,从而得出物质的组成及百分比。

根据不同的目的与要求,红外分析仪可设计成多种不同的形式,如红外气体分析仪、红外分光光度计、红外光谱仪等。

医用CO_2气体分析仪就是利用CO_2气体对波长为$4.3\mu m$的红外辐射有强烈的吸收特性而进行测量分析的,它主要用来测量、分析CO_2气体的浓度。分析仪包括采气和测量两大部分:采气装置收集CO_2气样后,送入测量气室;测量部分对气样进行测量分析,并显示其测量结果。

医用CO_2分析仪的光学系统如图8-76所示,它由红外光源1、调制系统(电机9和调制盘8)、标准气室2、测量气室7、红外探测器6等部分组成。在标准气室里充满了不含CO_2的气体(或含有固定量CO_2的气体)。待测气体经采集装置,由进气口进入测量气室。调节红外光源,使其分别通过标准气室和测量气室。并采用干涉滤光片3滤光,只允许波长$4.3\pm0.15\mu m$的红外辐射通过,此波段正好是CO_2的吸收带。假设标准气室不含CO_2气体,而进入测量室中的被测气体也不含CO_2气体时,则红外光源的辐射经过两个气室后,射出的两束红外辐射完全相等,红外探测器相当于接收一束恒定不变的红外辐射,因此可看成只有直流响应,接于探测器后面的交流放大器无输出;当进入测量气室中的被测气体里含有一定量的CO_2时,射入气室的红外辐射中的$4.3\pm0.15\mu m$波段红外辐射被CO_2吸

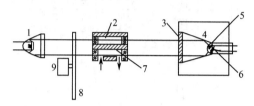

图8-76 医用CO_2分析仪光学系统图

收,使测量气室中出来的红外辐射比标准气室中出来的红外辐射弱,被测气室中CO_2浓度越大,两个气室出来的红外辐射强度差别越大,红外探测器交替接收两束不等的红外辐射后,将输出一交变信号,经过电子系统处理与适当标定后,就可以根据输出信号的大小来判断被测气体中含CO_2的浓度。图中4是反射光锥,5是锗浸没透镜。

医用CO_2分析仪可连续测量人或动物呼出的气体中CO_2的含量,是研究呼吸系统和检查肺功能的有效手段。

8.6.3.4 热释电红外传感器应用实例

1. 人体探测报警器

人体探测报警器主要用于防盗报警和安全报警(防止人误入危险区)。人体探测报警器采用热释电红外传感器SD 02,其探测电路框图如图8-77所示,探测电路如图8-78所示。

检测放大电路:检测放大电路由热释电传感器SD 02及滤波放大器A_1、A_2等组成。R_2作为SD 02的负载,传感器的信号经C_2耦合到A_1上。运放A_1组成第一级滤波放大电路,它是一个具有低频放大倍数约为$A_{F1}=R_6/R_4=27$的低通滤波器,其截止频率

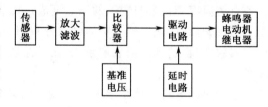

图8-77 人体探测电路框图

$$f_{01} = \frac{1}{2\pi R_6 C_4} = 1.25\,\text{Hz}$$

A_2也是一个低通放大器,其低频放大倍数约为$A_{F2}=R_{10}/R_7=150$,截止频率为

$$f_{02} = \frac{1}{2\pi R_{10} C_8} = 0.23\,\text{Hz}$$

经过两级放大后,0.2Hz左右的信号被放大4050倍左右。

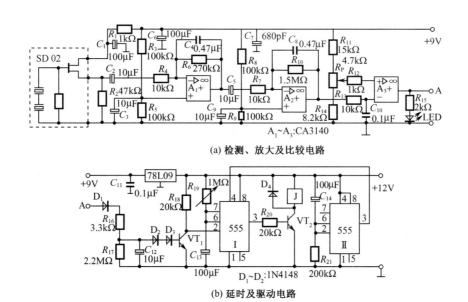

(a) 检测、放大及比较电路

(b) 延时及驱动电路

图 8-78　热释电红外传感器人体探测电路

R_1、C_1 为退耦电路；R_3、R_5 为偏置电路，将电源的一半作为静态值，使交流信号在静态值上下变化。经 A_1 放大的信号经过电容 C_5 耦合后输入放大器 A_2，A_2 在静态时输出约为 4.5VDC，C_3、C_9 为退耦电容。

比较器电路：调节 R_P，使比较器同相端电压在 2.5～4V 左右变化。在无报警信号输入时，比较器反相端电压大于同相端，比较器输出为低电平。当有人进入时，比较器翻转，输出为高电平，LED 亮；当人体运动时，则输出一串脉冲。

驱动电路：VT_1、555 I 和 VT_2 组成驱动电路。当 A 端输入一个脉冲时，C_{12} 将少量充电，若没有再来脉冲，则 C_{12} 将通过 R_{17} 放电；若有人在报警区内移动，则会产生一串脉冲，使 C_{12} 不断充电，当达到一定电压时，使 VT_1 导通，输出一个低电平。这个低电平输入由 555 I 组成的单稳态电路的 2 脚，使 555 I 触发，3 脚输出高电平，从而使 VT_2 导通，使继电器吸合，从而控制报警器。单稳态的暂态时间由 R_{19} 及 C_{13} 决定，调节 R_{19} 可改变暂态时间，即报警时间。

延时电路：555 II 组成延时电路。当接通电源的瞬间，555 II 的 2、6 脚处于高电平（C_{14} 来不及充电），其 3 脚输出为低电平，3 脚与 555 I 的 4 脚相连，所以刚通电瞬间，555 I 的 4 脚为低电平，单稳态电路不能工作。延时时间取决于 C_{14} 及 R_{21}。在这一段延时时间内，若有人在报警区内移动而不能报警。延时结束后，555 II 的 3 脚为高电平，555 I 即能正常工作。

电路调整：调整电位器 R_P，可调节报警器的灵敏度；调节 R_{19}，可调节报警时间的长短。

2. 自动门控制电路

在一些饭店、宾馆和公共场所的自动门，当人走到门前时，门会自动打开，人过后会自动关闭，其控制电路如图 8-79 所示。

电路中的 I、II 部分与图 8-78(a) 相同，当有人走近门时，比较器 A_3 输出一串脉冲。I、II 部分的传感器分别安装在门的里、外两边，使人无论进门或出门，门都能自动开关。

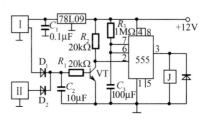

图 8-79　自动门控制电路

D_1、D_2 组成一个或门,无论Ⅰ、Ⅱ哪一个有信号输出或者两者都有信号,都会使 VT 导通,VT 输出低电平,此低电平触发由 555 构成的单稳态电路,使其 3 脚输出为高电平,使继电器吸合,驱动门电机旋转,使门打开。暂态时间由 R_3、C_3 决定,暂态结束后 3 脚为低电平,继电器释放,使驱动电机反转,门自动关上。

3. 集成红外探测报警器

在"人体探测报警器"应用示例中,报警控制电路较为复杂,调试比较费时,而且电路的可靠性相对差些。

本例使用传感器 SD 02 和集成红外控制电路 TWH9511 组成探测报警器,电路简单、成本较低,实用性、可靠性更强。

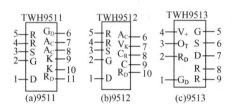

图 8-80 TWH9511/9512/9513 引脚排列图

TWH 系列 PIR(热释电传感器)控制电路采用大规模 CMOS 数字电路及微型元件固化封装,具有性能指标高、一致性好、外围电路简单、安装方便、无须调试等特点。

该电路按信号输出方式可分为三种:交流供电继电器输出型 TWH9511;交流供电可控硅输出型 TWH9512;直流供电集电极输出型 TWH9513。它们的引脚排列如图8-80所示;各引脚功能如表8-3所示;内部原理如图8-81、图8-82所示。

表 8-3 TWH9511/9512/9513 引脚功能

引脚名	说 明	引脚名	说 明
D	内部 9V 稳压输出,供 PIR 传感器用	A_C	220V 交流输入端
G	传感器探头负电源,内部放大级公共端	C	220V 交流降压输入端
S	传感器信号输入端	V_+	9V 直流供电端
R	灵敏度调节,外接 300kΩ～1MΩ 电阻	R_D	使能端,可外接电平控制或光控接口
K	输出端,接 ≥400Ω 负载(如继电器线圈)	C_R	交流过零信号检测输入端
V_K	触发输出端,直接驱动 1～20A 双向可控硅	G_D	电路公共端
O_T	电平输出端,可输出 ≤100mA 电流		

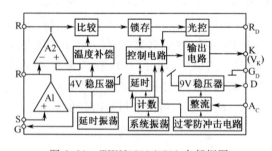

图 8-81 TWH9511/9512 内部框图

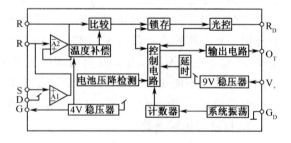

图 8-82 TWH9513 内部框图

TWH95 系列控制电路内部设计有两个高阻抗输入低噪声运算放大器,其总增益限制在 67dB 之内,灵敏度可通过外接电阻进行调整。比较器为一个典型窗口比较电路,其上下阈值经若干次选择后,确定出最佳门限值,其比较放大电路由内部 4V 稳压电路供电,设有温度补偿电路,因此增益不会随外界温度的变化而改变。这种电路能抑制热气团流动所产生的红外干扰,误报率低,其探测距离达 12m 以上。

TWH95 系列电路,均有使能控制端 R_D,该脚悬空时为自动状态,接入光控元件可使电路白天待机,晚上恢复自动工作。

电路内部均有 PIR 预热的开机自动延时电路,延迟时间为 45s,使 PIR 预热后建立稳定的工作状态。另外,内部还设置了输出延时系统电路,延时时间 10s(9513 是 4s)。

图 8-83 是采用 TWH9511 组成的人体探测/防盗电路。图中 SD5600 是光电模块传感器,相当于集成电路,它把光电二极管、放大器、施密特电路及稳压源组合成一个模块,其内部结构如图 8-84 所示。如果有光能量照射到 SD5600 型光电传感器上,输出端 OUT 输出低电平,即模块内晶体管导通。当光能量低于一定值时,输出高电平。

图 8-83 电路的工作原理为:接通电源后,电路处于开机延时状态,PIR 传感器加电预热 45s 延时结束,电路进入自动检测状态。如果有人进入探测区,人体辐射的红外线被 PIR 传感器探测到,输出幅度约 1mV,频率在 0.3～7Hz(与人体移动速度及透镜型号有关)的微弱信号,此信号经一组高频滤波和阻抗匹配网络,馈入控制电路输入端 S,微弱信号由内部两级带通选频放大后送主窗口比较器进入电压比较,输出触发电平,此触发信号通过一系列内部系统计数、延时、控制处理及驱动电路,最后推动继电器线圈,继电器的常开触头去控制发声或发光报警装置。

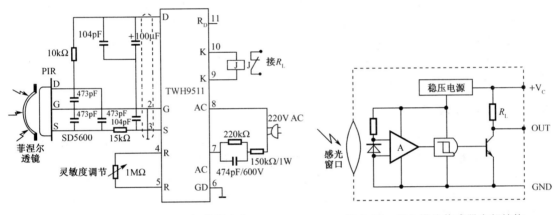

图 8-83 集成红外探测/报警器电路　　　　图 8-84 光电模块传感器内部结构

光电模块使电路白天待机,晚上恢复自动工作。探测灵敏度由 4、5 脚的可变电阻调节。9、10 脚接继电器线圈,线圈的直流电阻应大于或等于 400Ω,或串联电阻达到使电流限制在 40mA 以下。TWH9511 的三根引线应采用屏蔽电缆以防止噪声杂波的影响。传感器探头与控制电路的距离应不超过 5m,控制电路与报警器的距离可长些。

*8.7　图像传感器简介

机械量测量中有关形状和尺寸的信息以图像方式表达最为方便,目前较实用的图像传感器是用电荷耦合器件构成的,简称 CCD(charge-coupled-device)。它分为一维的和两维的,前者用于位移、尺寸的检测,后者用于平面图形、文字的传递。1970 年 Bell 研究所 Boyle 等发明 CCD 器件以来,由于它具有集成度高、分辨率高、固体化、低功耗及自扫描能力等一系列优点,已广泛应用于工业检测、电视摄像、高空摄像、森林防火、交通管理、治安天网工程、物流网工程及人工智能等领域。

8.7.1　感光原理

图像是由像素组成行,由行组成帧。对于黑白图像来说,每个像素应根据光的强弱得到不同大小的电信号,并且在光照停止之后仍能把电信号的大小保持记忆,直到把信息传送出去,这样才能构成图像传感器。所以 CCD 图像传感器主要由光电转换和电荷读出(转移)两部分组成,光电转换的功能是把入射光转变成电荷,按像素组成电荷包存储在光敏元件之中,电荷的电量反映该像素元的光线的强弱,电荷是通过一段时间(一场)积累起来的。

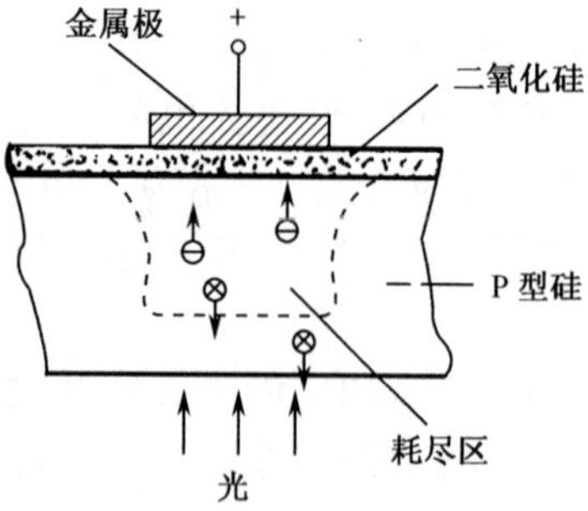

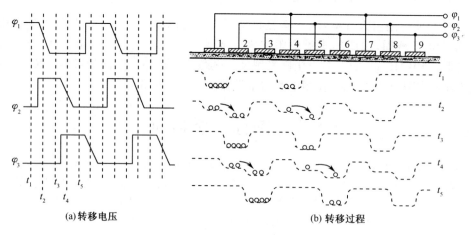

图 8-85 CCD 基本结构示意图

CCD 器件是 MOS(金属-氧化物-半导体)电容构成的 MOS 电容光敏元实现像素的光电转换。在 P 型硅衬底上通过氧化形成一层 SiO₂,然后再淀积小面积的金属铝作为电极(称栅极),其结构虽是金属-氧化物-半导体,但没有扩散源极和漏极,见图 8-85 所示。P 型硅里的多数载流子是空穴,少数载流子是电子。当金属电极上施加正电压(超过金属电极与衬底间的开启电压)时,其电场能够透过 SiO₂ 绝缘层对这些载流子进行排斥或吸引,于是空穴被排斥到远离电极处,电子被吸引到紧靠 SiO₂ 层的表面上来。由于没有源极向衬底提供空穴,在电极下形成一个 P 型耗尽区,这对带负电的电子而言是一个势

能很低的区域——"陷阱",电子一旦进入就不能复出,故又称为电子势阱。

当器件受到光照射(光可从各电极的缝隙间经过 SiO₂ 层射入,或经衬底的薄 P 型硅射入),光子的能量被半导体吸收,由于内光电效应产生电子-空穴对,这时出现的电子被吸引存贮在势阱中(光注入)。光越强,势阱中收集的电子越多;光弱则反之。这样就把光的强弱变成电荷的数量多少,实现了光电转换。而势阱中的电子是被存贮状态,即使停止光照,一定时间内也不会损失,这就实现了对光照的记忆。

总之,上述结构实质上是一个微小的 MOS 电容,用它构成像素,既可"感光"又可留下"潜影",感光作用是靠光强产生的电子积累电荷,潜影是各个像素留在各个电容里的电荷不等而形成的,若能设法把各个电容器里的电荷依次传送到他处,再组成行和帧并经过"显影",就实现了图像的传递。

8.7.2 转移原理

由于组成一帧图像的像素总数太多,只能用串行方式依次传送,在常规的摄像管里是靠电子束扫描的方式工作的,在 CCD 器件里也需要用扫描实现各像素信息的串行化。不过 CCD 器件并不需要复杂的扫描装置,只需外加如图 8-86(a)所示的多相脉冲转移电压,依次对并列的各个电极施加电压就能办到。图中 φ_1、φ_2、φ_3 是相位依次相差 120° 的三个脉冲源,其波形都是前沿陡峭后沿倾斜。若按时刻 $t_1 \sim t_5$ 分别分析其作用可结合图 8-86(b)讨论工作原理。

(a)转移电压   (b)转移过程

图 8-86 CCD 电荷转换原理

在排成直线的一维 CCD 器件里,电极 1～9 分别接在三相脉冲源上。将电极 1～3 视为一个像素,在 φ_1 为正的 t_1 时刻里受到光照,于是电极 1 之下出现势阱,并收集到负电荷(电子)。同时,电极 4 和 7 之下也出现

势阱,但因光强不同,所收集到的电荷不等。在时刻 t_2,电压 φ_1 已下降,然而 φ_2 电压最高,所以电极 2、5、8 下方的势阱最深,原先存储在电极 1、4、7 下方的电荷部分转移到 2、5、8 下方。到时刻 t_3,上述电荷已全部向右转移一步。如此类推,到时刻 t_5 已依次转移到电极 3、6、9 下方。二维 CCD 则有多行。在每一行的末端,设置有接收电荷并加以放大的器件,见图 8-87 所示,此器件所接收的顺序当然是先接收距离最近的右方像素,依次到来的是左方像素,直到整个一行的各像素都传送完。如果只是一维的,就可以再进行光照,重新传送新的信息;如果是二维的,就开始传送第二行,直至一帧图像信息传完,才可再进行光照。

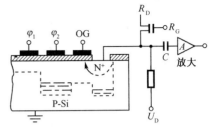

图 8-87　CCD 电荷输出电路

事实上,同一个 CCD 器件既可以按并行方式同时感光形成电荷潜影,又可以按串行方式依次转移电荷完成传送任务。但是,分时使用同一个 CCD 器件时,在转移电荷期间就不应再受光照,以免因多次感光破坏原有图像,这就必须用快门控制感光时刻。而且感光时不能转移,转移时不能感光,工作速度受到限制。现在通用的办法是把两个任务由两套 CCD 完成,感光用的 CCD 有窗口,转移用的 CCD 是被遮蔽的,感光完成后把电荷并行转移(电注入)到专供传送的 CCD 里串行送出,这样就不必用快门了,而且感光时间可以加长,传送速度也更快。

由此可见,通常所说的扫描已在依次传送过程中体现,全部都由固态化的 CCD 器件完成。

工业生产过程监视及检测用的图像有时不必要求灰度层次,只需对比强烈的黑白图形,这时应借助参比电压将 CCD 的输出信号二值化。检测外形轮廓和尺寸时常常如此。

目前市售的 CCD 器件,一维的有 512、1024、2048 位,每个单元的距离有 $15\mu m$、$25.4\mu m$、$28\mu m$ 等,二维的有 256×320、512×340 乃至 2304×1728 像素等。

思考题与习题

教学课件

8-1　什么叫外光电效应?由爱因斯坦光电效应方程式得出的两个基本概念是什么?

8-2　什么叫内光电效应?什么叫内光电导效应和光生伏特效应?

8-3　试述光电管的简单结构及其光谱特性、伏安特性、光电特性和暗电流的特点。

8-4　试述光电倍增管的结构和工作原理与光电管的异同点。若入射光子为 10^3 个(1 个光子等效于 1 个电子电量)。光电倍增管共有 16 个倍增极,输出阳极电流为 20A,且 16 个倍增极二次发射电子数按自然数的平方递增,试求光电倍增管的电流放大倍数和倍增系数。

8-5　试比较光敏电阻、光电池、光敏二极管和光敏三极管的性能差异,给出什么情况下应选用哪种器件最为合适的评述。

8-6　光电效应器件中哪种响应快?比较内光电效应器件的频率特性。

8-7　当采用波长为 $800\sim900nm$ 的红外光源时,宜采用哪几种光电器件作为测量元件?为什么?

8-8　试分别使用光敏电阻、光电池、光敏二极管和光敏三极管设计一个适合 TTL 电平输出的光电开关电路,并叙述其工作原理。

8-9　假如打算设计一种光电传感器,用于控制路灯的自动亮灭(天黑自动点亮,天明自动熄灭)。试问可以选择哪种光电器件?这里利用该光电器件什么特性?

8-10　光电转速传感器的测量原理是将被测轴的转速变换成相应频率的脉冲信号,然后,测出脉冲频率即可测得转速的数值。试根据这一思路画出光电转速传感器的检测变换部分的工作原理示意图,图中的光电转换元件选用哪种光电器件比较合适?为什么?

8-11　利用光敏三极管和 NPN 硅三极管实现图 8-38 的控制电路,并叙述其工作过程。

8-12　简述发光二极管的工作原理及其光谱特性。

8-13 光电耦合器的基本结构是什么？光电耦合器有哪些优点？

8-14 试叙述光纤传感器所用光纤的结构和传光原理。

8-15 什么是单模光纤和多模光纤？并叙述驻波和模的关系。

8-16 在自由空间，波长 $\lambda_0 = 500\mu m$ 的光从真空进入金刚石（$n_d = 2.4$）。在通常情况下当光通过不同物质时频率是不变的，试计算金刚石中该光波的速度和波长。

8-17 利用 Snell 定律推导出临界角 θ_c 的表达式。计算水与空气分界面（$n_水 = 1.33$）的 θ_c 值。

8-18 求光纤 $n_1 = 1.46, n_2 = 1.45$ 的 NA 值；如果外部的 $n_0 = 1$，求光纤的临界入射角。

8-19 一迈克耳孙干涉仪用平均波长为 634.8nm、线宽 0.0013nm 的镉红光光源，初始位置时光程差为零，然后，慢慢移动图 8-52 所示系统中的可移动四面体 5，直到条纹再消失。求该镜子必须移动多少距离？它相当于多少个波长？

8-20 光纤传感器有哪两大类型？它们之间有何区别？

8-21 相位调制型光纤传感器的基本检测方法是什么？该类传感器的主要技术难点是什么？

8-22 根据频率调制原理，设计一个用光纤传感器测试石油管道中原油流速的系统，并叙述其工作原理。

8-23 试说明有关辐射的基尔霍夫定律、斯特藩-玻尔兹曼定律和维恩位移定律各自所阐述的侧重点是什么？

8-24 计算一块氧化铁被加热到 100℃ 时，它能辐射出多少瓦的热量？（铁块的比辐射率 ε 在 100℃ 时为 0.09，铁块表面积为 $0.9m^2$）

8-25 利用红外探测器如何检测温度场？如何检测温度差？

8-26 试述红外探测器与光敏元件和热敏电阻传感器的异同点。

8-27 试设计一个红外控制的电离开关自动控制电路，并叙述其工作原理。

8-28 如何实现线型 CCD 电荷的四相转移？试画出定向转移图。

第 9 章 磁敏传感器

教学要求

磁敏传感器是利用半导体磁敏元件对磁场敏感的特性来实现磁电转换（被测量→磁场→电信号）的器件,近年来磁敏传感器的应用日益扩大,地位越来越重要。本章主要介绍霍尔元件、磁敏电阻、结型磁敏晶体管等磁敏元件及其传感器。

9.1 霍尔传感器

霍尔传感器是利用半导体霍尔元件的霍尔效应实现磁电转换的一种传感器。霍尔效应自1879 年霍尔(E. H. Hall)首次发现以来,首先用于磁场测量,20 世纪 50 年代以后,由于微电子技术的发展,霍尔效应得到极大的重视和应用,研究、开发出多种霍尔器件。由于霍尔传感器具有灵敏度高、线性度好、稳定性好、体积小和耐高温等特性,广泛应用于非电量电测、自动控制、计算机装置和现代军事技术等各个领域。

9.1.1 霍尔效应

霍尔效应是物质在磁场中表现的一种特性,它是由于运动电荷在磁场中受到洛伦兹(Lorentz)力作用产生的结果。当把一块金属或半导体薄片垂直放在磁感应强度为 B 的磁场中,沿着垂直于磁场方向通过电流 I,就会在薄片的另一对侧面间产生电动势 U_H,如图 9-1 所示。这种现象称为霍尔效应,所产生的电动势称为霍尔电动势,这种薄片(一般为半导体)称为霍尔片或霍尔元件。

当电流 I 通过霍尔片时,假设载流子为带负电的电子,则电子沿电流相反方向运动,令其平均速度为 v。在磁场中运动的电子将受到洛伦兹力 f_L 为

$$f_L = evB \qquad (9-1)$$

式中,e 为电子所带电荷量;v 为电子运动速度;B 为磁感应强度。而洛伦兹力的方向根据右手定则由 v 和 B 的方向决定,见图 9-1。

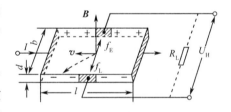

图 9-1 霍尔效应原理图

运动电子在洛伦兹力 f_L 的作用下,便以抛物线形式偏转至霍尔片的一侧,并使该侧形成电子的积累。同时,使其相对一侧形成正电荷的积累,于是建立起一个霍尔电场 E_H。该电场对随后的电子施加一电场力 f_E 为

$$f_E = eE_H = eU_H/b \qquad (9-2)$$

式中,b 为霍尔片的宽度;U_H 为霍尔电势。f_E 的方向见图 9-1,恰好与 f_L 的方向相反。

当运动电子在霍尔片中所受的洛伦兹力 f_L 和电场力 f_E 相等时,则电子的积累便达到动态平衡,从而在其两侧形成稳定的电势,即霍尔电势 U_H,并可利用仪表进行测量。

达到动态平衡时,$f_L = f_E$,则

$$evB = -eU_H/b \qquad (9-3)$$

又因为电流密度 $J=-nev$(n 为载流子浓度),则电流

$$I=-nevbd \tag{9-4}$$

所以

$$U_H=\frac{IB}{ned}=R_H\frac{IB}{d}=K_H IB \tag{9-5}$$

式中,d 为霍尔片厚度;$R_H=1/(ne)$ 为霍尔系数;$K_H=R_H/d=1/(ned)$ 为霍尔元件的灵敏度。

由式(9-5)和式(9-3)可见,霍尔电压与载流体中载流子(电子或空穴)的运动速度有关,亦即与载流体中载流子的迁移率 μ 有关。由于 $\mu=v/E_1$(E_1 为电流方向上的电场强度),材料的电阻率 $\rho=1/(ne\mu)$,所以霍尔系数与载流体材料的电阻率 ρ 和载流子迁移率 μ 的关系为

$$R_H=\rho\mu \tag{9-6}$$

因此,只有 ρ、μ 都大的材料才适合于制造霍尔元件,才能获得较大的霍尔系数和霍尔电压。金属导体的载流子迁移率很大,但其电阻率低(或自由电子浓度 n 大);绝缘体电阻率很高(或 n 小),但其载流子迁移率低。因此金属导体和绝缘体均不宜选作霍尔元件,只有半导体材料为最佳霍尔元件材料,表 9-1 列出一些霍尔元件材料特性。此外,霍尔电势除与材料的载流子迁移率和电阻率有关外,同时还与霍尔元件的几何尺寸有关。一般要求霍尔元件灵敏度越大越好,霍尔元件的厚度 d 与 K_H 成反比,因此,霍尔元件的厚度越小其灵敏度越高,一般取 $d=0.1\text{mm}$ 左右。当霍尔元件的宽度 b 加大,或长宽比(l/b)减小时,将会使 U_H 下降。通常要对式(9-5)加以形状效应修正:

$$U_H=R_H\frac{IB}{d}f(l/b) \tag{9-7}$$

式中,$f(l/b)$ 为形状效应系数,其修正值如表 9-2 所示。一般取 $l/b=2\sim2.5$ 就足够了。

表 9-1　霍尔元件的材料特性

材料	迁移率 $\mu/(\text{cm}^2/\text{V}\cdot\text{s})$		霍尔系数 R_H /$(\text{cm}^2/℃)$	禁带宽度 E_g /eV	霍尔系数温度特性 /$(\%/℃)$
	电子	空穴			
Ge1	3600	1800	4250	0.60	0.01
Ge2	3600	1800	1200	0.80	0.01
Si	1500	425	2250	1.11	0.11
InAs	28000	200	570	0.36	−0.1
InSb	75000	750	380	0.18	−2.0
GaAs	10000	450	1700	1.40	0.02

表 9-2　形状效应系数

l/b	0.5	1.0	1.5	2.0	2.5	3.0	4.0
$f(l/b)$	0.370	0.675	0.841	0.928	0.967	0.984	0.996

9.1.2　霍尔元件主要技术参数

1. 输入电阻 R_i 和输出电阻 R_o

霍尔元件控制电流极间的电阻为 R_i;霍尔电压极间电阻为 R_o。输入电阻和输出电阻一般为 $100\sim2000\Omega$,而且输入电阻大于输出电阻,但相差不太大,使用时应注意。

2. 额定控制电流 I_c

额定控制电流 I_c 为使霍尔元件在空气中产生 10℃ 温升的控制电流。I_c 大小与霍尔元件的尺寸有关：尺寸越小，I_c 越小。I_c 一般为几毫安至几十毫安。

3. 不等位电势 U_0 和不等位电阻 R_0

霍尔元件在额定控制电流作用下，不加外磁场时，其霍尔电势电极间的电势为不等电位电势（也称为非平衡电压或残留电压）。它主要是由于两个电极不在同一等位面上以及材料电阻率不均匀等因素引起的。可以用输出的电压表示，或空载霍尔电压 U_H 的百分数表示，一般 $U_0 \leqslant 10\text{mV}$。不等位电阻 $R_0 = U_0 / I_c$。

4. 灵敏度 K_H

灵敏度是在单位磁感应强度下，通以单位控制电流所产生的开路霍尔电压，其单位一般为 $\text{mV}/(\text{mA}\cdot\text{T})$ 或 $\text{mV}/(\text{mA}\cdot\text{kGs})$。

5. 寄生直流电势 U_{0D}

在不加外磁场时，交流控制电流通过霍尔元件而在霍尔电压极间产生的直流电势为 U_{0D}，它主要是电极与基片之间的非完全欧姆接触所产生的整流效应造成的。

6. 霍尔电势温度系数 α

α 为温度每变化 1℃ 时霍尔电势变化的百分率。这一参数对测量仪器十分重要。若仪器要求精度高时，要选择 α 值小的元件，必要时还要加温度补偿电路。

7. 电阻温度系数 β

β 为温度每变化 1℃ 时霍尔元件材料的电阻变化的百分率。

8. 灵敏度温度系数 γ

γ 为温度每变化 1℃ 时霍尔元件灵敏度的变化率。

9. 线性度

霍尔元件的线性度常用 1kGs 时霍尔电压相对于 5kGs 时霍尔电压的最大差值的百分比表示。

9.1.3　基本误差及其补偿

霍尔元件在实际应用时，存在多种因素影响其测量精度，造成测量误差的主要因素有两类：半导体固有特性；半导体制造工艺的缺陷。其主要表现为温度误差和零位误差。

9.1.3.1　温度误差及其补偿

霍尔元件是由半导体材料制成的，与其他半导体材料一样对温度变化是很敏感的，其电阻率、迁移率和载流子浓度等都随温度的变化而变化，因此在工作温度改变时，其内阻（R_i 和 R_0）及霍尔电压均会发生相应变化，从而给测量带来不可忽略的误差——温度误差。为了减小温度误差，除选用温度系数较小的材料如砷化铟（InAs）外，还可以采用适当的补偿电路。

1. 采用恒流源供电和输入回路并联电阻

温度变化引起霍尔元件输入电阻 R_i 变化，在稳压源供电时，使控制电流变化，带来误差。为了减小这种误差，最好采用恒流源（稳定度 $\pm 0.1\%$）提供控制电流。但灵敏度系数 K_H 也是温度的函数，因此采用恒流源后仍有温度误差。为了进一步提高 U_H 的温度稳定性，对于具有正温度系数的霍尔元件，可在其输入回路并联电阻 R，如图 9-2 所示。

由图知，在温度 t_0 和 t 时

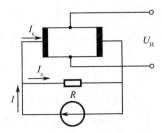

图 9-2 恒流源及输入并联
电阻温度补偿电路

$$I_{c0} = IR/(R_{i0} + R) \qquad (9\text{-}8)$$

$$I_{ct} = IR/(R_{it} + R) \qquad (9\text{-}9)$$

$$K_{Ht} = K_{H0}[1 + \alpha(t - t_0)] \qquad (9\text{-}10)$$

$$R_{it} = R_{i0}[1 + \beta(t - t_0)] \qquad (9\text{-}11)$$

式中,下标 0、t 分别表示温度为 t_0 和 t 时的有关值,α 是霍尔电压温度系数。

当温度影响完全补偿时,$U_{H0} = U_{Ht}$,则

$$K_{H0} I_{c0} B = K_{Ht} I_{ct} B \qquad (9\text{-}12)$$

将式(9-8)～式(9-11)代入式(9-12),可得

$$1 + \alpha(t - t_0) = [R + R_{i0} + R_{i0}\beta(t - t_0)]/(R_{i0} + R)$$

故

$$R = (\beta - \alpha)R_{i0}/\alpha \qquad (9\text{-}13)$$

霍尔元件的 R_{i0}、α 和 β 值在产品说明书中均有数值。通常 $\beta \gg \alpha$,故 $\beta - \alpha \approx \beta$,所以式(9-13)为

$$R \approx \beta R_{i0}/\alpha \qquad (9\text{-}14)$$

2. 选取合适的负载电阻 R_L

霍尔元件的输出电阻 R_o 和霍尔电势都是温度的函数(设为正温度系数),霍尔元件应用时,其输出总要接负载 R_L(如电压表内阻或放大器的输入阻抗等)。当工作温度改变时,输出电阻 R_o 的变化必然会引起负载上输出电势的变化。R_L 上的电压为

$$U_L = \frac{U_{Ht}}{R_L + R_{ot}}R_L = \frac{R_L U_{H0}[1 + \alpha(t - t_0)]}{R_L + R_{o0}[1 + \beta(t - t_0)]}$$

式中,R_{o0} 为温度为 t_0 时,霍尔元件的输出电阻;其他符号含义同上。为使负载上的电压不随温度而变化,应使 $dU_L/d(t - t_0) = 0$,即得

$$R_L = R_{o0}\left(\frac{\beta}{\alpha} - 1\right) \qquad (9\text{-}15)$$

霍尔电压的负载通常是测量仪表或测量电路,其阻值是一定的,但可用串、并联电阻方法使式(9-15)得到满足来补偿温度误差。但此时灵敏度将相应降低。

3. 采用恒压源和输入回路串联电阻

当霍尔元件采用稳压源供电,且霍尔输出开路状态下工作时,可在输入回路中串入适当电阻来补偿温度误差,其分析过程与结果同式(9-14)。

4. 采用温度补偿元件

这是一种常用的温度误差补偿方法,尤其适用于锑化铟材料的霍尔元件。图 9-3 示出了采用热敏元件进行温度补偿的几种不同连接方式的例子。其中,图 9-3(a)、(b)、(c)为电压源激励时的补偿电路;图 9-3(d)为电流源激励时的补偿电路。图中 r_i 为激励源内阻,$r(t)$、$R(t)$ 为热敏元件如热电阻或热敏电阻。通过对电路的简单计算便可求得有关的 $R(t)$ 和 $r(t)$ 的阻值。

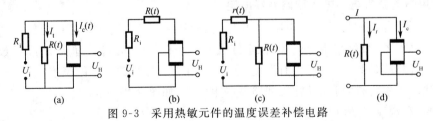

图 9-3 采用热敏元件的温度误差补偿电路

9.1.3.2　零位误差及其补偿

霍尔元件的零位误差主要有不等位电势 U_0 和寄生直流电势 U_{0D} 等。

不等位电势 U_0 是霍尔误差中最主要的一种。U_0 产生的原因是由于制造工艺不可能保证两个霍尔电极绝对对称地焊在霍尔片的两侧,致使两电极点不能完全位于同一等位面上;此外霍尔片电阻率不均匀或片厚薄不均匀或控制电流极接触不良将使等位面歪斜,致使两霍尔电极不在同一等位面上而产生不等位电势,如图 9-4(a)所示。

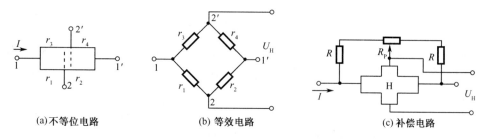

|(a)不等位电路|(b)等效电路|(c)补偿电路|

图 9-4　不等位电势补偿电路

除了工艺上采取措施降低 U_0 外,还需采用补偿电路加以补偿。霍尔元件可等效为一个四臂电桥,如图 9-4(b)所示,当两霍尔电极在同一等位面上时,$r_1 = r_2 = r_3 = r_4$,则电桥平衡,$U_0 = 0$;当两电极不在同一等位面上时(如 $r_3 > r_4$),则有 U_0 输出。可以采用图 9-4(c)所示方法进行补偿,外接电阻 R 值应大于霍尔元件的内阻,调整 R_P 可使 $U_0 = 0$。

改变工作电流方向,取其霍尔电势平均值,或采用交流供电亦可以消除或降低零位误差。

9.1.4　霍尔元件的应用电路

1. 基本应用电路

图 9-5 所示为霍尔元件的基本应用电路。控制电流 I_c 由电源 E 供给,调节 R_A 控制电流 I_c 的大小,霍尔元件输出接负载电阻 R_L,R_L 可以是放大器的输入电阻或测量仪表的内阻。由于霍尔元件必须在磁场 B 与控制电流 I_c 作用下才会产生霍尔电势 U_H,所以在实际应用中,可以把 I_c 和 B 的乘积,或者 I_c,或者 B 作为输入信号,则霍尔元件的输出电势分别正比于 $I_c B$ 或 I_c 或 B。通过霍尔元件的电流 I_c 为

$$I_c = E/(R_A + R_B + R_H)$$

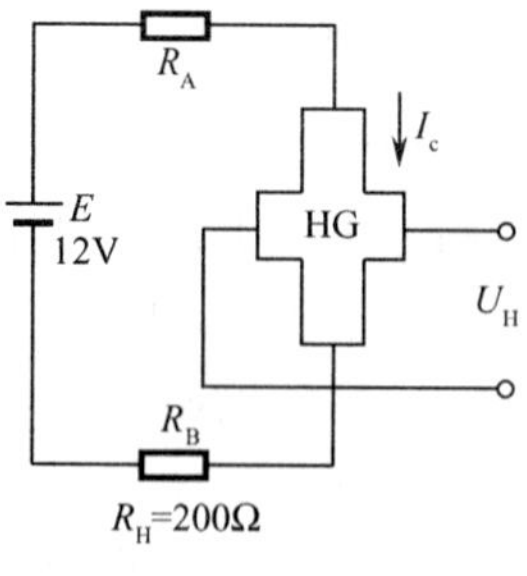

则

$$R_A + R_B = (E - I_c R_H)/I_c$$

若 $I_c = 5\text{mA}$,$R_H = 200\Omega$,$E = 12\text{V}$,则可求得

$$R_A + R_B = \frac{12 - 5 \times 10^{-3} \times 200}{5 \times 10^{-3}} = 2200(\Omega)$$

图 9-5　霍尔元件基
本应用电路

由于霍尔元件的电阻 R_H 是变化的,由此会引起电流变化,可能使霍尔电压失真。为此,外接电阻($R_A + R_B$)要大于 R_H,这样可以抑制 I_c 电流的变化。

图 9-6 为霍尔元件的几种偏置电路:

(1) 图 9-6(a)是无外接偏置电阻的电路。这种电路有如下特点:适用于 R_H 较大的霍尔元件;霍尔电流 $I_c = E/R_H$;磁阻效应(霍尔元件内阻随磁场的增加而增加的现象)影响较大;用于 InSb 材料的霍尔片时,温度特性好。

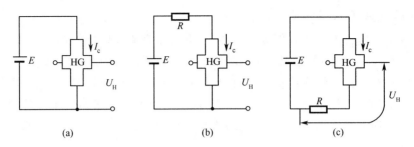

图 9-6　霍尔元件偏置电路

(2) 图 9-6(b) 是在电源正端与霍尔片之间串接偏置电阻 R 的电路。其电路特点:适用 R_H 较小的霍尔元件;若 $R \gg R_H$,磁阻效应影响小且为恒流驱动;$I_c = E/(R+R_H)$;$U_H = R_H I_c/2$,较小。

(3) 图 9-6(c) 是在电源负端与霍尔片之间串接电阻 R 的电路。其电路特点:适用于 R_H 较小元件;若 $R \gg R_H$,磁阻效应影响小且为恒流驱动;$I_c = E/(R+R_H)$;$U_H = (R_H/2+R)I_c$,较大;用于 InSb 材料的霍尔片时,温度特性变坏。

2. 霍尔元件的驱动方式

霍尔元件的控制电流可以采用恒流驱动或恒压驱动,如图 9-7 所示。其特点如下:

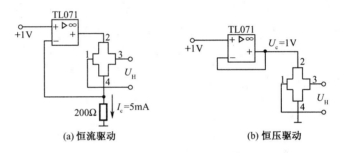

图 9-7　霍尔元件的驱动方式

(1) 对 GaAs 或 Ge 为材料的霍尔元件采用恒流时,其温度影响小;但对 InSb 霍尔元件来说,则采用恒压驱动时,温度影响小。

(2) 在电流恒定时,当磁场强度增加时,元件的电阻也随之增加(磁阻效应)。若采用恒流驱动,元件的电阻大小与 I_c 大小无关,所以线性度好;而采用恒压驱动时,则随着磁场强度增加,线性度会变坏。

(3) 采用恒流驱动,其不等位电势受温度影响大。

(4) 恒流驱动时,霍尔元件的灵敏度随工艺因素的影响,有较大的变动(主要是对厚度 d 的控制)。采用恒压驱动时,其霍尔电压为

$$U_H = R_H \frac{IB}{d} = R_H \frac{U_c}{R_i} \frac{B}{d} = R_H \frac{U_c}{\rho l/(bd)} \frac{B}{d} = \frac{R_H}{\rho} \frac{b}{l} U_c B \qquad (9\text{-}16)$$

式中,ρ 为电阻率;R_H 为霍尔常数;l、b、d 为霍尔元件几何尺寸;R_i 为霍尔元件输入电阻;U_c 为驱动电压;B 为磁感应强度。由于在式(9-16)中已无厚度 d 这一因子,故灵敏度变动率较小。

霍尔元件的恒压驱动特性与恒流驱动特性正相反,二者各有优缺点,这要根据工作的要求来确定驱动方式。

3. 霍尔元件的连接方式

霍尔元件除了基本应用电路之外,如果为了获得较大的霍尔输出电势,可以采用几片叠加的连接方式。如图9-8(a)所示,直流供电,输出电势 U_H 为单片的两倍。图9-8(b)为交流供电情况,控制电流端串联,各元件输出端接输出变压器 B 的初级绕组,变压器的次级便有霍尔电势信号叠加值输出。

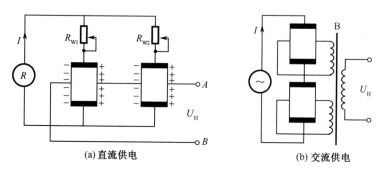

(a) 直流供电　　　　　　(b) 交流供电

图 9-8　霍尔元件叠加连接方式

4. 霍尔电势的输出电路

霍尔元件是一种四端器件,本身不带放大器。霍尔电势一般在毫伏数量级,在实际使用时,必须加差分放大器。霍尔元件大体分为线性测量和开关状态两种使用方式,因此,输出电路有两种结构,如图9-9所示。

当霍尔元件作线性测量时,最好选用灵敏度低一点、不等位电势小、稳定性和线性度优良的霍尔元件。

例如,选用 $K_H = 5\text{mV}/(\text{mA·kGs})$、控制电流为 5mA 的霍尔元件作线性测量元件,若要测量 1Gs～10kGs 的磁场,则霍尔器件输出电势 U_H 的范围为

$$U_H \Big|_{min} = 5\text{mV}/(\text{mA·kGs}) \times 5\text{mA} \times 10^{-3}\text{kGs} = 25\mu\text{V}$$

$$U_H \Big|_{max} = 5\text{mV}/(\text{mA·kGs}) \times 5\text{mA} \times 10\text{kGs} = 250\text{mV}$$

故要选择低噪声的放大器作为前级放大。

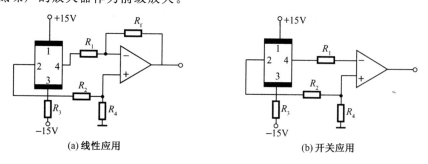

(a) 线性应用　　　　　　(b) 开关应用

图 9-9　GaAs 霍尔元件的输出电路

当霍尔元件作开关使用时,要选择灵敏度较高的霍尔器件。

例如,$K_H = 20\text{mV}/(\text{mA·kGs})$,如果采用 2mm×3mm×5mm 的钐钴磁钢器件,控制电流为 2mA,施加一个距离器件为 5mm 的 3000Gs 的磁场,则输出霍尔电势为

$$U_H = 20\text{mV}/(\text{mA·kGs}) \times 2\text{mA} \times 3\text{kGs} = 120\text{mV}$$

这时选用一般的放大器即可满足。

如果霍尔电压信号仅为交流输出时,可采用图9-10所示差动放大电路,用电容隔掉直流信号即可。

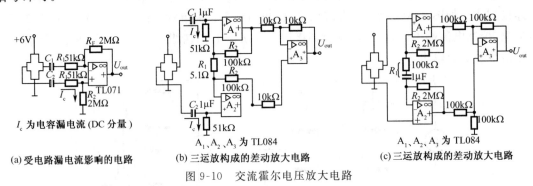

图9-10 交流霍尔电压放大电路

图9-10(a)电路中电阻R_2值较大,必须选择漏电流小的电容器。如果C_2的漏电流较大,通过R_2形成回路,而C_1上几乎没有漏电流,这样两者漏电流之差就作为漂移电压形式表现出来。

图9-10(b)所示电路中,C_1和C_2漏电流相同,则漏电流对电路影响极小。图9-8(c)所示电路的电容上几乎没有加直流电压,因此漏电流极小。另外,放大器的输入阻抗也很高,漏电流对电路工作影响小。

9.1.5 集成霍尔器件

将霍尔元件及其放大电路、温度补偿电路和稳压电源等集成在一个芯片上构成独立器件——集成霍尔器件,不仅尺寸紧凑便于使用,而且有利于减小误差,改善稳定性。根据功能的不同,集成霍尔器件分为霍尔线性集成器件和霍尔开关集成器件两类。

1. 霍尔线性集成器件

霍尔线性集成器件的输出电压与外加磁场强度在一定范围内呈线性关系,它有单端输出和双端输出(差动输出)两种电路。其内部结构如图9-11所示。

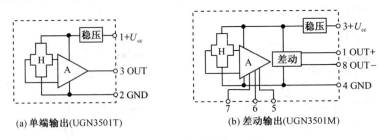

图9-11 霍尔线性集成器件

UGN3501T、UGN3501U、UGN3501M是美国SPRAGUN公司生产的UGN系列霍尔线性集成器件的代表产品,其中T、U两种型号为单端输出,区别仅是厚度不同,T型厚度为2.03mm,U型为1.54mm,为塑料扁平封装三端元件,1脚为电源端,2脚为地,3脚为输出端;UGN3501M为双端输出8脚DIP封装,1、8脚为输出,3脚为电源,4脚为地,5、6、7脚外接补偿电位器,2脚空。

国产CS3500系列霍尔线性集成器件与UGN系列相当,可作为使用时选用。

UGN3501T的电源电压与相对灵敏度的特性如图9-12所示,由图可知U_{cc}高时,输出灵敏度高。UGN3501T 的温度与相对灵敏度的特性如图 9-13 所示,随着温度的升高,其灵敏度下降。因此,若要提高测量精度,需在电路中增加温度补偿环节。

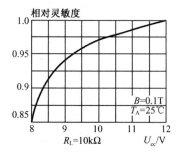

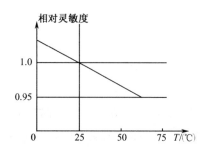

图 9-12　U_{cc} 与相对灵敏度关系　　　　　图 9-13　温度与相对灵敏度关系

UGN3501T 的磁场强度与输出电压特性如图 9-14 所示,由图可见,在 ±0.15T 磁场强度范围内,有较好的线性度,超出此范围时呈饱和状态。UGN3501 的空气间隙与输出电压特性如图 9-15 所示,由图可见,输出电压与空气间隙并不是线性关系。

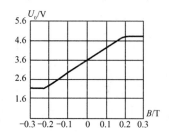

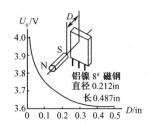

图 9-14　磁场强度与输出电压关系　　　图 9-15　空气间隙与输出电压关系

UGN3501M 为差动输出,输出与磁场强度成线性。UGN3501M 的 1、8 两脚输出与磁场的方向有关,当磁场的方向相反时,其输出的极性也相反,如图 9-16 所示。

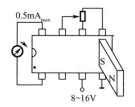

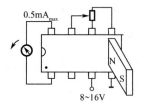

图 9-16　UGN3501M 的输出与磁场方向关系

UGN3501M 的 5、6、7 脚接一调整电位器时,可以补偿不等位电势,并且可改善线性,但灵敏度有所下降。若允许一定的不等位电势输出,则可不接电位器。输出特性如图 9-17 所示。

若以 UGN3501M 的中心为原点,磁钢与 UGN3501M 的顶面之间距离为 D,则其移动的距离 l 与输出的差动电压如图 9-18 所示,由图可以看出,在空气间隙为零时,每移动 0.001 英寸(0.0254mm)输出为 3mV,即相当 11.8mV/mm,当采用高能磁钢(如钐钴磁钢或钕铁硼磁钢),每移动 0.254mm 时,能输出 30mV,并且在一定距离内呈线性。

2. 霍尔开关集成器件

常用的霍尔开关集成器件有 UGN3000 系列,其外形与 UGN3501T 相同,内部框图如图 9-19(a)所示。它由霍尔元件,放大器、施密特整形电路和集电极开路输出等部分组成。工作特性如图 9-19(b)所示。工作电路如图 9-19(c)所示。对于霍尔开关集成器件,不论是集电

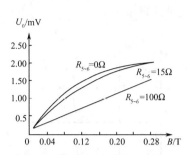

图 9-17　UGN3501M 输出与磁场强度关系

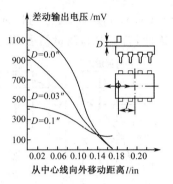

图 9-18　移动距离与输出关系

极开路输出还是发射极输出,其输出端均应接负载电阻,取值一般以负载电流适合参数规范为准。工作特性有一定磁滞,可以防止噪声干扰,使开关动作更可靠。B_{op} 为工作点"开"的磁场强度,B_{RP} 为释放点"关"的磁场强度。另外还有一种"锁定型"器件,如 UGN3075/76,当磁场强度超过工作点开时,其输出导通;而在磁场撤销后,其输出状态保持不变,必须施加反向磁场并使之超过释放点,才能使其关断。其工作特性如图 9-19(d)所示。

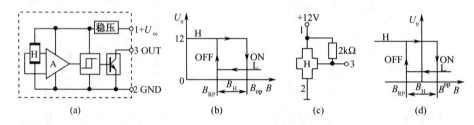

图 9-19　霍尔开关集成器件

　　UGN3000 系列霍尔开关集成器件的极限参数及电参数可查相关技术手册或产品说明书。国产 CS3000 系列霍尔开关集成器件与 UGN3000 系列性能相当,可以选用。

9.1.6　霍尔传感器的应用

　　霍尔传感器(霍尔元件和集成霍尔器件)的尺寸小、外围电路简单、频响宽、动态特性好、使用寿命长,因此被广泛地应用于测量、自动控制及信息处理等领域。

　　1. 位移测量

　　如图 9-20(a)所示的两块永久磁铁相同极性相对放置,将线性霍尔元件或集成霍尔器件置于中间,其磁感应强度为零,这个位置可以作为位移的零点。当霍尔器件在 Z 轴方向位移 ΔZ 时,霍尔器件有一电压 U_H 输出,其输出特性如图 9-20(b)所示。只要测出 U_H 值,即可得到位移的数值。位移传感器的灵敏度与两块磁钢间距离有关,距离越小,灵敏度越高。一般要求其磁场梯度大于 0.03T/mm,这种位移传感器的分辨率优于 10^{-6}m。如果浮力、压力等参数的变化能转化为位移的变化,便可测出液位、压力等参数。

　　2. 力(压力)测量

　　如图 9-21 所示,当力 F 作用在悬臂梁上时,梁将发生变形,霍尔器件将有与力成正比的电压输出,通过测试电压即可测出力的大小。力与电压输出有一些非线性时,可采用电路或单片机软件来补偿。

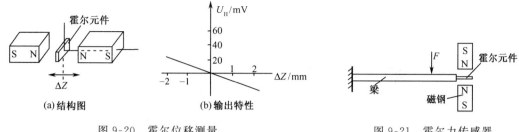

(a) 结构图　　　　　　(b) 输出特性

图 9-20　霍尔位移测量　　　　　　　　　图 9-21　霍尔力传感器

3. 角度测量

如图 9-22(a)所示,将霍尔器件置于永久磁铁的磁场中,其输出霍尔电势 U_H 为

$$U_H = K_H IB \sin\theta \tag{9-17}$$

利用上式即可测出角度 θ。

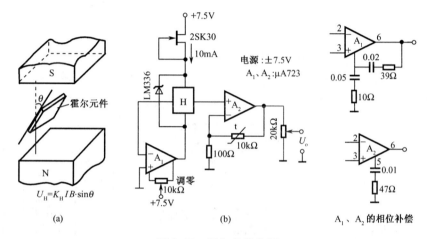

图 9-22　霍尔角度检测

角度检测电路如图 9-22(b)所示。霍尔器件采用场效应管 2SK30 恒流(10mA)供电,并且用 LM336 基准电压集成电路跨接在控制电流的两端,这样可以使零点温度变化的影响减小。采用 A_1 运算放大器来调整不等位电势,使它在零位时输出为零。霍尔器件的输出由 A_2 放大,在反馈回路中采用温度系数为 2500ppm/℃的热敏电阻作温度补偿,用来补偿霍尔器件 0.2%/℃的温度系数引起的误差及磁钢－0.04%/℃的温度系数所引起的误差。输出的信号可以采用 S/D(同步/数字)转换器,将模拟信号转换成 BCD 码输出。A_1、A_2 还可进行相位补偿。

4. 霍尔加速度传感器

霍尔加速度传感器的结构原理如图 9-23 所示。这种加速度传感器在($-14\sim+14$)×10^2 m/s² 范围内,其输出霍尔电压与加速度 a 之间有较好的线性关系(见图 9-23(b))。

5. 霍尔电流传感器

霍尔传感器广泛用于测量电流,从而可以制成电流过载检测器或过载保护装置;在电机控制驱动中,作为电流反馈元件,构成电流反馈回路;构成电流表(主要用于大电流测量)。

UGN3501M 霍尔电流传感器原理如图 9-24 所示。标准软磁材料圆环中心直径为 40mm,截面积为 4mm×4mm(方形);圆环上有一缺口,放入 UGN3501M;圆环上绕有一定匝数线圈,并通过检测电流产生磁场,则霍尔器件有信号输出。根据磁路理论,可以算出:当线圈为 9 匝、电流为 20A 时可产生 0.1T 的磁场强度,由于 UGN3501M 的灵敏度为 14mV/mT,则

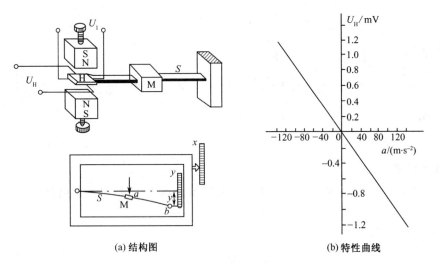

(a) 结构图   (b) 特性曲线

图 9-23　霍尔加速度传感器

在 0～20A 电流范围内,其输出电压变化为 1.4V;若线圈为 11 匝、电流为 50A 时可产生 0.3T 的磁场强度,在 0～50A 电流范围内,其输出电压变化为 4.2V。

利用 UGN3501M 霍尔电流传感器与液晶数显电路可组成数显电流表,如图 9-25 所示。

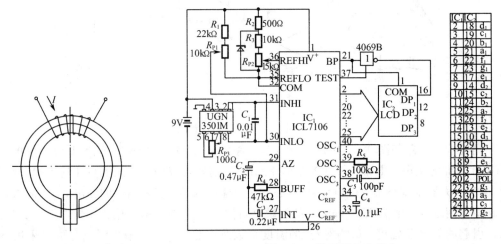

图 9-24　霍尔电流传感器   图 9-25　数显霍尔电流表

IC_1 为 A/DICL7106,IC_2 为液晶显示器 LCD。UGN3501M 的输出端 1、8 脚分别接 ICL7106 的 INHI 和 INLO。静态时(线圈中无电流流过)仍有输出,调整 R_{P1} 使 LCD 上显示为 "0.0";再将线圈中通过标准电流 50A,调节 R_{P2},使 LCD 显示为 "50.0"。调节 R_{P1} 和 R_{P2} 可能会互相影响,需要反复调整多次,才能调整得比较好。

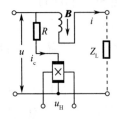

图 9-26　霍尔器件
测电功率

6. 霍尔功率传感器

由式(9-5)知,U_H 与 I 和 B 的乘积成正比,如果 I 和 B 是两个独立变量,霍尔器件就是一个简单实用的模拟乘法器;如果 I 和 B 分别与某一负载两端的电压和通过的电流有关,则霍尔器件便可用于负载功率测量。图9-26是霍尔功率传感器原理图。负载 Z_L 所取

电流 i 流过铁心线圈以产生交变磁感强度 B，电源电压 U 经过降压电阻 R 得到的交流电流 i_c。流过霍尔器件，则霍尔器件输出电压 U_H 便与电功率 P 成正比，即

$$u_H = K_H i_c B = K_H K_i U_m \sin\omega t K_B I_m \sin(\omega t + \varphi)$$
$$= K U_m I_m \sin\omega t \sin(\omega t + \varphi)$$

则霍尔电压 u_H 平均值为

$$U_H = \frac{1}{T}\int_0^T u_H \mathrm{d}t = \frac{1}{T}\int_0^T K U_m I_m \frac{1}{2}\left[\cos\varphi - \cos(2\omega t + \varphi)\right]\mathrm{d}t$$

$$= \frac{1}{2}K U_m I_m \cos\varphi = K_p UI\cos\varphi = K_p P \qquad (9\text{-}18)$$

式中，K_H 为霍尔灵敏度；K_i 为与降压电阻 R 有关的系数；K_B 为与线圈有关的系数；$K = K_H K_i K_B = K_p$ 为总系数；U_m、I_m 分别为电源电压与负载电流幅值；φ 为与负载 Z_L 有关的功率角；$P = UI\cos\varphi$ 为有功功率。

若将图 9-26 中的电阻 R 改用电容 C 代替，使 i_c 移相 $90°$，则可测无功功率 Q，即

$$U'_H = \frac{1}{2}K_p U_m I_m \sin\varphi = K_p Q \qquad (9\text{-}19)$$

霍尔元件不仅可以用于功率测量（乘积功能），还可以利用霍尔元件完成乘方和开方功能。乘方运算极为简单，只需将电流端子和电磁铁的线圈串联起来，使输入电流 I_i 既形成磁感应强度 B，又给元件提供控制电流 I_i，结果必然得到 $U_H \propto I_i^2$ 的关系，见图 9-27 所示。

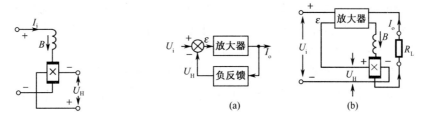

图 9-27　霍尔元件平方器　　　　图 9-28　霍尔元件开方器

霍尔元件开方器是利用平方负反馈原理实现的。在图 9-28（a）中，设放大器的放大倍数足够大，则可认为放大器的输入信号 $\varepsilon \approx 0$，于是整个电路的输入电压 U_i 和负反馈电压 U_H 几乎相等，即 $U_i \approx U_H$。若负反馈方框是用和图 9-27 一样的霍尔平方器构成的，即如图 9-28（b）所示，则输出电流 I_o 必然正比于 U_i 的平方根，即

$$U_i \approx U_H = KI_o^2$$

故得

$$I_o = \sqrt{U_i/K} = K'\sqrt{U_i} \qquad (9\text{-}20)$$

除此之外，霍尔元件还可以实现求倒数、除法、开立方等功能。实际上我国早期生产的 DDZ-Ⅱ系列单元组合仪表的运算单元中，就有用霍尔元件实现运算的品种。

7. 霍尔高斯计

在磁场强度为 $0.1T$ 时，UGN3501M 的典型输出电压为 1400mV，因此可以制成 $0.1T$ 的高斯计，如图 9-29 所示。电源电压为 $8 \sim 16V$。在 5、6 脚接一个 20Ω 的调零电位器，在 1、8 脚接一可调灵敏度的 $10k\Omega$ 电位器及内阻常数最小为 $10k\Omega/V$ 的电压表。若在 5、6

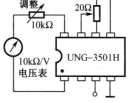

图 9-29　简易高斯计

两脚上各接一只 47Ω 电阻后,再接 20Ω 电位器,其线性范围可达 0.3T。

8. 霍尔计数装置

UGN3501T 具有较高的灵敏度,能感受到很小的磁场变化,因而可以检测铁磁物质的有无。利用这一特性可以制成计数装置,其应用电路及计数装置如图 9-30 所示。

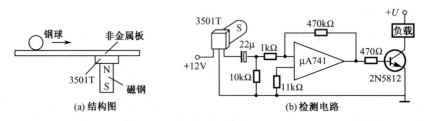

图 9-30　钢球计数装置及电路图

当钢球滚过霍尔器件 UGN3501T 时,可输出 20mV 的脉冲,脉冲信号经运放 μA741 放大后,输入至三极管 2N5812 的基极,并且接一个负载电阻,则在 2N5812 集电极接计数器即可计数了。从图中也可以看出,霍尔器件也是一种接近开关。

9. 霍尔转速传感器

利用霍尔开关器件测量转速的原理很简单,只要在被测转速的主轴上安装一个非金属圆形薄片,将磁钢嵌在薄片圆周上,主轴转动一周,霍尔传感器输出一个检测信号。当磁钢与霍尔器件重合时,霍尔传感器输出低电平;当磁钢离开霍尔器件时,输出高电平。信号可经非门(或施密特触发器)整形后,形成脉冲,只要对此脉冲信号计数就可以测得转速。为了提高转速测量的分辨率,可增加薄片圆周上磁钢的个数。

图 9-31 为霍尔转速测量装置电路图。当磁钢与霍尔器件重合时,霍尔传感器输出低电平,信号经非门整形后,形成脉冲,然后经 ADVFC32 把频率转换成模拟电压输出,再送入 ICL7106 进行转换和驱动 LCD。

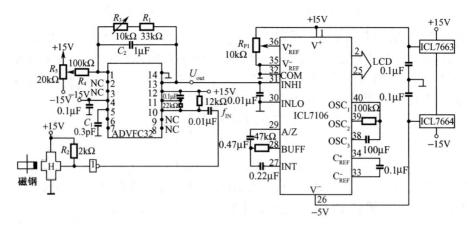

图 9-31　霍尔转速测量装置

ICL7106 由 ICL7663 和 ICL7664 稳压提供 +5V 和 −5V 电压。调整 R_5,使霍尔传感器无脉冲输出时显示为零;调整 R_{P1} 进行校准。

10. 霍尔开关电子点火器

图 9-32 为霍尔开关电子点火器分电盘及电路原理图。在分电盘上装几个磁钢(磁钢数与

汽缸数相对应），在盘上装一霍尔开关器件，每当磁钢转到霍尔器件时，输出一个脉冲，经放大升压后送入点火线圈。

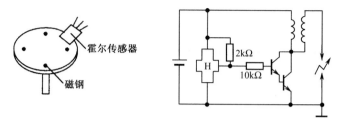

图 9-32　霍尔开关电子点火器

11. 霍尔电机

录音机、录像机、影像设备、CD 唱机等一类家用电器及 XY 记录仪、打印机等仪器中要求采用的直流电机转速稳定、噪声小、效率高和寿命长，因此，一般带有电刷、整流子的直流电机（称为有刷电机）不能满足要求。近年来采用霍尔元件制成的无刷直流电机性能良好，用量大增，已成为霍尔元件的最大用户。应用的霍尔元件有线性、开关型和锁定开关型等三种。目前，采用开关型霍尔元件的直流无刷电机的电路简单，且因功率驱动电路工作在开关状态下，功率驱动电路损耗小、效率高、体积小。

霍尔无刷直流电机工作原理如图 9-33 所示。电机的转子是由磁钢制成（一对磁极），定子由四个极靴绕上线圈 W_1、W_2、W_3、W_4 组成，各个线圈都通过相应的三极管 $VT_1 \sim VT_4$ 供电。四个开关型霍尔器件 $H_1 \sim H_4$ 配置在四个极靴电极上。可实现电机的双极性、四状态电子换向电路。

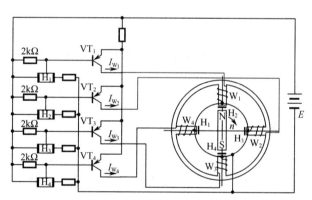

图 9-33　霍尔直流无刷电机工作原理图

当霍尔元件 H_2 面向转子 N 极方向时，则霍尔元件 H_2 导通，为低电平，功率晶体管 VT_2 导通，绕组 W_2 通过电流 I_{W_2}，使定子绕组 W_2 下极性呈 S 极，转子的 N 极将受到 W_2 定子 S 极吸引使转子顺时针旋转，直到 H_3 对准转子 N 极；此时 H_2 处于零磁场，H_3 导通，从而使 VT_3 导通，通过电流 I_{W_3} 使定子绕组 W_3 呈 S 极性，使转子继续顺时针旋转；当转子的 N 极对准 H_4 时，使之导通，进而使 VT_4 导通，I_{W_4} 电流通过定子绕组 W_4，使之呈 S 极性，继续使转子顺时针旋转，直到转子 N 极对准 W_4；而后 H_1 导通，使 VT_1 导通，电流 I_{W_1} 使定子绕组 W_1 呈 S 极性，继续使转子顺时针旋转，直到转子 N 极对准绕组 W_1；此时转子已转一周。如此下去，继续旋转。如果改变电源极性，则电机转子反转。

9.2 磁 敏 电 阻

某些材料(如霍尔元件)的电阻值受磁场的影响而改变的现象称为磁阻效应,利用磁阻效应制成的元件称为磁敏电阻。利用磁敏电阻可以制成磁场探测仪、位移和角度检测器、安培计及磁敏交流放大器等。

9.2.1 磁阻效应

在外加磁场作用下,某些载流子受到的洛伦兹力比霍尔电场作用力大时,它的运动轨迹就偏向洛伦兹力的方向;这些载流子从一个电极流到另一个电极所通过的路径就要比无磁场时的路径长些,因此增加了电阻率。电阻的增值可以用载流子在磁场作用下的平均偏移角 θ——霍尔角来衡量,平均偏移角 θ 与磁场 B 及载流子迁移率 μ 之间有如下关系:

$$\tan\theta = \mu B \tag{9-21}$$

可以证明,磁场电阻的相对变化 R_B/R_0(R_B、R_0 分别为有磁场 B 和无磁场时的电阻值),在弱磁场时与 B^2 成正比,在强磁场时与 B 成正比。如果器件只存在电子参与导电的简单情况下,可推出磁阻效应方程为

$$\rho_B = \rho_0(1 + 0.273\mu^2 B^2) \tag{9-22}$$

式中,ρ_B 为存在磁感应强度为 B 时的电阻率;ρ_0 为无磁场时的电阻率;μ 为电子迁移率;B 为磁感应强度。电阻率的变化为 $\Delta\rho = \rho_B - \rho_0$,则电阻率的相对变化为

$$\Delta\rho/\rho_0 = 0.273\mu^2 B^2 = K\mu^2 B^2 \tag{9-23}$$

由上式可见,当磁场一定时,迁移率越高的材料,如 InSb、InAs 和 NiSb 等半导体材料,其磁阻效应越明显。

磁阻效应除以上讨论特性(物理磁阻效应)外,还与器件的几何形状有关(几何磁阻效应,下面讨论)。

磁敏电阻根据其制作材料的不同,可分为半导体磁敏电阻和强磁性金属薄膜磁敏电阻。

9.2.2 半导体磁敏电阻

利用半导体材料的磁阻效应制成的磁敏电阻可以有如图 9-34 所示的几种形式,这些形状不同的半导体薄片都处在垂直于纸面向外的磁场中,电子运动的轨迹都将向左前方偏移,因此出现图中箭头所示的路径(箭头代表电子运动方向)。

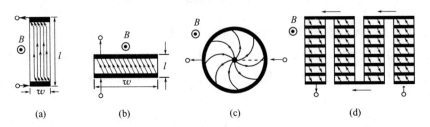

图 9-34 半导体磁敏电阻元件内电流分布

图 9-34(a)为器件长宽比 $l/w \gg 1$ 的纵长方形片,由于电子运动偏向一侧,必然产生霍尔效应,当霍尔电场 E_H 对电子施加的电场力 f_E 和磁场对电子施加的洛伦兹力 f_L 平衡时,电子

运动轨迹就不再继续偏移,所以片内中段电子运动方向和长度 l 的方向平行,只有两端才是倾斜的。这种情况电子运动路径增加得并不显著,电阻增加得也不多。

图 9-34(b)是 $l/w\ll1$ 的横长方形器件,其磁阻效应效果比前者显著。实验表明,对于 InSb 材料,当 $B=1$T 时,电阻可增大 10 倍(因为来不及形成较大的霍尔电场 E_H)。

图 9-34(c)是圆形片器件,电子由中央向边缘运动,其轨迹将是圆弧形,无论直径大小,圆片中任何地方都不会积累起电荷,不会产生霍尔电场,电流总是与半径方向成霍尔角 θ 弯曲,电流路径明显拉长,电阻增大最为明显(同样的 B 之下,电阻可增大 18 倍)。这种圆形片叫做"科比诺(Corbino)圆盘",由于它的初始电阻实在太小,很难实用。

图 9-34(d)是按图 9-34(b)的原理把每个横长片串联而成的"弓"字形,片与片之间的粗黑线代表金属导体,这些导体把霍尔电压短路掉,使之不能形成电场力 f_E,于是电子运动方向总是倾斜的,电阻增加得比较多。由于电子运动路径上有很多金属导体条,把半导体片分成多个栅格,所以叫"栅格式"磁敏电阻。

半导体磁敏电阻效应与器件几何形状(l/w)之间关系为

$$\Delta\rho/\rho_0 \approx K(\mu B)^2[1-f(l/w)] \tag{9-24}$$

式中,l,w 分别为器件的长和宽;$f(l/w)$ 为形状效应系数。

对于以上讨论的四种形状的磁敏电阻,其形状效应特性可表示为图 9-35(a)所示曲线。

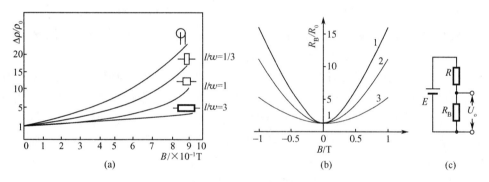

图 9-35 半导体磁敏电阻特性及应用电路

和霍尔元件的要求相似,半导体磁敏电阻的材料通常也是 InSb 和 InAs 等(当 $\mu B>1$ 时,$R_B/R_0\sim B$ 进入线性区,若取 $B=0.3$T,要满足 $\mu B>1$,则 $\mu>3.3\times10^4\text{cm}^2/(\text{V}\cdot\text{s})$,由此选择材料),片的厚度也是尽可能小。实用的半导体磁敏电阻制成栅格式,它由基片、电阻条和引线三个主要部分组成。基片又称衬底,一般用0.1～0.5mm 厚的高频陶瓷片或玻璃片,也可以是硅片经氧化处理后作基片;基片上面利用薄膜技术制作一层半导体电阻层,其典型厚度为 $20\mu m$;然后用光刻的方法刻出若干条与电阻方向垂直排列的金属条(短路条),把电阻层分割成等宽的电阻栅格,其横长比 $w/l>40$;磁敏电阻就是由这些条形磁敏电阻串联而成的,初始电阻约为 100Ω,栅格金属条在 100 根以上。通常用非铁磁质如 $\phi50\sim100\mu m$ 的硅铝丝或 $\phi10\sim20\mu m$ 的金线作磁敏电阻内引线,而用薄紫铜片作外引线。

除了以上栅格式之外,还有一种由 InSb 和 NiSb 构成的共晶式半导体(在拉制 InSb 单晶时,加入 1% 的 Ni,可得 InSb 和 NiSb 的共晶材料)磁敏电阻。这种共晶里,NiSb 呈具有一定排列方向的针状晶体,它的导电性好,针的直径在 $1\mu m$ 左右,长约 $100\mu m$,许多这样的针横向排列,代替了金属条起短路霍尔电压的作用,见图 9-36。

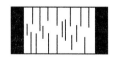

图 9-36 共晶式半导体磁敏电阻

由于 InSb 的温度特性不佳,往往在材料中加入一些 N 型碲或硒,形成掺杂的共晶,但灵敏度要损失一些。

栅格式和共晶式磁敏电阻的特性(灵敏度)如图 9-35(b),应用电路如图 9-35(c)。图 9-35(b)中曲线 1 为未掺杂的共晶式,2 为栅格式,3 为掺杂的共晶式。纵坐标为电阻相对变化倍数 R_B/R_0,即灵敏度 K,其中 R_0 为初始电阻,R_B 为有磁场作用下的电阻。由图可见,在弱磁感应强度下,R_B/R_0 按 B^2 增大,在 $B=0.2T$ 以上按 $B^{1.8}$ 增大,在 $B \geqslant 1T$ 时为线性。

为了提高灵敏度,可在衬底上加贴坡莫合金或铁氧体片,曲线还可进一步变陡。

半导体磁敏电阻的应用多接成分压器式,图 9-35(c)中 R 为恒定串联电阻,R_B 为磁敏电阻。

9.2.3 强磁性金属薄膜磁敏电阻

具有高磁导率的金属称为强磁性金属。强磁性金属处于磁场中时,主要产生两种效应:强制磁阻效应和定向磁阻效应。磁场强度 H 大于某一磁场 H_1 的强磁场时,产生强制磁场效应,电阻率随 H 增加而下降,负的磁阻效应。当 $H<H_1$ 的弱磁场情况下,产生定向磁阻效应,电阻率随磁场与输入磁敏电阻的电流之间的夹角 θ 而变化,即与方向有关,$\theta=0°$ 或 $180°$ 时,即磁场 H 的方向与器件中电流 I 的方向平行时,不论方向一致或相反,器件的电阻率(记为 $\rho_{//}$)变为最大;$\theta=90°$,即 H 与 I 相互垂直时,其电阻率(记为 $\rho_{\perp}$)变为最小。目前强磁性磁阻器件主要利用它的定向磁阻效应。特别值得注意的是,在一定的磁场强度范围内,定向磁阻效应所引起的电阻变化不受磁场强度的影响,仅仅与磁场方向有关。

如果把金属在无磁场作用时的初始电阻率用 ρ_0 表示,在平行于电流方向的磁场作用下所引起的电阻率增加量用 ρ' 表示($\rho'=\rho_{//}-\rho_0$),在垂直于电流方向的磁场作用下所引起的电阻率的减小量用 ρ'' 表示($\rho''=\rho_0-\rho_{\perp}$),则总的变化量为 $\Delta\rho=\rho'+\rho''$,而 $\Delta\rho/\rho_0$ 反映材料对磁场的灵敏度。含镍 $80\% \sim 73\%$ 及钴 $20\% \sim 27\%$ 的合金具有比一般强磁性金属更大的 $\Delta\rho/\rho_0$ 值,常用来制作磁敏电阻。

强磁性磁敏电阻用真空镀膜技术在玻璃衬底上淀积一层厚度为 $20 \sim 100nm$ 的上述合金薄膜,再用光刻腐蚀工艺制成图 9-37(a)所示的三端器件。AB 间及 BC 间几何尺寸和阻值都一样,但两者的栅条方向成 $90°$。若有磁场强度 H 按图中方向平行纸面作用于该器件,且与 AB 间栅条平行,与 BC 间栅条垂直,则电阻 R_{AB} 最大而 R_{BC} 最小,这时按图 9-37(b)接成的分压电路输出电压 U_0 最低;若 H 的方向顺时针或逆时针转过 $\theta=90°$,则 R_{AB} 最小而 R_{BC} 最大,输出 U_0 将最高。

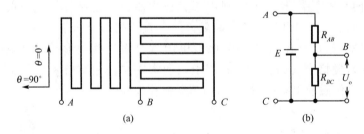

图 9-37 强磁性金属磁敏电阻结构及应用电路

不难推断,若 $\theta=\pm 45°$,则 H 与两种栅条的交角一样,一定能使 $R_{AB}=R_{BC}$,分压输出 U_0 将为电源电压 1/2。以此时的输出 U_0 为初始电压,将磁场方向 θ、磁场强度 H、输出电压变化

量 ΔU 三者画成曲线,即图 9-38。图中 $1-2-3-4-1$ 形成环线,这是磁滞回线,可见在磁场强度小于 H_r 的范围内,ΔU 的大小与 H 的增减方向有关,有多值性(不确定性),在此范围内不能应用。当 $H > H_r$ 之后,磁滞回线重合,这时输出电压变化量 ΔU 才和 H、θ 有确定关系。上述 H_r 称为"可逆磁场强度"。在 $H_r < H < H_s$ 的范围内,ΔU 仍然与 H 有关,只有当 $H > H_s$ 之后才成为水平直线,此时 ΔU 与 H 无关而仅仅取决于 θ,此处 H_s 称为"饱和磁场强度"。但 H 不能大于某一值 H_1。

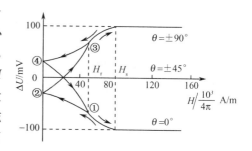

图 9-38　金属磁敏电阻特性

根据上述特点,若采用较强的磁场使得 $H_s < H < H_1$,并且令磁场的方向平行于图 9-37 的纸面旋转,则分压输出 U。将只取决于磁场的转角 θ,运用这一原理就能构成无滑点的电位器。若磁场连续不断地旋转,则 U。将呈正弦曲线变化,于是便可构成正弦信号发生器或转速传感器。

9.2.4　磁敏电阻传感器的应用

9.2.4.1　磁敏电阻器件

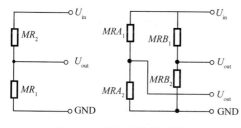

图 9-39　磁敏电阻线路结构

磁敏电阻器件一般在衬底上作两个相互串联的磁敏电阻,或四个磁敏电阻接成电桥形式,以便用于不同场合,其线路形式如图 9-39 所示。

磁敏电阻的电阻值为 100Ω 到几千欧姆,工作电压一般在 12V 以下,频率特性好(可达 MHz),动态范围宽,噪声低(信噪比高)。

几种磁敏电阻器件的主要参数及特性如下。

1. MR214A/223A

MR214A/223A(日本电气)的外形及等效电路如图 9-40 所示。它是由强磁性金属薄膜组成的器件,工作在磁性饱和区(约 4000A/m),用于汽车、测量仪器上,可检测旋转、角度、位置等参数。

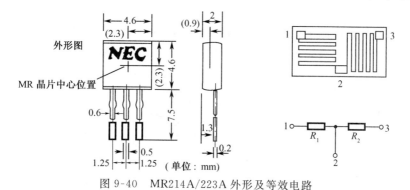

图 9-40　MR214A/223A 外形及等效电路

2. DM106B

DM106B(索尼)是在硅基板上附着强磁性体,其外形及等效电路如图 9-41 所示,在 8000A/m 磁场强度下工作,应用于旋转磁场。当 $U_{cc} = 5V$ 时,输出可达 80mV,功耗 11W,其温度特性如图 9-42 所示。

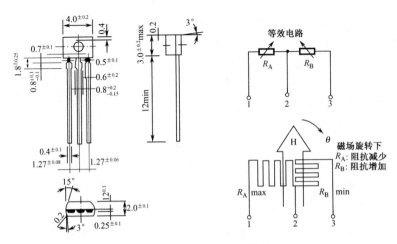

图 9-41　DM106B 的外形及等效电路

3. FPC/FPA 系列

FPC/FPA(田村)系列内部有放大器、整形电路(FPA 并有发光二极管作工作状态指示)，其特点是信噪比高，具有良好的频率特性，可用于位置、旋转速度的检出，也可作接近开关。其输出电压 U_{P-P} 与间隙 G_{ap} 特性如图 9-43 所示。

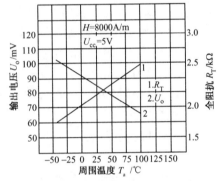

图 9-42　DM106B 的温度特性

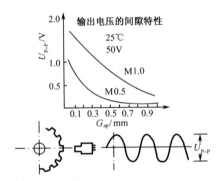

图 9-43　FPC/FPA 系列输出电压与间隙特性

4. MR413A/414A

MR413A/414A 是由四个磁阻元件组成的器件，有两相输出，可测出旋转方向、角度等参数，其元件配置、外形及等效电路如图 9-44 所示，其接线与输出波形如图 9-45 所示。

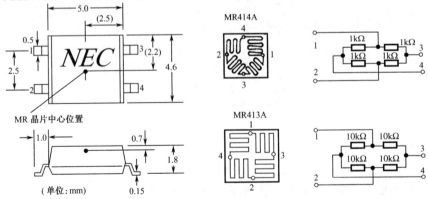

图 9-44　MR413A/414A 元件配置、外形及等效电路

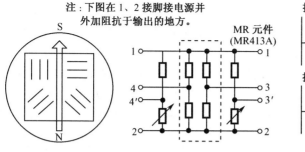
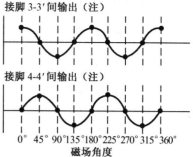

注：下图在1、2接脚接电源并外加阻抗于输出的地方。

接脚3-3′间输出（注）

接脚4-4′间输出（注）

MR 元件（MR413A）

图 9-45　MR413A/414A 接线及输出波形图

5. BS 系列

BS 系列（图形识别传感器）磁阻元件除用来检测磁性体的位置及旋转外，主要用于纸币识别及磁性墨水印刷物识别等。在元件表面采用特殊金属层，具有良好的耐磨性。识别纸币的波形如图 9-46 (a)所示，如经过有磁性油墨印刷的"1000"字样时，输出信号很大，若是伪币则无此信号。这种传感器同样可检测用磁性墨水印刷的标签和磁尺上的信号。它的外形如图 9-46(b)所示。

9.2.4.2　应用实例

图 9-46　BS 外形及纸币真伪识别输出波形

1. 非接触式磁阻角度传感器

非接触式角度传感器的输入为旋转角度，输出为电压。其外形及工作原理如图 9-47 所示。它是由两个半环形的磁阻元件组成，半圆形磁铁与磁阻元件之间的间隙为 0.2mm 左右，当磁铁转动时，磁铁则以差动方式将磁场加于两个磁阻元件上，可获得 ±50°（机械角度）的线性范围。其输出电压与转角间特性如图 9-48 所示。

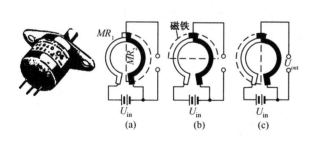
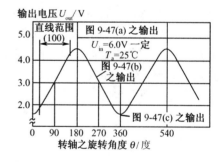

图 9-47　角度传感器的外形及工作原理图

图 9-48　角度传感器输出特性

这种角度传感器由于没有机械摩擦，所以工作寿命长；装置上安装了滚珠轴承，转动损耗也较小。这种传感器的输出电压为

$$U_{out} = \frac{MR_2}{MR_1 + MR_2} U_{in}$$

由图 9-48 可以看出，其输出电压较大，在 100° 范围内，输出线性电压大于 2V。

2. 磁阻式旋转传感器

磁阻旋转传感器可以检测磁性齿轴、齿轮的转数或转速,若采用四磁阻元件传感器,还能检测旋转的方向。

采用双元件磁阻旋转传感器的工作原理如图 9-49 所示。当齿轮的齿顶对准 MR_1,而齿根对准 MR_2 时,MR_1 的电阻增加,而 MR_2 的电阻不变,则 $U_{out} < U_{in}/2$;另外,当齿轮的齿顶对准 MR_2,而齿根对准 MR_1 时,则 $U_{out} > U_{in}/2$;当齿顶(或齿根)在 MR_1 和 MR_2 之间时,$U_{out} \approx U_{in}/2$,其输出电压波形如图 9-49 所示。

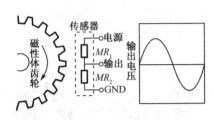

图 9-49　旋转传感器的工作原理

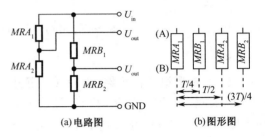

图 9-50　内磁阻元件旋转传感器

采用四元件磁阻传感器时,传感器内磁阻元件与齿轮齿间间隔之间应满足一定关系,如图 9-50 所示。

$$P_A(1-2) = P_B(1-2) = T/2, \qquad P_{AB} = T/4$$

式中,$P_A(1-2)$ 为 A 相元件 MRA_1 和 MRA_2 的间隔;$P_B(1-2)$ 为 B 相元件 MRB_1 和 MRB_2 的间隔;P_{AB} 为 A 相元件 MRA_1 和 B 相元件 MRB_1 的间隔;T 为齿轮的齿距。

由于 A 相与 B 相输出波形相位差90°,所以很容易检测旋转方向和转速,转速的检测范围很宽,很适用于检测电动机的转速。

3. 磁阻式图形识别传感器

图形识别传感器能检测纸片、纸币等上面的磁性图形或记号,输出相对应于图形的信号波形。由于磁性图形印刷在纸片上,所以检测信号十分微弱(比旋转传感器小三个数量级),需经过放大电路放大,由示波器或记录仪将波形显示出来。

图形识别传感器的放大电路如图 9-51 所示,由于传感器的输出信号较小,采用交流放大电路。由集成稳压电路 7805 给传感器提供 5V 电压,传感器输出经 C_1 耦合输入运算放大器。其截止频率取决于 $R_1 C_1$ 和 $R_2 C_2$。放大器的增益为 60dB。

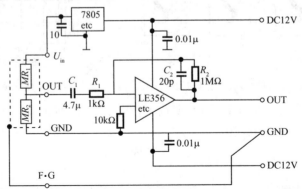

图 9-51　图形识别传感器放大电路

9.3 结型磁敏管

霍尔元件和磁敏电阻都是用 N 型半导体材料制成的体型元件。磁敏二极管和磁敏三极管(结型磁敏管)是长"基区"的 PN 结型的磁电转换元件,它们具有输出信号大、灵敏度高(比霍尔元件大 2~3 个数量级)、工作电流小和体积小等特点,比较适合于磁场、转速、探伤等方面的检测和控制。

9.3.1 磁敏二极管

9.3.1.1 磁敏二极管的结构

普通二极管 PN 结的基区很短,以避免载流子在基区里复合,磁敏二极管的 PN 结有很长的基区,为载流子扩散长度的 5 倍以上,但基区是由接近本征半导体的高阻材料构成的。一般锗磁敏二极管用 $\rho = 40\Omega\cdot cm$ 左右的 P 型或 N 型单晶做基区(锗本征半导体的 $\rho = 50\Omega\cdot cm$),在它的两端有 P 型和 N 型锗并引出,若以 i 代表长基区,则其 PN 结实际上是由 Pi 结和 iN 结共同组成的 P^+-i-N^+ 结型。在长基区 i 的一个侧面通过喷砂法破坏晶格表面使之形成复合速率很高薄层毛面——高复合区 r,在其相对侧面是光滑的低复合表面。磁敏二极管结构如图9-52(a)所示。

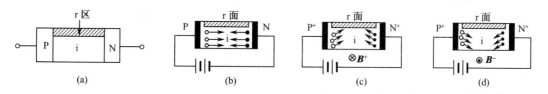

$$\text{(a)} \qquad \text{(b)} \qquad \text{(c)} \qquad \text{(d)}$$

图 9-52   磁敏二极管结构和工作原理示意图

9.3.1.2 磁敏二极管的工作原理

当磁敏二极管未受到外界磁场作用时,外加正偏压(P 区为正),则有大量的空穴(小圆圈代替)从 P 区通过 i 区进入 N 区,同时也有大量电子(小黑点代替)注入 P 区,这样形成电流,见图 9-52(b),只有少量电子和空穴在 i 区复合掉。当磁敏二极管受到垂直于纸面向内磁场 B^+ 作用时,如图 9-52(c)所示,则电子和空穴受到洛伦兹力的作用而向高复合区 r 面偏转。这样一来载流子复合速率增大了,空穴和电子一旦复合就失去导电作用,意味着基区的等效电阻增大,电流减小。反之,在垂直于纸面向外的反向磁场 B^- 的作用下,电子、空穴受洛伦兹力作用而向低复合面偏转,见图 9-52(d),由于空穴、电子的复合速率明显变小,i 区的等效电阻减小,电流变大。利用磁敏二极管在磁场强度的变化下,其电流发生变化,于是就实现磁电转换。若在磁敏二极管上加反向偏压(P 区的负),则仅有很微小的电流流过,并且几乎与磁场无关。因此,该器件仅能在正向偏压下工作。

9.3.1.3 磁敏二极管的主要特性

1. 磁敏二极管的正向伏安特性

磁敏二极管的伏安特性如图 9-53 所示。图 9-53(a)为锗磁敏二极管的伏安特性,其 $B=0$ 的曲线符合平方关系,而 $B>0.2T$ 以后逐渐变为线性关系,和普通电阻的欧姆定律接近。

硅磁敏二极管的伏安特性根据其基区内部俘获中心作用的大小有两种情况,如图 9-53(b)、(c)所示。若 P$^+$-i 结、i-N$^+$ 结附近有大量俘获中心时,由 P$^+$ 区或 N$^+$ 区注入的空穴或电子将被俘获中心很快地俘获,使通过基区的电流很小。因此,外加偏压的大部分加在基区上,使基区电压较高,而流过的电流较小。随着外加偏压的继续增高,俘获中心被逐渐填满。一旦填满后,由于基区空间电荷效应使基的电导率增高,促使基区的偏压突然下降,此时 P$^+$-i、i-N$^+$ 两个结偏压也突然增加,也导致基区电导率增加,进一步使外加偏压下降。与此同时,流过基区的电流急剧增加,形成图 9-53(c)中这些 S 形负阻曲线。曲线中的拐点称为负阻点,如 $B=-0.4$T 时的曲线上的 U_A 点等。硅磁敏二极管的负阻曲线负阻点的位置还与基区所处的温度有关。温度升高时,半导体中热平衡载流子增加很快,使俘获中心很快被载流子所填满,使负阻点 U_A 很快下降以至消失;而在低温下,负阻点 U_A 很快增加,使原来没有负阻现象的那些曲线出现负阻现象。

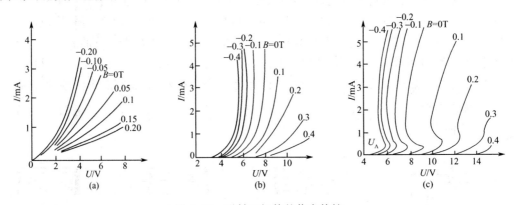

图 9-53　磁敏二极管的伏安特性

2. 磁敏二极管的磁电特性

在给定条件下,磁敏二极管输出电压变化与外加磁场的关系称为磁敏二极管的磁电特性。磁敏二极管通常有单只使用和互补使用两种方式(见图 9-54(a)和图 9-55)。单只使用时,正向磁灵敏度大于反向磁灵敏度;互补使用时,正、反向磁灵敏度曲线对称,且在弱磁场(0~0.1T)下有较好的线性,如图 9-54(c)所示。

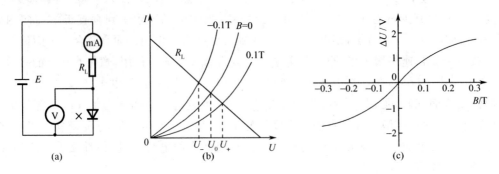

图 9-54　磁敏二极管灵敏度测试

磁灵敏度是磁敏二极管的主要性能参数,根据使用情况不同,磁灵敏度有多种定义方法,这里介绍实用的标准测试方法:在一定的偏压源 E 和负载电阻 R_L 下,在磁感强度变化量为 $\Delta B=\pm 0.1$T(即从 $B=0$ 开始,可正、负变化 0.1T)时,输出电压或偏流的相对变化称为相对

电压灵敏度 K_U 或相对电流灵敏度 K_1,即

$$K_U = \left| \frac{U_\pm - U_0}{U_0} \right| \times 100\%, \quad \Delta B = \pm 0.1\text{T} \tag{9-25}$$

$$K_1 = \left| \frac{I_\pm - I_0}{I_0} \right| \times 100\%, \quad \Delta B = \pm 0.1\text{T} \tag{9-26}$$

为方便起见,习惯上用绝对灵敏度 ΔU_+ 和 ΔU_- 表示

$$\Delta U_+ = | U_+ - U_0 |, \quad \Delta B = 0.1\text{T} \tag{9-27}$$

$$\Delta U_- = | U_- - U_0 |, \quad \Delta B = -0.1\text{T} \tag{9-28}$$

式中,U_0 为 $B=0$ 时的初始电压值;U_+ 为 $B=0.1\text{T}$(相对于 $B=0$ 变化 $\Delta B=0.1\text{T}$)时输出电压;U_- 为 $B=-0.1\text{T}$(即 $\Delta B=-0.1\text{T}$)时输出电压;I_0 为 $B=0$ 时的初始电流;I_+ 为 $B=0.1\text{T}$ 时输出电流;I_- 为 $B=-0.1\text{T}$ 时输出电流。

常用的测试电路如图 9-54(a)所示。其测试标准条件是:对锗磁敏二极管,$E=9\text{V}$,$R_L=3\text{k}\Omega$;对于硅磁敏二极管,$E=15\text{V}$,$R_L=2\text{k}\Omega$ 或 $E=21\text{V}$,$R_L=3\text{k}\Omega$。至于 U_+ 和 U_- 的取值,可参见图 9-54(b)。锗磁敏二极管电压灵敏度曲线如图9-54(c)所示。

3. 磁敏二极管的温度特性及其补偿

磁敏二极管受温度影响较大,对于锗磁敏二极管,在 $0 \sim 40\,^\circ\!\text{C}$ 温度范围,输出电压的温度系数为 $-60\text{mV}/\,^\circ\!\text{C}$;对于硅磁敏二极管,在 $-20 \sim 120\,^\circ\!\text{C}$ 范围,其输出电压的温度系数为 $+10\text{mV}/\,^\circ\!\text{C}$,它们受温度的影响较大。锗磁敏二极管的磁灵敏度温度系数为 $-1\%/\,^\circ\!\text{C}$,在温度高于 $60\,^\circ\!\text{C}$ 时,灵敏度很低,不能应用;硅磁敏二极管的磁灵敏度温度系数为 $-0.6\%/\,^\circ\!\text{C}$,它在 $120\,^\circ\!\text{C}$ 时仍有较大的磁灵敏度。

为了补偿磁敏二极管的温漂,可选择二只或四只特性一致的器件,让它们处在相反磁极下,组成互补式、差分式电路,如图 9-55 所示。

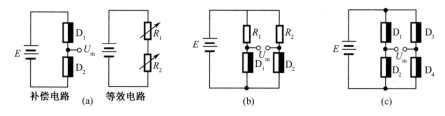

图 9-55　磁敏二极管的温度补偿电路

4. 频率特性

磁敏二极管的频率特性由注入载流子在"基区"被复合和保持动态平衡的弛豫时间所决定。因为半导体的弛豫时间很短,所以有较高的响应频率。锗磁敏二极管的磁灵敏度截止频率为 2kHz,而硅管可达 100kHz。

9.3.2　磁敏三极管

9.3.2.1　磁敏三极管的结构

硅磁敏三极管和锗磁敏三极管均属双极性长基区晶体管结构,如图 9-56(a)所示。在弱 P 型或弱 N 型本征半导体(高阻半导体)上用合金法或扩散法形成发射极、基极和集电极。其基区结构类似磁敏二极管,在发射极 e 和基极 b 之间的 PN 结长基区也制作有高复合区 r(对锗管)。

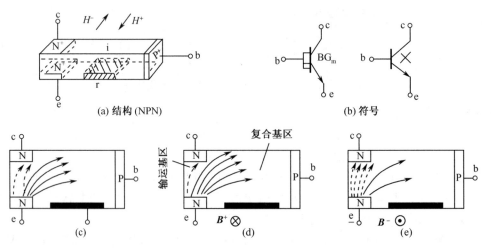

(a) 结构 (NPN)   (b) 符号

复合基区

输运基区

(c)   (d) $B^+ \otimes$ (e) $B^- \odot$

图 9-56　磁敏三极管的结构和工作原理

9.3.2.2　磁敏三极管的工作原理

以锗磁敏三极管为例说明其工作原理。锗磁敏三极管的基区可以分为两个:从发射极注入的载流子输运到集电极的输运基区;使从发射极和基极注入的载流子复合的复合基区。

当磁敏三极管未受到磁场作用时,如图 9-56(c),be 间加一定的偏压后,发射结的载流子分别飞向两个基区。由于基区长度大于载流子有效扩散长度,大部分载流子通过 e-i-b 形成基极电流;少数载流子输入到 c 极。因而形成了共发射极直流电流增益 $\beta = I_c / I_b < 1$。当处于共发射极偏置情况下的磁敏三极管受到正向磁场 $\boldsymbol{B}^+$ 作用时,由于磁场的洛伦兹力作用,载流子向复合区偏转,见图 9-56(d),导致集电极电流显著下降;同理,加反向磁场 $\boldsymbol{B}^-$ 时,载流子背离高复合区而偏向输运基区,见图 9-56(e),使集电极电流增加。可见,即使基极电流 I_b 恒定,外加磁场变化可以改变集电极电流 I_c,这是和普通三极管不同之处。这样,可以利用磁敏三极管来测量磁场、电流、转速、位移等物理量。

9.3.2.3　磁敏三极管的主要特性

1. 磁敏三极管的伏安特性

磁敏三极管的伏安特性类似普通晶体管的伏安特性曲线。图 9-57(a)为不受磁场作用时,磁敏三极管的伏安特性曲线;图 9-57(b)是磁场为 ±0.1T(kGs)、基极电流为 3mA 时的伏安特性曲线。由该图可知,磁敏三极管的电流放大倍数小于 1,但其集电极电流有很高的磁灵敏度。

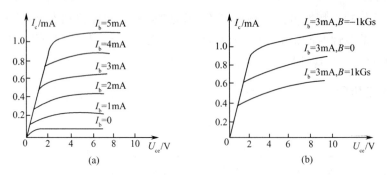

图 9-57　磁敏三极管的伏安特性曲线

2. 磁敏三极管的磁电特性

磁敏三极管的磁电特性是在给定条件下,集电极电流的变化与外加磁场的关系,常用磁灵敏度表示,它是磁敏三极管应用的基础。国产 NPN 型 3BCM(锗)磁敏三极管的磁电特性,在弱磁场(±0.2T 内)作用下,接近线性,见图 9-58。

磁敏三极管的磁灵敏度测试电路如图 9-59(a)所示,规定的标准测试条件:电源电压 $E=6$V,基极电流恒定在 $I_b=2$mA(锗管)或 $I_b=3$mA(硅管),磁感强度变化量 $\Delta B=\pm 0.1$T 下,观测集电极电流的变化量 $\Delta I_{c\pm}$。磁敏三极管相对磁灵敏度定义为

$$h_{I\pm} = \left| \frac{I_{c\pm} - I_{co}}{I_{co}} \right| \times 100\%, \qquad \Delta B = \pm 0.1T \qquad (9\text{-}29)$$

式中,I_{co} 为外磁场 $B=0$ 时的集电极初始电流;$I_{c\pm}$ 为外磁场 $B=\pm 0.1$T 时,集电极电流。

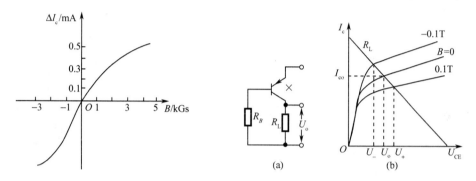

图 9-58 3BCM 的磁电特性   图 9-59 磁敏三极管灵敏度测试

一般锗磁敏三极管集电极电流相对灵敏度为 $160\% \sim 200\%/$T,有的甚至高达 $350\%/$T;硅磁敏三极管平均为 $60\% \sim 70\%/$T,最大达到 $150\%/$T。

实际应用中,集电极总要串联一定的负载电阻 R_L,因此可换算成 R_L 上的输出电压来表示

$$h_{U\pm} = \left| \frac{U_o - U_\pm}{U_o} \right| \times 100\% = h_{I\pm}, \qquad \Delta B = \pm 0.1T \qquad (9\text{-}30)$$

式中,U_o 为外加磁场 $B=0$ 时负载 R_L 上的电压;$U_\pm$ 为外场磁场 $B=\pm 0.1$T 时负载 R_L 上的电压。

同样,也可以直接用负载电阻 R_L 上的电压变化 $\Delta U_\pm$ 来表示绝对磁灵敏度

$$\Delta U_\pm = |U_o - U_\pm| = I_{co}h_{I\pm}R_L = U_o h_{I\pm} \qquad (9\text{-}31)$$

从集电极电流相对灵敏度来看,硅管的线性区比锗管的线性区大。硅管线性区大小还与基极电流有关,基极电流减少,则线性区增大。3CCM 型硅管在 $I_b=3$mA 时,线性区为 ± 0.2T。

3. 磁敏三极管的温度特性及其补偿

因为 $I_c = \beta I_b$,所以集电极电流 I_c 的温度系数 α_c 为

$$\alpha_c = \frac{1}{I_c} \frac{\partial I_c}{\partial T} = \frac{1}{\beta} \frac{\partial \beta}{\partial T} + \frac{1}{I_b} \frac{\partial I_b}{\partial T} = \alpha_\beta + \alpha_b \qquad (9\text{-}32)$$

式中,$\alpha_\beta = \dfrac{1}{\beta} \dfrac{\partial \beta}{\partial T}$ 为电流放大倍数 β 的温度系数;$\alpha_b = \dfrac{1}{I_b} \dfrac{\partial I_b}{\partial T}$ 为基极电流 I_b 的温度系数。

在不同的温度区间集电极电流温度系数 α_c 变化很大。I_c 的温度系数直接影响到磁灵敏

度 $h_\pm$ 的温度系数。在基极电流恒定时,集电极电流的温度系数定义为

$$\alpha_c = \frac{I_{cT_2} - I_{cT_1}}{I_{cT_0}(T_2 - T_1)} \times 100\%/^\circ C \qquad (9-33)$$

式中,I_{cT_0}、I_{cT_1}、I_{cT_2} 分别表示温度为 T_0(25℃)、T_1 和 T_2 时的集电极电流。

磁敏三极管对温度比较敏感,实际使用时必须采用适当的方法进行温度补偿。对于锗磁敏三极管,例如 3ACM、3BCM,其磁灵敏度的温度系数为 0.8%/℃;硅磁敏三极管(3CCM)磁灵敏度的温度系数为 $-0.6\%/℃$。所以,对于硅磁敏三极管可用正温度系数的普通三极管来补偿因温度而产生的集电极电流的漂移。具体补偿电路如图 9-60(a)所示。当温度升高时,BG_1 管集电极电流 I_{c1} 增加,导致 BG_m 管的集电极电流也增加,从而补偿了 GB_m 管因温度升高而导致 I_c 的下降。

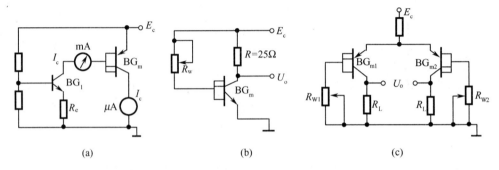

图 9-60　磁敏三极管的温度补偿电路

图 9-60(b)是利用锗磁敏二极管的工作电流随温度升高而增加的这一特性,使其作为硅磁敏三极管的负载,从而当温度升高时,补偿了硅磁敏三极管的负温度漂移系数所引起的电流下降的影响。此外,还可以采用两只特性一致、磁极相反的磁敏三极管组成的差分电路补偿,如图 9-60(c)所示,这种电路既可以提高磁灵敏度,又能实现温度补偿,这是一种行之有效的温度补偿电路。

4. 频率特性

长基区磁敏三极管的截止频率主要取决于载流子渡越基区的时间。3CCM 型硅磁敏三极管对可变磁场的响应时间约为 0.4μs,截止频率为 2.5MHz;3BCM 型锗磁敏三极管对可变磁场的响应时间为 1μs,截止频率为 1MHz 左右。

9.3.3　结型磁敏管传感器的应用

磁敏二极管和三极管除用于磁场的测量外,特别适宜作无触点开关。无触点开关应用范围很广,如测转速,作为自动称量开关、电键、接近开关、导磁产品计数及作风速仪、流量计等。

磁敏管传感器主要由磁路系统和磁敏管开关电路两部分组成。

1. 磁敏三极管电位器

利用磁敏三极管制成的电位器原理图如图 9-61 所示。将磁敏三极管置于0.1T磁场作用下,改变磁敏三极管基极电流,该电路的输出电压在 0.7~15V 之间连续变化,这样就等效于一个电位器,且无触点,因而该电位器可用于变化频繁、调节迅速、噪声要求低的场合。

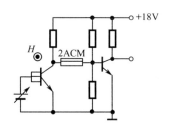

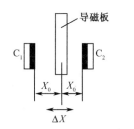

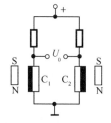

图 9-61 无触点电位器   图 9-62 差动位移传感器

2. 位移测量

采用两个磁敏二极管组成的差动位移传感器如图 9-62 所示。导磁板放置在两个磁敏二极管的中间,当导磁板有向右的小位移时,则 C_2 离导磁板的距离减小,C_2 中磁铁端面上的 B 增大,磁敏二极管 C_2 的电阻增加;而磁敏二极管 C_1 的电阻减小,测量电桥失去平衡。输出与位移成比例的信号。

3. 涡轮流量计

利用磁敏二极管或三极管对磁铁周期性地接近或远离,则可输出频率信号。若采用磁性齿轮,则磁敏二极管或三极管的输出波形接近正弦波,其频率与齿轮的转速成正比。图 9-63 是涡轮流量计原理图。传感器安装在与涡轮相垂直的位置上,利用转速与流量成比例的关系,可以测量流量,这种传感器的低速特性很好,因此,无论流量大小都能很好计量。

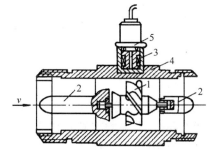

图 9-63 涡轮流量计原理图
1—叶轮;2—导流器;3—磁电感应转换器;
4—外壳;5—前置放大器

思考题与习题

教学课件

9-1 试述霍尔效应的定义与霍尔传感器简单的工作原理。

9-2 为什么霍尔元件用半导体薄片制成?

9-3 某霍尔元件 $l \times b \times d = 10\text{mm} \times 3.5\text{mm} \times 1\text{mm}$,沿 l 方向通以电流 $I = 1.0\text{mA}$,在垂直于 lb 面方向加有均匀磁场 $B = 0.3\text{T}$,传感器的灵敏度系数为 $K_\text{H} = 22\text{V}/(\text{A}\cdot\text{T})$,试求其输出霍尔电势及载流子浓度。

9-4 试分析霍尔元件输出接有负载 R_L 时,利用恒压源和输入回路串联电阻 R 进行温度补偿的条件。

9-5 霍尔元件灵敏度如何定义?

9-6 简述磁敏二极管和磁敏三极管的结构和工作原理。

9-7 磁敏二极管和磁敏三极管的主要用途是什么?

9-8 若一个霍尔器件的 $K_\text{H} = 4\text{mV}/(\text{mA}\cdot\text{kGs})$,控制电流 $I = 3\text{mA}$,将它置于 $1\text{Gs} \sim 5\text{kGs}$ 变化的磁场中(设磁场与霍尔器件平面垂直),它的输出霍尔电势范围多大? 并设计一个 20 倍的比例放大器放大该霍尔电势。

9-9 磁感强度 B 在 $+1\text{kGs}$ 和 -1kGs 两点上变化,试分别设计一个控制电流 I 为 10mA 的磁敏二极管和磁敏三极管开关电路,其输出为 $0 \sim 4\text{V}$ 的 TTL 电平。

9-10 简述磁阻效应和半导体磁敏电阻的原理。

9-11 有一霍尔元件,其灵敏度 $K_\text{H} = 1.2\text{mV}/(\text{mA}\cdot\text{kGs})$,把它放在一个梯度为 5kGs/mm 的磁场中,如果额定控制电流是 20mA,设霍尔元件在平衡点附近作 $\pm 0.1\text{mm}$ 的摆动,问输出电压范围为多少?

教学要求

第10章 数字式传感器

随着数字技术和计算机技术的迅速发展和广泛应用,在现代测量与控制系统中,对信号的检测、控制和处理,必然进入数字化阶段。一般的数字化测控技术,是利用模拟式传感器与A/D转换器配合,将被测信号转换成数学信号,然后由微机和其他数字设备处理,虽然这是一种简便有效的方法,但整个测控系统的精度受 A/D 转换器精度限制。数字式传感器是一种能把被测模拟量直接转换成数字量输出的装置(被测量→数字量),它可以直接与微机或其他数字设备接口,实现数字化测量和控制。

数字式传感器与模拟式传感器相比具有以下特点:测量的精度和分辨率更高;抗干扰能力更强;稳定性更好;易于与微机接口,便于信号处理和实现自动化测控等。

10.1　光栅传感器

光栅是由很多等间距的透光缝隙和不透光的刻线均匀相间排列构成的光电器件,按其原理和用途,它可分为物理光栅和计量光栅:物理光栅是利用光的衍射现象,主要用于光谱分析和光波长等量的测量;计量光栅是利用莫尔(Moire)条纹现象,测量长度和角度等物理量,由于计量光栅传感器具有精度高、测量范围大、易于实现测量自动化和数字化等特点,所以其应用范围目前已扩展到测量与长度和角度有关的其他物理量,如速度、加速度、振动、力、表面轮廓等方面。计量光栅在实际应用上有透射光栅和反射光栅两种,按其作用原理又可分为黑白光栅(幅值光栅)和相位光栅(闪耀光栅),具体制作时又分为线位移的长光栅和角位移的圆光栅。本节主要讨论用于长度测量的透射黑白光栅。

10.1.1　光栅传感器的结构和工作原理

光栅传感器由照明系统、光栅副和光电元件组成,如图 10-1 所示。光栅副是光栅传感器的主要部分,它由主光栅(也称标尺光栅)和指示光栅组成。当标尺光栅相对于指示光栅移动时,形成的横向莫尔条纹产生亮暗交替变化,利用光电接收元件将莫尔条纹亮暗变化的光信号转换成电脉冲信号,并用数字显示,从而测量出标尺光栅的移动距离。

主光栅是在一块长条形的光学玻璃上均匀地刻上许多线纹,形成规则排列和规则形状的明暗条纹,如图 10-1(b)所示,图中 a 为刻线宽度(透光的明线),b 为刻线间的缝隙宽度(不透光的暗线),$a+b=W$ 称为光栅的栅距,或光栅常数。通常情况下,$a=b=W/2$,也可作为 $a:b=1.1:0.9$。刻线密度一般为 10、25、50、100 线/mm。

指示光栅通常有与主光栅同样刻线密度的线纹,但比主光栅短得多。

光源一般用钨丝灯泡的普通白炽光源和砷化镓(GaAs)为主的固态光源。普通白炽光源有较大的输出功率,较宽的工作温度范围($-40\sim+130℃$),电源简单,价格便宜。但是它与光电元件相组合的转换效率低,使用寿命短,特别是辐射热量大,对光栅系统的精度产生不良影响,而且体积大,不利于小型化,其应用逐渐减少。砷化镓发光二极管固态光源可以在 $-66\sim+100℃$ 的温度下工作,发出 $910\sim940nm$ 的近红外光,正好接近硅光敏三极管的敏感波长,因此有很高的转换效率,可达 30% 左右。此外,它的脉冲响应速度为几十纳秒,与光敏三极管组合,可以得到 $2\mu s$ 的实用响应速度。这种快速响应特性,可以使光源只在被应用时才被触发,从而降低功耗和热扩散,改善光栅系统的热效应。它的体积小,外形为 $\phi2\times5mm$,透镜直接与发光片封装在一起,有利于小型化。所以,近年来固态光源得到很大发展。

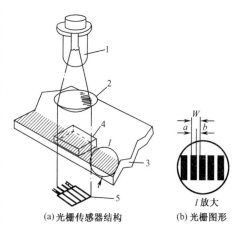

图 10-1　黑白透射光栅示意图
1—光源;2—准直透镜;3—主光栅;
4—指示光栅;5—光电元件

光电元件有光电池和光敏三极管。采用固态光源时,需要选用敏感波长与光源相接近的光敏元件,以获得较高的转换效率(输出功率)。但是,通常光敏元件的输出不是足够大,常接有放大器,同时将信号变为要求的输出波形。

莫尔条纹的形成及其特性:

计量光栅是利用莫尔条纹现象来进行测量的,所谓莫尔条纹,就是指光栅常数相等的两块光栅(主光栅和指示光栅)相对叠合在一起时,若两光栅刻线之间保持很小的夹角 θ,由于遮光效应,在两块光栅刻线重合处,光从缝隙透过形成亮带;两块光栅刻线彼此错开处,由于挡光作用形成暗带。于是在近于垂直栅线的方向上出现若干明暗相间的条纹,即莫尔条纹,又称横向莫尔条纹,如图 10-2 所示。

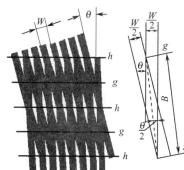

图 10-2　光栅和横向莫尔条纹

莫尔条纹与两光栅刻线夹角的平分线保持垂直。当两光栅沿刻线的垂直方向做相对运动时,莫尔条纹沿夹角 θ 平分线方向移动,其移动方向随相对位移方向的改变而改变。光栅每移过一个栅距,莫尔条纹相应地移动一个间距 B。如图所示,相邻两莫尔条纹之间的间距 B 与光栅栅距 W、两光栅刻线夹角 θ 有如下关系:

$$B = \frac{W/2}{\sin\theta/2} \approx \frac{W/2}{\theta/2} = \frac{W}{\theta} \qquad (10\text{-}1)$$

式(10-1)表明,θ 越小,B 越大,使得 $B\gg W$,即莫尔条纹对光栅栅距有放大作用,其放大倍数 $k=B/W=1/\theta$。例如,$W=0.02mm$,若使 $\theta=0.01rad=0.57°$,则 $B=2mm$,相当于放大了 100 倍。这样,读出莫尔条纹的数目比读光栅刻线要方便得多,而且使得布置光路系统(光源、透镜和光电元件)成为方便可行。根据式(10-1),通过测量莫尔条纹移过的数目,就可以测量出小于光栅栅距的微小位移量,既方便,又提高了测量精度。

莫尔条纹随着光栅尺的移动而移动,它们之间有严格的对应关系,包括移动方向和位移量。位移量关系已表示为式(10-1),移动方向关系可表示在表 10-1 中。

表 10-1　莫尔条纹与主光栅移动方向的关系

主光栅相对指示光栅的转角方向	主光栅尺移动方向	莫尔条纹移动方向
顺时针方向	向左←	向上↑
	向右→	向下↓
逆时针方向	向左←	向上↓
	向右→	向下↑

在光栅测量中,由于光栅尺的刻线非常密集,光电元件接收到的莫尔条纹的明暗条纹所形成的明暗信号,是一个区域内许多刻线的综合效果。因此,它对光栅尺的栅距误差有平均效应,这对提高光栅测量的精度是有利的。这是光栅测量与普通标尺测量的主要区别。

以上就是莫尔条纹的运动对应关系、位移放大作用和误差平均效应三种基本特性。

10.1.2 光栅传感器的测量电路

10.1.2.1 光栅的输出信号

主光栅和指示光栅作相对位移产生莫尔条纹移动,光电元件在固定位置观测莫尔条纹移动的光强变化,并将光强转换成电信号输出。光电元件接收到的光强随着莫尔条纹的移动而变化。从理论上讲,如果光强与透光面积成正比,则光栅位置与光强的关系曲线应是一个三角波。在实际情况下,由于光栅的衍射作用和两块光栅尺之间间隙的影响,其波形近似为正弦波,作一些修正,就可得到满意的正弦波形。光栅输出信号的光电转换电路及波形如图 10-3 所示。

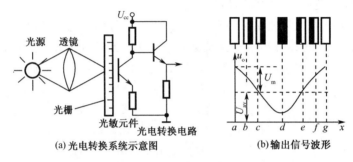

图 10-3　光栅输出信号

光敏元件输出的电信号与光栅尺的位移量 x 成正弦函数关系,其电压输出波形可表示为

$$u_{\text{o}} = U_{\text{av}} + U_{\text{m}} \sin\left(\frac{\pi}{2} + \frac{2\pi x}{W}\right)$$

$$= U_{\text{m}}\left(1 + \cos\frac{2\pi x}{W}\right) \tag{10-2}$$

式中,U_{av} 为输出信号的平均直流分量;U_{m} 为输出信号的幅值,$U_{\text{m}} = U_{\text{av}}$;$u_{\text{o}}$ 为光电元件输出电压信号。

由式(10-2)可知,利用光栅可以测量位移量 x 的值。当位移量 x 变化一个栅距 W 时,其输出信号 u_{o} 变化一个周期,若对输出正弦信号整形成变化一个周期输出一个脉冲,则位移量 x 为

$$x = NW \tag{10-3}$$

式中,N 为脉冲数;W 为光栅栅距。

输出电压信号的斜率可以从式(10-2)求得,

$$\frac{\mathrm{d}u_{\text{o}}}{\mathrm{d}x} = \frac{2\pi U_{\text{m}}}{W}\sin\frac{2\pi x}{W} \tag{10-4}$$

从式(10-4)可得,当 $2\pi x/W = (2n-1)\pi/2$ 时,斜率最大。亦即在位移量 $x = W/4, 3W/4, 5W/4, \cdots$ 处,斜率最大表示光强的变化最明显,所获得的测量灵敏度最高,因此精度和稳定性也最好。此时,输出电压的灵敏度 K_{u} 为

$$K_{\mathrm{u}} = 2\pi U_{\mathrm{m}}/W \qquad\qquad (10\text{-}5)$$

10.1.2.2 辨向原理

式(10-2)给出了光栅传感器的输出信号 $u_{\circ}$ 与光栅尺位移量 x 之间的关系。但是,在实际应用中,被测物体移动的方向不一定是固定的,式(10-2)无法判别移动方向,以致不能正确测量位移。

设主光栅随被测工件正向移动 10 个栅距后,又反向移动 3 个栅距,也就是相当于正向移动了 7 个栅距。可是,单个光电元件由于缺乏辨向本领,从正向移动的 10 个栅距得到 10 个条纹移动信号脉冲,从反向移动 3 个栅距又得到 3 个条纹移动信号脉冲,总计得到 13 个脉冲信号。这和正向移动 13 个栅距得到的脉冲数相同。因而这种测量结果是不正确的。

如果能在主光栅正向移动时,将得到的脉冲数累加,而反向移动时可从已累加的脉冲数中减去反向移动的脉冲数,这样就能得到正确的测量结果。

完成这种辨向任务的电路就是辨向电路。为了能够辨向,实现的方法是在相隔 $B/4$ 的位置上设置两个光电元件 1 和 2,得到两个相位差 $\pi/2$ 的莫尔条纹正弦信号,然后送到辨向电路中去处理,见图 10-4。

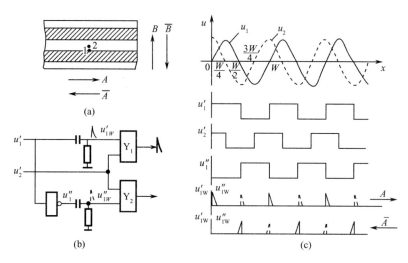

图 10-4 光栅辨向原理图

主光栅正向移动(A)时,莫尔条纹向上移动(B),这时光电元件 1 和 2 的输出电压波形分别如图 10-4(c)所示 u_1 和 u_2 曲线,显然 u_1 超前 u_2 $\pi/2$ 相角。u_1、u_2 经放大整形后得到两个方波信号 u_1' 和 u_2',u_1' 仍超前 u_2' $\pi/2$。u_1' 经反相后得到方波 u_1''。两个方波 u_1' 和 u_1'' 经微分电路后分别得到 $u_{1\mathrm{w}}'$ 和 $u_{1\mathrm{w}}''$ 两个脉冲波形。由图 10-4(c)、图 10-4(b)可见,对于与门 Y_1,由于 $u_{1\mathrm{w}}'$ 处于高电平时,u_2' 总是处于高电平,因而 Y_1 有输出脉冲;而对于与门 Y_2,$u_{1\mathrm{w}}''$ 处于高电平时,u_2' 始终处于低电平,因而 Y_2 无脉冲信号输出。Y_1 输出脉冲使加减控制触发器置 1,可逆计数器作加法计数。

主光栅反向移动($\overline{A}$)时,莫尔条纹向下运动($\overline{B}$)。这时光电元件 1 和 2 的输出电压波形与正向移动情况相反,显然,u_2 超前 u_1 $\pi/2$ 相角。放大整形后的 u_2' 仍超前 u_1' $\pi/2$。同样,$u_{1\mathrm{w}}'$ 和 $u_{1\mathrm{w}}''$ 是 u_1' 和 u_1'' 两个方波经微分电路后得到的脉冲波形。由图 10-4(c)可见,对于与门 Y_1,$u_{1\mathrm{w}}'$ 处于高电平时,u_2' 处于低电平,因而 Y_1 无输出脉冲信号。而对于与门 Y_2,$u_{1\mathrm{w}}''$ 处于高电平时,u_2' 总是处于高电平,Y_2 有输出脉冲,因此,加减控制触发器置零,将控制可逆计数器作减法计数。

正向移动时脉冲数累加,反向移动时,便从累加的脉冲数中减去反向移动所得的脉冲数,这样光栅传感器就可辨向,因而可以进行正确的测量。

10.1.2.3　细分技术

利用计量光栅进行测量时,当主光栅尺随运动部件移动一个栅距时,输出一个周期的交变信号,也即产生一个脉冲间隔。那么每个脉冲间隔代替移过一个栅距,即分辨率(或称脉冲当量)为一个栅距。光栅尺有很高的刻线密度,但在精密测量中,为了测量比一般栅距更小的位移量,就必须更进一步增大光栅的刻线密度,这既不经济,而且从技术工艺角度考虑也是难以实现的。目前,广为采用的方法是:在选择合适的光栅栅距的前提下,以对栅距进行测微——电子学中称"细分",来得到所需要的最小读数值。

所谓细分就是在莫尔条纹变化一周期时,不只输出一个脉冲,而是输出若干个脉冲,以减小脉冲当量提高分辨率。例如在莫尔条纹变化一周期时,使其输出四个脉冲数,这就叫四细分。在采用四细分的情况下,栅距为 $4\mu m$(每毫米 250 条刻线)的光栅,其分辨率可从 $4\mu m$ 提高到 $1\mu m$。细分数越多,分辨率越高。由于细分后,计数脉冲的频率提高了,故又称为倍频。

细分方法可以分为两大类:机械细分和电子细分。

1. 机械细分

机械细分又称为位置细分或直接细分。机械细分常用的细分数为 4,见图10-5。四细分可

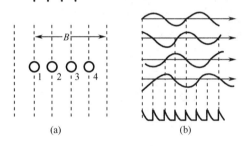

用 4 个光电元件依次安装在相距 $B/4$ 的位置上,这样可以获得依次有相位差 $\pi/2$ 的 4 个正弦交流信号。用鉴零器分别鉴取 4 个信号的零电平,即在每个信号由负到正过零点时发出一个计数脉冲。这样,在莫尔条纹变化的一个周期内将依次产生 4 个计数脉冲,实现了四细分。

机械细分法的优点是对莫尔条纹信号波形要求不严,电路简单,可用于静态和动态测量系统。

图 10-5　四倍频机械细分法

缺点是由于光电元件安放困难,细分数不能太高。

2. 电子细分

电子细分技术的基本原理是正、余弦组合技术。在辨向原理中相距 $B/4$ 的两光电元件输出电信号为

$$u_1 = U_m \sin\frac{2\pi x}{W}, \qquad u_2 = U_m \cos\frac{2\pi x}{W} \tag{10-6}$$

(1)四倍频细分。四倍频细分是早期采用的细分方法。目前仍广泛用于 25 线/mm 的光栅测量系统中,获得分辨率为 0.01mm 的数字读数。

四倍频细分除采用前面机械细分方法外。还可用辨向原理中相距 $B/4$ 的位置上安装两个光电元件来完成。两光电元件输出 2 个相位差为 $\pi/2$ 的正弦交流信号,如式(10-6)。若使两输出信号 $\dot{U}_1$ 和 $\dot{U}_2$ 再分别通过各自的反相电路,从而得到 $\dot{U}_3 = -\dot{U}_1$,$\dot{U}_4 = -\dot{U}_2$,这样也可以获得依次相差 $\pi/2$ 相角的 4 个正弦交流信号 $\dot{U}_1$、$\dot{U}_2$、$\dot{U}_3$、$\dot{U}_4$。同机械细分一样,经电路处理后也可以在移动一个栅距过程中得到 4 个等间隔的计数脉冲,从而达到四倍频细分的目的。

(2)电阻电桥细分法。在图 10-6 所示的电桥电路中,u_1 和 u_2 分别为光电元件输出的两个莫尔条纹信号,设负载电阻无穷大。从电路可以求得电桥的输出电压 u_o 为

$$u_o = \frac{u_1}{R_1 + R_2} R_2 + \frac{u_2}{R_1 + R_2} R_1 = \frac{R_2 u_1 + R_1 u_2}{R_1 + R_2} \qquad (10\text{-}7)$$

若电桥处于平衡状态,则 $u_o = 0$,于是有

$$R_2 u_1 + R_1 u_2 = 0$$

将式(10-6)代入,并令 $2\pi x/W = \theta$,则有

$$\tan\theta = -R_1/R_2 \qquad (10\text{-}8)$$

由此可见,选取不同的 R_1/R_2,就可以得到不同的 θ 值。虽然,在式(10-8)中,只有在第二、四象限内,才能满足等式的条件,但是,如果同时用 u_1 和 u_2 的反相信号,就可以在四个象限中得到任意的细分组合。图 10-7 所示是这种电阻电桥细分法用于 10 细分的例子。

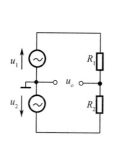

图 10-6　电阻电桥细分原理

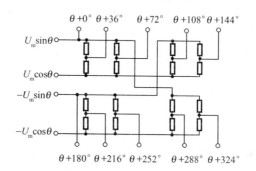

图 10-7　电阻电桥 10 细分电路

用电桥输出信号 u_o 去触发施密特电路,当 $u_o = 0$ 时,施密特电路被触发(过零触发),发出脉冲信号。

（3）电阻链细分法(电阻分割法)。电阻链细分实质上也是电桥细分,只是结构形式略有不同而已。如图10-8所示,对任一输出电压为零时,它有如下关系

$$\tan\theta_x = -\frac{R_1 + R_2 + \cdots + R_{x-1}}{R_x + R_{x+1} + \cdots + R_n} \qquad (10\text{-}9)$$

由此可见,电阻链细分也是电桥细分。u_1 和 u_2 之间的总电阻是固定的,对于输出只是它们的分压。这种方法所取得功率较小,但电阻值的调整较困难,大部分采用等电阻链细分电路。

还有其他一些电子细分方法,可参阅有关资料。

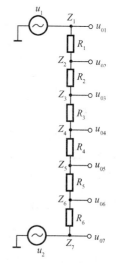

图 10-8　电阻链细分电路

10.1.3　零位光栅和绝对零位

光栅测量系统是一种增量式测量系统。在测量过程中,它只有相对零位。因此,一旦停电、停机或突然中断运行等,都必然会导致已有的测量数据丢失,无法继续进行工作。为此,有必要设计一种特殊装置,以达到停电记忆、工作过程中寻找基准点、修正误差等的需要。20 世纪 70 年代中,出现了在普通光栅上提供一个绝对零位,满足了上述需要。

光栅的绝对零位是通过零位光栅来实现的。零位光栅是在标尺光栅和指示光栅的原有栅线之外另行刻制的。它是一对按一定规律排列的一组宽度不等的亮暗条纹,并与原有栅线的某一位置相对应。最简单的零位光栅刻线是一条透光的亮线。为了使零信号有足够大的峰

值,需要多条亮线。但是,零信号必须与光栅的精确度相适应,所以必须抑制不需要的两侧的余光。零光栅刻线的序列就是根据它在零位置的最大光通量与光栅移动后产生的最大残余光通量之比的要求来设计的。一般要求这个比值最好在最大光通量的 40% 左右。

*10.1.4 反射光栅

玻璃透射光栅在应用上由于它的结构和工作特点有着一定的限制。主要是:光栅尺的长度受到限制,一般为 $300\sim500\mathrm{mm}$,最长为 $1000\mathrm{mm}$ 左右;对光栅尺之间的间隔要求很严格,间隙 t 应满足下面关系

$$t < W \cdot f / (4s) \qquad (10\text{-}10)$$

式中,f 为焦距,s 为光源宽度,对于 100 线对/mm 的光栅的最大间隙不大于 $0.1\mathrm{mm}$ 左右,因此,要求有良好的导向装置;加上光栅的刻线密度,使玻璃光栅的接长增加了困难。

在目前机床加工的长度测量系统中,不少应用了反射光栅。反射光栅的主光栅通常是用不锈钢材料做基体,经抛光、光刻在钢带表面刻有不透光的光栅线纹,它的线纹形状和光路系统如图 10-9 所示。

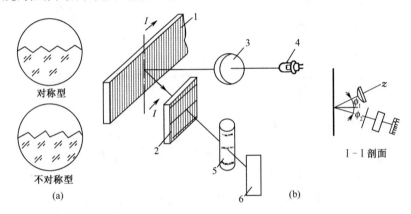

图 10-9 反射光栅线纹形状和光路系统

1—主光栅;2—指示光栅;3—透镜;4—光源;5—聚光镜;6—光电元件

反射光栅的栅距较大,目前最密的栅距为 $0.04\mathrm{mm}$(即 25 线对/mm)。多边反射的粗光栅栅距可大至 0.64mm。反射光栅容易做成长光栅,目前已有 30m 长的产品。同时,由于它的基体是不锈钢,与机床的热膨胀系数较接近,在改善温度误差上较为有利。从光路系统可以看出,它可以有较大的间隙,有利于适应车间工作条件。

*10.1.5 圆光栅及其莫尔条纹

10.1.5.1 圆光栅

刻画在玻璃盘上的光栅称为圆光栅,也称光栅盘,用来测量角度或角位移,图 10-10 所示是一种圆光栅的结构图。圆光栅的参数较多地使用栅距角 δ(也称节距角),它是指圆光栅上相邻两条栅线夹的角。需要说明,圆光栅的栅距 W 是指栅线内端之间的距离。由于栅线的宽度在全长上一致,所以栅线外端的缝宽 b 要大一些。

根据栅线刻画的方向,圆光栅又分两种:一种是径向光栅,其栅线的延长线全部通过光栅盘的圆心,如图 10-11(a)所示;另一种是切向光栅,其全部栅线与一个和光栅盘同心的直径只有零点几或几个毫米的小圆相

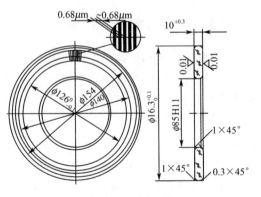

图 10-10 圆光栅

切,如图 10-11(b)所示。切向光栅适用于精度要求较高的场合。这两种圆光栅的栅线数一般在整圆内刻画 5 400～64 800 条线。此外,还有一种在特殊场合使用的环形光栅,它由一簇等间距的同心圆刻线组成,如图 10-11(c)所示。

圆光栅只有透射光栅。

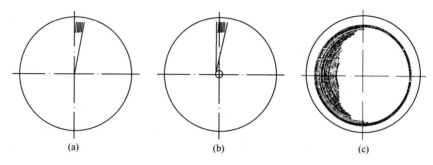

图 10-11 圆光栅栅线的方向

10.1.5.2 圆光栅的莫尔条纹

1. 径向光栅的圆弧形莫尔条纹

两块栅距角 δ 相同(或称栅线数相等)的径向光栅,以不大的偏心 e 叠合,如图 10-12(a)所示。在光栅的各个部分栅线的夹角 θ 不同,于是便形成了不同曲率半径的圆弧形莫尔条纹,如图 10-12(a)所示。

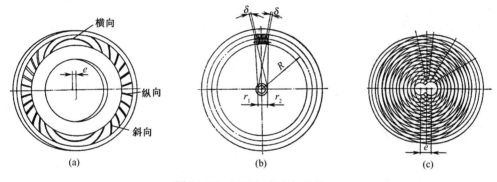

图 10-12 圆光栅的莫尔条纹

理论推导可以证明,这种莫尔条纹是对称的两簇圆形条纹,它们的圆心排列在两光栅中心连线的垂直平分线上,而且全部圆形条纹均通过两光栅的中心。这种莫尔条纹的宽度不是定值,它随条纹位置的不同而不同。位于偏心方向垂直位置上的条纹近似地垂直于栅线,称为横向莫尔条纹;沿偏心方向的条纹近似地平行于栅线,相应地称为纵向莫尔条纹。在实际应用中,主要用其横向莫尔条纹。设它的平均半径为 R,由式(10-1)得到条纹宽度的计算式为

$$B \approx W/\theta = R^2\delta/e \tag{10-11}$$

式中,δ 为以弧度表示的栅距角。可以看出,莫尔条纹的宽度 B 与偏心量 e 和栅距角 δ 有关。

2. 切向光栅的环形莫尔条纹

两块栅线数相同(或光栅栅距角 δ 相同)、切线圆半径分别为 r_1 和 r_2 的切向圆光栅同心叠合放置时,形成的莫尔条纹是以光栅中心为圆心的同心圆簇,称为环形莫尔条纹,如图 10-12(b)所示。若莫尔条纹的半径为 R,根据式(10-1)可得环形莫尔条纹宽度为

$$B \approx \frac{W}{\theta} = \frac{R^2\delta}{r_1 + r_2} \tag{10-12}$$

通常取 $r_1 = r_2 = r$,这时环形莫尔条纹宽度为

$$B \approx R^2 \delta / (2r) \qquad\qquad (10\text{-}13)$$

从式(10-12)或式(10-13)可以看出,环形莫尔条纹的条纹宽度 B 不是定值,它随条纹所处的位置不同而有所变化。

环形莫尔条纹的突出优点是具有全光栅的平均效应,因而用于高精度测量和圆光栅分度误差的检验。

用上述两种圆光栅副测量角度或角位移,是让主光栅随主轴转动,指示光栅固定不动。后者还常做成几个小块在主光栅圆周分布的几个特定位置上同时接受莫尔条纹信号。

3. 环形光栅的辐射莫尔条纹

将两块相同的环形光栅栅线面相对,以不大的偏心量 e 相叠合,便形成如图 10-12(c)所示的莫尔条纹,条纹近似直线并成辐射方向,称为辐射莫尔条纹。

这种莫尔条纹的特点是条纹的数目和条纹的位置仅与两光栅叠合时偏心量 e 的大小和圆心连线的方向有关,偏心量 e 每变化一个栅距 W,在一个象限内莫尔条纹的数目就增减一条;而任一个光栅绕其中心转动时,条纹的数目和位置都不变化。所以这种莫尔条纹可用于测量主轴的偏移(晃动)及拖板相对导轨的爬行等。

10.1.6　光栅传感器的应用

由于计量光栅的测量精度高、量程大,可以进行无接触测量,而且易于实现系统的自动化和数字化,因而在机械工业中得到了广泛的应用。特别是在数控机床的闭环反馈控制、工作母机的坐标测量、机床运动链的比较和反馈校正以及工件和工模具形状的二维和三坐标精密检测方面,光栅传感器有明显优点。

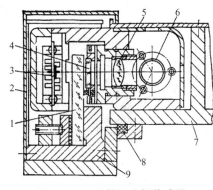

图 10-13　透射长光栅传感器

图 10-13 所示是以黑白透射光栅作为检测元件的长光栅传感器。光线由光源 6 经透镜 5 成平行光束照到光栅副上。标尺光栅 1 经尺座 9 立着安装在导轨上,以减少灰尘的堆积。指示光栅 4 通过支架 7 安装在运动部件上。莫尔条纹信号由硅光电池 3 接收。用防护罩 2 和防尘垫 8 将传感器保护起来,以防止灰尘等影响传感器的工作。

光栅传感器除了用于长度和角度测量外,还可以用于能转换成长度的其他物理量,如速度、加速度、压力、振动等的测量。

10.2　磁栅传感器

磁栅是一种用于位移测量的数字传感器。磁栅比光栅制作起来容易得多,甚至比感应同步器还简单,它常用在机床上,测直线位移和转角都可以用这种原理,但精度和分辨力略低。它的主要优点是安装和录制方便,如果发现录制的信号不合适可抹去重录。而且常是安装完毕再录磁信号,这就避免了安装误差。

10.2.1　磁栅传感器的结构和工作原理

磁栅传感器是由磁栅(磁尺或磁盘)、磁头和检测电路等组成的。磁栅上录有等间距的磁信号,磁头沿磁栅尺运动检测磁信号,并转换成电信号,从而反映位移量。图 10-14 是磁栅传感器的示意图。

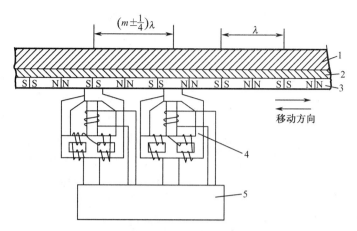

图 10-14　磁栅传感器示意图

1—磁尺基体；2—抗磁镀层；3—磁性涂层；4—磁头；5—控制电路

磁栅是用不导磁的金属做基体，或者采用在钢材上镀一层抗磁材料，如0.15～0.20mm 的铜做基体。在基体的表面上均匀地涂覆一层厚为 0.10～0.20mm 的磁性薄膜，常用的是 Ni–Co–P 或 Ni–Co 磁性合金。然后录上空间波长（磁栅的磁性节距）为 λ 的磁信号。目前长磁栅常用的磁信号节距 λ 为 0.05mm 和0.02mm 两种，磁栅条数一般在 100～30 000 之间；圆磁栅的角节距一般为几分至几十分。磁尺断面和磁化图形如图中所示。在 N 与 N 和 S 与 S 重叠部分磁感应强度最强。

圆磁栅传感器如图 10-15 所示。磁盘 1 的圆柱面上的磁信号由磁头 3 读取，磁头与磁盘之间应有微小的间隙以避免磨损。罩 2 起屏蔽作用。

磁头有两种形式，动态磁头和静态磁头。

动态磁头为非调制性磁头，又称速度响应式磁头。普通常见的录音机信号取出就属于此类。它只有一组线圈，当磁头与磁栅之间以一定速度相对移动时，由于电磁感应将在该线圈中产生信号输出。当磁头与磁栅之间相对运动速度不同时，输出信号的大小也不同，相对运动速度很慢或相对静止时，由于磁头线圈内的磁通变化很小或变化为零，输出信号电压也很小或为零。因此，速度响应式磁头在应用上受到一定的局限，不适合于长度测量。

图 10-16(a)所示为动态磁头的实例。铁心材料为铁镍合金（含 Ni80％）片，每片厚度为 0.2mm 叠成需要的厚度（如 3mm—窄型；18mm—宽型）。前端放入0.01mm 厚度的铜片，后端磨光靠紧。线径 $d=0.05$mm，匝数 $N=2\times1000\sim2\times1200$，电感量 $L\approx4.5$H。

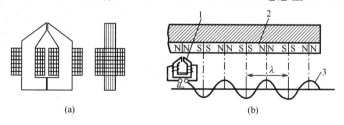

(a)　　　　　　　　　　(b)

图 10-16　动态磁头结构与读出信号

用动态磁头读取信号的示意图如图 10-16(b)所示。读出信号为正弦信号，在 N 处为正的最强，S 处为负的最强。图中 λ 为磁信号节距。

静态磁头是调制式磁头,又称磁通响应式磁头。它与动态磁头的根本不同之处在于,在磁头与磁栅之间没有相对运动的情况下也有信号输出。

静态磁头的结构如图 10-17 所示。磁心材料为高导磁材料,如坡莫合金。单片厚度等于 $\lambda/4$。磁心由三种不同形状的薄片叠合而成,叠合顺序为 1－2－3－2－4－2－3－2－1,反复循环,组成一个多间隙磁头。磁心上有两个绕组:一个激磁绕组 N_2,它由一交流激磁电压激励,产生的磁感应强度沿图中虚线所示途径流通;另一个为输出绕组 N_1,它根据激磁绕组所产生的磁感应强度和磁尺上的磁化强度的变化情况,输出一个与磁尺位置相对应的电信号。

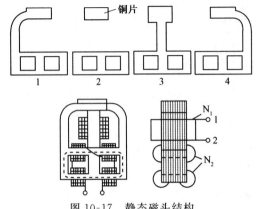

图 10-17　静态磁头结构

磁栅传感器的工作原理如下:

当正弦激磁电压加于激磁绕组 N_2 时,由于磁心的磁化曲线是非线性的,激磁绕组相当于一个非线性电感,因而激磁电流也是非正弦的,如图 10-18 中的曲线①。激磁电流工作在磁化曲线的不同区段时,磁心回路中的磁导率 μ 和磁阻 R_m 均随之变化,如图 10-18 中的曲线②和曲线③所示。磁阻 R_m 的变化在磁心中的作用相当于一个"磁开关",它对磁尺所产生的磁通起着导通和阻断作用,从而引起输出绕组的磁心回路中的磁通变化,在输出绕组中产生感应电动势。图 10-18 中的曲线④为磁头在某一固定位置时所产生的磁通。当磁头静止时,它是一个恒值。曲线⑤为磁尺的磁通穿过输出绕组磁回路随时间变化的曲线。曲线⑥为它的漏磁通。如图所示,当曲线⑤的磁通变化时,在

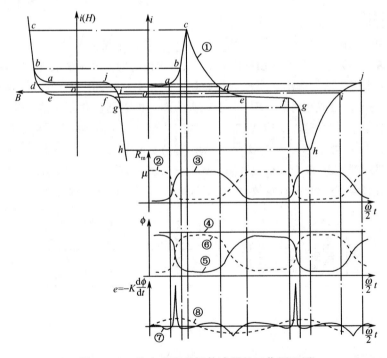

图 10-18　静态磁头磁栅传感器的工作原理图

输出绕组中就产生感应电动势。每一个激磁电压周期内,它有两次变化,因此,输出绕组中产生的感应电动势的频率是激磁电压频率的2倍,而它的幅值与磁尺所产生的磁通量大小成比例。曲线⑦为输出绕组感应电动势的波形。

正弦激磁电压施加在激磁绕组上时,它所产生的磁通按图10-17中虚线所示的途径流通,在输出绕组不产生感应电动势,它的作用只是对磁尺所产生的磁通回路起一个"磁开关"作用。图10-18中的曲线⑧为选频后的输出波形。

由于单间隙磁头的输出信号小,为了增大输出,都做成多间隙磁头。它不仅可以增大输出,而且因为它所输出的信号是多个间隙所获取信号的平均值,与计量光栅、感应同步器等相同,有平均效应,因而可以提高测量精度。

10.2.2 磁栅传感器测量系统

磁栅传感器测量系统都采用两个多间隙磁头来读出磁尺上的磁信号。如图10-14所示,两个磁头的安装位置间距为$(m+1/4)\lambda$,m为整数,因此,两个磁头的磁信号有$\pi/4$的相位差。如前所述,输出绕组的输出信号频率是激磁电压频率的两倍,所以,两个磁头的输出信号有$\pi/2$的相位差。

用频率为$f/2$信号进行激励,通常激励频率为$5\mathrm{kHz}$,此时两个磁头的输出信号分别为

$$e_{\mathrm{o}1} = E_{\mathrm{o}1}\sin\frac{2\pi x}{\lambda}\sin\omega t, \qquad e_{\mathrm{o}2} = E_{\mathrm{o}2}\cos\frac{2\pi x}{\lambda}\sin\omega t \qquad (10\text{-}14)$$

式中,λ为磁尺磁信号的空间波长;x为磁头在一个波长λ内的位置状态;ω为输出信号的角频率,$\omega=2\pi f$;$E_{\mathrm{o}1}$、$E_{\mathrm{o}2}$分别为两个磁头输出信号的幅值,通过调整,可以使$E_{\mathrm{o}1}=E_{\mathrm{o}2}=E_{\mathrm{o}}$。

式(10-14)表明,磁头的输出信号是两个调幅信号。

若采用鉴幅方式,对式(10-14)所示的两输出信号经检波器去掉高频载波后可得

$$e_{\mathrm{o}1}' = E_{\mathrm{o}}\sin\frac{2\pi x}{\lambda}, \qquad e_{\mathrm{o}2}' = E_{\mathrm{o}}\cos\frac{2\pi x}{\lambda} \qquad (10\text{-}15)$$

此两路相差$\pi/2$的两相信号送有关电路进行细分辨向后输出(与光栅测量系统相同)。

或采用鉴相方式,用两个相位差$\pi/4$的激磁信号激励(或把其中一个磁头输出信号移相$\pi/2$),则两磁头的输出信号分别为

$$e_{\mathrm{o}1} = E_{\mathrm{o}}\sin\frac{2\pi x}{\lambda}\cos\omega t, \qquad e_{\mathrm{o}2} = E_{\mathrm{o}}\cos\frac{2\pi x}{\lambda}\sin\omega t \qquad (10\text{-}16)$$

将这两个信号在求和电路中处理后,可得输出电压e_{o}为

$$e_{\mathrm{o}} = E_{\mathrm{o}}\sin\left(\omega t - \frac{2\pi}{\lambda}x\right) \qquad (10\text{-}17)$$

它表明输出信号是一个幅值不变,相位随磁头与磁栅相对位置而变化的信号,可用鉴相电路测量出来。

10.2.3 磁栅传感器的特点和误差分析

磁栅传感器的磁尺上录制的磁信号的空间波长λ稍大于光栅的栅距W,在同样的分辨力要求下,磁栅测量系统要求中等的细分数。与计量光栅一样,磁栅传感器除主栅尺外也增加了零磁栅信号,以提供一个绝对坐标零位置信号,由于λ大于W,零磁栅录制比制作零位光栅简单。与光栅不同,磁栅传感器的磁头与磁尺在移动时有摩擦,会影响它的使用寿命。磁栅对环境的要求比光栅低得多。除了磁尺的材料要求外,磁栅的加工工艺比光栅容易得多。磁栅容

易做成大尺寸的磁尺。同时,磁栅传感器也容易实现小型化。目前,磁尺的最小截面尺寸可以做到 $22mm \times 23mm$(包括磁头和防护罩),这是光栅所做不到的。

磁栅传感器的误差主要包括两项:零位误差和细分误差。

影响零位误差的主要因素有:磁栅的节距误差;磁栅的安装与变形误差;磁栅剩磁变化所引起的零线漂移;外界电磁场干扰等。

影响细分误差的主要因素有:由于磁膜不均匀或录磁过程不完善造成磁栅上信号幅度不相等;两个磁头间距偏离正交较远;两个磁头参数不对称引起的误差;磁场高次谐波分量和感应电动势高次谐波分量的影响。

上述两项误差应限制在允许范围内,若发现超差,应找出原因并加以解决。

磁栅传感器整个系统(包括信号处理)的误差可在 $\pm 0.01mm$ 以下,分辨力可达 $1 \sim 5\mu m$。

10.3　感应同步器

感应同步器是利用两个平面形绕组的互感随位置不同而变化的原理制成的测位移的传感器,其输出是数字量,测量精度很高,并且能测 1m 以上的大位移,它广泛应用在数控机床上。

10.3.1　感应同步器的结构和工作原理

感应同步器有直线式和旋转式(圆盘式)两种基本结构型式,它们是由可以相对移动的滑尺和定尺(直线式)或转子和定子(旋转式)组成的,如图 10-19 和图 10-20 所示。这两类感应同步器是采用同样的工艺方法制造的。一般情况下,首先用绝缘黏结剂把导电铜箔(厚 $0.04 \sim 0.05mm$)粘牢在低碳钢或玻璃等非导磁材料的基板上,然后按设计要求,利用光刻或化学腐蚀工艺将铜箔蚀刻成不同曲折形状的平面绕组,这种绕组一般称为印制电路绕组。定尺和滑尺,转子和定子上的绕组分布是不相同的。在定尺和转子上的绕组是连续绕组,在滑尺和定子上的绕组则是分段绕组。分段绕组分为两组,布置成在空间相差 $\pi/2$ 相角,故又称为正、余弦绕组。感应同步器的连续绕组和分段绕组相当于变压器的原边绕组和副边绕组,利用交变电磁场和互感原理工作。

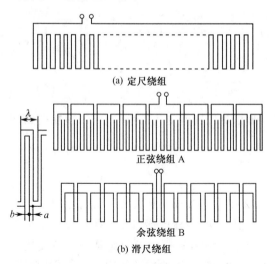

图 10-19　直线式感应同步器示意图

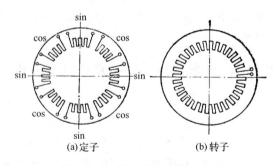

图 10-20　圆感应同步器示意图

安装时,定尺和滑尺,转子和定子上的平面绕组面对面地放置。由于其间气隙的变化要影响到电磁耦合度(即互感)的变化,因此气隙一般必须保持在 0.25 ± 0.05mm 的范围内。工作时,如果在其中一种绕组上通以交流激磁电压,由于电磁耦合,在另一种绕组上就产生感应电动势,该电动势随定尺与滑尺(或转子与定子)的相对位置不同呈正弦、余弦函数变化。再通过对此信号的检测处理,便可测量出直线或转角的位移量。

直线式感应同步器的工作原理类似一个展开的多极对的正、余弦旋转变压器。图 10-21 画出一个简化了的感应同步器结构,用来定性地说明它的输出感应电动势与相对位置之间的关系。如图,在滑尺的余弦绕组加上激励电压。由于绕组导片的长度远大于其端部,导片的长度与气隙之比又远大于 1,因此,为了简化,可以略去定、滑尺绕组的端部影响,并将导片视为无限长导线。为了进一步简化,把激励的正弦电压看成带正、负号的"直流"持续增长情况。设其相应的激励电流方向如图中所示。

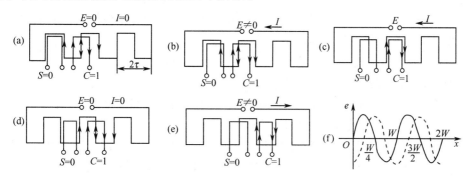

图 10-21　感应同步器的相对位置与输出感应电动势的关系

S—正弦绕组;C—余弦绕组

图 10-21(a)所示,余弦绕组中的电流在定尺绕组中感应的电动势之和为零。这个位置称为感应同步器的零位置。

当滑尺向右移动一段距离($W/8$,W 为定尺绕组节距),如图 10-21(b)的位置时,保持激励电压不变,如图所示,余弦绕组左侧导片在定尺绕组中感应的电动势比右侧导片所感应的大,定尺绕组中感应电动势的总和就不再为零,它的感应电流的方向如图中所示。

可以得出,定尺的感应电动势随着滑尺的右移而增大,在向右移动 $W/4$ 位置时(图 10-21(c)),达到最大值。

滑尺继续向右移动,定尺的感应电动势又逐渐减小。当移过 $W/2$ 位置(图 10-21(d))时又回复到零。滑尺再继续向右移,定尺绕组中又开始有感应电动势输出,但是电动势的极性改变了。在滑尺右移 $3W/4$ 位置图(10-21(e))时,定尺绕组中的感应电动势达到负的最大值。

滑尺继续向右移动,定尺中的感应电动势会逐渐减小。当移过距离 W 时,回复到图 10-21(a)的位置状态,定尺绕组中的感应电动势也回复到开始时的零态。只是相对位置右移了一个周期 W。再继续移动将重复以上过程。

可见,当滑尺一绕组上加上激励电压时,定尺输出感应电动势是滑尺与定尺相对位置的正弦函数,如图 10-21(f)所示,可以写成

$$e = E_{\mathrm{m}}\sin\frac{2\pi}{W}x = E_{\mathrm{m}}\sin\theta \tag{10-18}$$

式中,$\theta = 2\pi x/W$,是位移所形成的正弦电压的相位角。

同理,如果滑尺正弦绕组加上与余弦绕组相同的激励电流,则由于正、余弦绕组在空间位

置上相差 $\pi/2$ 的相位角(即空间位置相差 $W/4$),在同样移动情况下,将会在定尺绕组中产生相同的感应电动势,只不过相位差 $\pi/2$ 而已。为后面讨论方便,可以将正、余弦绕组在定尺中的感应电动势分别写成

$$\left.\begin{aligned} e_s &= E_m\sin\theta \\ e_c &= E_m\cos\theta \end{aligned}\right\} \tag{10-19}$$

10.3.2　信号处理方式

1. 鉴相法

如果滑尺的正、余弦绕组中的激励电压不是前面简化假设的"直流"情况,而是交流激励电压,则在定尺中的感应电动势 e_s 和 e_c 将不再是幅值 E_m 恒定、与相对位移成正、余弦关系,而是幅值交变的正、余弦关系。

实际应用时,在滑尺的正、余弦绕组上供给频率相同、相位差 $\pi/2$ 的交流激励电压,即

$$\left.\begin{aligned} \text{正弦绕组激磁电压} \quad & u_s = U_m\sin\omega t \\ \text{余弦绕组激磁电压} \quad & u_c = U_m\cos\omega t \end{aligned}\right\} \tag{10-20}$$

式中,U_m 为激磁电压幅值。

这里要特别注意,式(10-18)中的 θ 是滑尺与定尺间相对位移的电角度,式(10-20)中是时间的角度,两者都是周期函数,但概念不一样。

由于定尺和滑尺都是平面绕圈,这种"线圈"又是由导体往复曲折构成的"匝",它并不是平面螺线,更不是柱形螺管,所以感抗 L 是非常小的,可以略去 L 而只考虑其电阻 R,于是上列两激励电压在各自的线圈中产生的电流是

$$\left.\begin{aligned} i_s &= \frac{u_s}{R} = \frac{U_m}{R}\sin\omega t \\ i_c &= \frac{u_c}{R} = \frac{U_m}{R}\cos\omega t \end{aligned}\right\} \tag{10-21}$$

这种激励电流在定尺中所感应出的电动势分别为($e = -k\,\mathrm{d}i/\mathrm{d}t$)

$$\left.\begin{aligned} e_s &= -k_s U_m\cos\omega t\sin\theta \\ e_c &= k_c U_m\sin\omega t\cos\theta \end{aligned}\right\} \tag{10-22}$$

式中,k_s 和 k_c 分别为正、余弦绕组与定尺绕组间的耦合系数。

定尺绕组中感应电动势为滑尺的正、余弦绕组共同产生的,为

$$e_o = e_c + e_s = k_c U_m\sin\omega t\cos\theta - k_s U_m\cos\omega t\sin\theta$$

当 $k_s = k_c = k$ 时,上式可以写成

$$e_o = kU_m\sin(\omega t - \theta) = E_m\sin(\omega t - \theta) \tag{10-23}$$

上式表明定尺绕组中的感应电动势 e_o 的相位是感应同步器相对位置 θ 角(或位置 x)的函数,位移每经过一个节距 W,感应电动势 e_o 则变化一个周期(2π)。检测 e_o 的相位,就可以确定感应同步器的相对位置。因此,这种方法称为鉴相法。

2. 鉴幅法

如果滑尺绕组的激励电压分别为

$$\text{正弦绕组} \qquad u_s = U_m\cos\varphi\cos\omega t$$
$$\text{余弦绕组} \qquad u_c = U_m\sin\varphi\cos\omega t$$

则在定尺绕组中产生的感应电动势的总和为

$$e_0 = e_c + e_s = kU_m\sin\omega t\sin\varphi\cos\theta - kU_m\sin\omega t\cos\varphi\sin\theta$$
$$= kU_m\sin(\varphi-\theta)\sin\omega t = E_m\sin(\varphi-\theta)\sin\omega t \tag{10-24}$$

式(10-24)表明,激励电压的电相角 φ 值与感应同步器的相对位置 θ 角有对应关系。调整激励电压的 φ 值,使输出感应电动势 e_0 的幅值为零,此时,激励电压的 φ 值就反映了感应同步器的相对位置 θ。通过检测感应电动势的幅值来测量位置状态或位移的方法称为鉴幅法。

在这种情况下,利用专门的鉴幅电路,检查 e_0 的幅值是否等于零。若不等于零,则判断 $(\varphi-\theta)>0$ 或是 $(\varphi-\theta)<0$,通过对 φ 的自动调整,使达到 $(\varphi-\theta)=0$。最后测出稳定后的 φ 值,它就是 θ 值。由于 $\varphi=\theta=2\pi x/W$,所以

$$x = \frac{W}{2\pi}\varphi \tag{10-25}$$

这就是鉴幅法测位移 x 的原理。

若设在初始状态时 $\varphi=\theta$,则 $e=0$。然后滑尺相对定尺存在一位移 Δx,使 $\theta\to\theta+\Delta\theta$,则感应电动势增量为

$$\Delta e = kU_m\sin\Delta\theta\sin\omega t \approx kU_m(2\pi\Delta x/W)\sin\omega t \tag{10-26}$$

由此可见,在位移增量 Δx 较小时,感应电动势增量 Δe 的幅值与 Δx 成正比,通过鉴别 Δe 的幅值,就可以测出 Δx 的大小。

实际中设计了这样一个电路系统,每当位移 Δx 超过一定值(例如 0.01mm),就使 Δe 的幅值超过某一预先调定的门槛电平,发出一个脉冲,并利用这个脉冲去自动改变激励电压幅值,使新的 φ 跟上新的 θ。这样继续下去,便把位移量转换成数字量,从而实现了对位移的数字测量。

*10.3.3　直线式感应同步器的接长与定尺激励方式

标准型直线式感应同步器定尺的规定长度为 250mm,单块使用时有效长度为 180mm 左右。因此,当测量长度超过 180mm 时,需要用两块以上的定尺接长使用。由于每块定尺的误差曲线是不相同的,因此接长时应按照生产厂家提供的误差曲线选配使用,以求获得较小的接长误差。

定尺接长后对性能的另一个影响是输出电动势减弱。这是因为接长后感应同步器输出阻抗增大所造成的。为此,当测量长度超过一定值时,需要对定尺采取串并联组合的方法来改善信号条件。一般对 3m 以下的接长,采用定尺绕组串联接线方式;对于 3m 以上的大行程接长,往往采用分段串联后再并联的接线方式。

定尺接长时,在接缝区因为磁路的变化将出现误差跳动的现象。目前我国已能生产长度为 1m,精确度达 $\pm 1.5\mu m$ 的定尺,这将有助于改进直线式感应同步器的接长工作。

为了改善滑尺激励的缺点,20 世纪 70 年代中期出现了定尺激励技术。定尺激励工作方式是在定尺绕组输入一个激励信号,如 $U_m\cos\omega t$,滑尺绕组中就分别输出两个幅值与感应同步器位置状态 θ 有关的相位差 $\pi/2$ 的信号

$$e_s = kU_m\sin\theta\sin\omega t, \qquad e_c = kU_m\cos\theta\sin\omega t \tag{10-27}$$

通过相应的电路处理,就可以测出感应同步器的位置状态 θ 的值,进而确定位置 x。

这种工作方式的优点:

(1) 因激励信号的负载是一个恒定负载—定尺,它不需要像滑尺激励方式那样改变有关参数,电路中没有开关元件,因此,可以有效地加强激励,提高输出信号电平。

(2) 在系统中,定尺是处于强信号电平下,滑尺是处于弱信号电平下。因此,定尺激励改善了信号通道的信噪比,提高了抗干扰能力。

(3) 在感应同步器的制作中,不可能保证滑尺两个绕组的空间位置完全正交(相差 $W/4$ 间隔),因而也就引入了一定的测量误差。这种误差在滑尺激励方式中是无法弥补的。但是,在定尺激励方式下,因为它的处

理电路在感应同步器的后面,因此可以对这种误差加以校正。因而有利于提高细分,实现高精度测量。

(4) 在对正、余弦函数信号的处理中不涉及功率,因此,有利于提高电路工作的稳定性和可靠性。

*10.3.4 感应同步器的绝对坐标测量系统

感应同步器作为位移测量传感器,当位移量在一个节距 W 内时,它是一个闭环的跟踪系统,亦即 φ 必须等于 θ,或者接近于 θ,系统才处于稳定状态,因而具有良好的抗干扰能力和可靠性。但是,当测量范围超过感应同步器的节距 W 时,它仍然属于增量式的数字测量系统。因此,闭环跟踪的优点就大为削弱了。

为了充分发挥感应同步器的优点且在长距离位移后仍能测出位移的绝对值,必须在上述感应同步器上加以改进,三重感应同步器就可以实现大量程范围内的闭环跟踪测量。

三重感应同步器如图 10-22 所示,定尺和滑尺均有粗、中、细三套绕组。其中细尺和普通定尺、滑尺一样,栅条都是和位移方向垂直的,其节距 $W_x=2\text{mm}$。滑尺的粗、中绕组的栅条与位移方向平行。定尺的粗、中绕组的栅条相对于位移倾斜不同的角度:定尺的中绕组栅条与位移方向夹角的正切 $\tan\alpha=2/100=0.02$,故 $\alpha=1°8'45''$;粗绕组栅条与位移方向夹角的正切 $\tan\beta=2/400=0.0005$,故 $\beta=1'4''$。细绕组用来确定 1mm 内的位置状态,分辨力一般为 0.1mm;中绕组节距 $W_z=100\text{mm}$,用来确定 1~100mm 内的位置状态,中绕组按细绕组的节距细分(即把 100mm 按 2mm 为单位分成 50 份);粗绕组节距 $W_c=4000\text{mm}$ 用来确定 100~4000mm 内的位置状态,粗绕组又按中绕组的节距细分(即把 4000mm 按 100mm 为单位分成 40 份)。这三套绕组构成一套 4000mm 范围内的绝对坐标测量系统。

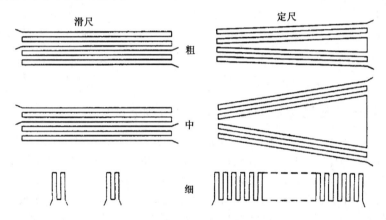

图 10-22 三重感应同步器

如上所述,三重感应同步器由三个传感器通道组成,因此相对而言,电路就比较复杂,成本也较高。但随着计算机应用技术的发展,利用计算机系统多通道测量的特性,将有助于简化其测量电路,扩大它的应用前景。

*10.3.5 误差分析

感应同步器的误差也包括零位误差和细分误差。

感应同步器的零位误差是指在只有一组激励绕组的情况下定尺输出零电压时的实际位移量与理论位移量之差。感应同步器的零位误差,习惯上以累积误差形式表示,即取各点零位误差中的最大值与最小值之差的一半,并冠以 ± 号表示。

引起零位误差的原因可能有刻画误差、安装误差、变形误差以及横向段导电片中的环流电动势的影响等。

感应同步器的细分误差是指在一个周期中每个细分点的实际细分值与理论细分值之差。细分误差也是以累积误差形式表示,即将各点细分误差中的最大值与最小值之差的一半,并冠以 ± 号表示。

产生细分误差,除了电路方面的原因外,在感应同步器方面,主要是由于定尺输出信号不符合前述理论关系引起。这可能由于:①正、余弦绕组产生的感应电动势幅值不等;②感应电动势与位移 x 间不完全符合正弦、余弦关系;③两路信号的正交性有偏差等。

实际应用中,要对感应同步器的上述两项误差进行测试,测试结果超差时应找出原因加以解决。

旋转式感应同步器的工作原理与直线式相似,只不过它是用于角度的测量。

10.4 角数字编码器

角数字编码器又称码盘,它是测量轴角位置和位移的方法之一,它具有很高的精确度、分辨率和可靠性。角数字编码器主要有两种类型:绝对式编码器和增量式编码器。增量式编码器又称为脉冲盘式编码器,它需要一个计数系统,旋转的码盘通过敏感元件给出一系列脉冲,它在计数器中对某个基数进行加或减,从而记录了旋转的位移量。绝对式编码器也称码盘式编码器,它可以在任意位置给出一个固定的与位置相对应的数字码输出。如果需要测量角位移量,它也不一定需要计数器,只要把前后两次位置的数字码相减就可以得到所测量的角位移的值。它们的敏感元件可以是磁电式的、光电式的或接触式的,等等。

$$编码器 \begin{cases} 增量式编码器(脉冲盘式编码器) \\ 绝对式编码器(码盘式编码器) \begin{cases} 接触式编码器 \\ 光电式编码器 \\ 磁电式编码器 \end{cases} \end{cases}$$

10.4.1 绝对式编码器

绝对式角数字编码器输出的数字码一般是二进制的,因为电信号最适合的表达数字的形式是二进制。然而人们习惯应用的数制是十进制,在表达角度时习惯采用六十进制,所以在它们之间还有一个转换关系。因此,角数字编码器测量涉及编码技术和译码技术,本节只对已被普遍应用的数字码作必要的介绍。

1. 绝对式角数字编码器的结构

角数字编码器主要由码盘和读码元件(电刷或光电元件)组成。图 10-23 是一个四位直接二进制编码的码盘示意图。它按照轴角位置直接给出相对应的编码输出,而不需要专门的开关电路。它的信号取出方式可以是接触式(电刷)的或光电式的等。

对于接触式角数字码盘,在绝缘材料圆盘上按二进制规律设计粘贴导电铜箔(图中黑色部分),不粘贴铜箔的地方是绝缘的(图中白色部分),利用电刷与铜箔接触导电与否读取信号输出二进制码"0"和"1"。图中最外环是数码的最低位(2^0),最里环是最高位(2^3)。工作时,码盘固定在旋转轴上,随旋转轴旋转。一个公共电源的正端接到码盘所有的导电部分,另一端接至负载。四个电刷沿一固定的径向安装,它们分别与四个码道相接触。电刷的引线分别接至各自的负载的另一端。根据轴角的位置状态,电刷将分别输出"1"电平和"0"电平。如电刷接触第 9 块区域时,它们的输出为 1000 码。

电刷和铜箔靠接触导电,不够可靠,现在多半采用光电原理读取信号——光电式码盘。对于光电式码盘,则图中黑色部分是透光的(或不透光的),白色部分是不透光的(或透光的),图中的电刷就代之以光电元件。这样可以实现同样功能,而且是非接触测量。

2. 绝对式角数字编码器的工作原理

编码器的精确度决定于码盘的精确度,分辨率则决定于码道的数目。n 位(n 个码道)的二进制码码盘具有 2^n 种不同编码,称其容量为 2^n,其最小分辨力 $\theta_1 = 360°/2^n$,最外圈(码道)角节距为 $2\theta_1$。为了获得高的分辨率和精确度,就需要增大码盘的尺寸以容纳更多的码道。也可以采用变速装置,利用多个码盘来获所需的码道数,而不必要求太大的码盘尺寸,同时也可以相应降低码盘制作精度的要求。但是,变速装置的误差将限制编码器的精确度,还将取决于同步电路的能力。变速装置的误差极限大约是 $2'\sim5'$。此外,码盘与旋转轴的同心度以及与轴线的垂直度,也都会对测量的精确度产生影响。

直接二进制绝对式编码器,相邻两码之间有时不止一位有变化,因此,有一个需要注意的问题是信号检测元件不同步,或者码道制作中的不精确所引起的错码。例如,在图 10-23 中的码盘在作顺时针方向旋转,从位置 0000 码变为 1111 码时,四个电刷(检测元件)都要改变它们的接触状态,而且只有同时改变时才能得到正确的结果,即从 0000 码变为 1111 码。如果其中一个电刷,例如第四位,比其他电刷接触导电都早一些,那么将先出现 1000 码,然后再变为 1111 码。1000 码的出现很显然是错误的。应该指出,即使是最精密的制造技术,也不可能得到完全同步,而且造成不同步的原因常常是多方面的。为此,必须在编码器设计中加以解决。

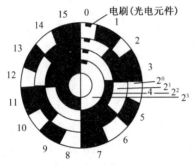

图 10-23　四位直接二进制绝对编码器码盘

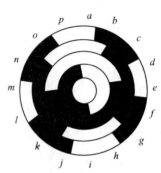

图 10-24　四位循环码码盘

解决错码的方法基本上有两种:一是从编码技术着手;另一是从扫描技术上来解决。

(1)编码技术。错码的原因是直接二进制码从一个码变为另一个码时存在着几位码需要同时改变状态,一旦这个同步要求不能得到满足,就会产生错误。如果每次只有一位码需要改变状态,那么错码现象就不会发生。因此,可以根据这个要求来设计编码。如选用循环码(格雷码)来代替直接二进制码,其相邻码之间只有一位变化,就可以消除错码现象,表 10-2 给出了循环码和直接二进制码的对照表。图 10-24 所示是一个四位循环码码盘,具有:4 条码道;$2^4=16$ 种不同编码;最小分辨力 $\theta_1=360°/2^4=22°30'$;相邻码之间只有一位是不同的。

表 10-2　十进制数、直接二进制码和循环码对照表

D	B				G				D	B				G			
十进制码	二进制码				循环码				十进制码	二进制码				循环码			
0	0	0	0	0	0	0	0	0	8	1	0	0	0	1	1	0	0
1	0	0	0	1	0	0	0	1	9	1	0	0	1	1	1	0	1
2	0	0	1	0	0	0	1	1	10	1	0	1	0	1	1	1	1
3	0	0	1	1	0	0	1	0	11	1	0	1	1	1	1	1	0
4	0	1	0	0	0	1	1	0	12	1	1	0	0	1	0	1	0
5	0	1	0	1	0	1	1	1	13	1	1	0	1	1	0	1	1
6	0	1	1	0	0	1	0	1	14	1	1	1	0	1	0	0	1
7	0	1	1	1	0	1	0	0	15	1	1	1	1	1	0	0	0

但是,直接二进制码是有权码,每一位码代表一固定的十进制数;而循环码是变权码,每一位码不代表固定的十进制数。因此,将循环码变为十进制数的转换电路就要复杂得多。

(2)采用双电刷扫描技术(导前—落后双读法)也可以解决错码。图10-25画出了它的示意图和控制逻辑。

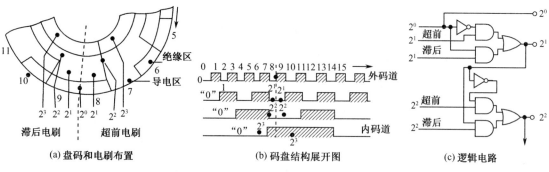

图 10-25　双扫描码盘工作原理

最低位(2^0)放一个读码元件(电刷或光电元件),其余各位都放置两组读码元件,并依次错开 $L_0/2$(L_0 为低位码距),见图10-25(a)所示。图10-25(b)是码盘结构的展开图。根据直接二进制编码规则:高位码的改变总是在其低位码由"1"变到"0"时;高位码的码距是较低一位码距的 2 倍。根据其变化规律,最低位处于"0"的左右极限位置范围时,导前电刷读数始终正确,滞后电刷读数不正确;最低位电刷处于"1"的两极限位置之中时,滞后电刷读数始终正确。由此可得读数逻辑关系,利用低位码状态控制高位码:当低位码为"0"时,读高一位导前值;当低位码为"1"时,读滞后值。逻辑电路如图10-25(c)所示。

为了减少码道的数目,同时不降低分辨率的要求,可以将绝对编码技术和细分技术结合起来。图10-26示出了一个实际的例子,它是一个有 2^{-19} 分辨率的绝对编码器,它的码盘内层有 14 条码道,产生十四位二进制数字输出;外层有一道等栅距的光栅刻线,安装有两路光学系统,得到一个正弦输出信号和一个余弦输出信号。与光栅相同,利用细分得到 32 细分数,相当于 2^{-5} 分辨率。两者组合起来,得到 2^{-19} 的分辨率,相当于 2.5″。

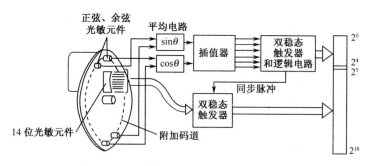

图 10-26　有分解器的高分辨率绝对编码器

为使一般二进制电路与循环码盘配合,可用图10-27所示的并行译码电路,将循环码译为直接二进制码。此电路以四位为例。图中循环码最高位接 G_1,其余依次接 $G_2 \sim G_4$,输出端 B_1 为直接二进制的最高位,$B_2 \sim B_4$ 则依次为低位。

如果采用串行读取,先从循环码的高位读起,则可采用图10-28的串行译码电路,边读边译,在输出端得到串行的直接二进制数据。图中用一个 J-K 触发器和四个与非门构成不进位的加法电路。$G_{1\sim4}$ 代表将循环码的最高位至最低位依次输入，$B_{1\sim4}$ 代表将输出二进制码的最高位至最低位顺序送出端。此电路并不限制位数，上述 G 和 B 的下标 $1\sim4$ 只是为了与前图对应而已。串行译码电路比较简单，元器件少，但运行速度不如并行快。

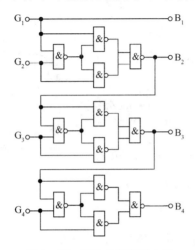

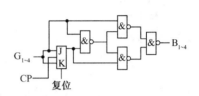

图 10-27　四位并行译码电路　　　　图 10-28　四位串行译码电路

10.4.2　增量式光电编码器

1. 增量式光电编码器的结构

图 10-29(a)所示为增量式光电编码器的结构图。它由光源(发光二极管)，光栏栅板、码盘和光敏元件组成。码盘上外圈开有 n 条相等角距的狭缝，码盘内圈某一径向位置，也开有一狭缝，表示码盘的零位，码盘每转一圈，零位对应的光敏元件就产生一个脉冲，称为"零位脉冲"。在开缝码盘的两边分别安装光源及光敏元件，光栅板外圈有 A、B 两个狭缝，内圈有一个 C 狭缝，光敏元件也对应有 A、B 和 C 三个，分别接收 A、B 和 C 狭缝透过的光线。

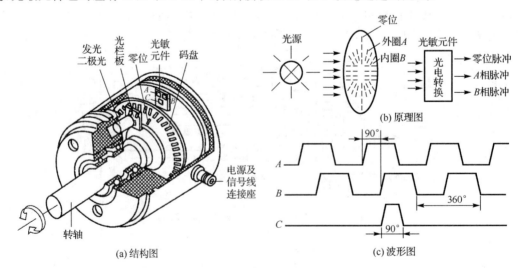

图 10-29　增量式光电编码器

2. 增量式光电编码器的工作原理

当码盘随被测工件轴转动时，每转过一个狭缝就发生一次光线明暗的变化，通过光敏元件产生一次近似正弦电信号,并整形成一个电脉冲信号。所以码盘每转动一圈,光敏元件输出的脉冲数等于每圈码道上的狭缝数(n)。利用计数器记录脉冲数 N,就能反映码盘转过的角度,即角位移 $\theta = \alpha N$,α 为分辨角($\alpha = 360°/n$)。

光电编码器的光栏栅板外圈上 A、B 两个狭缝彼此错开 1/4 节距(码盘上的两个狭缝间距离),两组狭缝相对应的光敏元件(称为 cos、sin 元件)产生相差 90° 的信号 A、B。当码盘随轴正转时,A 信号超前 B 信号 90°;当码盘反转时,B 信号超前 A 信号 90°,这样可以判断码盘旋转的方向,波形如图 10-29(c)所示。光电编码器的这种正、余弦输出信号与光栅类似,可采用相同的计数、辨向电路,通过细分技术,也可以提高角度测量的分辨率。

内圈的狭缝 C,每转仅产生一个脉冲,该脉冲信号又称"一转信号"或零标志脉冲,作为测量的起始基准。零位脉冲接至计数器的复位端,使码盘每转动一圈计数器复位一次。这样,不论是正转还是反转,计数器每次反映的都是相对于上次角度的增量,故称为增量式编码器。

增量式光电编码器最大的优点:结构简单。它除可直接用于测量角位移,还常用于测量转轴的转速。如在给定时间内对编码器的输出脉冲进行计数即可测量平均转速。

10.5 频率式数字传感器

频率式数字传感器是能直接将被测非电量转换成与之相对应的、且便于处理的振动频率信号,它很容易进行数字显示。因此,具有数字化测量技术的许多优点:测量精度和分辨力比模拟式传感器要高得多,有很高的抗干扰性和稳定性;便于信号的传输、处理和存储;易于实现多路检测。

频率式数字传感器一般有两种类型:

(1)利用振荡器的原理,使被测量的变化改变振荡器的振荡频率,常用的振荡器有 RC 振荡电路和石英晶体振荡电路;

(2)利用机械振动系统,被测量改变振动系统的固有振动频率,常用的振动系统有振筒式、振膜式、振弦式、振梁式等。

10.5.1 RC 振荡器式频率传感器

大多数传感器的输出信号是模拟信号,对于模拟传感器输出的电参量,如电阻、电容、电感等,作为电子振荡电路中的一个参数,利用这个参数的改变,来改变振荡器的振荡频率,从而输出相应的频率信号。

图 10-30 是一个温度-频率传感器的电原理图。热敏电阻 R_t 作为振荡回路中的一部分。该电路由运算放大器和反馈网络构成一种 RC 文氏电桥正弦波发生器。当外界温度 T 变化时,R_t 阻值也随之变化,从而引起 RC 振荡器的振荡频率变化。其振荡频率 f 为

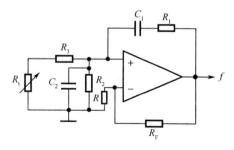

图 10-30　热敏温度-频率传感电路

$$f = \frac{1}{2\pi} \sqrt{\frac{R_2 + R_3 + R_t}{R_1 R_2 C_1 C_2 (R_3 + R_t)}} \qquad (10\text{-}28)$$

其中,R_t 与温度 T 的关系为

$$R_t = R_0 e^{B\left(\frac{1}{T} - \frac{1}{T_0}\right)} \qquad (10\text{-}29)$$

式中，B 为热敏电阻的温度常数；R_t 和 R_0 分别为温度 $T(\mathrm{K})$ 和 $T_0(\mathrm{K})$ 时的阻值；电阻 R_2、R_3 的作用是改善其线性特性。流过 R_t 的电流应尽可能小，这样可以减小 R_t 自身发热对测量温度的影响。

基于这类参数变化而改变振荡频率的方法，几乎所有模拟信号传感器都可以给出频率信号的输出。

10.5.2　振筒式频率传感器

振筒式频率传感器是利用振动筒的固有频率来测量有关的参数。振筒的固有振动频率是其物理特性的函数，它决定于筒的形状、尺寸、材料的弹性模量和周围的介质所引起的应力、质量的变化。振筒式传感器的迟滞误差和漂移误差极小，稳定性好（年稳定性可达 $\pm 0.006\%$），分辨率和精确度高（可达 0.01%），它主要用于测量气体的压力、密度等。

1. 结构和工作原理

振动筒可以等效为一个质量-弹簧-阻尼二阶强迫振荡机械系统，其固有振动角频率 ω_n 和阻尼比 ζ 由下式决定：

$$\omega_n = \sqrt{k/m} \tag{10-30}$$

$$\zeta = c/(2\sqrt{km}) \tag{10-31}$$

式中，k 为振筒的有效刚度；m 为振筒的有效振动质量；c 为振筒的阻尼系数。

振动筒的刚度是它的尺寸和应力的函数，质量与筒的材料和尺寸有关。而它们又与周围介质的密度、黏滞性、压力等有关：在振动时，筒周围的介质随着振筒一起振动，成为振动有效质量的一部分，作为密度传感器时，筒周围气体密度的变化就引起筒有效质量的改变，从而使其固有振动频率的改变；筒周围介质的压力直接影响筒的应力状态，改变振动筒的有效刚度。筒的阻尼是由振动时应力-应变中的迟滞引起的，同时也是由与振动质量相接触介质的黏度引起的。作为压力传感器时，气体介质的密度与压力有关。因此在压力传感器中，密度影响是不可能完全消除的，必须采取其他的修正方法。

振筒式传感器的基本结构如图 10-31 所示，它由振动筒、激振线圈和拾振线圈、基座和外壳组成。

振动筒是用弹性金属制成的薄壁圆筒，壁厚 0.08mm 左右，一端封闭为自由端，另一端固定在基座上。改变筒的厚度，可以获得不同的测量范围。薄壁圆筒不仅要有良好的弹性，且其弹性系数不应受温度影响；材料还应该有良好的磁性能，常用铁镍合金采用冷挤压和热处理等特殊工艺加工制成。

外壳用来屏蔽外界电磁场的干扰并起机械保护作用。测量绝对压力时，振筒和外壳之间为真空参考室，作为参考标准，被测压力的气体充入振动筒内部。如果需要测量压差，则振动筒与外壳间充入第二种参考压力源。测量密度时，为了减少压力的影响，可以在振动筒的内部和外部充入同样的被测气体。

圆筒的形状，即刚性的两端和柔性的薄壁，和周围介质的状态决定圆筒的振型。电磁和放大系统用来激振和维持筒的振动。振动筒实质上是一个分布参数系统，亦即是一个多自由度的二阶系统，它可以有许多个振动频率。但是，当振动质量一定时，振动频率越高，所需要的激振能量也越大，也越不容易起振。因此，通常总是振动在它的最低固有振动频率上。图 10-32 示出了振筒的几种振型。在振筒式传感器中选用 $n=4$、$m=1$ 的振型较多，因为这种四瓣对称的振型具有三大优点:容易为径向固定的激振线圈所激励,即易于起振;筒长的微小变化对固有频率的影响较小;由于波形对称故可承受大的加速度作用。

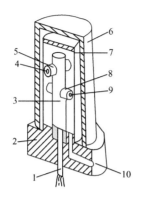

图 10-31　振筒式传感器结构示意图

1—引线;2—底座;3—支柱;4—磁心;
5—激振线圈;6—外保护筒;7—振动筒;
8—拾振线圈;9—永磁棒;10—压力入口

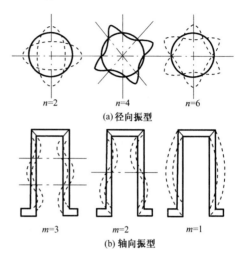

(a) 径向振型

(b) 轴向振型

图 10-32　振动筒的振动模式

振筒式传感器按照电磁系统振动模式工作,该系统由激振线圈、拾振线圈和放大器组成,见图 10-33。激振线圈与拾振线圈相互垂直地安装在筒内的支柱上,以防止它们之间的直接耦合。它们各由一对磁极和线圈组成。拾振线圈的输出接至放大器的输入端。放大器的输出驱动激振线圈,其交变磁场使筒产生振动,同时供给补偿筒固有衰减的必要能量,使筒保持在振动状态。拾振线圈通过振动筒与激振线圈耦合,使拾振线圈上产生一感应电动势(激振线圈通以交流激振信号→产生交变磁场→振动筒振动→改变筒壁与拾振线圈铁心间气隙→拾振线圈感应交变电动势),电路构成一个正反馈回路,从而保持在振荡工作状态。由于振动筒有很高的品质因数,筒只有在它的固有振动频率上振动时,才有最大的振幅(3μm 左右),满足电路的振荡条件。如果偏离了筒的固有振动频率,筒的振幅急剧衰减,拾振线圈的感应电动势也随之衰减,使电路不能满足振荡条件而停止振荡。因此,电路输出的脉冲信号频率就是筒的固有振动频率,是被测量的函数,从而达到对被测量的频率测量。

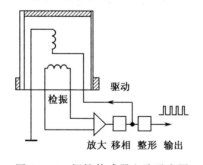

图 10-33　振筒传感器电路示意图

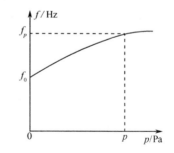

图 10-34　振筒的压力-频率特性曲线

2. 振筒的振动频率与压力的关系

当被测压力引入振筒内时,筒在一定压差作用下引起筒的应力变化,从而使筒的有效刚度发生改变,系统的固有振动频率随之改变。试验表明,在温度不变时,压力 p 与频率 f 之间有如图 10-34 所示的曲线关系。

当筒内外压力相等时,振筒的固有振动频率可写成

$$f_0 = A \sqrt{k_1/m_1} \qquad (10\text{-}32)$$

式中,A 为与筒的尺寸形状有关的系数;k_1、m_1 分别代表筒的刚度系数和质量。

在压力 p 作用于内壁时,共振频率 f_p 为

$$f_p = A \sqrt{\frac{k_1 + k_2(p)}{m_1}} \qquad (10\text{-}33)$$

式中,$k_2(p)$ 为受压力 p 影响而引入的附加刚度系数。上式可近似地写作

$$f_p = f_0 \sqrt{1 + \alpha p} \qquad (10\text{-}34)$$

此处 α 为振筒常数,筒内压力大于筒外压力时取正号,反之取负号。α 值决定于振筒材质和几何尺寸,一般近似地表示为

$$\alpha \approx \frac{12(1-\mu^2)}{En^2}\left(\frac{R}{\delta}\right)^3 \qquad (10\text{-}35)$$

式中,μ 为振筒材质的泊松比;E 为材质的弹性模量(kgf/mm^2);R 为振筒的平均半径(mm);δ 为筒壁厚度(mm);n 为整个圆周上振动的周期数,一般在 $n=4$ 的二次谐波下工作较好,利于和互成 $90°$ 的两组铁心线圈配合,容易起振。

压力-频率的非线性关系需要在测量系统中加以修正。与此同时,还需要考虑温度的影响。筒的温度系数,由于采用低温度系数的铁镍合金,可以稳定在 10^{-5} 以下,因此,对于大多数应用来说是可以忽略的。但是,被测压力介质的密度对温度的敏感性是不可忽略的,它将影响筒的有效振动质量。根据经验,有如下关系

$$\Delta f = \frac{K}{R}\left(\frac{1}{T_1} - \frac{1}{T_2}\right)p \qquad (10\text{-}36)$$

式中,Δf 为温度从 T_1 到 T_2 变化所引起的频率变化;K、R 为常数;T_1、T_2 为热力学温度。

对于空气,当温度从 $-55℃$ 变化到 $+125℃$ 时,频率变化小于平均频率的 2%。因此,只有在高精度测量时才需进行温度修正。通常,在振筒式压力传感器的基座上安装一只热敏元件来确定筒内介质的温度,然后进行修正。

3. 振筒的振动频率与密度的关系

当振筒的两侧不存在压差时,筒振动频率的改变必定是介质密度改变所引起的。密度增大,振动的有效质量增加,振动的固有频率就下降。显然,不同的介质密度,将得到不同的固有振动频率。检测出系统的固有振动频率值,就可以确定被测介质的密度。对于密度传感器来说,温度的影响是可以忽略的,因为筒本身有很高的温度稳定性;而温度对介质密度的影响则本来就是要测定的。试验表明,振动频率与介质密度之间有下列关系

$$\rho = K_0 + K_1/f + K_2/f^2 \qquad (10\text{-}37)$$

式中,ρ 为介质密度;f 为振动频率;K_0、K_1、K_2 为常数。因此,与压力传感器相同,在高精度测量中也必须对测得的频率进行非线性修正。

密度的测量在精密的质量流量测量中起着重要作用。根据伯努利方程式,流量的基本关系式是

$$\text{体积流量} = k \sqrt{\Delta p/\rho} \qquad (10\text{-}38)$$

$$\text{质量流量} = k \sqrt{\Delta p \rho} \qquad (10\text{-}39)$$

式中,k 为流量计常数;Δp 为流量计两端压力差;ρ 为介质密度。所以,用密度传感器进行精确的密度测量可以获得高精度的质量流量测量。

10.5.3 振膜式频率传感器

振膜式频率传感器的工作原理与振筒式相似,是利用圆形恒弹性合金膜片的固有频率与作用在膜片上的压力有关的原理构成,在测量压力等参数中得到广泛的应用。

图 10-35(a)表示一种振膜式压力传感器的结构原理图。空腔的一侧的承压膜片的支架上固定着振动膜片。被测压力 p 进入空腔后,承压膜片发生变形,支架角度改变,使振动膜片张紧,刚度变化,其固有频率发生改变。在振动膜片的上、下分别装有激振线圈和拾振线圈。接通电路时,激振线圈中流过交变电流便产生激励信号使振动膜片产生振动,经拾振线圈将振动能变为感应电信号输入放大-振荡电路,经放大后输出又正反馈给激振线圈,以便维持振膜的振动,并给出一个具有振膜固有振动频率的输出信号。

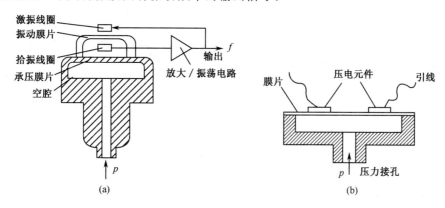

图 10-35 振膜式压力传感器

在电路中,振膜相当于一个高 Q 值的选频网络。它的振动频率取决于膜片的刚度、张力大小、膜片周边的约束方式、承压膜片和支撑架的刚度等。

这种传感器可以做到大约 0.1% 的精确度,测到 10.1325MPa。

图 10-35(b)是另一种振膜式压力传感器的结构示意图。它用两个压电元件来代替激振线圈和拾振线圈。为了提高传感器的稳定性,压电元件固有振动频率应远离振膜的固有振动频率,并在电路中接入高频衰减网络以抑制高频振荡,此外应选用高输入阻抗放大器与压电元件匹配。

膜片的尺寸、固有振动角频率 ω_n 与被测压力 p 之间的关系如下:

$$\omega_n = k \frac{1}{r^2} \sqrt{\frac{Eh^2}{p}} \tag{10-40}$$

式中,r 为膜片的半径;E 为膜片材料的弹性模量;h 为膜片的厚度;k 为常数。

10.5.4 振弦式频率传感器

振弦式频率传感器是以被拉紧了的金属弦(振弦)作为敏感元件,其振动频率与拉紧力的大小、弦的长度等有关。就像弦乐器,改变弦的粗细和长度,就可改变它们的发声频率。当振弦的长度确定后,弦振动频率的变化量便表示拉力的大小,即输入是力,输出是频率。

振弦式频率传感器的优点:结构简单牢固,测量范围大,灵敏度高(可达0.05%),线性度好

（非线性误差可小于 0.1%），温度误差小（小于 $0.01\%/℃$），测量线路简单。因此广泛应用于力、压力、位移、扭矩、加速度等的测量。其缺点是对传感器的材料和加工工艺要求很高，而传感器的精度较低，总精度约为 $\pm1.5\%$F·S。

10.5.4.1　结构和工作原理

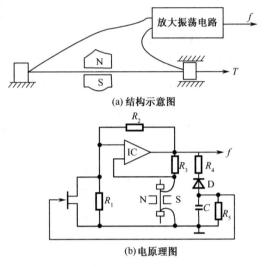

(a) 结构示意图

(b) 电原理图

图 10-36　振弦式力传感器

对于电流激励的振弦式频率传感器由一根放置在永久磁铁两极之间的金属弦——振弦、放大振荡电路两部分组成，如图 10-36 所示。金属弦承受着拉力 T，并且根据不同的拉力大小和弦的不同长度有着不同的固有振动频率。因此，改变拉力的大小可以得到相应的振弦固有频率的变化。振弦有很高的品质因数，在图 10-36(b) 中，它可以等效为一个并联的 LC 网络。由于振弦的高 Q 值，电路只有在振弦的固有振动频率上才能满足振荡条件。因此，电路的输出信号频率就严格地控制在振弦的固有振荡频率上，而与作用力 T 的大小有关，从而达到测力（或位移）的目的（如果要测压力 p，须使被测压力作用在膜片、膜盒之类敏感元件的有效面积上得到集中力 T）。

当电路接通时，有一初始电流流过振弦，振弦受磁场作用随电流的交替变化而产生振动。振弦在激励电路中组成一个 LC 选频正反馈网络，不断提供振弦所需能量，于是振荡器产生等幅的持续振荡。

图 10-36(b) 所示的连续电流激励电路是由振弦、运算放大器及其他元件组成的自激振荡器。电阻 R_1、R_2 和场效应管 FET 组成负反馈网络，起着控制起振条件和振荡幅度的作用；R_3 和振弦（等效为并联 LC 选频网络）组成正反馈网络，这是维持振荡的必要条件；而 R_4、R_5、D 和 C 组成的支路控制场效应管 FET 的栅极电压，作为稳定输出信号幅值之用。控制起振和自动稳幅的原理如下：

如果工作条件变化，引起振荡器的输出幅值增加，输出信号经 R_4、R_5、D 和 C 检波后，成为 FET 管栅极控制信号，具有较大的负电压，使 FET 管的漏源极间的等效电阻增加，从而使负反馈支路的负反馈增大，运算放大器的闭环增益降低，导致输出信号幅值减小，趋向于输出幅值增加前的幅值；反之，输出幅值减小，负反馈作用减弱，运放闭环增益提高，有使输出幅值自动提升的趋势。因而，就起到了自动稳定振幅的作用。

如果振荡器停振，输出信号等于零，此时 FET 管处于零偏压状态。由于 FET 管的漏源极与 R_1 的并联作用，使负反馈电压近似等于零，因而大大地削弱了电路负反馈作用，使电路正增益大大提高，为起振创造了条件。

根据力-电类比关系，把振弦等效为 LC 并联谐振回路，其固有频率 $f_0=1/(2\pi\sqrt{LC})$，在外加交流的频率恰等于 f_0 时，LC 并联谐振回路的阻抗最大。这时，它和 R_3 构成的正反馈网络的交流正反馈最强，该电路的选频作用就在于此。

下面讨论对振弦进行力-电类比的定量关系，同时导出振弦式频率传感器的基本公式。

设振弦 l 上处于磁感应强度为 B 中的一段为 l_e（称为有效长度），当弦上通有电流 i 时，振弦所感受的力为

$$F = Bl_e i$$

它可以分为两部分：一部分为 F_C 用来克服弦的质量 m 的惯性，使它获得运动速度 v；另一部分 F_L 用来克服振弦作为一个横向弹性元件的弹性力。据此，可以写出

$$F_C = Bl_e i_C = m \frac{\mathrm{d}v}{\mathrm{d}t}$$

$$v = \int \frac{Bl_e i_C}{m} \mathrm{d}t$$

式中，i_C 为对应于力 F_C 的电流。

具有运动速 v 的振弦 l_e 在磁场 B 中的感应电动势 e 为

$$e = Bl_e v = \frac{(Bl_e)^2}{m} \int i_C \mathrm{d}t$$

由上式可以看出，振弦在磁场中运动相当于电路中电容的作用，其等效电容为

$$C = m/(Bl_e)^2 \tag{10-41}$$

当振弦在某时刻横向运动偏离其平衡位置 δ 时，它的弹性力为

$$F_L = -k\delta$$

式中，k 为振弦的横向刚度系数。

从 $v = \mathrm{d}\delta/\mathrm{d}t$，$e = Bl_e v$ 和 $F_L = Bl_e i_L$ 可得

$$e = Bl_e \frac{\mathrm{d}\delta}{\mathrm{d}t} = -\frac{Bl_e}{k} \frac{\mathrm{d}F_L}{\mathrm{d}t} = -\frac{(Bl_e)^2}{k} \frac{\mathrm{d}i_L}{\mathrm{d}t}$$

式中，i_L 为对应于力 F_L 的电流。

由上式可以看出，振弦的弹簧作用相当于电路中的电感，其等效电感为

$$L = (Bl_e)^2/k \tag{10-42}$$

振弦上通过的电流 $i = i_C + i_L$。于是，振弦的振动频率就可以按一般 LC 网络来计算，它等于

$$\omega = 1/\sqrt{LC} = \sqrt{k/m} \tag{10-43}$$

可以看到，这个结果与从二阶振动系统求得的结果是一致的。或者可以说，将振弦等效为 LC 网络是合理的。

对于振弦的横向刚度系数 k 与弦的张力 T 的关系为

$$k = \pi^2 T/l \tag{10-44}$$

弦的质量 m 为

$$m = \rho_l l \tag{10-45}$$

式中，ρ_l 为弦的线密度。于是，振弦的振动频率为

$$f_0 = \frac{1}{2\pi} \sqrt{\frac{k}{m}} = \frac{1}{2l} \sqrt{\frac{T}{\rho_l}} = \frac{1}{2l} \sqrt{\frac{\sigma}{\rho}} = \frac{1}{2l} \sqrt{\frac{\varepsilon E}{\rho}} \tag{10-46}$$

式中，ρ 为弦的材料密度（$\rho = \rho_l/S$）；σ 为弦的应力（$\sigma = T/S$）；ε 为弦的应变；E 为弦材料的弹性模量。

对式（10-46）取 f_0 对 ε 的微分，则得振弦的应变灵敏度 K 为

$$K = \mathrm{d}f_0/\mathrm{d}\varepsilon = E/(8l^2 \rho f_0) \tag{10-47}$$

从上式可见，为了提高灵敏度，应使弦的原始固有频率 f_0 低些，弦要短些，材料弹性模量要大些。

10.5.4.2 振弦式传感器的误差

1. 非线性误差

从式(10-46)知,振弦式传感器的输出信号频率与作用力的关系是非线性的。设振弦的初始作用力为 T_0,当弦的张力增加 ΔT 时,其输出信号频率从初始频率 f_0 变到 f,则

$$f = \frac{1}{2l}\sqrt{\frac{T_0 + \Delta T}{\rho_1}} = \frac{1}{2l}\sqrt{\frac{T_0}{\rho_1}}\sqrt{1 + \frac{\Delta T}{T_0}} = f_0\sqrt{1 + \frac{\Delta T}{T_0}}$$

当 $\Delta T/T_0 \ll 1$ 时,可将 $\sqrt{1 + \Delta T/T_0}$ 展开为幂级数,且略去高次项,得

$$f = f_0\left[1 + \frac{1}{2}\frac{\Delta T}{T_0} - \frac{1}{8}\left(\frac{\Delta T}{T_0}\right)^2 + \frac{1}{16}\left(\frac{\Delta T}{T_0}\right)^3 - \cdots\right]$$

$$\approx f_0\left[1 + \frac{1}{2}\frac{\Delta T}{T_0} - \frac{1}{8}\left(\frac{\Delta T}{T_0}\right)^2\right] \tag{10-48}$$

其相对非线性误差 δ_L 为

$$\delta_L = \frac{1}{4}\frac{\Delta T}{T_0} \times 100\% \tag{10-49}$$

因此,振弦式传感器要求有较高的初始频率,亦即需要施加一定的初始应力。为了满足线性度的要求,$\Delta T/T_0$ 的值必须限制在一定的范围内。

为了改善非线性误差,振弦式传感器常采用差动工作方式,如图 10-37 所示。T_1、T_2 分别为上、下弦所感受的张力,相应的频率为 f_1、f_2。设初始张力均为 T_0,当被测量作用在膜片上时,一根弦的张力增加,而另一根弦的张力减少,它们的增量的值相等(ΔT),但方向相反,通过差频线路测得两弦的频率差,则式(10-48)中的偶次幂项相消,减小了非线性误差,提高了灵敏度,同时还可减小后面我们要讨论的温度误差。

此外,还可以在信号处理上克服非线性误差。线性化电路框图如图 10-38 所示。图中方框 $(f/U)_1$ 和 $(f/U)_2$ 代表两个相同的频率-电压变换兼乘法运算电路。由振弦传感器送来的频率信号 f_0 经过第一个电路后变成了直流电压,并且已和基准电压 U_B 相乘,其积为 U_1。同时,频率 f_0 又送到第二个电路,在变成与 f_0 成正比的直流电压之后和 U_1 相乘,其积为 U_2。电路的输出信号就是直流电压 U_2。变换及运算关系为

$$\left.\begin{array}{l} U_1 = K_1 f_0 U_B \\ U_2 = K_2 f_0 U_1 = K_1 K_2 f_0^2 U_B = K f_0^2 \end{array}\right\} \tag{10-50}$$

此外 K_1、K_2 分别为两电路的运算常数,$K = K_1 K_2 U_B$ 为常数。

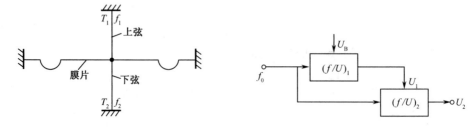

图 10-37　差动式振弦传感器原理图　　　图 10-38　振弦传感器线性化电路框图

经过上述电路处理后,输出电压 U_2 便与被测力或压力呈线性关系了。若再借助简单的 A/D 电路,同样可实现数字测量;若配以功率放大电路,就不难得到直流 $4\sim20\text{mA}$ 的标准信号,从而构成振弦式变送器。

2. 温度误差

振弦式传感器的温度误差比较复杂。当温度从 t_0 变到 t_1 时，由于膨胀系数不一致，振弦所受到的预应力和被测力都会发生变化。可说明如下：

令温度从 t_0 变为 t_1 时，预加力由 T_0 变为 $T_0 + \Delta T_0$，可以简明写出如下关系：

$$l_0 \alpha_1 (t_1 - t_0) + \frac{\Delta T_0 l_0}{E_1 S_1} = l_0 \alpha_b (t_1 - t_0) - \frac{\Delta T_0 l_0}{E_b S_b} \tag{10-51}$$

式中，α 为线膨胀系数；E 为弹性模量；S 为截面积；l_0 为弦及支座初始长度；下标 1、b 为分别代表振弦和支座。

从式中可以看出，预加力的变化是由于膨胀系数不同引起的。由于 $S_b \gg S_1$，从式(10-51)可以求得这种变化量为

$$\Delta T_0 \approx (\alpha_b - \alpha_1)(t_1 - t_0) E_1 S_1 \tag{10-52}$$

因此，温度变化时将引起传感器的零点漂移和灵敏度漂移。从式(10-52)可以得到，如果弦与支座有相同的膨胀系数，则由于温度变化而引起的作用力的变化将等于 0。但是，在实际上这一点是很难做到的。为此，在传感器的结构设计中常采用一些其他的补偿措施。

如同许多传感器所采取的那样，差动工作方式可以很好地改善温度误差。

介质压力和密度的变化也会产生一定的误差。在高精度测量中，为了消除这种影响，可以采用密封式结构，在空腔中充填惰性气体、液体或者抽真空。它同时可以有助于改善温度误差。

10.5.4.3 振弦式传感器的应用

1. 差动式振弦压力传感器

图 10-39 是一个差动式振弦压力传感器示意图。在圆形压力膜片的上下两侧安装了两根长度相等，相互垂直的振弦，构成两个振动系统。在电路中接成差动工作方式。

在没有外力作用时，两根振弦所受的张力相同，固有振荡频率相同，电路的输出信号频率为零。当受到外力作用时，膜片被弯曲。在承受压力时，上侧的弦 3 张力减小，振动频率降低，下侧的弦 4 张力增大，振动频率增高。电路输出一个等于它们的差频的频率信号。如前所述，它可以改善线性和温度误差。弦 3 和弦 4 相互垂直放置的目的是为了减小侧向作用力的敏感性。

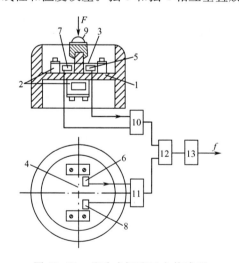

图 10-39 差动式振弦压力传感器

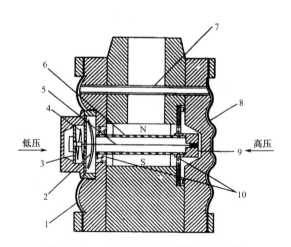

图 10-40 振弦式差压变送器基本结构

1—压力膜片；2—支座；3、4—振弦；5、6—拾振器；7、8—激振器；
9—支柱；10、11—放大/振荡电路；12—混频器；13—滤波、整形电路

2. 振弦式差压变送器

美国 Foxboro 公司生产的振弦式差压变送器,就是按线性化原理设计工作的。振弦密封在保护管中,一端固定,另一端与膜片相连,在差压作用下改变振弦的张力。这种仪表的基本误差能够小于±0.2%。主要结构如图 10-40 所示。低压作用在膜片 1 上,高压作用在膜片 8 上,两膜片和基座之间充有硅油,并有导管 7 相通,借助硅油传递压力并提供适当的阻尼,以免出现振荡。而且硅油的凝固点低,闪点高,黏性受温度影响很小,化学性能稳定,对金属无腐蚀作用,最适合于仪表里传递压力之用。

在低压膜片中部有提供振弦初始张力的弹簧片 2,还有垫圈 3 和过载保护弹簧 4,使保护管 6 里的振弦 5 有一定的初始张力。振弦的右端固定在帽状零件 9 上,此零件套在保护管 6 端部,和高压膜片无直接关系。但当差压过大时,硅油流向左方,垫圈 3 中央的固定端将会使振弦张力太大,这时过载保护弹簧 4 就起作用了,它受到压缩而使张力不再增大。如果差压继续加大,高压膜片就会贴紧在支座上,为了防止挤坏膜片的波纹,在支座上也加工成同样波纹断面。

振弦 5 和保护管 6 的热膨胀系数相近,以减小温度误差。保护管 6 两端和支座之间有绝缘衬垫 10,以便从振弦两侧引出信号线(图中未画出导线)。永久磁铁的磁极在保护管外,即图中的磁极 N、S。保护管内并无硅油,硅油只存在于膜片和支座之间,所以对弦的振动无影响。

3. 振弦式加速度计

振弦式加速度计结构原理如图 10-41 所示。通过两边端盖 4 的引线通以交流电可以使质量块 2 两边的振弦 6A、6B 产生振动。交流电可通过控制电源调节,使得交流电压频率与两边振弦的谐振频率一致。当无加速度作用时,两边振弦的谐振频率相同。当有加速度作用时,质量块受到加速度作用,由惯性力引起振弦的强迫振动,两边振弦的频差与加速度成正比。

为了保证这种加速度计的正常工作,需要调节振弦 6A、6B 的初始张力,使弦丝振荡的频率保持不变。这可通过调整图中两边端盖与螺钉来达到。

振弦式加速度计可测量的最小加速度与最小频差 Δf_{min} 有关,而 Δf_{min} 又取决于振荡频率的稳定性。设频率稳定系数为 α,则有

$$\Delta f_{min} = \alpha f_0$$

α 一般可达 10^{-6},故可测量的最小加速度为 $10^{-6}g$。

振弦式加速度计具有灵敏度高、测量范围大、耐冲击等特点,不仅可以用于航空与地面重力测量、地震测量、爆破震动与地基振动测量,也可用于火箭、导弹的惯性导航系统中,比通常的摆式加速度计更优越。

振弦式频率传感器除以上应用外,还可用于扭矩测量,近年来在生物医学工程中也获得应用。

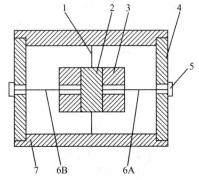

图 10-41　振弦式加速度计原理图

1—固定弦;2—质量块;3—激振磁铁;
4—端盖;5—螺钉;6A、6B—振弦;7—壳体

10.5.5　频率式传感器的基本测量电路

频率式传感器已将被测非电量转换成频率信号输出,因此,可采用两种方式测量:一种是测量其输出信号的频率;另一种是测量其周期。前者适用于振荡频率较高的情况,后者适用于振动频率较低的情况。两者均可分别采用电子计数器的测频和测周期(或测时间)功能测量。

或者根据具体情况,自行设计测频和测时专门电路。读者可参阅通用计数器资料。

必须注意:当被测振荡频率低于所选用的通用计数器内部的石英晶体振荡器的频率(时钟频率)时,必须采用周期或时间间隔测量功能,或者采用等精度计数器,否则将会由于数字仪器固有±1个字误差而造成极大的测量误差。

思考题与习题

教学课件

10-1 透射式光栅传感器的莫尔条纹是怎样形成的? 它有哪些特性?

10-2 试分析光栅传感器为什么有较高的测量精度。

10-3 简述光栅传感器的辨向结构及其工作原理。

10-4 请说明有哪些方法可以实现莫尔条纹的四细分技术。

10-5 用四个光敏二极管接收长光栅的莫尔条纹信号,如果光敏二极管的响应时间为 10^{-6} s,光栅的栅线密度为 50 线/mm,试计算一下光栅所允许的运动速度。当主光栅与指示光栅之间夹角 $\theta = 0.01$ rad 时,求其莫尔条纹间距 B。

10-6 速度响应式和磁通响应式磁栅传感器有哪些不同特点?

10-7 试说明鉴幅式磁栅信号处理方式的基本原理。

10-8 感应同步器有哪两种基本类型? 并简述其结构和工作原理。

10-9 接触式码盘是怎样制造的? 为什么 BCD 码制的码盘会产生误码? 采用什么方法消除? 并说明消除误码的原理。

10-10 如何实现提高光电式编码器的分辨率?

10-11 一个 21 码道的循环码码盘,求其最小分辨力 θ_1。若每一个 θ_1 角所对应的圆弧长度至少为 0.001mm,且码道宽度为 1mm,则码盘直径多大?

10-12 为什么要求谐振式传感器的品质因数越高越好?

10-13 简述振筒式频率传感器的结构和工作原理。

10-14 为什么振筒的固有自振频率与被测压力有对应关系?

10-15 试述振筒式传感器测量介质密度的工作原理。

10-16 根据图 10-34(b),说明压电元件振膜式压力传感器的工作原理。

10-17 要使振弦(或振筒)传感器的输出端得到电压或电流信号,应采取哪些措施?

10-18 试定性分析改变振筒式压力传感器的筒壁厚度和筒的长度对振筒的谐振频率 f_0 及输出灵敏度的影响。

10-19 振弦式传感器的结构及各组件的功能是什么?

10-20 试分析环境温度变化对振弦式传感器灵敏度的影响。

10-21 试说明习题 10-21 图温度频率测量的原理。

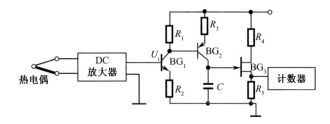

习题 10-21 图　压控振荡器式频率传感器的温度测量

教学要求

第 11 章　气体传感器

气体传感器是指能将被测气体的类别、浓度和成分转换为与其成一定关系的电量输出的装置或器件(被测气体种类、浓度、成分→电信号)。气体传感器必须满足下列条件：

(1) 能够检测爆炸气体、有害气体的允许浓度和其他基准设定浓度，并能及时给出显示、报警和控制信号；

(2) 对被测气体以外的共存气体或物质不敏感；

(3) 性能长期稳定性好；

(4) 响应快、重复性好；

(5) 使用维护方便、价格便宜等。

被测气体的种类繁多、性质各异，所以不可能用一种方法或一种气体传感器来检测所有各种气体，检测方法应随气体种类、浓度、成分和用途而异。

气体传感器通常在大气工况中使用，而且被测气体分子一般要附着于气体传感器的功能材料(气敏材料)表面且与之起化学反应，因而气体传感器也可归于化学传感器之内。鉴于此，气体传感器必须具有较强的抗环境影响能力。

气体传感器从结构上区分可分为两大类：干式与湿式气体传感器。凡构成气体传感器的材料为固体者均称为干式气体传感器；凡利用水溶液或电解液感知待测气体的称为湿式气体传感器。

气体传感器主要用于工业上天然气、煤气、石油化工等部门的易燃、易爆、有毒、有害气体的监测、预报和自动控制；在防治公害方面监测环境污染气体；在家用方面的煤气、火灾报警、控制等。

11.1　热导式气体传感器

每种气体都有固定的热导率，混合气体的热导率也可近似求得。由于以空气为比较基准的校正容易实现，所以，用热导率变化法测气体浓度(或成分)时，往往以空气为基准比较被测气体。

热导式气体传感器的基本测量电路是直流单电桥，见图 11-1 和图 11-2，其中 F_1、F_2 可用不带催化剂的白金线圈制作，也可用热敏电阻。F_2 内封入已知的比较气体，F_1 与外界(被测气体)相通，当被测气体与其相接触时，由于热导率相异而使 F_1 的温度变化，F_1 的阻值也发生相应的变化，电桥失去平衡，电桥输出信号的大小与被测气体的种类或浓度有确定的关系。

热导率变化式气敏传感器不用催化剂，所以不存在催化剂影响而使特性变坏的问题。它除用于测量可燃性气体外，也可用于无机气体及其浓度的测量，如皮拉尼(Pirani)真空计。

11.1.1　热线式气体传感器

图 11-1 是典型的热线热导率式气敏传感器及其测量电路。由于热线式气敏传感器的灵敏度较低，所以其输出信号小。这种传感器多用于油船或液态天然气运输船。

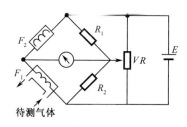

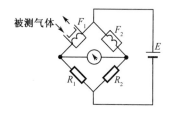

图 11-1　热线式气敏传感器典型电路　　　　图 11-2　热敏电阻式气敏传感器原理线路

11.1.2　热敏电阻气体传感器

这种传感器用热敏电阻作电桥的两个臂组成测量电桥,如图 11-2 所示。当热敏电阻通以 10mA 的电流加热到 150～200℃时,F_1 一旦接触到甲烷等可燃性气体,由于热导率不同而产生温度变化(或在同样电流加热情况下,由于 F_1 和 F_2 所处气体环境不同,其导热情况不一致造成温度不同),从而产生电阻值变化使电桥失去平衡。电桥输出信号的大小反映被测气体的种类或浓度。

11.2　接触燃烧式气敏传感器

一般将在空气中达到一定浓度、触及火种可引起燃烧的气体称为可燃性气体。表 11-1 列出主要可燃性气体及其爆炸浓度范围。引起爆炸浓度范围的最小值称为爆炸下限(lower explosive limit,LEL);最大值称为爆炸上限(upper explosive limit,UEL)。

接触燃烧式气敏传感器结构与测量电路原理如图 11-3 所示。将铂金等金属线圈埋设在氧化催化剂中便构成接触燃烧式气敏传感器(见图 11-3(a))。一般在金属线圈中通以电流,使之保持在 300～600℃的高温状态,当可燃性气体一旦与传感器表面接触,燃烧热进一步使金属丝温度升高,从而电阻值增大。其电阻值增量为

$$\Delta R = \beta \Delta T = \beta H/c = \beta \alpha \theta /c \tag{11-1}$$

表 11-1　典型可燃性气体的主要特性

气体名称		化学式	空气中的爆炸界限/Vol%	容许浓度/ppm	比重(空气=1)
碳化氢及其派生物	甲烷	CH_4	5.0～15.0		0.6
	丙烷	C_3H_8	2.1～9.5	1000	1.6
	丁烷	C_4H_{10}	1.8～8.4		2.0
	汽油气		1.3～7.6	500	3.4
	乙炔	C_2H_2	2.5～81.0		0.9
醇	甲醇	CH_3OH	5.5～37.0	200	1.1
	乙醇	C_2H_5OH	3.3～19.0	1000	1.6
醚	乙醚	$C_2H_5O\ C_2H_5O_5$	1.7～48.0		2.6
无机气体	一氧化碳	CO	12.5～74.0	50	1.0
	氢	H_2	4.0～75.0		0.07

* Vol%表示体积百分。

式中,ΔR 为电阻值增量;β 为铂金丝电阻温度系数;H 为可燃性气体燃烧热量;θ 为可燃性气体的分子燃烧热量;c 为传感器的热容量;α 为传感器催化能决定的常数。β、c、α 为取决于传感器自身的参数;θ 由可燃性气体种类决定。

接触燃烧式气敏传感器测量电路如图 11-3(b)所示,F_1 是气敏元件,F_2 是温度补偿元件,F_1、F_2 均为铂金电阻丝。F_1、F_2 与 R_3、R_4 组成惠斯通电桥,当不存在可燃性气体时,电桥处于平衡状态;当存在可燃性气体时,F_1 的电阻值增量 ΔR,使电桥失去平衡,输出与可燃性气体的种类或浓度成比例的电信号。图 11-3(c)是这种气敏传感器的几种典型特性曲线。

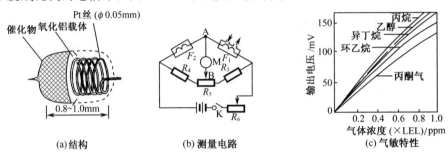

(a)结构　　　(b)测量电路　　　(c)气敏特性

图 11-3　接触燃烧式气敏传感器

F_1—敏感元件;F_2—补偿元件

接触燃烧式气敏传感器的优点是对气体的选择性好,线性好,受温度、湿度影响小,响应快。其缺点是对低浓度可燃性气体灵敏度低,敏感元件受催化剂侵害后其特性锐减,金属丝易断。

11.3　半导体气体传感器

11.3.1　半导体气体传感器及其分类

半导体气体传感器是利用半导体气敏元件同气体接触,造成半导体性质发生变化,以此检测特定气体的成分及其浓度。半导体气体传感器与其他气体传感器相比,具有快速、简便、灵敏等优点,因而有着广阔的发展前景。

半导体气体传感器的分类如表 11-2 所示,一般分为电阻式和非电阻式两种。

表 11-2　半导体气敏元件分类

	主要物理特性	类　型	气敏元件	检测气体
电阻型	电阻	表面控制型	SnO_2,ZnO 等的烧结体、薄膜、厚膜	可燃性气体
		体控制型	$La_{1-x}Sr_xCoO_3$	酒精
			$\gamma-Fe_2O_3$、氧化钛(烧结体)	可燃性气体
			氧化镁,SnO_2	氧气
非电阻型	二极管整流特性	表面控制型	铂-硫化镉、铂-氧化钛(金属-半导体结型二极管)	氢气、一氧化碳 酒精
	晶体管特性		铂栅、钯栅 MOS 场效应管	氢气、硫化氢

电阻式半导体气体传感器用 SnO_2、ZnO 等金属氧化物材料制作敏感元件,利用其阻值的变化来检测气体浓度,常称半导体气敏电阻。气敏元件有多孔质烧结体、厚膜以及目前正在研制的薄膜等几种电阻式半导体传感器。根据气体的吸附和反应,利用半导体的功函数,对气体进行直接或间接的检测。正在开发的金属/半导体结型二极管和金属栅 MOS 场效应晶体管

敏感元件,主要利用它们与气体接触后的整流特性以及晶体管作用的变化,制成对表面单位直接测定的传感器。

11.3.2 主要特性及其改善

1. 气体选择性及其改善

半导体气体传感器的气敏材料对气体的选择性表明材料主要对那种气体敏感。金属氧化物半导体对各种气体敏感的灵敏度几乎相同。因此,要制造出气体选择性好的元件很不容易,其选择性能不好或使用时逐渐变坏,都会给气体的检测和控制带来很大影响。

改善气敏元件的气体选择性常用的方法:

(1) 向气敏材料掺杂其他金属氧化物或其他添加物;

(2) 控制气敏元件的烧结温度;

(3) 改善元件工作时的加热温度。

应该注意,以上三种方法只有在实验的基础上进行不同的组合应用,才能获得较为理想的气敏选择性。

2. 气体浓度特性

传感器的气体浓度特性表示被测气体浓度与传感器输出之间的确定关系。

3. 初始稳定、气敏响应和复原特性

无论哪种类型(薄膜、厚膜、集成片或陶瓷)的气敏元件,其内部均有加热丝,一方面用来烧灼元件表面油垢或污物,另一方面可起加速被测气体的吸、脱作用。加热温度一般为$200\sim400℃$,图11-4是气敏传感器外形及其加热电路与工作电路基本原理图。

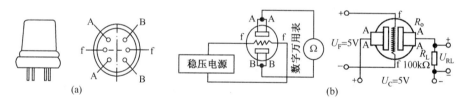

图 11-4 气敏传感器基本应用电路

气敏传感器按设计规定的电压值使加热丝通电加热之后,敏感元件的电阻值首先是急剧地下降,一般约$2\sim10min$过渡过程后达到稳定的电阻值输出状态,称这一状态为"初始稳定状态"。达到初始稳定状态的时间及输出电阻阻值与元件材料有关外,还与元件所处大气环境条件有关。达到初始稳定状态以后的敏感元件才能用于气体检测。

当加热的气敏元件表面接触并吸附被测气体时,首先是被吸附的分子在表面自由扩散(称为物理吸附)而失去动能,这期间,一部分分子被蒸发掉,剩下的一部分则因热分解而固定在吸附位置上(称为化学吸附)。若元件材料的功函数比被吸附气体分子的电压亲和力为小时,则被吸附气体分子就会从元件表面夺取电子而以阴离子形式吸附。具有阴离子吸附性质的气体称为氧化性气体,例如O_2、NO_x等。若气敏元件材料的功函数大于被吸附气体的离子化能量,被吸附气体将把电子给予元件而以阳离子形式吸附。具有阳离子吸附性质的气体称为还原性气体,如H_2、CO、HC 和乙醇等。

氧化性气体吸附于 N 型半导体或还原性气体吸附于 P 型半导体敏感材料,都会使载流子数目减少而表现出元件电阻值增加的特性;相反,还原性气体吸附于 N 型、氧化性气体吸附于 P 型

半导体气敏材料,都会使载流子数目增加而表现出元件电阻值减少的特性,如图 11-5 所示。

达到初始稳定状态的气敏元件,迅速置入被测气体之后,其电阻值变化的速度称为气敏响应速度特性。各种元件响应特性不同,一般情况下,元件通电 20s 之后才能出现阻值变化后的稳定状态。

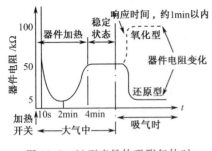

图 11-5　N 型半导体吸附气体时
器件阻值变化

测试完毕,把传感器置于大气环境中,其阻值复原到保存状态的数值速度称为元件的复原特性,它与敏感元件的材料及结构有关,也与大气环境条件有关。一般约 1min 左右便可复原到不用时保存电阻值的 90%。

4. 灵敏度的提高与稳定改善

气体传感器的气敏元件对被测气体敏感程度的特性称为气敏传感器的灵敏度。

目前,一般用金属或金属氧化物材料的催化作用来提高传感器的灵敏度。最有代表性的催化剂有 Pd、Pt 等白金系催化物。此外,Cr 能促进乙醇分解;Mo、W 等能促进 H_2、CO、N_2、O_2 的吸附与反应速度;MgO、PbO、CdO 等掺加物也能加速被测气体的吸附或解吸的反应速度。

SnO_2、ZnO 是典型气敏半导体材料,它们兼有吸附和催化剂的双重功能。例如丙烷气体在 SnO_2 表面燃烧过程大致可以认为依图 11-6 所示的两条途径之一进行:①→②→③或者④→⑤→⑥,因此,N 型半导体气敏材料 SnO_2 的电阻值减小。

Sb_2O_3 对于原子价控制的 SnO_2 具有减小电阻与催化的双重作用,若将其掺于 SnO_2 母材,则燃烧过程按①→④→⑤的途径进行,最后生成乙醛。⑥的反应只能进行 50%,其中气体

图 11-6　丙烷的燃烧过程

CO 的生成量减少。于是灵敏度比充分燃烧(①→③)时大大降低。向 SnO_2 掺加金属 Pb 可以促进①→③的反应过程而使元件的灵敏度提高。由此可以看出增加气敏元件灵敏度的方法很多,而绝非是单一性的,研制新型元件时应充分注意到这一点。

此外,元件的烧制过程对于其长期稳定性有较大影响。向母材掺添加物不但可以改变元件的灵敏度,还可以控制和改变烧结过程。添加物大体可分为两类:一类是促进烧结过程的"融剂",另一类是阻止烧结过程的"缓融剂"。SnO_2 的融剂有 MnO、CuO、ZnO、Bi_2O_3 等。与此相反,"缓融剂"可使烧结有充分的时间与过程,从而使元件有较好的长期稳定特性,CdO、PbO、CaO 等可以作为 SnO_2 的缓融剂。

5. 温度、湿度影响及其他问题

气敏元件一般裸露于大气中,因此设计与使用时必须注意环境因素对气敏元件特性的影响。图 11-7 示出 SnO_2 气敏元件的温湿度特性。另外,气敏元件加热丝的电压值决定了敏感元件的工作温度,因此,它是影响气敏元件各种特性的一个不可忽略的重要因素。

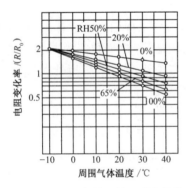

图 11-7　SnO_2 气敏元件温湿度特性

11.3.3　电阻式半导体气体传感器

11.3.3.1　表面控制型气敏电阻

它是利用半导体表面因吸附气体引起半导体元件电阻值变化的特性制成的(气敏电阻)。

多数以可燃性气体为检测对象,但如果吸附能力很强,即使非可燃性气体也能作为检测对象。这种类型的传感器具有气体检测灵敏度高、响应速度比一般传感器快、实用等优点,开发、研究和应用最早。传感器的材料多数采用 SnO_2 和 ZnO 等较难还原的氧化物,也有研究采用有机半导体材料的。这类传感器一般均掺有少量的贵金属(如 Pt 等)作为激活剂。

1. 结构和电阻特性

图 11-8 列举了四种类型的气敏元件。多孔质烧结体敏感元件(图 11-8(a))是在传感器的氧化物材料中添加激活剂以及黏结剂(Al_2O_3,SiO_2)混合成型后烧结而成的。因组分和烧结条件不同,所以传感器的性能各异。一般说来,空隙率越大的敏感元件,其响应速度越快。薄膜敏感元件(图 11-8(b))是采用淀积、溅射等工艺方法,在绝缘的衬底上涂一层半导体薄膜(厚度在几微米以下)而构成的。根据成膜的工艺条件,膜的物理、化学状态有所变化,对传感器的性能也有所影响。厚膜敏感元件(图 11-8(c)),一般是将传感器的氧化物材料粉末调制好之后,加入适量的添加剂、黏结剂以及载体配成浆料,然后再将这种浆料印刷在基片(厚度在几微米至几十微米)上,再经 $400 \sim 800℃$ 温度烧结 1 小时而制成的。图 11-9(d)为多层结构气敏元件。不论哪种敏感元件,均需采用电加热器。根据不同的加热方式,半导体气敏元件又分为直热式(国产 QN 型和日本费加罗 TGS#109 型气敏传感器等)和旁热式(国产 QM - N5 型和日本费加罗 TGS#812、813 型气敏传感器)两种。

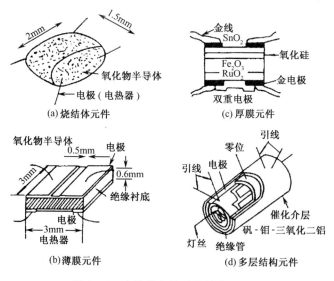

图 11-8　半导体气敏元件结构示意图

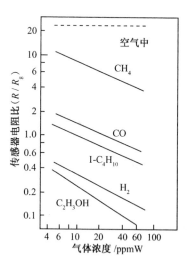

图 11-9　SnO_2 气敏元件的阻值与
被测气体浓度的关系
(R_g 为 1000ppm 的 C_2H_4 中的阻值)

　　阻值的测定,采用敏感元件与基准电阻器串联,加外加电压,再根据基准电阻器上的电压值来求出气敏元件的电阻值。气体报警器就是利用测量的阻值变化作为蜂鸣器的报警信号。

　　敏感元件的阻值 R 与空气中被测气体的浓度 C 成对数关系变化,如图 11-9 所示。

$$logR = mlogC + n \tag{11-2}$$

m、n 均为常数。n 与气体检测灵敏度有关,除了随传感器材料和气体种类不同而变化外,还会由于测量温度和激活剂的不同而发生大幅度的变化。m 表示随气体浓度而变化的传感器的灵敏度(也称之为气体分离率),对于可燃性气体,$m=1/3 \sim 1/2$。

2. 传感器类型

(1) 氧化锡类气体传感器

SnO_2 是典型的 N 型半导体,是气敏传感器的最佳材料。其检测气体对象为 CH_4、C_3H_8、CO、H_2、C_2H_5OH、H_2S 等可燃性气体和呼出气体中的酒精、NO_x 等。气体检测灵敏度如图 11-10 所示。随气体的种类、工作温度、激活剂等不同而差异很大,添加铂的敏感元件的最佳工作温度也随气体种类的不同而不一样,对 CO 为 200℃ 以下,对 C_3H_8(丙烷)约为 300℃,对 CH_4(甲烷)约为 400℃ 以上。

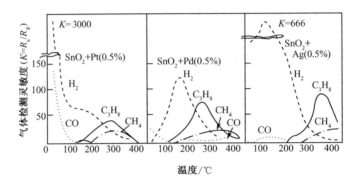

图 11-10 SnO_2 气敏元件(添加 Pt、Pb、Ag)的气体检测灵敏度与温度的关系

R_a 和 R_g 分别是气敏元件在空气中和被测气体中的阻值

被测气体浓度:CO,0.02%;H_2,0.8%;C_3H_8,0.2%;CH_4,0.5%

SnO_2 类气体传感器中,研究得较多的是烧结体、薄膜、厚膜等型式的敏感元件。将氧化锡和金属锡经过处理后获得的氧化锡粉末做原料,经烧结后制成烧结体敏感元件(将铂电极和加热丝埋入 SnO_2 材料中,烧结温度 700～900℃)。SnO_2 以直径 0.01～0.05μm 的晶粒组成约 1μm 以下砂粒状颗粒的形式存在于其中。晶粒的大小对气体检测灵敏度则无甚影响。

表 11-3 列出了各种添加剂的添加效果。加添加剂后,气体检测灵敏度的最高值 K_M 和气体检测灵敏度达到最高值时的温度 T_M 均发生很大变化,所以对添加效果必须从两个方面统筹兼顾。

表 11-3 添加贵金属的 SnO_2 敏感元件气体检测灵敏度最高值及其温度

贵金属名称	0.02%一氧化碳	0.8%氢	0.2%丙烷	0.5%甲烷
氧化锡	4(350℃)	37(200℃)	49(350℃)	20(450℃)
铂	136(室温)	3600(室温)	38(275℃)	19(300℃)
铅	12(室温)	119(150℃)	75(250℃)	20(325℃)
银	8(100℃)	666(100℃)	89(350℃)	24(400℃)
铜	7(200℃)	98(300℃)	48(325℃)	20(350℃)
镍	7(200℃)	169(250℃)	67(300℃)	9(350℃)

(2) 氧化锌及其他类气体传感器

ZnO 类气体传感器与 SnO_2 类相比,最佳工作温度范围要高出 100℃。

金属氧化物中,还有不少可用作气体传感器的材料,如氧化钨、氧化钒、氧化镉、氧化铟、氧化钛、氧化铬等。用这些金属氧化物制成气体传感器的工作正在研究之中。

此外,也有不少人对用有机半导体作传感器的材料产生浓厚的兴趣,但研究成功的例子甚少。

3. 工作原理

对表面控制型传感器来说,半导体表面气体的吸附和反应同敏感元件的阻值有着密切的关系。一般说来,如果半导体表面吸附有气体,则半导体和吸附的气体之间会有电子施受发生,造成电子迁移,从而形成表面电荷层。例如,吸附了像氧气这类电子复合量大的气体后,半导体表面就会丢失电子,被吸附的氧气所俘获(负电荷吸附)。

$$\frac{1}{2}O_2(g) + ne \rightarrow O_{(ad)}^{n-} \qquad (11\text{-}3)$$

式中,O_{ad}^{n-} 表示吸附的氧气,其结果是 SnO_2、ZnO 类的 N 型半导体的阻值减小。正电荷吸附的气体与之相反。这只是一般的规律。在具体应用于半导体气体传感器时,有必要注意两点:一是吸附在半导体表面与半导体材料进行电子施受的气体是何种气体;二是多晶半导体敏感元件的显微结构与电阻和传感器特性之间存在什么关系。

当半导体气体传感器置于空气中时,其表面吸附的氧气是 O_2^-、O^-、O^{2-} 之类的负电荷,当与被测气体进行反应时,其结果如下:

$$O_{ad}^{n-} + H_2 \rightarrow H_2O + ne \qquad (11\text{-}4)$$

$$O_{ad}^{n-} + CO \rightarrow CO_2 + ne \qquad (11\text{-}5)$$

如式(11-4)和式(11-5)所示,被氧气俘获的电子释放出来,半导体的电阻就减小。如果将式(11-3)和式(11-4)或者式(11-3)和式(11-5)组合,不外乎是将传感器的表面作为一种催化剂,使 H_2 和 CO 触媒燃烧。支配传感器阻值增减变化的是氧化吸附,可理解为可燃性气体能起到改变其浓度的作用。这种半导体表面触媒燃烧存在着气体检测灵敏度与气体的易燃性成正比的倾向。此外,如果改变传感器的工作温度,会产生如图 11-10 所示的两者峰值非常一致。

多孔质烧结体敏感元件与厚膜敏感元件都是多晶体结构,是如图 11-11(a)所示的晶粒的集合体。各晶粒之间如图 11-11(b)所示的那样,与其他的晶粒相互接触乃至成颈状结合。重要的是,这样的结合部位在敏感元件中是阻值最大之处,是它支配着整个敏感元件的阻值高低。由此可见,接合部位的形状对传感器的性能影响很大。因气体吸附而引起的电子浓度的变化是在表面空间电荷层内发生的,所以在颈状结合的情况下,颈部的宽度与空间电荷层的深度一致时,敏感元件的阻值变化最大。在晶粒接触的情况下,接触部分形成一个对电子迁移起阻碍作用的势垒层。这种势垒层的高度随氧的吸附和与被测气体的接触而变化,可认为会引起阻值的变化。在没有激活剂的场合,如图 11-11(c)所示,吸附的氧气与被测气体之间必须直接反应。激活剂(图 11-11(d))通过吸附被测气体,或者通过激活,来促进表面反应。在晶粒的结合部分存有适量的激活剂。这对于传感器来说是很重要的。

| (a) 多晶体元件 | (b) 晶粒结合方式 | (c) 去除可燃气体吸附氧 | (d) 激活剂的作用 |

图 11-11　多孔质烧结体敏感元件的气敏机理

11.3.3.2　体控制型气敏电阻

在采用反应性强、容易还原氧化物作为材料的传感器中,即使是在温度较低的条件下,也可因可燃性气体而改变其体内的结构组成(晶格缺陷),并使敏感元件的阻值发生变化。即使是难还原的氧化物,在反应性强的高温范围内,其体内的晶格缺陷也会受影响。像这类体感应气体的传感器,关键问题是不仅要保持敏感元件的稳定性,而且要能在气体感应时也保持氧化物半导体材料本身的晶体结构。

1. 三氧化二铁类气体传感器

这是以 γ-Fe_2O_3 和 α-Fe_2O_3 为主体的多孔质烧结体传感器。将它作为检测甲烷(CH_4)和丙烷(C_3H_8)等用的气体传感器,显示出良好的性质。

以 α-Fe_2O_3 为主要材料的城市用煤气传感器通过晶粒的微细化和提高孔隙率,提高了传感器的气体检测灵敏度。此外,在调制敏感元件时注入 SO_4^{2-} 离子,也能提高传感器的气体检测灵敏度。但其机理目前尚不明确。

2. 钙钛矿类气体传感器

一般说来,钙钛矿类氧化物的热稳定性很好,用它作为下面要介绍的燃烧控制用传感器的敏感材料,也是很吸引人的。图 11-12 是用在三氧化二铝陶瓷基片上成形制成的镍酸镧薄膜敏感元件测定空气燃料比的应用实例。钙钛矿类氧化物,在还原性气氛中一般不太稳定,有待在此方面做出进一步的改进后,方能应用于燃烧控制。

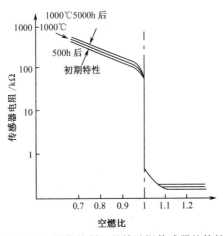

图 11-12 燃烧控制用的镍酸镧传感器的特性

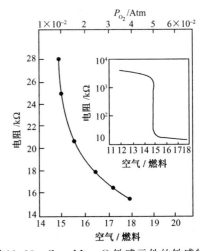

图 11-13 $Co_{0.3}Mg_{0.7}O$ 敏感元件的敏感特性

3. 燃烧控制用的气体传感器

半导体敏感元件的电阻值会因温度变化而产生很大的变化,这是无法避免的。因此有必要使其保持在一定的温度范围内或者对其进行温度补偿。氧化钛气体传感器是 N 型半导体,其在空气燃料比大于 1 的区域内,呈高阻特性,从而使空气燃料比的检测变得困难。对于这一缺点,只要采用 P 型半导体就不难克服。以 P 型氧化钴半导体为主要材料,并掺加氧化镁作稳定剂,制成 $Co_{1-x}Mg_xO(x>0.5)$ 的敏感元件,其特性非常好。如图 11-13 所示。而且在贫气区域的控制性能也很好。这是因为添加了氧化镁,使得氧化钴的抗还原稳定性得到了增强的缘故。

半导体气体传感器,在燃烧控制的应用领域,如果采用高温方式工作的话,就能在燃烧排气达到平衡状态后测定氧分压,这对于控制空气燃料比的应用是相当适宜的。但是,在防止不完全燃烧和误点火的应用中,最好用检测不完全燃烧气体的方法。

11.3.4 非电阻式半导体气体传感器

1. 二极管气体传感器

如果二极管的金属与半导体的界面吸附有气体,而这种气体又对半导体的禁带宽度或金属的功函数有影响的话,则其整流特性就会变化。在掺铟的硫化镉上,薄薄地蒸发一层钯膜的钯-硫化镉二极管气体传感器,可用来检测 H_2。钯-氧化钛、钯-氧化锌、铂-氧化钛之类的二极管气体敏感元件亦可应用于 H_2 检测。H_2 对钯-氧化钛二极管整流特性的影响如图 11-14 所示。在 H_2 浓度急剧增高的同时,正向偏置条件下的电流也急剧地增大。所以,在一定的偏压下,通过测电流值就能知道 H_2 的浓度。电流值之所以增大,是因为吸附在钯表面的氧气由于 H_2 浓度的增高而解吸,从而使肖特基势垒层降低的缘故。

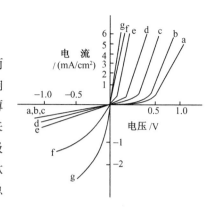

图 11-14 钯-二氧化钛二极管敏感元件的伏安特性曲线
20℃时,空气中 H_2 浓度(ppm)为:a,0;b,14;c,140;d,1400;e,7150;f,10000;g,15000

2. MOS 二极管气体传感器

如图 11-15 所示为 MOS 结构的敏感元件。利用其电容-电压(C-U)特性来检测气体。这种敏感元件以钯、铂等金属制成薄膜(厚 $0.05\sim0.2\mu m$,SiO_2 的厚度为 $0.05\sim0.1\mu m$)。C-U 特性的测试结果如图 11-16 所示。同在空气中相比,在 H_2 中的 C-U 特性有明显的变化,这是因为在无偏置的情况下,钯的功函数在 H_2 中低的原因。半导体平带的偏置电压 U_F 如图 11-17 所示。因为它随 H_2 浓度的变化而变化,所以可以利用这一特性使之成为敏感元件。

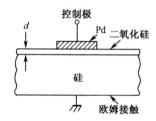

图 11-15 钯-MOS 二极管敏感元件

利用如图 11-18 所示的敏感元件的光电特性可以检测 H_2。用两只二极管,一只为钯-MOS 二极管,另一只是在钯上面再蒸镀一层金-钯-MOS 基准二极管,其原理与上面所述的相同。

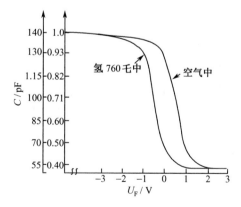

图 11-16 钯-MOS 二极管敏感元件的 C-U 特性

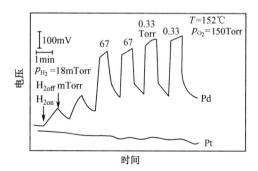

图 11-17 钯-MOS 二极管敏感元件平带电压与 H_2 浓度的关系
p_{H_2}—H_2 分压;p_{O_2}—O_2 分压;
H_{2on}—H_2 开;H_{2off}—H_2 关

3. MOS 场效应晶体管气体传感器

MOS 场效应晶体管气体传感器如图 11-19 所示。它是一种二氧化硅层做得比普通的 MOS 场效应晶体管薄 $0.01\mu m$，而且金属栅采用钯薄膜 $0.01\mu m$ 的钯-MOS 场效应晶体管。其漏极电流 I_D 由栅压控制。将栅极与漏极短路，在源极与漏极之间加电压，I_D 可由下式表示：

$$I_D = \beta(U - U_T)^2 \qquad (11\text{-}6)$$

式中，U_T 是 I_D 流过时的最小临界电压值，β 是常数。

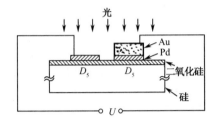

图 11-18 应用光电动势的钯-MOS
二极管敏感元件

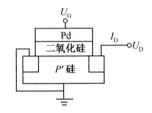

图 11-19 钯-MOS 场效应管
敏感元件

在钯-MOS 场效应管中，U_T 会随空气中所含 H_2 浓度的增高而降低。所以可以利用这一特性来检测 H_2。钯-MOS 场效应管传感器不仅可以检测 H_2，而且还能检测氨等容易分解出 H_2 的气体。为了获得快速的气体响应特性，有必要使其工作在 120℃ 至 150℃ 左右温度范围内，不过使用硅半导体的传感器，还存在着长期稳定性较差的问题，有待今后解决。

11.3.5 半导体气体传感器的应用

半导体气体传感器具有灵敏度高、响应速度快、使用寿命长和成本低等优点，广泛应用于易燃易爆、有毒有害、环境污染等气体的监测、报警和控制中。常用的气体传感器有国产 QM-N 型、日本费加罗 TGS 型以及 UL 型等。

1. 气体报警器

气体报警器可根据使用气体种类，安放于易检测气体泄漏的地方，这样就可以随时监测气体是否泄漏，一旦泄漏气体达到危险浓度，便自动发出报警信号。

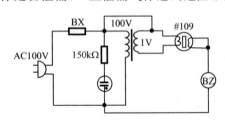

图 11-20 简易家用气体报警器电路

图 11-20 是一种最简单的家用气体报警器电路。气体传感器采用直热式气敏器件 TGS109。当室内可燃气体增加时，由于气敏器件接触到可燃性气体时电阻降低，这样流经测试回路的电流增加，可直接驱动蜂鸣器报警。

设计报警时，重要的是如何确定开始报警的浓度，一般情况下，对于丙烷、丁烷、甲烷等气体，都选定在其爆炸下限的十分之一。

2. 煤气报警器

用于城市煤气报警器，其可靠性要求较高，因此在电路设计上要采取一些措施。图 11-21 是加有温湿度补偿和防止通电初期误报的"二阶段"式煤气报警器电路图。气敏器件采用直热式气敏电阻,其特点是分段报警方法。随着气体中煤气浓度增加,气敏器件阻值变化,第一阶段开关电路动作,绿色发光二极管 LED$_1$ 和红色发光二极管 LED$_2$ 交替闪光。当气体浓度进一步增加时,达到危险限值,第二阶段开关电路动作,红色发光二极管 LED$_2$ 发光,压电蜂鸣器 PB 间隙鸣响,进行报警。

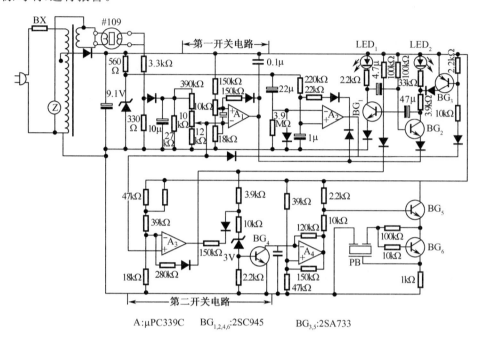

图 11-21　分段报警式城市煤气报警器电路图

3. 火灾烟雾报警器

烧结型 SnO_2 气敏器件对烟雾也很敏感,利用此特性,可设计火灾烟雾报警器。在火灾初期,总要产生可燃性气体和烟雾,因此,可以利用 SnO_2 气敏器件做成烟雾报警器,在火灾酿成之前进行预报。

图 11-22 是组合式火灾报警器原理图。它具有双重报警机构:当火灾发生时,温度升高,达到一定温度时,热传感器动作,蜂鸣器鸣响报警;当烟雾或可燃气体达到预定报警浓度时,气敏器件发生作用使报警电路动作,蜂鸣器亦鸣响报警。

4. 空气净化换气扇

利用 SnO_2 气敏器件,可以设计用于空气

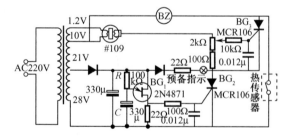

图 11-22　气敏、热敏火灾烟雾报警器电路图

净化自动换气扇,其电路原理如图 11-23 所示。当室内空气污浊时,烟雾或其他污染气体使气敏器件阻值下降,晶体管 BG 导通,继电器动作,接通风扇电源,实现电扇自动启动,排放污浊气体,换进新鲜空气。当室内污浊气体浓度下降到希望的数值时,气敏器件阻值上升,BG 截止,继电器断开,风扇电源被切断而停止工作。

5. 酒精探测器

图 11-24 是利用 SnO_2 气敏器件设计的携带式酒精探测仪电路原理图。拉杆用来接通

12V 直流电源,经稳压后供给气敏器件作加热电源和工作回路电源。当探测到酒精气体时,气敏器件阻值降低,测量回路有信号输出,在 $400\mu A$ 表上有相应的示值,确定酒精气体的存在。

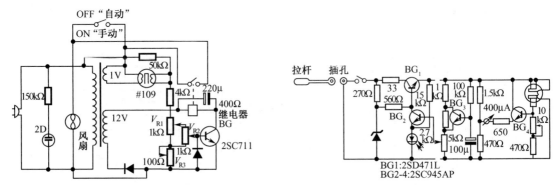

图 11-23　自动换气扇电路图　　　　　　　图 11-24　携带式酒精探测仪电路图

6. CO 浓度测控

如图 11-25 所示为 CO 传感器的应用电路,电路中采用 UL-281 型 CO 气体传感器,它对 CO 气体具有较高的灵敏度,而对其他气体则不敏感,对环境温度及湿度的变化具有良好的稳定性。

该电路是多功能的,它可以提供测量及控制(报警)信号,并且具有开机自动热清洗(手动热清洗)及传感器加热器损坏报警电路。其具体性能如下:电路可连续工作 48 小时不用热清洗;工作电压为直流 12V,功耗不大于 2.5W(热清洗)、1.5W(正常工作);测量范围为 CO 浓度 $30\times10^{-6}\sim300\times10^{-6}$(在 300×10^{-6} 时输出为 3.0V);响应时间为 1min。

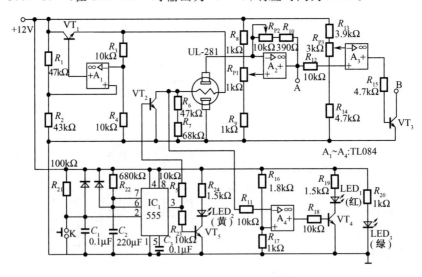

图 11-25　CO 传感器应用电路

本电路由以下几部分组成:

(1) 电源指示由 R_{20}、LED_3(绿色)组成,当接通电源时,LED_3 亮。

(2) 加热电路由 VT_1、A_1、$R_1\sim R_4$ 组成稳压电源,输出约 6V。IC_1 及外围元件组成单稳态延时电路,并与 VT_2 组成初始热清洗电路。刚接通电源时,时基电路②脚为低电平,③脚输出高电平,此高电平一方面使 VT_2 导通,将 R_6、R_7 短路,加大电流热清洗;另一方面使 VT_5 导通,使黄色 LED$_2$ 亮,表示在加热清洗。本电路可采用手动加热清洗,只要按一下 K 即可。热清洗时间取决于 R_{22} 和 C_2。

(3) 信号电压输出电路的信号电压由 A$_2$ 放大后输出(A 点)。在洁净空气中,传感器的电阻很大,可调整 R_{P1} 使输出为零。CO 浓度增加时,传感器的电阻迅速下降,A$_2$ 的放大倍数增加,输出电压随之增加。调整 R_{P2} 使 CO 浓度为 300×10^{-6} 时,信号电压输出为 3.0V。

(4) 控制(或报警)信号输出电路由 A$_3$、VT$_3$ 等组成。A$_3$ 接成比较器,调整 R_{P3} 可调节报警浓度设置值。当 CO 的浓度超过设置值时,A$_3$ 输出高电平,VT$_3$ 导通(VT$_3$ 为集电极开路接法),在 B 点可接继电器或蜂鸣器及发光二极管,即可进行控制或报警。

(5) 传感器损坏指示电路由 A$_4$ 和 VT$_4$ 等组成。A$_4$ 接成比较器,在气敏传感器正常工作时,R_6 上端的电压大于 R_{16}、R_{17} 的分压,使 A$_4$ 输出为低电平,VT$_4$ 截止,LED$_1$(红色)不亮。当传感器加热器烧断损坏时,R_6 上端电压为低电平,使 A$_4$ 翻转,输出为高电平,VT$_4$ 导通,LED$_1$ 亮,这时表示气敏传感器已损坏。

11.4 红外气体传感器

利用不同种类或不同浓度的气体对红外线吸收不同的特性可以制成红外吸收式气体传感器。图 11-26 是电容麦克型红外吸收式气体传感器结构图。它包括两个构造形式完全相同的光学系统:其中一个红外光入射到比较槽,槽内密封着某种气体;另一个红外光入射到测量槽,槽内通入被测气体。两个光学系统的光源同时(或交替)以固定周期开闭。当测量槽的红外光照射到某种被测气体时,根据气体种类的不同,将对不同波长的红外光具有不同的吸收特性,同时,同种气体而不同浓度时,对红外光的吸收量也不相同。因此,通过测量槽红外光强的变化就可知道被测气体的种类和浓度。因为采用两个光学系统,所以检出槽内的光量差值将随被测气体种类不同而不同。同时,这个差值对于同种被测气体而言,也会随气体的浓度增高而增加。由于两个光学系统以一定周期开闭,因此光量差值以振幅形式输入到检测器。

检测器也是密封存有一定气体的容器。两种光量差值振幅的周期性变化,被检测器内气体吸收后,可以变为温度的周期性变化,而温度的周期性变化最终体现为竖隔薄膜两侧的压力变化而以电容量的改变量输出至放大器。

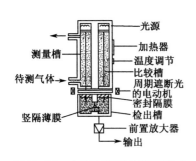

图 11-26 电容麦克型红外吸收式
气体传感器结构

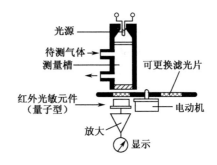

图 11-27 量子型红外光敏元件气体传感器结构

图 11-27 是量子型红外光敏元件气体传感器结构图。它以红外光敏元件取代图 11-26 中的检测器,可以直接把光量变为电信号;同时光学系统与气体槽都合二为一,而大大简化了传感器的构造。这种结构的另一个特点是可以通过改变红外滤光片而提高量子型红外光敏元

件的灵敏度和适合其红外光谱响应特性。也可以通过改换滤光片来增加被测气体的种类和扩大测量气体的浓度范围。

11.5 湿式气体传感器

由湿式气敏元件构成的固定电位电解气敏传感器,是湿式方法测量气体参数的典型方法。由于此方法用电极与电解液,因此是一种电化学方法。

固定电位电解气敏传感器的原理是当被测气体通过隔膜扩散到电解液中后,不同气体在不同固定电压作用下发生电解,通过测量电流的大小,就可测得被测气体参数。

固定电位电解气敏传感器的工作方式有两种:图 11-28(a)所示为极谱方式,其固定电压由外部供给;图 11-28(b)为原电池方式,其固定电解电压由原电池供给。原电池方式采用的比较电极多用 Pd、Cd、Zn 或其氧化物、氯化物为原料。根据不同气体选择不同电位的灵活性来看,原电池方法较为不太方便。

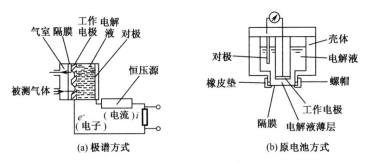

图 11-28　固定电位电解气敏传感器构造

固定电位电解气敏传感器使用和维护比较简单,低浓度时气体选择性好,而且体积小,重量轻。

教学课件

思考题与习题

11-1　半导体气体传感器有哪几种类型?

11-2　试叙述表面控制型半导体气敏传感器的工作原理。

11-3　试述 Pd-MOS 场效应晶体管(FET)和 MOS 二极管的气敏原理。

11-4　为什么多数气敏器件都附有加热器?

11-5　如何提高半导体气敏传感器对气体的选择性和气体检测灵敏度?

11-6　利用热导率式气体传感器原理,设计一真空检测仪表(皮拉尼真空计),并说明其工作原理。

第 12 章　湿度传感器

教学要求

随着现代工农业生产技术的发展及生活环境质量的提高,湿度的检测与控制已成为生产和生活中必不可少的手段。例如大规模集成电路生产车间,当其相对湿度低于30%时,容易产生静电而影响生产;一些粉尘大的车间,当湿度小而产生静电时,会产生爆炸;纺织厂为了减少棉纱断头,车间要保持相当高的湿度(60%~75%RH);一些仓库(如存放烟草、茶叶、中药材等)在湿度过大时易发生变质或霉变现象;在农业上,先进的工厂式育苗和种植、食用菌的培养与生产、蔬菜及水果的保鲜等;高质量的室内生活环境,需要保持一定的湿度,不能过高也不能过低;这些都需要对湿度进行检测和控制。

虽然人类200多年前已发明了毛发湿度计、干湿球湿度计,但因其响应速度、灵敏度、准确性等性能都不高,而且难以与现代的检测设备相连接,所以只适用于家庭粗测。1938年美国 F. W. Dummore 成功研制出浸涂式 LiCl 湿敏元件后,陆续出现了几十种电阻型湿敏元件,使湿度的测量精度大大提高,而且将湿度转换为便于应用和处理的电信号输出(湿度→电信号)。

本章仅介绍一些至今发展比较成熟的湿度传感器。

12.1　湿度及湿度传感器的特性和分类

12.1.1　湿度的定义及其表示方法

湿度是指大气中所含有的水蒸气量,即大气的干湿程度。湿度的表示方法主要有两种:

(1) 绝对湿度。在一定温度及压力条件下,单位体积空气中所含的水蒸气的质量,其定义式为

$$\rho_V = m_V/V \tag{12-1}$$

式中,ρ_V 为被测空气的绝对湿度(g/m^3、mg/m^3);V 为被测空气体积(m^3);m_V 为被测空气中水蒸气质量(g、mg)。

(2) 相对湿度。空气中实际所含水蒸气密度(即绝对湿度)与同温度下饱和水蒸气密度的百分比值,其定义式为

$$相对湿度 = (\rho_V/\rho_W)_T \times 100\% RH \tag{12-2}$$

式中,ρ_W 为同温度下的饱和水蒸气密度。

从上述定义可以看出,湿度测量与温度有密切关系。相对湿度还可用水的蒸气压来表示。

此外,露点也能反映空气湿度,露点是指保持压力一定,将含水蒸气的空气冷却,当降到某温度时,空气中的水蒸气达到饱和状态,开始从气态变为液态,称为结露,此时的温度称为露点,单位为℃。空气中的相对湿度越高,越容易结露,其露点温度也越高。所以,只要测出空气开始结露的温度(即露点),也就能反映空气的相对湿度。

12.1.2　湿度传感器的基本原理和分类

利用水分子有较大的偶极矩,因而易于吸附在固体表面并渗透到固体内部的特性(称为水

分子亲和力)制成的湿度传感器,称为水分子亲和力型湿度传感器;另一类湿敏元件与水分子的亲和力无关,称为非水分子亲和力型湿度传感器。

水分子附着或浸入湿敏功能材料后,不仅是物理吸附,而且还有化学吸附,其结果是使其电气性能(电阻、阻抗、介电常数等)变化。这样,便可分别制成电阻式、阻抗式或电容式湿敏元件。

非水分子亲和力型湿度传感器是利用物理效应的方法测量湿度,由于它没有吸附和脱湿过程,一般响应较快。常用的非水分子亲和力型有热敏电阻式湿度传感器、红外吸收式湿度传感器、超声波式湿度传感器和微波式湿度传感器等。

12.1.3 湿敏元件的主要特性参数

1. 湿度量程

保证一个湿敏器件能够正常工作所允许环境相对湿度可以变化的最大范围,称为这个湿敏元件的湿度量程。湿度量程越大,其实际使用价值越大。理想的湿敏元件的使用范围应当是 $0\sim100\%$RH 的全量程。

2. 感湿特性曲线

每一种湿敏元件都有其感湿特征量,如电阻、电容、电压、频率等。湿敏元件的感湿特征量随环境相对湿度变化的关系曲线,称为该元件的感湿特征量-相对湿度特性曲线,简称感湿特性曲线。我们希望特性曲线应当在全量程上是连续的,曲线各处斜率相等,即特性曲线呈直线。曲线的斜率应适当,因为斜率过小,灵敏度降低;斜率过大,稳定性降低;这些都会给测量带来困难。

3. 灵敏度

湿敏元件的灵敏度应当是其感湿特性曲线的斜率。在感湿特性曲线是直线的情况下,用直线的斜率来表示湿敏元件的灵敏度是恰当而可行的。然而,大多数湿敏元件的感湿特性曲线是非线性的,在不同的相对湿度范围内曲线具有不同的斜率。因此,这就造成用湿敏元件感湿特性曲线的斜率来表达灵敏度的困难。

目前,虽然关于湿敏元件灵敏度的表示方法尚未得到统一,但较为普遍采用的方法是用元件在不同环境湿度下的感湿特征量之比来表示灵敏度。如日本生产的 $MgCr_2O_4\text{-}TiO_2$ 湿敏元件的灵敏度,用一组电阻比 $R_{1\%}/R_{20\%}$,$R_{1\%}/R_{40\%}$,$R_{1\%}/R_{60\%}$,$R_{1\%}/R_{80\%}$ 及 $R_{1\%}/R_{100\%}$ 表示,其中 $R_{1\%}$,$R_{20\%}$,$R_{40\%}$,$R_{60\%}$,$R_{80\%}$ 及 $R_{100\%}$ 分别是相对湿度在 1%,20%,40%,60%,80% 及 100%RH 时湿敏元件的电阻值。

4. 响应时间

湿敏元件的响应时间反映湿敏元件在相对湿度变化时,输出特征量随相对湿度变化的快慢程度。一般规定为响应相对湿度变化量的 63% 所需要的时间。在标记时,应写明湿度变化区的起始与终止状态。人们希望响应时间快一些为好。

5. 湿度温度系数

湿敏元件的湿度温度系数是表示感湿特性曲线随环境温度而变化的特性参数,在不同的环境温度下,湿敏元件的感湿特性曲线是不同的,它直接给测量带来误差。

湿敏元件的湿度温度系数定义为:在湿敏元件感湿特征量恒定的条件下,感湿特征量值所表示的环境相对湿度随环境温度的变化率,即

$$\alpha = \frac{d(RH)}{dT}\bigg|_{k=常数} \tag{12-3}$$

式中，T 为绝对温度；k 为元件特征量；α 为湿度温度系数（%RH/℃）。

由湿敏元件的湿度温度系数 α 值，即可得知湿敏元件由于环境温度的变化所引起的测量误差。例如，湿敏元件的 $\alpha = 0.3$%RH/℃ 时，如果环境温度变化 20℃，那么就将引起 6%RH 的测湿误差。

6. 湿滞回线和湿滞回差

各种湿敏元件吸湿和脱湿的响应时间各不相同，而且吸湿和脱湿的特性也不相同。一般总是脱湿比吸湿滞后，我们称这一特性为湿滞现象。湿滞现象可以用吸湿和脱湿特性曲线所构成的回线——湿滞回线来表示。在湿滞回线上所表示的最大量差值称为湿滞回差。湿敏元件的湿滞回差越小越好。

12.2 电解质系湿度传感器

电解质系湿度传感器的湿敏元件主要包括潮解性盐元件、非溶性盐薄膜元件和采用离子交换树脂型元件，即包括无机电解质和高分子电解质湿敏元件两大类。

12.2.1 无机电解质湿度传感器

典型的是氯化锂（LiCl）湿敏元件。其感湿原理：不挥发吸湿性盐（如 LiCl）吸湿潮解，离子电导率发生变化。利用这一特性，在绝缘基板上制作一对金属电极，其上面再涂覆一层电解质溶液，即可形成一层感湿膜。感湿膜可随空气中湿度的变化而吸湿或脱湿，同时引起感湿膜电阻的改变——湿敏电阻。通过对感湿膜电阻的测试和标定，即可知环境的湿度。

LiCl 湿敏元件灵敏、可靠、准确。其主要缺点是在高湿的环境中，潮解性盐的浓度会被稀释，因此，使用寿命短；当有灰尘附着时，潮解性盐的吸湿功能降低，重复性变坏。

目前，LiCl 湿敏元件主要有以下三类典型产品。

1. 登莫式湿度传感器

登莫（Dunmore）式湿度传感器是在聚苯乙烯圆管上做出两条互相平行的钯引线做电极，在该聚苯乙烯管上涂覆一层经过适当碱化处理的聚乙烯醋酸盐和氯化锂水溶液的混合液，以形成均匀薄膜。图 12-1(a) 示出了登莫式传感器的结构，图中 A 为聚苯乙烯包封的铝管；B 为用聚乙烯醋酸盐覆盖在 A 上的钯丝，这种聚乙烯醋酸盐中加有氯化锂。图 12-1(b) 为这种传感器的电阻—湿度特性。这种传感器单独使用时，其检测范围窄，因此，设法将 LiCl 含量不同的几种传感器组合使用，使其检测范围达到(20~90)%RH。

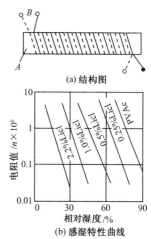

(a) 结构图

(b) 感湿特性曲线

图 12-1　登莫式湿度传感器

2. 浸渍式湿度传感器

浸渍式湿度传感器是在天然树皮基片材料上直接浸渍 LiCl 溶液构成的。这种方式与登莫式不同，它部分地避免了高湿度下所产生的湿敏膜的误差。并且，由于采用了表面积大的基片材料，并直接在基片上浸渍 LiCl 溶液，因此，这种传感器具有小型化的特点。它适应于微小空间的湿度检测。与登莫式传感器一样，单独使用时,其检测湿度范围窄,为了能够对(20~90)%RH 的范围都能检测,必须使用几个 LiCl 溶液浓度不同的传感器。

这种方式的另一类浸渍式湿度传感器是在玻璃带基片上浸渍 LiCl 溶液。图 12-2(a)为其结构示意图以及成品实例,图 12-2(b)为该湿度传感器的电阻-湿度特性。如图所示,阻值的对数与相对湿度在(50~85)%范围内呈线性关系。为了扩大湿度测量的线性范围,还应选用浸渍(1~1.5)%浓度的 LiCl 湿敏元件,它能检测(20~50)%RH 范围的湿度。这样采用两支浸渍不同浓度 LiCl 的湿敏元就可检测(20~80)%RH 范围的相对湿度。

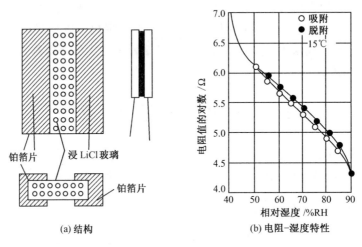

图 12-2 玻璃带上浸 LiCl 的湿度传感器

3. 光硬化树脂电解质湿敏元件

登莫元件中的胶合剂——聚乙烯醇(PVA)不耐高温高湿的性质限制了元件的使用范围,采用光硬化树脂代替 PVA,即将树脂、氯化锂、感光剂、助膜剂和水按一定比例配成胶体溶液,浸涂在蒸镀有电极的塑料基片上,干燥后放置在紫外线下曝光并热处理,即可形成耐温耐湿的感湿膜。它可在 80℃ 温度下使用,并且有较好的耐水性,不怕"冲蚀",从而提高了元件的性能。

12.2.2 高分子电解质湿度传感器

这是离子交换树脂型的湿敏元件,这类元件的感湿膜虽然是高分子聚合物,但是起吸湿导电作用的部分仍然是电解质。

1. 聚苯乙烯磺酸锂湿敏元件

此类湿敏元件是用聚苯乙烯作为基片,其表面用硫酸进行磺化处理,引入磺酸基团($-SO_3-H^+$),形成具有共价键结合的磺化聚苯乙烯亲水层。为了提高湿敏元件的感湿特性,再放入 LiCl 溶液中,通过交换 Li^+ 置换出磺酸基团中的 H^+,形成磺酸锂感湿膜层。最后,在感湿层表面再印刷上多孔性电极。

图 12-3 是聚苯乙烯磺酸锂湿敏元件的特性曲线。其中图 12-3(a)是元件在吸湿和脱湿两种情况下的电阻-湿度特性。在整个湿度范围内元件均有感湿特性,并且其阻值与相对湿度的关系在半对数坐标上基本为一直线。实验证明,元件的感湿特性与基片表面的磺化时间密切相关,亦即与亲水性的离子交换树脂的性能有关。由图 12-3(a)还可以看到,元件的湿滞回差亦较理想,在阻值相同的情况下,吸湿和脱湿时湿度指示的最大差值为(3~4)%RH。此

外,对湿敏元件进行抗水浸性能的试验(水浸2小时),结果如图12-3(b)所示,水浸后元件阻值略有提高,在低湿段较为明显。

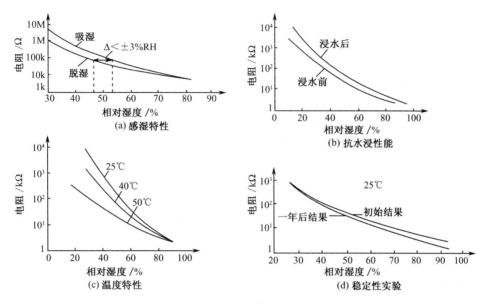

图12-3 聚苯乙烯磺酸锂湿敏元件特性

图12-3(c)示出了聚苯乙烯磺酸锂湿敏元件的感湿特性曲线随温度的变化。因为该湿敏元件是高分子电解质,故其电导率随温度的变化较为明显。元件具有负温度系数,因而在应用该类湿敏元件时,应进行温度补偿。

图12-3(d)是聚苯乙烯磺酸锂湿敏元件存放一年后,对其感湿特性曲线重新测试的结果。该元件具有较好的稳定性,其最大变化不超过2%RH/年,完全满足器件稳定性要求。

国产聚苯乙烯磺酸锂湿敏元件(如SP-1,SP-2)的优点是使用的温湿度范围宽(温度范围:-38~90℃;湿度范围:(0~100)%RH),并具有良好的耐水性;其缺点是湿滞略大(±(2.5~8)%RH),此外长期稳定性在实际应用中有待进一步考核。

2. 有机季铵盐高分子电解质湿敏元件

该类高分子湿度传感器的感湿材料是含有氯化季铵盐的高分子聚合物—丙烯酸酯,这种材料是一种离子导电的高分子材料。其感湿原理:大气中的湿度越大,则感湿膜被电离的程度就越大,电极间的电阻值也就越小,电阻值的变化与相对湿度的变化成指数关系。

该元件在高温高湿条件下,有极好的稳定性,湿度检测范围宽,湿滞后小,响应速度快,并且具有较强的耐油性、耐有机溶剂及耐烟草等特性。如HRP-MQ高分子湿度传感器,其工作温度范围:-20~+60℃;测湿范围:(20~99.9)%RH;滞后<±2%RH;响应时间约30s;精度为±(2~3)%RH。

3. 聚苯乙烯磺酸铵湿敏元件

聚苯乙烯磺酸铵湿敏元件是在氧化铝基片上印刷梳状金电极,然后涂覆加有交联剂的苯乙烯磺酸铵溶液,之后用紫外线光照射,苯乙烯磺酸铵交联、聚合,形成体形高分子,再加保护膜,形成具有复膜结构的感湿元件。

这种感湿元件的测湿范围为(30~100)%RH;温度系数为-0.6%RH/℃;具有良好的耐水性、耐烟草性,一致性好。

12.3　半导体及陶瓷湿度传感器

半导体及其陶瓷湿度传感器是最大的一类湿敏元件,品种繁多,按其制作工艺可分为:涂覆膜型、烧结体型、厚膜型、薄膜型及 MOS 型等。下面介绍其中一些典型元件的基本性能。

12.3.1　涂覆膜型

涂覆膜型湿敏元件是把感湿粉末(金属氧化物粉末或某些金属氧化物烧结体研成的粉末)调浆,然后喷洒或涂敷在已制好梳状电极或平行电极的滑石瓷、氧化铝或玻璃等基片上。Fe_3O_4、V_2O_5 及 Al_2O_3 等湿敏元件属此类。其中比较典型且性能较好的是 Fe_3O_4 湿敏元件。

涂覆膜型 Fe_3O_4 湿敏元件,一般采用滑石瓷作为元件的基片,在基片上用丝网印刷工艺印刷梳状金电极。将纯净的黑色 Fe_3O_4 胶粒,用水调制成适当黏度的浆料,然后用笔涂或喷洒在已有金电极的基片上,经低温烘干后,引出电极即可使用。图 12-4(a)是这种湿敏元件的结构图。

图 12-4(b)示出了 Fe_3O_4 湿敏元件的湿滞曲线。元件的湿滞现象在高湿时较为明显,最大湿滞回差约为 $\pm 4\% RH$,基本可以满足民用要求。

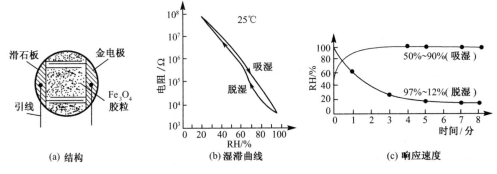

图 12-4　涂覆膜型 Fe_3O_4 湿敏元件

图 12-4(c)是该元件的响应速度曲线。

Fe_3O_4 湿敏元件的稳定性好,实验证明,器件在常温下自然存放一年后,其感湿特性几乎不发生变化;能在全湿度范围内进行测量;而且具有一定的抗污染能力,体积小。主要缺点是响应时间长,吸湿过程($60\% RH \rightarrow 98\% RH$)需 2 分钟,脱湿过程($98\% RH \rightarrow 12\% RH$)需 $5 \sim 7$ 分钟,同时在工程应用中长期稳定性不够理想。

除 Fe_3O_4 外,将 Cr_2O_3、Mn_2O_3、Al_2O_3、ZnO、TiO_2 按上述方法制成涂覆膜型湿敏元件,都有较好的感湿能力。

12.3.2　烧结体型

烧结体型湿敏元件是将两种以上的金属氧化物半导体材料混合烧结成多孔陶瓷的半导体陶瓷湿敏元件。其陶瓷制作工艺是将颗粒大小处于一定范围的陶瓷粉料外加利于成型的结合剂和增塑剂等,用压力轧模、流延或注浆等方法成型,然后在适合的烧结条件下,于规定的温度下烧成,待冷却清洗,检选合格产品送去被复电极,装好引线后,就可得到满意的陶瓷湿敏元件。这类湿敏元件的可靠性、重现性等均比涂覆型元件好，而且是体积导电，不存在表面漏电流，元件的结构简单。下面介绍几种典型器件性能。

1. MgCr$_2$O$_4$-TiO$_2$ 湿敏元件

MgCr$_2$O$_4$-TiO$_2$ 湿敏元件（MCT 型）的感湿体为 MgCr$_2$O$_4$-TiO$_2$ 多孔陶瓷材料。图 12-5（a）是这种类型国产 SM-1 型湿敏器件的结构形式。它是将 MgCr$_2$O$_4$ 和 TiO$_2$ 按 70％：30％的比例混合后，置于 1300℃ 的温度中烧结而成的陶瓷体。然后将该陶瓷体切割成薄片，在薄片两面再印刷并烧结梳状 RuO$_2$ 或金电极，便成了感湿体。而后，在感湿体外罩上一层由镍铬丝绕制的加热线圈（又称 Kathal 加热器），用以加热清洗污垢，提高感湿能力。器件安装在高致密、疏水性的陶瓷片底座上。在测量电极周围设置隔漏环，防止因吸湿而引起漏电。

MgCr$_2$O$_4$-TiO$_2$ 类陶瓷湿敏元件的感湿机理一般认为是：利用陶瓷烧结体微结晶表面对水分子进行吸湿或脱湿使电极间电阻值随相对湿度成指数变化。MgCr$_2$O$_4$-TiO$_2$ 半导体陶瓷湿敏元件的感湿特性曲线如图 12-5（b）所示，为了比较，图中给出了国产 SM-1 型和日本的松下Ⅰ型、松下Ⅱ型的感湿特性曲线。

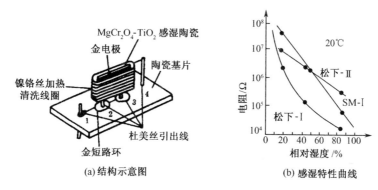

图 12-5　MgCr$_2$O$_4$-TiO$_2$ 湿敏元件

该类湿敏元件的特点是体积小，测湿范围宽，一片即可测（1～100）％RH；可用于高温（150℃），最高承受温度可达 600℃；能用电热反复清洗，除掉吸附在感湿陶瓷体上的油污、灰尘、盐、酸、气溶液或其他污染物，以保持测湿精度不变；响应速度快（一般不超过 20s）；长期稳定性好。

2. V$_2$O$_5$-TiO$_2$ 陶瓷湿敏元件

V$_2$O$_5$-TiO$_2$ 陶瓷湿敏元件系半导体陶瓷多孔质烧结体，是利用体积吸附水汽现象的湿敏元件，元件内部的两根白金丝电极包埋在线卷内，通过测定电极间的电阻检测湿度。这类湿敏元件的特点是：测湿范围宽，耐高湿，响应快；缺点是容易发生漂移，漂移量与相对湿度成比例。

3. 羟基磷灰石陶瓷湿敏元件

羟基磷灰石陶瓷湿敏元件是目前研究得比较多的磷灰石系陶瓷湿敏元件。羟基的存在有利于提高元件的长期稳定性，当在 54％RH 和 100％RH 湿度下，以每 5 分钟加热 30s（450℃）的周期进行 4000 次热循环试验后，其误差仅为±3.5％RH。该元件的主要技术特性如表 12-1 所示。

表 12-1　羟基磷灰石陶瓷湿敏元件

工作温度/℃	耐热温度/℃	测湿范围/%RH	精度/%RH	响应时间/s	清洗电压/V	清洗周期	加热温度/℃
1～99	600	5～99	±(3～5)	94→50%RH:<15 0→50%RH:2	6～10 (AC 或 DC)	1 天～1 周	450～500

4. ZnO-Cr$_2$O$_5$ 陶瓷湿敏元件

上面介绍的几种烧结型半导体陶瓷湿敏元件均需要加热清洗去污。这样,在通电加热及加热后延时冷却这段时间内元件不能使用,因此,测湿是断续进行的。这在某些场合下是不允许的。为此,现已研制出不用加热清洗的陶瓷湿敏元件,如 ZnO-Cr$_2$O$_5$ 陶瓷湿敏元件就是其中的一种。

该湿敏元件的电阻率几乎不随温度改变,老化现象很小,长期使用后电阻率变化只有百分之几。元件的响应快,(0→100)%RH 时,约 10s,湿度变化±20% 时,响应时间仅 2s;吸湿和脱湿时几乎没有湿滞现象。

ZnO-Cr$_2$O$_5$ 湿敏元件的结构是将多孔材料的电极烧结在多孔陶瓷圆片的两表面上。并焊上 Pt 引线,然后将敏感元件装入有网眼过滤器的方形塑料盒中用树脂固定,就形成了 ZnO-Cr$_2$O$_5$ 陶瓷湿度传感器。其结构如图 12-6 所示。

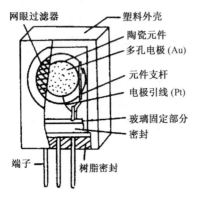

图 12-6　ZnO-Cr$_2$O$_5$ 陶瓷湿敏传感器结构

（网眼过滤器　塑料外壳　陶瓷元件　多孔电极(Au)　元件支杆　电极引线(Pt)　玻璃固定部分　密封　端子　树脂密封）

12.3.3　薄膜型

1. Al$_2$O$_3$ 薄膜湿敏元件

Al$_2$O$_3$ 薄膜湿敏元件的感湿原理是多孔的 Al$_2$O$_3$ 薄膜易于吸收空气中的水蒸气,从而改变其本身的介电常数,这样由 Al$_2$O$_3$ 做电介质构成的电容器的电容值将随空气中水蒸气分压而变化——湿敏电容,测量电容值,即可测出空气中的相对湿度。

图 12-7 是 Al$_2$O$_3$ 薄膜湿敏传感器的结构示意图。图中,多孔导电层 A 是用蒸发金膜制成的对面电极,它能使水蒸气浸透 Al$_2$O$_3$ 层;B 为湿敏部分;C 为绝缘层(高分子绝缘膜);D 为导线。

多孔 Al$_2$O$_3$ 电容式湿敏元件的优点是体积小,温度范围宽(从−111～20℃及从 20～60℃),元件响应快,低湿灵敏度高,没有"冲蚀"现象;缺点是对污染敏感而影响测量精度,高湿时精度差,工艺复杂,老化严重,稳定性较差。采用等离子法制作的元件,稳定性有所提高。

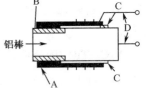

图 12-7　多孔 Al$_2$O$_3$ 湿敏传感器结构

（铝棒）

2. 钽电容湿敏元件

以铝为基础的湿敏元件在有腐蚀剂和氧化剂的环境中使用时,都不能保证长期稳定性。但以钽作为基片,利用阳极氧化法形成的氧化钽多孔薄膜是一种介电常数高、电特性和化学特性较稳定的薄膜。以此薄膜制成电容式湿敏元件可大大提高元件的长期稳定性。

钽电容湿敏元件就是采用氧化钽薄膜为感湿材料的。它是在钽丝上阳极氧化一层氧化钽薄膜(1μm);膜上还有一层含防水剂的二氧化锰层,作为一对电极的导电层;考虑到对油烟、灰尘等应用环境的适应性,还装有活性炭纸过滤器,使之适于测量腐蚀性气体的湿度。

12.4 有机物及高分子聚合物湿度传感器

随着高分子化学和有机合成技术的发展,用高分子材料制作化学感湿膜的感湿元件的技术也得到发展,而且已成为目前湿敏元件的一个重要分支。

12.4.1 胀缩性有机物湿敏元件

有机纤维素具有吸湿溶胀、脱湿收缩的特性。利用这一特性,将导电的微粒或离子掺入其中作为导电材料,就可将体积随环境湿度的变化转换成感湿材料电阻的变化——胀缩性湿敏电阻。这类湿敏元件主要有:碳湿敏元件和结露湿敏元件等。

1. 碳湿敏元件

碳湿敏元件采用的感湿材料是溶胀性能较好的羟乙基纤维素(HEC)。

羟乙基纤维素碳湿敏元件多采用丙烯酸塑料作为基片,采用涂刷导电漆或真空镀金、化学淀积等方法,在基片两长边的边缘上形成金属电极,然后再在其上浸涂一层由羟乙基纤维素、导电炭黑和润湿性分散剂组成的浸涂液,待溶剂蒸发后即可获一层具有胀缩特性的感湿膜。经老化、标定后即可使用,其结构如图 12-8(a)所示。

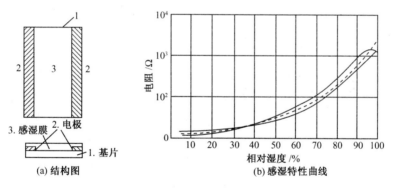

(a) 结构图   (b) 感湿特性曲线

图 12-8 羟乙基纤维素碳湿敏元件

图 12-8(b)是羟乙基纤维素碳湿敏元件在吸湿和脱湿两种情况下的感湿特性曲线。从图中可见,元件的感湿特性还是比较理想的。但有两点值得注意:其一,在湿度大于 90%RH 的高湿段,感湿特性曲线具有负的斜率,曲线呈现"隆起"或者说曲线被"压弯"。这一现象的出现被认为是由于浸涂液中的离子性杂质所引起的。实践证明,在干燥和超净条件下制得的元件,曲线的"隆起"现象就极其轻微。图 12-9 中给出了三种不同条件下元件的感湿特性曲线。曲线 A 是理想的元件的感湿特性曲线;曲线 B 为在正常批量生产中元件的感湿特性曲线;曲线 C 是在高湿和离子污染较重的条件下所得

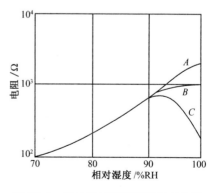

图 12-9 羟乙基纤维素碳湿敏元件感湿特性曲线的"隆起"现象

到元件的感湿特性曲线,"隆起"现象明显。其二,在25℃和33.3%RH条件下,元件的湿滞回线有一交叉点。对于一定的浸涂液,该点出现的位置是固定的,不同的浸涂液该点位置不同。关于该点的出现位置,目前在理论上尚很难予以解释。

2. 结露敏感元件

这类元件是在印刷梳状电极的氧化铝基片上涂以由新型树脂和碳粒组成的电阻式感湿膜。该元件具有独特的性能:在低湿时几乎没有感湿灵敏度,而在高湿(94%RH以上)时,其阻值剧增,呈现开关式阻值变化特性。该元件具有以下特点:

(1) 在使用中即使有灰尘和其他气体产生的表面污染,对元件的感湿特性影响很小;

(2) 能够检测并区别结露、水分等高湿状态;

(3) 尽管存在滞后等因素引起的特性变化,但由于具有急剧的开关特性,故其工作点变动小;

(4) 因为导电无极化现象,可用直流电源设计测量电路。

结露敏感元件的主要特性如表12-2所示。该元件广泛应用于检测磁带机、照相机结露及小汽车玻璃窗除露等。

表 12-2 结露敏感元件主要技术特性

电阻值/Ω	响应时间/s	使用电压/V	工作温度/℃	测湿范围/%RH	湿度检测量程/%RH
75%RH时:10k以下	25℃、60%RH				
94%RH时:2～20k	60℃、100%RH	0.8以下 (AC或DC)	−10～160	0～100	94～100
100%RH时:200k以上	达到100kΩ的时间<10				

12.4.2 高分子聚合物薄膜湿敏元件

作为感湿材料的高分子聚合物能随环境湿度的变化成比例地吸附和释放水分子。因为这类高分子材料大多是具有较小电介常数($\varepsilon_r=2\sim7$)的电介质,而水分子偶极矩的存在大大地提高了聚合物的电常数($\varepsilon_r=83$)。因此,将此类特性的高分子电介质做成电容器——湿敏电容,测定其电容量的变化,即可得到环境的相对湿度。

这是20世纪70年代发展起来的一类比较理想的湿敏元件。目前,这类高分子聚合物材料主要有等离子聚合法形成的聚苯乙烯和醋酸纤维素等。

1. 等离子聚合法聚苯乙烯薄膜湿敏元件

用等离子聚合法聚合的聚苯乙烯因有亲水的物性基团,随环境湿度变化而吸湿或脱湿,从而引起介电常数的改变。一般的制作方法是在玻璃基片上镀一层铝薄膜作为下电极,用等离子聚合法在铝膜上镀一层($0.05\mu m$)聚苯乙烯作为电容器的电介质(感湿材料),再在其上镀一层多孔金膜作为上电极。该类湿敏元件的特点是:

(1) 测湿范围宽,有的可覆盖全湿范围;

(2) 使用温度范围宽,可达−40～+150℃;

(3) 响应速度快,有的小于1s;

(4) 尺寸小,可用于狭小空间测湿;

(5) 温度系数小,有的可略而不计。

2. 醋酸纤维有机膜湿敏元件

醋酸纤维有机膜电容湿敏元件的感湿材料即是醋酸纤维。它是在玻璃基片上蒸发梳状金电极,作为下电极;将醋酸纤维按一定比例溶解于丙酮、乙醇(或乙醚)溶液中,配成感湿溶液。然后通过浸渍或涂覆的方法,在基片上附着一层($0.5\mu m$)感湿膜,再用蒸发工艺制成上电极,其厚度为 $20\mu m$ 左右。如此构成一个平板电容器。

这种湿敏元件响应速度快(1s),重复性能好;由于是有机物,所以,在有机溶剂环境下使用时有被溶解的缺点。最适宜的工作温度范围:0~80℃;测湿范围:(0~100)%RH;温度系数:0.05%RH/℃;测量精度:±(1~2)%RH。

12.5 非水分子亲和力型湿度传感器

以上介绍的各种湿度传感器属水分子亲和力型湿敏传感器,其测量基本原理在于感湿材料吸湿或脱湿过程改变其自身的性能从而构成不同类型的湿度传感器(如湿敏电阻、湿敏电容等)。这类湿度传感器响应速度较慢,可靠性较差,滞后回差较大等,不能较好地满足人们使用的需要。随着其他技术的发展,现在人们正在开发非水分子亲和力型湿敏传感器,简介如下。

12.5.1 热敏电阻式湿度传感器

热敏电子式湿度传感器是非水分子亲和力型,它是利用潮湿空气和干燥空气的热传导之差来测定湿度的,其结构如图 12-10(a)所示。在两个金属盒中各安装了特性相同的热敏电阻,一个金属盒有孔,与大气相通,而另一个未开孔,内部充有干燥空气。

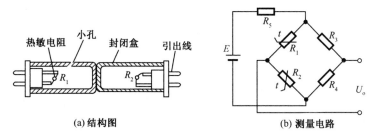

图 12-10 热敏电阻式湿度传感器

热敏电阻式湿度传感器接成如图 12-10(b)所示的电桥测量电路。图中 R_1 为开孔盒中的热敏电阻,是测湿敏感元件;R_2 是封闭盒中的热敏电阻,是温度补偿元件。另外,R_3、R_4 是桥臂电阻,R_5 为限流电阻。热敏电阻被加热到 200℃ 左右,当潮湿的空气进入开孔盒时,其中的 R_1 被冷却而阻值升高,电桥平衡被破坏,将输出与湿度成比例的不平衡信号 U_o。它可以用来测量大气的绝对湿度。

这种传感器的特点是不用湿敏功能材料,因此不存在滞后误差(湿滞),但要求两只热敏电阻在较宽的范围内特性一致是较困难的。另外,若空气中混合有比空气导热性好的气体时,会产生测量误差。

12.5.2 其他非水分子亲和力型湿度传感器

除上面热敏电阻式湿度传感器外,还有一些非水分子亲和力型的湿度传感器,例如:利用微波在含水蒸气的空气中传播,水蒸气吸收微波使其产生一定能量损耗,而制成的微波测湿传感器,其微波传输损耗能量与传输环境中空气湿度有关,以此测量湿度;又如,利用水蒸气能吸收特定波长的红外线这一现象构成的红外湿度传感器等。它们都能克服水分子亲和力型湿度传感器的缺点。因此,开发非水分子亲和力型湿敏传感器是湿度传感器重要的研究方向。

12.6　湿度传感器的应用

湿度传感器广泛应用于军事、气象、工业(特别是纺织、电子、食品工业)、农业、医疗、建筑及家用电器等各种场合的湿度监测、控制与报警。

12.6.1　湿敏传感器的使用注意事项

1. 合理选择湿度传感器的类型

由于湿度传感器种类很多,应用环境复杂,因此必须合理选择湿度传感器,以适用工作环境,满足性能要求。

一般在常温洁净环境、连续使用的场合,应选择高分子湿度传感器。这类传感器精度高,稳定性好。

在高温恶劣环境,应选用加热清洗的陶瓷湿度传感器。这类传感器耐高温,通过定期清洗能除去吸附在敏感体表面的灰尘、气体、油雾等杂物,使性能恢复。

2. 电源选择

湿敏电阻必须工作在交流电路中。若用直流供电,会引起多孔陶瓷表面结构改变,湿敏特性变差;若交流电源频率过高,由于元件的附加容抗而影响测湿灵敏度和准确性,因此应以不产生正、负离子积聚为原则,使电源频率尽可能低。对于离子导电型湿敏元件,电源频率一般以 1kHz 为宜。对于电子导电型湿敏元件,电源频率应低于 50Hz。

3. 线性化处理

一般湿敏元件的特性均为非线性,为准确地获得湿度值,要加入线性化电路,使输出信号正比于湿度的变化。

4. 测量湿度范围

电阻式湿敏元件在湿度超过 95%RH 时,湿敏膜因湿润溶解,厚度会发生变化,若反复结露与潮解,特性将变差而且不能复原。

电容式湿敏元件在 80%RH 以上高湿及 100%RH 以上结露或潮解状态下,也难以检测。另外,不能将湿敏电容直接浸入水中或长期用于结露状态,也不能用手摸或用嘴吹其表面。

5. 温度补偿

通常氧化物半导体陶瓷湿敏电阻温度系数为 0.1~0.3,在测湿精度要求高的情况下必须进行温度补偿。

6. 安装要求

湿敏传感器应安装在空气流动的环境中。传感器的延长线应使用屏蔽线,最长不超过 1m。

7. 加热去污

陶瓷元件的加热去污应控制在 450℃。它利用元件的温度特性进行温度检测和控制,当温度达到 450℃即中断加热。由于未加热前元件吸附有水分,突然加热会出现相当于 450℃时的阻值,而实际温度并未达到450℃,因此应在通电后延迟2～3s再检测电阻值。当加热结束后,应冷却至常温再开始检测湿度。

12.6.2 湿敏传感器的应用

1. 自动去湿器

湿度传感器广泛应用于仓库管理。为了防止库中的食品、被服、武器弹药、金属材料以及仪器仪表等物品霉烂、生锈,必须设有自动去湿装置。有些物品如水果、种子、肉类等又需保持在一定的湿度环境中,这些都需要自动湿度控制。

图12-11为一自动去湿装置。H为湿敏传感器,R_L为加热电阻丝,BG_1和BG_2接成施密特触发器,BG_2的集电极负载J为继电器线圈。BG_1的基极回路电阻是R_1、R_2和H的等效电阻R_P。在常温常湿情况下调好电路各电阻值,使BG_1导通、BG_2截止。当阴雨或其他外界条件使环境湿度增加而导致H的阻值R_P下降达到某值时,R_2与R_P并联之阻值

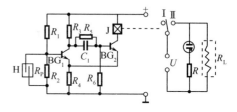

图12-11　自动去湿装置

小到不足以维持BG_1导通,由于BG_1截止而使BG_2导通,其负载继电器J接通,J的常开触点Ⅱ闭合,加热电阻丝R_L通电加热,驱散湿气。当湿度减小到一定程度时,施密特电路又翻转到初始状态,BG_1导通,BG_2截止,常开触点Ⅱ断开,R_L断电停止加热,从而实现了湿度自动控制。

2. 房间湿度控制器

房间湿度控制器的电路原理如图12-12所示。湿度传感器选用KSC-6V湿度传感器,它是基于湿敏电容与相对湿度的关系,采用CMOS集成电路作振荡器。具有线路简单、工作可靠、制作成本低、抗干扰能力强、静态功耗低、振荡电路转换特性好、双振荡器在同一芯片上特性相同等优点。湿度的变化引起湿敏传感器KSC-6V湿敏探头电容的变化,从而引起振荡电路(湿敏探头电容器是RC振荡电路的一部分)输出方波的脉冲宽度的相应变化,经电路处理后输出电压信号。KSC-6V型湿度传感器的湿度-电压特性基本呈线性关系,其输出灵敏度为1mV/％RH。这样,传感器的相对湿度值为(0～100)％RH时所对应的输出信号为0～100mV。将传感器输出信号分成三路分别接在A_1的反相输入端、A_2的同相输入端和数显块的正输入端。A_1和A_2为开环应用,作为电压比较器只将R_{P1}和R_{P2}调整到适当的位置,当相对湿度下降时,传感器输出电压值也随着下降;当降到设定数值时,A_1的①脚电位将突然升高,使VT_1导通,同时LED_1发绿光,表示空气太干燥,J_1吸合,接通加湿机。当湿度上升时,传感器输出电压值也随着上升,升到一定数值时,J_1释放,加湿机停止工作。相对湿度继续上升,如达到设定数值时,A_2的⑦脚电位将突然升高,使VT_2导通,同时LED_2发红光,表示空气太潮湿,J_2吸合,接通排气扇,排除室内空气中潮气。相对湿度降到一定数值时,J_2释放,排气扇停止工作。这样,室内的相对湿度就可以控制在一定范围内。

3. 湿度电压变送器

(1)ZHG湿敏电阻特性参数

ZHG湿敏电阻以多孔半导体陶瓷材料为感湿体,设置金属电极和引线,然后封装在耐高温塑壳(ZHG-1型)或多孔防尘铜外壳(ZHG-2型)中制成。其电阻值随周围环境湿度而变

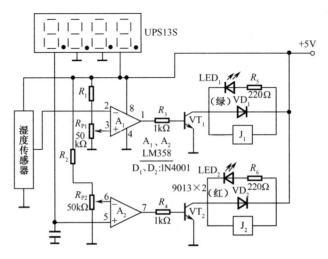

图 12-12 房间湿度控制器电路原理图

化,如表 12-3 所示,而且变化较大。利用这一特性加以适当的电路可做成湿度变送器和湿度开关,对某一空间(室内、仓库、干衣机、蔬菜大棚等)的相对湿度进行测量和控制。

表 12-3　ZHG 湿敏元件湿度-阻值对照表

相对湿度/%RH	20	30	40	50	60	70	80	90
电阻值/Ω	4M	2.2M	1.2M	650k	320k	170k	86k	44k

ZHG 湿敏电阻的主要特性参数:①工作电压:交流 1～6V;②测湿范围:(5～99)%RH,一般为(20～90)%RH;③使用温度:−10～90℃,一般为 0～50℃;④温度系数:−0.1%RH/℃;⑤灵敏度:$R_{20\%}/R_{90\%}>90$;⑥吸湿响应时间<5s;⑦电阻系列分档:在 50%RH、20℃时按 E_6 系列分档,阻值误差为±20%。

(2)湿度电压变送器

图 12-13 为采用 ZHG 湿敏电阻的湿度电压变送器电路原理图。此变送器由湿敏元件(ZHG)、振荡器、对数变换器、滤波器、放大器等几部分组成。ZHG 湿敏电阻的测量回路不能用直流电源,而需用交流供电。否则高湿(80%RH 以上)时将有电泳现象产生,阻值产生漂移。本电路用 555 集成块产生振荡方波加在湿敏电阻上。特殊场合,如工作电流小于 10μA,湿度小于 60%RH 时,测量回路可使用直流供电。

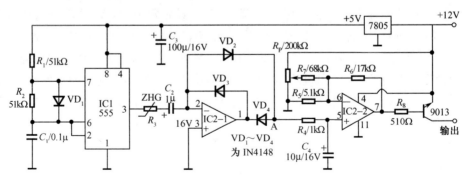

图 12-13　湿度-电压变送器电路

R_1、R_2 和 C_1 的数值决定振荡频率的大小。振荡频率的大小将影响湿敏元件在 60％RH 以下时的电阻值大小。当频率高时,电阻值低,性能较稳定,本电路振荡频率为 100Hz。

图 12-13 电路中,IC2-1、IC2-2 分别为 324 四运放集成电路中的两个运放电路。IC2-1 和二极管 VD_2、VD_3、VD_4 构成对数变换电路,其输出端 A 点对地电压将随相对湿度的增加而增大。R_4 和 C_4 接在 IC2-2 放大器的同相输入端,它们的作用是滤去干扰短脉冲。放大倍数由 R_6 和 R_5 之间的比例决定。

R_P 电位器用来进行零点调整。理论上当湿度为 10％RH 时,输出为 0.5V,当湿度为 90％RH 时,输出为 4.5V。其非线性误差小于 ±5％RH。图 12-13 电路可用于要求不太高的测控场合。

ZHG 型湿敏电阻的缺点是抗短波辐射能力差,因此不宜在阳光下使用。室外使用时应加百叶箱式防护罩,否则影响寿命。湿敏电阻一旦被污染,可用无水乙醇或超声波清洗、烘干。烘干温度为 105℃,时间 4 小时,然后重新标定使用。

4. HOS103 结露传感器应用

图 12-14 是 HOS103 结露传感器的基本应用电路。结露传感器 HOS103 的工作电压为 0.8V 以下(超过额定值时,往往会使特性变坏或出现早期劣化现象),其 25℃时,75％RH 的电阻值为 10kΩ,结露时为 200kΩ,其特性如图 12-15 所示。

在低湿(80％RH 以下)时,结露传感器的阻值仅 10kΩ 左右,与 330kΩ 的分压不到 0.2V,所以 BG_1 不导通,BG_2 也截止。当湿度大于 95％RH 左右时,BG_1 基极电压大于 0.7V,BG_1 及 BG_2 相继导通,U_o 输出高电平可作为报警信号或控制信号。通过调整 330kΩ 电阻,使其报警的湿度根据要求而定。

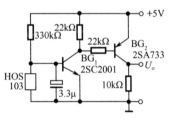

图 12-14　HOS103 结露
传感器应用电路

图 12-16 示出录像机结露报警控制电路原理图,选用 HOS103 型结露传感器。请读者分析其电路原理。

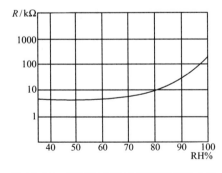

图 12-15　HOS103 结露传感器特性曲线

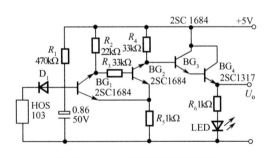

图 12-16　录像机结露报警电路

5. 汽车后窗玻璃自动去湿装置

如图 12-17 所示,为汽车后窗玻璃自动去湿装置原理图。图中 R_H 为设置在后窗玻璃上的湿敏传感器电阻,R_L 为嵌入玻璃的加热电阻丝(可在玻璃形成过程中将电阻丝烧结在玻璃内,或将电阻丝加在双层玻璃的夹层内),J 为继电器线圈,J_1 为其常开触点。三极管 BG_1 和 BG_2 接成施密特触发器电路,在 BG_1 的基极上接有由电阻 R_1、R_2 及湿敏传感器电阻 R_H 组成的偏置电路。在常温常湿情况下,调节好各电阻值,因 R_H 阻值较大,使 BG_1 导通,BG_2 截止,继电器 J 不工作,其常开触点 J_1 断开,加热电阻 R_L 无电流流过。当汽车内外温差较大,且湿度过大时,将导致湿敏电阻 R_H 的阻值减小,当其减小到某值时,R_H 与 R_2 的并联电阻阻值小到不足以维持 V_1 导通,此时 BG_1 截止,BG_2 导通,使其负载继电器 J 通电,控制常开触点 J_1 闭合,加热电阻丝 R_L 开始加热,驱散后窗玻璃上的湿气,同时加热指示灯亮。

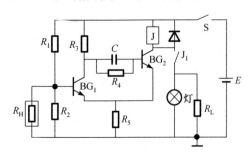

图 12-17　汽车后窗玻璃自动去湿电路

当玻璃上湿度减小到一定程度时,随着 R_H 增大,施密特电路又开始翻转到初始状态,BG_1 导通,BG_2 截止,常开触点 J_1 断开,R_L 断电停止加热,从而实现了防湿自动控制。该装置也可广泛应用于汽车、仓库、车间等湿度的控制。

6.粮食含水量检测

粮食含水量不同,电导率也不同。检测粮食含水量是将两根金属探头插入粮食中,当粮食含水量越高时,电导率越大,两根金属探头间的阻值就越小;反之,阻值就越大。通过检测两根金属探头间阻值的变化,就能测出粮食含水量的大小。

图 12-18 所示为粮食含水量检测电路。它由高压电源、检测电路、电流/电压转换电路、模/数转换电路和显示电路等组成。

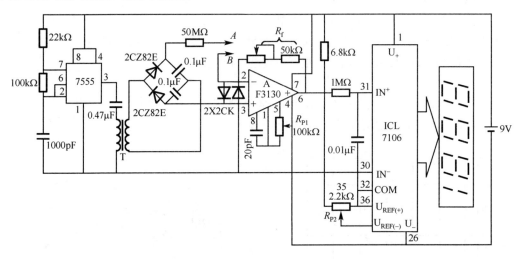

图 12-18　粮食含水率检测电路

（1）检测电路

图中 A、B 为两根金属探头,插入粮食中来检测两探头间粮食的阻值 R_{AB}。由于阻值很大,因此间距要小,一般设置为 2mm。

（2）高压电源

由于 R_{AB} 通常在几十兆欧至几百兆欧之间,因此供电电源要用高压才能流过电流。图中由时基电路 7555 组成无稳自激振荡器,产生矩形脉冲,经升压变压器 T 提高振幅 20 倍,然后通过载流电路输出约 150V 电压。

（3）后续电源

150V 电压加在 R_{AB} 上产生 $1\mu A$ 以内的电流,经运放输出小于2V 的电压,由 IC7106 模/数转换器转换为数字量后在显示器上显示。

（4）校准

①零位校准。

将 A、B 开路,即两金属棒完全分开,此时 R_{AB} 无穷大,调节 R_{P1} 使显示值为零。

②满度校准。

将 A、B 短路,即两金属棒连接在一起,相当于粮食完全浸没在水中,此时 R_{AB} 阻值为零,调节 R_{P2} 使显示值为 100%,即粮食含水率为 100%。

经校准后的粮食含水率检测仪,便可用于粮食湿度的检测。

思考题与习题

教学课件

12-1　什么叫绝对湿度和相对湿度?

12-2　氯化锂和半导体陶瓷湿敏电阻各有什么特点?

12-3　什么叫水分子亲和力? 这类传感器的半导体陶瓷湿敏元件的工作原理是什么?

12-4　试述湿敏电容式和湿敏电阻式湿度传感器的工作原理。

12-5　请按感湿量的不同列出所学过的各类湿敏元件。

12-6　请利用 LiCl 电阻式湿敏元件设计一个恒湿控制装置,且恒湿的值可任意设定。

第 13 章　传感器的标定与校准

任何一种传感器与所有检测仪表一样,为了保证测量结果的准确、一致,在其制造、装配完成后都必须按原设计指标进行一系列严格试验,以确定其实际性能(标定)。使用一段时间后(中国计量法规定一般为一年)或经过修理,也必须对其主要技术指标进行校准试验,以确保传感器的各项性能达到使用要求(校准)。校准与标定的内容和方法是基本相同的。

传感器的标定与一般检测仪表的标定一样,就是利用精度高一级的标准器具对传感器进行定度的过程,通过试验建立传感器输出量与输入量之间的对应关系,同时确定出不同使用条件下的误差关系。

传感器的标定系统一般由被测非电量的标准发生器、被测非电量的标准测试系统、待标定传感器所配接的信号调节器和显示、记录器等组成。

传感器的标定分为两种:静态标定和动态标定。静态标定的目的是确定传感器(或传感系统)的静态特性指标,如线性度、灵敏度、迟滞和重复性等;动态标定则主要是检验、测试传感器(或传感系统)的动态特性,如频率响应、时间常数、固有频率和阻尼比等。

13.1　测量误差基本概念

13.1.1　测量与测量误差

13.1.1.1　测量

"测量是以确定量值为目的的一种操作"。这种"操作"就是测量中的比较过程——将被测参数与其相应的测量单位进行比较的过程。实现比较的工具就是测量仪器仪表(简称仪表)。

检测是意义更为广泛的测量,它包含测量和检验的双重含义。工程参数检测就是用专门的技术工具(仪表),依靠能量的变换、实验和计算找到被测量的值。一个完整的检测过程应包括:信息的获取——用传感器完成;信号的调理——用变送器完成;信号的显示与记录——用显示器、指示器或记录仪完成。

有时传感器、变送器和显示装置可统称为检测仪表,或者将传感器称为一次仪表,将变送器和显示装置称为二次仪表。一般来说,检测、变送和显示可以是三个独立的部分,也可以将这三者有机地结合在一起成为一体化的检测仪表。由于现代电子技术的发展,目前很多传感器都是将检测、变送和显示组合在一起构成一体化传感器,这给传感器的使用、维护提供了极大的方便。

13.1.1.2　测量误差

由于在测量过程中使用的检测仪表本身的准确性有高低之分,检测环境等因素发生变化也会影响测量结果的准确性,使得从检测仪表获得的测量值与被测变量的真实值之间会存在一定的差异,这一差异称为测量误差。这就是误差公理——实验结果都具有误差,误差自始至终存在于一切科学实验的过程之中。

测量误差有绝对误差和相对误差之分。

1. 绝对误差

绝对误差 Δ 在理论上是指测量值 x 与被测量的真值 x_i 之间的差值,即

$$\Delta = x - x_i \tag{13-1}$$

真值 x_i 是指被测量客观存在的真实数值的大小。量的真值是一理想的概念,它是在消除非理想因素影响的情况下获得的,因而在实际测量的条件下一般无法得到真值。通常用计量学约定真值、标准器具相对真值、多次测量平均值等作为真值,用 x_0 表示。将式(13-1)中的真实值 x_i 用 x_0 来代替,则绝对误差可以表示成

$$\Delta = x - x_0 \tag{13-2}$$

绝对误差是可正可负的,而不是误差的绝对值;绝对误差还有量纲,它的单位与被测量的单位相同。

测量误差可能由多个误差分量组成。引起测量误差的原因,通常包括:测量装置的基本误差;非标准工作条件下所增加的附加误差;所采用的测量原理以及根据该原理在实施测量中运用和操作的不完善引起的方法误差;标准工作条件下,被测量随时间的变化;影响量(不是被测量,但对测量结果有影响的量)引起的误差;与观测人员有关的误差因素等。

根据引起误差的原因和误差的性质,测量误差可分为三类:系统误差,具有确定性,决定测量的准确度,可以进行修正;随机误差,具有偶然性,决定测量的精密度,利用误差理论进行处理;粗大误差,是错误,应剔除。

2. 相对误差

为了能够反映测量工作的精细程度,常用测量误差除以被测量的真值,即用相对误差来表示。相对误差也具有正、负号,但无量纲,用%表示。由于真值不能确定,实际上是用相对真值。在测量中,由于所引用的真值的不同,相对误差有以下两种表示方法,即实际相对误差和标称相对误差。

实际相对误差

$$\delta_{\text{实}} = \frac{\Delta}{x_i} \times 100\% \tag{13-3}$$

标称相对误差(或示值相对误差)

$$\delta_{\text{标}} = \frac{\Delta}{x_0} \times 100\% \tag{13-4}$$

测量误差是对某一次具体测量好坏的评价。

13.1.2 仪表误差

13.1.2.1 测量仪表误差的基本术语

(1)测量仪表的示值误差　测量仪表的示值就是测量仪表所给出的量值,测量仪表的示值误差定义为"测量仪表的示值与对应输入量的真值之差",它实际是仪表某一次测量的误差。由于真值不能确定,实际上用的是相对真值。此概念主要应用于与参考标准相比较的仪器,就实物量具而言,示值就是赋予它的值。在不易与其他称呼混淆时也简称为测量仪表的误差。

(2)测量仪表的最大允许误差　定义是"对给定的测量仪表,规范、规程等所允许的误差极限值"。有时也称为测量仪表的允许误差限,或简称允许误差($\delta_{\text{允}}$)。

(3)测量仪表的固有误差　常称为测量仪表的基本误差。定义是"在参考条件下确定的测

量仪表的误差"。此参考条件也称标准条件,是指为测量仪表的性能试验或为测量结果的相互比较而规定的使用条件,一般包括作用于测量仪表的各影响量的参考值或参考范围。

(4)附加误差 附加误差是指测量仪表在非标准条件时所增加的误差,它是由于影响量存在和变化而引起的,如温度附加误差、压力附加误差等等。

(5)测量范围和量程

测量范围是指"测量仪器的误差处在规定极限内的一组被测量的值",也就是被测量可按规定的准确度进行测量的范围。

量程是指测量范围的上限值和下限值的代数差。例如:测量范围为 $0\sim100℃$ 时,量程为 $100℃$;测量范围为 $20\sim100℃$ 时,量程为 $80℃$;测量范围为 $-20\sim100℃$ 时,量程为 $120℃$。

13.1.2.2 仪表误差

1. 引用误差

测量仪表的示值误差可以用来表示某次测量结果的准确度,但若用来表示测量仪表的准确度则不太合适。因为测量仪表是用来测量某一规定范围(测量范围)内的被测量,而不是只测量某一固定大小的被测量的。而且,同一个仪表的基本误差,在整个测量范围内变化不大,但测量示值的变化可能很大,这样示值的相对误差变化也很大。所以,用测量仪表的示值相对误差来衡量仪表测量的准确性是不方便的。为了方便起见,通常用引用误差来衡量仪表的准确性能。引用误差 $\delta_引$ 用测量仪表的示值的绝对误差 Δ 与仪表的量程之比的百分数来表示,即

引用误差(或相对百分误差):

$$\delta_引 = \frac{\Delta}{仪表量程} \times 100\% \qquad (13\text{-}5)$$

2. 仪表误差

仪表的准确度(或精度)是用仪表误差的大小来说明其指示值与被测量真值之间的符合程度,误差越小,准确度越高。

仪表的准确度用仪表的最大引用误差 δ_{max}(即仪表的最大允许误差 $\delta_允$)来表示,即

$$\delta_{max} = \frac{\Delta_{max}}{量程} \times 100\% \qquad (13\text{-}6)$$

式中,Δ_{max} 为仪表在测量范围内的最大绝对误差;量程=仪表测量上限-仪表测量下限。

仪表误差是对仪表在其测量范围内测量好坏的整体评价。

3. 仪表精度等级 a

仪表精度等级是按国家统一规定的允许误差大小(去掉仪表误差的"±"号和"%")来划分成若干等级的。仪表的精度等级数越小,仪表的测量准确度越高。目前中国生产的仪表的精度等级有

$$a = \frac{\underbrace{0.005, 0.01, 0.02, 0.05,}_{\text{Ⅰ级标准表}} \underbrace{0.1, 0.2, (0.4), 0.5,}_{\text{Ⅱ级标准表}} \underbrace{1.0, 1.5, 2.5, (4.0),}_{\text{工业用表}}}{} 等$$

括号内等级必要时采用。仪表的精度等级是不连续的。

仪表的基本误差:Δ_{max}=仪表量程×a%,称为仪表在测量范围内的基本误差。

4. 仪表变差(升降变差)

升降变差(又称回程误差或示值变差),是指在相同条件下,使用同一仪表对某一参数进行正、反行程测量时,对应于同一测量值所得的仪表示值不等,如图 13-1 所示。正、反行程示值之差的绝对值称为升降变差,即

$$（升降）变差＝|正行程示值－反行程示值|\qquad(13-7)$$

仪表变差也用最大引用误差表示,即

$$变差＝\frac{|正行程测量值－反行程测量值|_{\max}}{量程}×100\%\qquad(13-8)$$

必须注意,仪表的变差不能超出仪表的允许误差(或基本误差)。

【**例 13-1**】 某压力传感器的测量范围为 $0\sim10\mathrm{MPa}$,校验该传感器时得到的最大绝对误差为 $±0.08\mathrm{MPa}$,试确定该传感器的精度等级。

解 该传感器的精度为

$$\delta_{\max}＝\frac{\Delta_{\max}}{量程}×100\%$$

$$＝\frac{±0.08}{10-0}×100\%＝±0.8\%$$

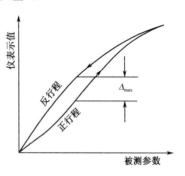

图 13-1　测量仪表的变差

由于国家规定的精度等级中没有 0.8 级仪表,而该传感器的精度又超过了 0.5 级仪表的允许误差,所以,这只传感器的精度等级应定为 1.0 级。

【**例 13-2**】 某测温传感器的测量范围为 $0\sim1000℃$,根据工艺要求,温度指示值的误差不允许超过 $±7℃$,试问应如何选择传感器的精度等级才能满足以上要求?

解 根据工艺要求,传感器的精度应满足:

$$\delta_{\max}＝\frac{\Delta_{\max}}{量程}×100\%＝\frac{±7}{1000-0}×100\%＝±0.7\%$$

此精度介于 0.5 级和 1.0 级之间,若选择精度等级为 1.0 级的传感器,其允许最大绝对误差为 $±10℃$,这就超过了工艺要求的允许误差,故应选择 0.5 级的精度才能满足工艺要求。

由以上两个例子可以看出,根据仪表校验数据来确定仪表精度等级和根据工艺要求来选择仪表精度等级,要求是不同的。根据仪表校验数据来确定仪表精度等级时,仪表的精度等级值应选不小于由校验结果所计算的精度值;根据工艺要求来选择仪表精度等级时,仪表的精度等级值应不大于工艺要求所计算的精度值。

仪表的精度等级是衡量仪表质量优劣的重要指标之一,它反映了仪表的准确度和精密度。仪表的精度等级一般用圈内数字等形式标注在仪表面板或铭牌上。

13.2　传感器的静态特性标定

传感器的静态标定,是在静态标准条件下,输入已知标准非电量,测出传感器的输出信号,给出标定曲线、标定方程和标定常数,计算静态特性指标。

13.2.1　静态标准条件

传感器的静态特性是在静态标准条件下进行标定的。所谓静态标准条件是指没有加速度、振动、冲击(除非这些参数本身就是被测物理量)及环境温度一般为室温($20±5$)℃、相对湿度不大于 85%RH、大气压力为($760±60$)mm 汞柱的情况。

13.2.2　标定仪器设备的精度等级的确定

对传感器进行标定,是根据试验数据确定传感器的各项性能指标,实际上也是确定传感器的测量精度。所以在标定传感器时,所用的测量仪器(标准量具)的精度要比被标定的传感器(或传感系统)的精度至少高一个等级。这样,通过标定所确定的传感器的静态性能指标才是可靠的,所确定的测量精度才是可信的。

13.2.3 静态特性标定的方法

对传感器(或传感系统)进行静态特性标定,首先就是创造一个静态标准条件,其次是选择与被标定传感器的精度要求相适应的一定精度等级的标定用仪器设备,然后按以下步骤进行标定:

(1) 将传感器(或传感系统)全量程(测量范围)分成若干等间距点;

(2) 根据传感器的量程分点情况,由小到大逐渐一点一点地输入标准量值,并记录下与各输入值相对应的输出值;

(3) 将输入值由大到小逐点减少下来,同时记录下与各输入值相对应的输出值;

(4) 按 2、3 所述过程,对传感器进行正、反行程往复循环多次测试,将得到的输出-输入测试数据列成表格或绘成曲线;

(5) 对测试数据进行必要的数据处理,根据处理结果就可以确定传感器的线性度、灵敏度、迟滞和重复性等静态特性指标。

该标定方法是一种常用的比较法。

【例 13-3】 压力传感器的校验 测量范围 0~1.6MPa,精度等级为 1.5 级的普通压力传感器,校验结果如表 13-1(1~3 行),判断该表是否合格。

表 13-1　压力传感器的校验数据及其数据处理结果　　　　　(单位:MPa)

被校传感器读数	0.0	0.4	0.8	1.2	1.6	最大误差
标准表上行程读数	0.000	0.385	0.790	1.210	1.595	
标准表下行程读数	0.000	0.405	0.810	1.215	1.595	
升降变差	0.000	0.020	0.020	0.005	0.000	0.020
标准表上、下行程读数平均值	0.000	0.395	0.800	1.2125	1.595	
绝对误差 Δ	0.000	0.005	0.000	-0.013	0.005	-0.013

校验数据处理如表 13-1(4~6 行)所示,仪表的最大引用误差(从绝对误差和升降变差中选取绝对值最大者作为 $\Delta_{\max}$,来求仪表的最大引用误差)

$$\delta_{\max} = \pm \frac{\Delta_{\max}}{p_{F \cdot S}} \times 100\% = \pm \frac{0.020}{1.6} \times 100\% = \pm 1.25\%$$

所以,这台仪表 1.5 级的精度等级合格。式中 $p_{F \cdot S}$ 为压力表量程。

13.3　传感器的动态特性标定

传感器的动态特性标定主要是研究传感器的动态响应,而与动态响应有关的参数,一阶传感器只有一个时间常数 τ,二阶传感器则有两个参数:固有频率 ω_n 和阻尼比 ζ。

动态信号是多种多样的(不同的频率、幅度、波形等),但对一定的传感器,其动态特性参数是固有的,可选用任一种动态信号输入进行标定。而一种简单易行的较好的标定方法是通过测量传感器对阶跃信号的响应,便可以确定传感器的时间常数、固有频率和阻尼比。

对于一阶传感器,测得阶跃响应之后,取输出值达到最终稳定值的 63.2% 所经过的时间

作为时间常数 τ（见图 1-15）。但这样测定的时间常数实际上没有涉及动态响应的全过程，测量结果的可靠性仅仅取决于某些个别的瞬时值。如果用下述方法来确定时间常数，可以获得较可靠的结果。一阶传感器的阶跃响应函数为

$$y(t) = 1 - e^{-t/\tau}$$

可改写为

$$1 - y(t) = e^{-t/\tau} = e^{z}$$

则

$$z = \ln[1 - y(t)] \tag{13-9}$$

式中，$z = -t/\tau$，表明 z 和时间 t 呈线性关系，且 $\tau = \Delta t/\Delta z$（见图 13-2）。因此，可以根据测得的 $y(t)$ 值，作出 $z\text{-}t$ 曲线，并根据 $\Delta t/\Delta z$ 值获时间常数 τ。这种方法考虑了瞬态响应的全过程。根据 $z\text{-}t$ 曲线与直线的拟合程度可以判断传感器与一阶线性传感器的符合程度。

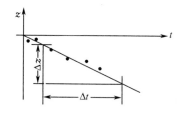
图 13-2　求一阶传感器时间常数方法

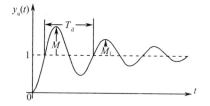
图 13-3　二阶传感器($\zeta < 1$)的阶跃响应

对于典型的欠阻尼二阶传感器，其阶跃响应曲线如图 13-3 所示，以 $\omega_\mathrm{d} = \omega_\mathrm{n}\sqrt{1-\zeta^2}$ 的角频率作衰减振荡，此角频率 ω_d 称为传感器的阻尼振荡频率。按照求极值的通用方法，可以求得各振荡峰值所对应的时间 $t_\mathrm{p} = 0, \pi/\omega_\mathrm{d}, 2\pi/\omega_\mathrm{d}, \cdots$。将 $t = \pi/\omega_\mathrm{d}$ 代入第 1 章表 1-1 中 $*$ 式，可以求得最大过冲量 M（图 13-3）和阻尼比 ζ 的关系

$$M = e^{-\zeta\pi/\sqrt{1-\zeta^2}} \tag{13-10}$$

或

$$\zeta = \sqrt{\dfrac{1}{\left(\dfrac{\pi}{\ln M}\right)^2 + 1}} \tag{13-11}$$

因此，测得 M 之后，便可按式(13-11)或者与之相应的图 13-4 来求得阻尼比 ζ。

如果测得阶跃响应的较长瞬变过程，那么可以利用任意两个过冲量 M_i 和 M_{i+n} 来求得阻尼比 ζ，其中 n 是该两峰值相隔的周期数（整数）。设 M_i 峰值对应的时间为 t_i，则 M_{i+n} 峰值对应的时间

$$t_{i+n} = t_i + \frac{2n\pi}{\omega_\mathrm{n}\sqrt{1-\zeta^2}}$$

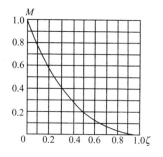
图 13-4　$\zeta\text{-}M$ 曲线

将它们代入第 1 章表 1-1 中 $*$ 式，得

$$\ln\frac{M_i}{M_{i+n}} = \ln\frac{e^{-\zeta\omega_\mathrm{n}t_i}}{e^{-\zeta\omega_\mathrm{n}(t_i + 2n\pi/(\omega_\mathrm{n}\sqrt{1-\zeta^2}))}} = \frac{2n\pi\zeta}{\sqrt{1-\zeta^2}} \tag{13-12}$$

整理后得

$$\zeta = \sqrt{\frac{\delta_n^2}{\delta_n^2 + 4\pi^2 n^2}} \tag{13-13}$$

式中

$$\delta_n = \ln \frac{M_i}{M_{i+n}} \tag{13-14}$$

若考虑当 $\zeta < 0.1$ 时,以 1 代表 $\sqrt{1-\zeta^2}$,此时不会产生过大的误差(不大于 0.6%),则式(13-12)可改写为

$$\zeta = \frac{\ln(M_i/M_{i+n})}{2n\pi} \tag{13-15}$$

若传感器是精确的二阶系统,那么 n 值采用任意正整数所得的 ζ 值不会有差别;反之,若 n 取不同值,获得不同的 ζ 值,则表明该传感器不是线性二阶系统。

当然还可以利用正弦输入,测定输出与输入的幅值比和相位差来确定传感器的幅频特性和相频特性(频率响应),然后根据幅频特性分别按图 13-5 和图 13-6 求得一阶传感器的时间常数 τ 和欠阻尼二阶传感器的阻尼比 ζ、固有频率 ω_n。

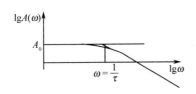

图 13-5　由幅频特性求一阶
传感器时间常数 τ

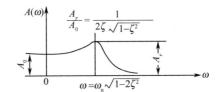

图 13-6　由幅频特性求欠阻尼
二阶传感器的 ζ 和 ω_n

最后必须指出,若传感器测量系统不是纯粹的电气系统,而是机械—电气或其他物理系统,一般很难获正弦的输入信号,但获阶跃输入信号却很方便,所以在这种情况下,使用阶跃输入信号来测定传感器系统的动态参数也就更为方便了。

13.4　压力传感器的标定与校准

13.4.1　静态标定与校准

目前,常用的静态标定(校准)装置有:活塞压力计,杠杆式和弹簧测力计式压力标定机。

活塞式压力计是一种精度很高的压力标准器,其精度可达 $\pm 0.02\%$ 以上,常用于校验压力传感器和压力表。其结构原理如图 13-7(a)所示,它由压力发生系统(压力泵)和压力测量系统(活塞部分)组成。

压力发生系统由手摇压力泵(螺旋压力发生器)4、油杯 10、进油阀 d 及两个针形阀 b、c 组成,两个针形阀 b、c 上有连接螺帽,用以连接被标定的传感器(或压力表)11 及标准压力表 6。活塞部分由具有精确截面积的活塞 1、活塞柱 3 及与活塞直接相连的承重托盘和砝码 2 组成。

压力泵 4,通过手轮 7 旋转丝杠 8,推动工作活塞 9 挤压工作液,经工作液传压给测量活塞 1。工作液一般采用洁净的变压器油或蓖麻油等。测量活塞 1 下端承受螺旋压力发生器 4 向左挤压工作液 5 所产生的压力 p 的作用。当活塞 1 下端面因压力 p 作用所产生向上顶的力与活塞 1 本身和托盘以及砝码 2 的重量相等时,活塞 1 将被顶起而稳定在活塞柱 3 内的任一平衡位置上。这时的力平衡关系为

$$pA = W + W_0$$

则

$$p = \frac{1}{A}(W + W_0) \tag{13-16}$$

式中，A 为测量活塞 1 的截面积；W、W_0 分别为砝码和测量活塞(包括托盘)的重量；p 为被测压力。

一般取 $A = 1\text{cm}^2$ 或 0.1cm^2。因此可以方便而准确地由平衡时所加的砝码和活塞本身的质量得到被测压力 p 的数值。

标定时，将被标定的压力传感器(或压力表)装在连接螺帽上；然后，按活塞压力计的操作规程，转动压力泵的手轮 7 产生工作压力，经工作液传压给测量活塞 1，使托盘上升到规定的刻线位置；按所要求的压力标定间隔，逐点增加砝码，使压力计产生所需的准确压力 p，同时记录下被标定压力传感器(或压力表)在相应压力下的输出电压值 u(或被标压力表示值 p')，并与压力计产生的准确压力 p 相比较，这样就可以得出被标定压力传感器(或压力表)的输出特性曲线，如图 13-7(b)所示。根据这条标定曲线可确定出被标定压力传感器(或压力表)的各项静态特性指标。

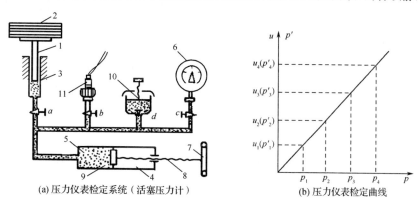

(a)压力仪表检定系统（活塞压力计）   (b)压力仪表检定曲线

图 13-7　压力仪表的检定

a、b、c—切断阀；1—测量活塞；2—砝码；3—活塞柱；4—螺旋压力发生器；5—工作液

6—压力表；7—手轮；8—丝杠；9—工作活塞；10—油杯；11—压力传感变送器

在实际测试中，为了确定整个测压系统的输出特性，往往需要进行现场标定。为了操作方便，可以不用砝码加载(关闭针形阀 a)，而直接用标准压力表读取所加的压力 p。测出整个测试系统在各压力下的输出电压值 u，也可得到如图 13-7(b)所示的压力标定曲线。

上面的标定方法不适合压电式压力测量系统，因为活塞压力计的加载过程时间太长，致使传感器产生的电荷有泄漏，严重影响其标定精度。所以对压电式测压系统一般采用杠杆式压力标定机或弹簧测力计式压力标定机。

图 13-8 是杠杆式压力标定机的示意图。标定时，按要求的压力间隔，选定待标的压力点数，按下式计算出所需的砝码重量 W

$$W = pSb/a \tag{13-17}$$

式中，p 为待标定的压力；S 为压电晶体片的面积；a，b 为杠杆臂长。

加上砝码 W 后，把凸轮 4 放倒，使传感器 1 突然受到力的作用。一次标定必须在短时间内完成，约数秒钟。

图 13-9 是弹簧测力计式标定机示意图。把待标定的压力传感器 3 置于上、下支柱之间，调整上部螺杆 2 到适当位置，然后转动凸轮手柄 7，使测力计上移，给传感器加力，由千分表 4 读出变形量，按测力计的检定表便可查得传感器所受到的力 F。按下式确定标定压力

$$p = F/S \qquad (13-18)$$

式中,p 为所需标定的压力;S 为传感器的受力面积。

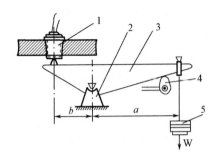
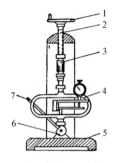

图 13-8 杠杆式压力标定机示意图　　　　图 13-9 弹簧测力计式压力标定机

压力标定曲线的绘制与活塞压力计标定方法中所述相同,并可算出其相应静态特性参数。

13.4.2 动态标定与校准

动态标定要解决两个问题:一是要获得一个满意的周期或阶跃的压力源;二是要可靠地确定上述压力源所产生的真实压力-时间关系。压力传感器测量系统的动态标定分稳态标定和非稳态标定两种。

13.4.2.1 稳态标定

稳态标定用的周期性稳态压力源主要有活塞与缸筒、凸轮控制的喷嘴等。

1. 活塞缸筒稳态压力源标定

图 13-10 是活塞缸筒稳态压力源结构和工作原理示意图,主要由活塞、飞轮和缸筒组成。飞轮旋转时带动活塞作往复运动,缸筒内就会产生周期性变化的稳态压力,调节手柄可以改变压力幅值。它可获 $70 kg/cm^2$ 的峰值压力,频率可达 $100 Hz$。

2. 凸轮控制喷嘴稳态压力源标定

图 13-11 是凸轮控制喷嘴的稳态压力源结构和工作原理示意图,主要由凸轮和喷嘴组成。通过凸轮的转动,周期性地改变喷嘴的间隙,从而产生周期性的稳态压力变化。这种压力源的峰值压力可达 $0.1 kg/cm^2$,频率为 $300 Hz$。

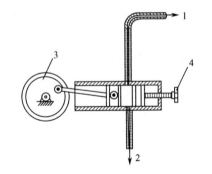
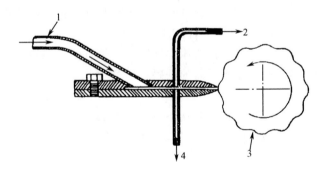

图 13-10　活塞缸筒稳态压力源示意图　　　　图 13-11　凸轮控制喷嘴稳态压力源

1—接被检压力计;2—接标准压力计;　　　　1—恒定压力入口;2—接被检压力计;

3—飞轮;4—调节手柄　　　　　　　　　3—凸轮;4—接标准压力计

以上两种压力源只提供了可变的稳态压力,但是它们本身没有提供确定数值或时间特性的方法,可是,它们特别适合于将未知特性的传感器与已知特性的传感器进行比较的标定方法。

13.4.2.2 非稳态标定

采用稳态周期性压力源来确定压力传感器的动态特性时,往往受到所能产生的幅值和频率的限制,高的振幅和稳态频率很难同时获得。为此,在较高振幅范围内,为了确定压力传感器的高频响应特性,必须借助于阶跃函数理论,利用非稳态阶跃(脉冲)压力源对压力传感器进行非稳态标定。

产生非稳态的脉冲压力的方法很多。最简单的一种方法是在液压源与传感器之间使用一个快卸荷阀,从 0 上升到 90%的全压力的时间为 10ms。

采用脉冲膜片也可获得阶跃压力。用塑料膜片或塑料薄板,把两个空腔隔开,由撞针或尖刀使膜片产生机械损坏。由此发现,降压而不是升压,可以产生一个更接近理想的阶跃函数。降压时间约为 0.25ms。

还有一种阶跃压力源是闭式爆炸器。在该爆炸器中,例如烈性硝甘炸药雷管发生爆炸,它的压力发生跃变。通过有效体积来控制峰值压力。可以得到在 0.3ms 内的压力阶跃高达 $54 kg/cm^2$。

非稳压标定普遍采用的压力源是激波管。激波管的结构十分简单,它是一根两端封闭的长管,用膜片分成两个独立空腔。它能产生非常接近的瞬态"标准"压力,使用方法可靠。用激波管标定压力传感器具有以下特点:

(1) 压力幅度范围宽,便于改变压力值;

(2) 频率范围宽(2kHz～2.5MHz);

(3) 便于分析研究和数据处理。

以下分析压力传感器动态特性的激波管标定法。

激波管标定装置系统如图 13-12 所示,它由激波管、入射激波测速系统、标定测量系统和气源等四部分组成。

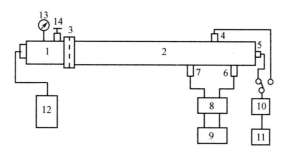

图 13-12　激波管标定装置原理框图

1—激波管的高压室;2—激波管的低压室;3—激波管高低压室间的膜片;4—侧面被标定的传感器;
5—底面被标定的传感器;6、7—各为测速压力传感器;8—测速前置级;9—数字式频率计;
10—测压前置级;11—记录记忆装置;12—气源;13—气压表;14—泄气门

1. 激波管

激波管是产生激波的核心部分,由高压室 1 和低压室 2 组成。1、2 之间由铝或塑料膜片 3 隔开,激波压力的大小由膜片的厚度来决定。标定时,根据要求对高、低压室充以压力不同的压缩气体(常采用压缩空气),低压室一般为一个大气压,仅给高压室充以高压气体。

当高、低压室的压力差达到一定程度时膜片破裂,高压气体迅速膨胀冲入低压室,从而形成激波。这个激波的波阵面压力保持恒定,接近理想的阶跃波,并以超音速冲向被标定的传感器。传感器在激波的激励下,按固有频率产生一个衰减振荡,如图 13-13 所示。其波形由显示系统记录下来,以供确定传感器的动态特性。

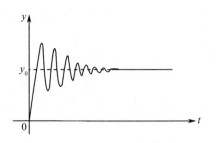

图 13-13　被标定传感器输出波形

激波管中压力波动情况如图 13-14 所示。其中图 13-14 (a)为膜片破裂前的情况,p_4 为高压室的压力,p_1 为低压室的压力。图 13-14(b)为膜片爆破后稀疏波反射前的情

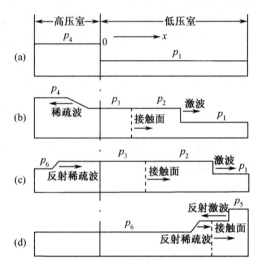

图 13-14　激波管中压力与波动情况

况,p_2 为膜片爆破后产生的激波压力,p_3 为高压室爆破后形成的压力,p_2 和 p_3 的接触面称为温度分界面。因为 p_3 与 p_2 所在区域温度不同,但其压力值相等即 $p_3 = p_2$。稀疏波就是在高压室内膜片破碎时形成的波。图 13-14(c)为稀疏波被反射后的情况,当稀疏波波头达到高压室端面时便产生稀疏波的反射,称为反射稀疏波,其压力减小如 p_6 所示。图 13-14(d)为反射激波的波动情况,当 p_2 达到低压室端面时也产生反射,压力增大如 p_5 所示,称为反射激波。

p_2 和 p_5 都是在标定时要用到的激波,视安装的位置而定,当被标定传感器安装在侧面时要用到 p_2,当安装在端面时要用到 p_5,二者不同之处在于 $p_5 > p_2$,但维持恒压时间 τ_5 略小于 τ_2。

入射激波的阶跃压力为

$$\Delta p_2 = p_2 - p_1 = \frac{7}{6}(M_s^2 - 1)p_1 \tag{13-19}$$

反射激波的阶跃压力为

$$\Delta p_5 = p_5 - p_1 = \frac{7}{3}(M_s^2 - 1)\frac{2 + 4M_s^2}{5 + M_s^2}p_1 \tag{13-20}$$

式中,M_s 为激波的马赫数,由测速系统决定。

以上两式可参考有关资料,这里不作详细推导。p_1 可事先给定,一般可采用当地的大气压,可根据公式标准地计算出来。因此,只要给定 p_1 及 M_s,便可计算出各激波阶跃压力。

2. 入射激波测速系统

入射激波的测速系统(见图 13-12)由压电式压力传感器 6 和 7、前置电荷放大器 8 以及频率计 9 组成。由两个脉冲信号去控制频率计 9 的开、关门时间,则其入射波的速度为

$$v = l/t \tag{13-21}$$

式中,l 为两个测速传感器 6 和 7 之间的距离;t 为激波通过两个传感器间距离所需时间($t = nT$,n 为频率显示的脉冲计数,T 为计数器的时标)。

激波通常以马赫数 M_s 表示,其定义为

$$M_s = v/v_T \qquad (13\text{-}22)$$

式中,v 为激波速度;v_T 为低压室在 $T℃$ 时的音速,可用下式表示

$$v_T = v_0 \sqrt{1 + \beta T} \qquad (13\text{-}23)$$

式中,v_0 为 0℃时的音速(331.36m/s);β 为常数($\beta = 1/273 = 0.00366$);T 为试验时低压室的温度(一般室温为 25℃)。

3. 标定测量系统

标定测量系统由被标定传感器 4 和 5、电荷放大器 10 及记忆示波器 11 等组成。被标定传感器可以安装在侧面位置上,也可以安装在底端面上。从被标定传感器来的信号经过电荷放大器加到记忆示波器上记录下来,以备分析计算,或通过计算机进行数据处理,直接求得幅频特性及动态灵敏度等。

4. 气源系统

气源系统由气源(包括控制台)12、气压表 13 及泄气门 14 等组成。它是高压气体的产生源,通常采用压缩空气(也可采用氮气)。压力大小通过控制台控制,由气压表监视。完成测量后开启泄气门 14,以便管内气体泄掉,然后对管内进行清理,更换膜片,以便下次再用。

13.5　振动传感器的标定与校准

振动传感器(或测振仪)性能的全面标定只在制造单位或研究部门进行,一般使用单位或使用场合,主要是标定其灵敏度、频率特性和动态线性范围。

振动传感器常采用振动台作为正弦激励的信号源。振动台有机械的、电磁的、液压的等多种,常用的是电磁振动台。标定和校准振动传感器的方法很多,但从计算标准和传递角度来看,可以分为两类:一是复现振动量值最高基准的绝对法,二是以绝对法标定的标准测振仪作为二等标准用比较法标定或校准工作测振仪(振动传感器测量系统)。按照标定所用输入量种类又可分为正弦振动法、重力加速度法、冲击法和随机振动法等。

13.5.1　绝对标定法

目前我国振动计量的最高基准是采用激光光波长度作为振幅量值的绝对基准。由于激光干涉基准系统复杂昂贵,而且一经安装调试后就不能移动,因此需有作为二等标准的测振仪作为传递基准用。

对压电式加速度计进行绝对标定时,将被标压电式加速度计安装在标准振动台的台面上。驱动振动台,用激光干涉测振装置测定台面的振幅值 X_m(m),用精密数字频率计测出振动台台面的振动频率 f(1/s),同时用精密数字电压表读出被标传感器通过与其匹配的前置放大器输出电压值(一般为有效值)E_{rms}(mV),则可求出被标测振传感器的加速度灵敏度 S_a:

$$S_a = \frac{\sqrt{2}\,E_{rms}}{(2\pi f)^2 X_m} \qquad \left(\frac{\text{mV}\,\text{s}^2}{\text{m}}\right) \qquad (13\text{-}24)$$

利用自动控制振动台面振级和自动变化振动台振动频率的扫频仪和记录设备,便可求得被标测振传感器的幅频特性曲线和动态线性范围。整个标定误差 $<1\%$。

13.5.2 比较标定法

这是一种最常用的标定方法,即将被标定的测振传感器与标准测振传感器相比较。标定时,将被标测振传感器与标准测振传感器一起安装在标准振动台上。为了使它们尽可能地靠

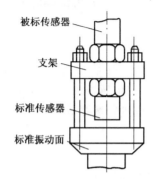

被标传感器

支架

标准传感器

标准振动面

图 13-15 振动传感器比较标定系统

近安装以保证感受的振动量相同,常采用"背靠背"法安装。标准振动传感器端面上常有螺孔供直接安装被标传感器或用图 13-15 所示的刚性支架安装。设标准测振传感器与被标测振传感器在受到同一振动量时输出分别为 U_0 和 U,已知标准测振传感器的加速度灵敏度为 S_{a0},则被标测振传感器的加速度灵敏度 S_a 为

$$S_a = \frac{U}{U_0} S_{a0} \tag{13-25}$$

频率响应的标定是在振幅恒定条件下,改变振动台的振动频率,所得到的输出电压与频率的对应关系,即传感器的幅频响应。频率响应的标定至少要做七点以上,并应注意有无局部谐振现象的存在,这可用频率扫描法来检查。比较待标传感器与标准传感器输出信号间的相位差,就可以得到传感器的相频特性。相位差可以用相位计读出,它可以用示波器观测它们的李萨如图形求得。

13.6 温度传感器的标定与校准

13.6.1 温标的基本概念

为了保证温度量值的统一和准确,应该建立一个衡量温度的标准尺度,简称温标。温标是温度的基准量,它规定温度的始点(零度)和测量温度的基本单位。各种温度传感器和温度计的标度数值均由温标确定。目前国际上采用较多的温标有摄氏温标、国际温标,我国法定计量单位也已采用了这两种温标。此外,在一些国家还采用华氏温标。

温标的三要素:温度固定点,标准温度计(测温物质),内插公式。

13.6.1.1 摄氏温标和华氏温标

1. 摄氏温标(℃)

摄氏温标:规定标准大气压下冰的熔点(水的冰点)定为零度(0℃),水的沸点定为 100 度(100℃)。在 0～100℃之间划分为 100 等份,每一等份为一摄氏度(1℃)(1742,瑞典摄尔萨斯,A. Celsius)。

2. 华氏温标(℉)

华氏温标:规定标准大气压下冰的熔点为 32℉,水的沸点为 212℉,其间划分为 180 等份,每一等份为一华氏度(1℉)(1714,德国华林海特,G. D. Fahrenheit)。人的体温约为 100℉。

13.6.1.2 国际温标

1. 热力学温标(K)

1848 年英国开尔文(L. Kelvin)提出以热力学第二定律为基础的热力学温标,选定水的三相点为 273.16K,定义水的三相点温度的 1/273.16 为 1 度,单位为开尔文,简称 K(1954 年国际计量会议)。

热力学温度也称为绝对温度。

2. 国际温标(IPTS—68,ITS—90)

在 1929 年第七次国际度量衡大会通过的国际温标是世界各国普遍采用并与热力学温标相吻合的温标,后又经第八次(1933 年)和第九次(1948 年)国际度量衡代表会议修正,而于第十三次(1968 年)大会通过了"1968 年国际实用温标"简称 IPTS—68,记为符号 T,其单位分别用 K 和℃表示,到 1989 年又作了修改,改为 1990 国际温标。1990 国际温标(ITS—90)定义了国际开氏温度(符号为 T_{90})和国际摄氏温度(符号为 t_{90}),T_{90} 和 t_{90} 之间的关系与 T 和 t 之间的关系相同,也就是说:物理量 T_{90} 的单位是开,符号是 K;物理量 t_{90} 的单位是摄氏度,符号是℃;正如热力学温度 T 和摄氏温度 t。

摄氏温度 t 与热力学温度 T、华氏温度 t_F 之间的关系:

$$T = 273.16 + t, \qquad t = T - 273.16$$

$$t_F = \frac{9}{5}t + 32, \qquad t = \frac{5}{9}(t_F - 32)$$

注意:水的冰点与水的三相点的热力学温度差 0.01K;温度单位 1℃=1K。

国际温标温度的基本单位与热力学温标相同,其标度具有 11 个固定点,如表 13-2 所示。

表 13-2 IPTS—68 规定的一次温度标准和参考点

定义固定点*	IPTS—68		定义固定点*	IPTS—68	
	℃	K		℃	K
平衡氢三相点	−259.34	13.81	水三相点	0.01	273.16
平衡氢沸点	−252.87	20.28	水沸点	100	373.15
氖沸点	−246.048	27.102	锡凝固点	231.9681	505.1181
氧三相点	−218.789	54.361	锌凝固点	419.58	629.73
氩三相点	−189.352	83.798	银凝固点	961.93	1235.08
氧冷凝点	−182.962	90.188	金凝固点	1064.43	1337.58

* 在标准大气压下。

复现表 13-2 中温度基准点的方法是用一个内装有参考材料的密封容器,将待标定的温度检测仪表的感温元件放在伸入容器中心位置的套管中;然后加热,使温度超过参考物质的熔点,待物质全部熔化,随后冷却,达到凝固点后,只要同时存在液态和固态(约几分钟),温度就稳定下来,并能保持规定的值不变。

对于定义固定点之间的温度,在−259.34～630.74℃之间,采用基准铂电阻温度计作为标准器。基准铂电阻温度计是用均匀的、直径 $\phi = 0.05 \sim 0.5\text{mm}$ 的、彻底退火和没有应变的铂丝制成。铂丝的百度电阻比 $W(100) = R_{100}/R_0 = 1.39250$,其中 R_0、R_{100} 分别为 0℃和 100℃时的电阻值。在 630.74～1064.43℃之间,采用的标准器是铂铑$_{10}$-铂标准热电偶。1064.43℃以上,采用光学高温计作为标准器。标准器在不同的温度范围内按照不同的内插公式计算定义点之间的温度。具体的方法可参阅"1968 年国际实用温标和温度计算方法"(中国计量科学研究院)。

13.6.2 温度传感器的标定与校准

对温度传感器(或温度测量系统)的标定与校准方法可以分为两类:标准值法和标准表法。

1. 标准值法（与一次标准比较）

即按照国际计量委员会 1968 年通过的国际实用温标（IPTS）相比较,见表 13-2。就是用适当的方法建立起一系列国际温标定义的固定温度点（恒温）作标准值,把被标定或校准的温度检测仪表的感温元件依次置于这些标准温度值之下,记录下温度检测仪表的相应示值（或温度传感器的输出）,并根据国际温标规定的内插公式对温度检测仪表的分度进行对比记录,从而完成对温度检测仪表的标定或校准;标定或校准后的温度检测仪表可作为标准温度检测仪表来测温度。

2. 标准表法

即与某一已经标定或校准的测温标准装置进行比较。将被标定或校准的温度检测仪表（或传感器）与已被标定好的更高一级精度的测温标准装置紧靠在一起,共同置于可调节的恒温槽中,分别把槽温调节到所选择的若干温度校准点,比较和记录两者的读数,获得一系列对应差值,经多次升温、降温重复测试,若这些差值稳定,则把记录下的这些差值作为被标定或校准温度检测仪表的修正量,就完成了对被标定或校准温度检测仪表的标定与校准。

世界各国根据国际温标规定建立自己国家的标准,并定期与国际标准相比对,以保证其精度和可靠性。我国的国家温度标准保存在中国计量科学院。各省（直辖市、自治区）、市、县计量部门的温度标准定期进行下级与上一级标准比对（修正）、标定,据此进行温度标准的传递,从而保证温度标准的准确与统一。

教学课件

思考题与习题

13-1 传感器的标定与校准的意义是什么?

13-2 传感器标定系统由哪几部分组成? 标定条件是什么?

13-3 什么叫传感器的静态标定和动态标定? 什么是传感器的绝对标定方法和比较标定法?

13-4 某一测量范围为 0~1000℃ 的一体化热电偶温度仪表出厂前经校验,其刻度标尺上的各点测量结果如下表所示:

标准表读数/℃	0	100	200	300	400	500	600	700	800	900	1000
被校表读数/℃	0	97	198	298	400	502	604	706	805	903	1001

(1)求出该温度仪表的最大绝对误差值;(2)确定该温度仪表的精度等级;(3)如果工艺上允许的最大绝对误差为 ±8℃,问该温度仪表是否符合要求?

13-5 四个应变片粘贴在扭轴上,安排得到最大灵敏度,应变片阻值为 121Ω 而应变灵敏系数为 2.04,并接成全桥测量电路。当用 750kΩ 的电阻器并联在一个应变片上分流以得到标定时,电桥输出在示波器上记录到 2.2cm 的位移。如果变形的轴引起示波器 3.2cm 的偏移,求指示的最大应变。设轴为钢制的,求应力（钢的扭转弹性模量 $E=1.623\times10^{11}$ N/m²）。

13-6 用某温度传感器计对水温进行测量,重复测量 8 次得到测量数据为:

19.9℃、19.8℃、20.5℃、20.1℃、19.6℃、19.8℃、20.3℃、20.2℃。

已知温度传感器在示值为 20℃ 时的校准值为 20.4℃,请问该温度传感器测量结果是否需要修正? 如果要修正,修正值为多少? 已修正的测量结果是多少?

13-7 对某二阶传感器系统,输入一单位阶跃信号时后,测得其响应中数值为 1.5 的第一个超调量峰值,同时测得其振荡周期为 6.82s。若该系统的静态灵敏度 $K=3$,试求该系统的动态特性参数及其频率响应函数。

13-8 激波管标定装置由哪几部分组成? 各部分的作用是什么?

* 第 14 章　现代新型传感器简介

教学要求

　　现代科技(微机械加工技术,大规模集成电路工艺技术、信息处理技术、现代通信和网络技术等)发展越来越快,促使物理世界向数字世界转化,并逐步实现万物互联,人类已经完全置身于信息时代。作为现代信息系统源头的传感器与传感器技术已获得了长足的发展,集成化、智能化、无线传感器网络和多传感器数据融合等技术已日趋完善,新型传感器不断出现,并在生产过程自动化、物联网工程、机器人、无人驾驶等领域得到广泛应用,不仅促进了生产的发展、改善了人们的生活,而且反过来又推动了现代科学与技术的进一步发展。

　　本章主要介绍无线传感器网络、多传感器数据融合、微波传感器、超导传感器、智能传感器的基本知识,并以二维码形式给出,供教学拓展选用。请扫描二维码查看具体内容。

14.1　无线传感器网络

14.1.1　无线传感器网络的结构与特征

14.1.2　无线传感器网络的应用

14.1 节

14.2　多传感器数据融合

14.2.1　多传感器数据融合基本概念

14.2.2　多传感器数据融合方法

14.2.3　多传感器数据融合应用

14.2 节

14.3　微波传感器

14.3.1　微波基本知识

14.3.2　微波传感器及其应用

14.3 节

14.4　超导传感器

14.4 节

14.4.1　超导效应

14.4.2　超导传感器及其应用

14.5　智能传感器

14.5 节

14.5.1　智能传感器发展的历史背景

14.5.2　智能传感器的概念及其功能特点

14.5.3　智能传感器的实现

教学课件

思考题与习题

14-1　什么是无线传感器？作为无线传感器网络节点主要由哪几部分组成？其作用为何？

14-2　什么是无线传感器网络？并设计一个智慧农业温室环境无线传感器网络控制系统。

14-3　什么是多传感器数据融合？其基本意义是什么？

14-4　在图 14-10 所示的微波液位计中,若发射天线与接收天线的连线不平行于液面,对测量结果有什么影响？

14-5　是否可以用微波代替图 5-34 中的超声波来进行厚度测量？为什么？

14-5　什么叫智能传感器？智能传感器有哪些实现方式？

部分习题参考答案

第 1 章

1-5 $0.8\text{mV}; 4\%, 16\%$;

1-6 $10\text{s}, 0.5 \times 10^{-5}\text{V/℃}; 0.33\text{s}, 2.29\mu\text{V/Pa}$;

1-7 $y(t) = 0.93\sin(4t - 21.8°) + 0.049\sin(40t - 75.96°)$;

1-8 $A(\omega) = \dfrac{C/B}{\sqrt{1 + (\omega A/B)^2}}$, $\varphi(\omega) = -\arctan(\omega A/B)$;

1-9 $535.7\text{℃}, 504.3\text{℃}; 38.1°, 8.4\text{s}$;　　　**1-10** $1.5 \times 10^5\text{rad/s}, 0.01$;

1-11 (1)端点连线法:$y = -2.70 + 171.5x, \delta_L = \pm 0.78\%, \delta_R = \pm 0.47\%, \delta_H = \pm 0.58\%$;

　　　(2)最小二乘法:$y = -2.77 + 171.5x, \delta_L = \pm 0.41\%$;

1-12 $0.523\text{ms}; -1.32\%, -9.3°$;　　　**1-13** $1.31, -10.6°; 0.975, -43°$;

1-14 $-55.2\%, -29.3\%, -16.8\%$;　　　**1-15** $f \leqslant 1.73\text{kHz}$;

1-16 $17.6\%, -27.9°; 7.76\%, -16.6°$。

第 2 章

2-5 $0.197\Omega, 1.64 \times 10^{-3}; 1.23\text{mV}$;　　　**2-6** $1500\mu\varepsilon, 0.15\%$;

2-7 $7.2\text{V}, 8.18 \times 10^{-2}\text{mV}, 1834\text{k}\Omega$;　　　**2-8** 2.0;

2-10 $3 \times 10^{-6}\text{V}, 3 \times 10^{-3}\text{V}, 6 \times 10^{-6}\text{V}, 6 \times 10^{-3}\text{V}; 1.5 \times 10^{-6}\text{V}/\mu\varepsilon; 3.0 \times 10^{-6}\text{V}/\mu\varepsilon$;

2-11 $2.57\text{mV}, 3.14 \times 10^4\text{N}$;　　　**2-12** $\Delta R = 0.52\Omega$;

2-13 $3.463\text{mV/N}, 16.97\text{mV}$;　　　**2-14** $\delta_1 = -0.068\%, \delta_2 = -0.26\%$;

2-15 $\varepsilon = 7.66 \times 10^{-4}, 9.19\text{mV}$;　　　**2-17** $0 \sim 10\text{kPa}$;

2-19 $20\text{V}, 6\text{V}$;　　　**2-20** 0.78%。

第 3 章

3-15 $L_0 = 0.46\text{H}, K_L = 151.6\text{mH/mm}; K = 297.1\text{mV/mm}$;

3-16 $85.4\Omega, 0.117\text{V}, 0.234\text{V}, 27.9°$;

3-17 $157\text{mH}, 65\text{mH}, 247.7\Omega, 15.9, 160\text{mH}$;

3-18 $57.0\text{mH}, 26.9\Omega, 39.9, \pm 5.2\text{mH}, 544\text{mV}$。

第 4 章

4-2 $\dfrac{S}{\dfrac{d_1}{\varepsilon_1} + \dfrac{d_2}{\varepsilon_2} + \dfrac{d_3}{\varepsilon_3}}, \dfrac{2\varepsilon S}{d}, \dfrac{2\pi\varepsilon_0 L}{\ln(d_2/d_1)} + \dfrac{2\pi(\varepsilon - \varepsilon_0)}{\ln(d_2/d_1)}H$;

4-3 $0.12\text{V}/\mu\text{m}, 1.2\text{V}$;　　　**4-4** $\pm 0.049\text{pF}, \pm 0.49\text{mV}, \pm 2.45$ 格

4-5 $250\sin\omega t(\text{mV})$;　　　**4-6** 2.55V;

4-7 $C_{AC} = \varepsilon_0 ab/(2d), C_{AD} = \varepsilon_0 ab/(2d+t), C_{AC} = \varepsilon_0 ab/(2d+t), C_{AD} = \varepsilon_0 ab/(2d)$;

4-8 $35.4\text{pF}, 33.7\text{pF}$;　　　**4-14** $5.51\text{pF}, \pm 0.5\text{V}$。

第 5 章

5-3 $462\text{pC}, 5.796 \times 10^3\text{V}; 38200\text{pC}, 1.137 \times 10^3\text{V}$;

5-4 $2.5 \times 10^9\text{V/cm}; 6.17 \times 10^8\text{V/cm}; 119.6\text{Hz}; 4.84 \times 10^4\text{pF}$;

5-5 $1.57\text{Hz} \sim 6.15\text{kHz}$;　　　**5-6** $1.512\text{mV}; 2.22 \times 10^{-12}\text{m}$;

5-7 $8g$;　　　**5-8** $968\text{M}\Omega$;

5-9 7.04kHz；

5-10 0.112V；

5-11 -2.56N，256N，-1923N；

5-14 145pC，1.16V；

5-20 62.04mm。

第 6 章

6-5 800N/m；

6-6 8.38×10^2N/m；6000mV/(m/s)；

6-7 $\omega/\omega_n \geqslant 3.515$。

第 7 章

7-16 121Ω，-19℃；

7-17 157℃；

7-18 23s；

7-19 28.98kΩ；

7-20 780℃；

7-21 5.622mV；

7-23 46mV；

7-24 508.4℃，36.18mV；

7-25 不对，422.5℃；

7-26 665.7Ω；

7-27 950.23℃，950.92℃。

第 8 章

8-16 $v = 0.4167c$(c 为光速)；$\lambda = 0.4167\lambda_0 = 208.3\mu$m；

8-17 48.76°；

8-18 0.1706，9.82°；

8-19 移动距离 158.7013nm，相当于 1/4 个波长；

8-24 88.9W。

第 9 章

9-3 6.6mV，2.84×10^{20}/m³；

9-8 12μV~60mV；

9-11 $\pm$12mV。

第 10 章

10-5 20m/s，2mm；

10-11 667.5mm。

第 13 章

13-4 6℃，1.0 级，不合格；

13-5 $\varepsilon_m = 29.5\mu\varepsilon$，$\sigma_m = 4.79 \times 10^6$N/m²；

13-6 需修正，修正值 0.4℃，测量数据$+$0.4℃；

13-7 $\zeta = 0.215$，$\omega_n = 0.293\pi$，$y(t) = 3[1 - 1.024e^{-0.198t}\sin(0.279\pi t + 77.3°)]$。

参 考 文 献

陈尔绍，1999. 传感器实用装置制作集锦[M]. 北京：人民邮电出版社

陈建元，2008. 传感器技术[M]. 北京：机械工业出版社

陈杰，黄鸿，2010. 传感器与检测技术[M]. 北京：高等教育出版社

程德福，王君，凌振宝，等，2008. 传感器原理及应用[M]. 北京：机械工业出版社

丁镇生，1998. 传感器及传感技术应用[M]. 北京：电子工业出版社

樊尚春，2016. 传感器技术及应用[M]. 3 版. 北京：北京航空航天大学出版社

冯英，等，1997. 传感器电路原理与制作[M]. 成都：成都科技大学出版社

黄贤武，郑筱霞，2000. 传感器原理与应用[M]. 成都：电子科技大学出版社

金篆芷，王明时，1995. 现代传感器技术[M]. 北京：电子工业出版社

刘君华，1999. 智能传感器系统[M]. 西安：西安电子科技大学出版社

刘迎春，叶湘滨，2004. 传感器原理设计与应用[M]. 4 版. 长沙：国防科技大学出版社

强锡富，1994. 传感器[M]. 北京：机械工业出版社

沙占友，王晓君，马洪涛，等，2002. 智能化集成温度传感器原理与应用[M]. 北京：机械工业出版社

单成祥，1999. 传感器的理论与设计基础及其应用[M]. 北京：国防工业出版社

汤普金斯 W J，威伯斯特 J G，1995. 传感器与 IBM PC 接口技术[M]. 林家瑞，罗述谦，等译. 武汉：华中理
    工大学出版社

王洪业，1997. 传感器工程[M]. 长沙：国防科技大学出版社

王化祥，张淑英，2007. 传感器原理及应用[M]. 3 版. 天津：天津大学出版社

王家桢，王俊杰，1996. 传感器与变送器[M]. 北京：清华大学出版社

吴建平，2009. 传感器原理及应用[M]. 北京：机械工业出版社

吴兴惠，王采君，1998. 传感器与信号处理[M]. 北京：电子工业出版社

徐科军，马修水，李晓林，等，2016. 传感器与检测技术[M]. 4 版. 北京：电子工业出版社

严仲豪，谭祖根，2004. 非电量电测技术[M]. 2 版. 北京：机械工业出版社

余成波，胡新宇，赵勇，2004. 传感器与自动检测技术[M]. 北京：高等教育出版社

袁子龙，狄帮让，肖忠祥，2006. 地震勘探仪器原理[M]. 北京：石油工业出版社

张福学，1992. 传感器应用及其电路精选[M]. 北京：电子工业出版社

张琳娜，刘武发，1999. 传感检测技术及应用[M]. 北京：中国计量出版社

张志勇，王雪文，翟春雪，等，2014. 现代传感器原理及应用[M]. 北京：电子工业出版社

赵负图，2000. 现代传感器集成电路：通用传感器电路[M]. 北京：人民邮电出版社